高等学校信息工程类专业系列教材

光缆线路工程

（第二版）

主　编　赵继勇

副主编　曹　芳　　汪井源

主　审　唐加红

西安电子科技大学出版社

内 容 简 介

本书基于通信工程领域最新的标准与规范，运用大量翔实的案例和直观的图纸，并借鉴光缆线路工程中的前沿成果，系统地阐述了光缆线路工程的设计、施工、防护、测试、验收、维护与管理等方面的内容。

全书共 9 章。第 1 章和第 2 章简要介绍了光纤通信系统、光缆通信工程和通信光缆的基本概念；第 3 章着重阐述了光缆线路工程的勘测与设计；第 4～7 章是本书的重点，深入剖析了光缆线路工程施工的组织与方法，具体包括光缆线路工程的施工组织与进度控制，光缆线路的单盘检验、路由复测、配盘和分屯运输，光缆线路工程的各种施工方法，光缆线路的接续与成端，光缆线路的防护；第 8 章和第 9 章扼要讲解了光缆线路工程的常用仪表与测试、验收、维护、排障、管理。

本书可作为普通高等院校通信工程专业、高职高专通信类专业相关课程的教材或教学参考书，也可作为光缆线路工程设计、施工、监理、运维以及行业技能鉴定等相关岗位从业人员的培训用书。

图书在版编目(CIP)数据

光缆线路工程/赵继勇主编. —2 版. —西安：西安电子科技大学出版社，2023.3
ISBN 978 - 7 - 5606 - 6655 - 6

Ⅰ. ①光… Ⅱ. ①赵… Ⅲ. ①光纤通信—通信线路—线路工程 Ⅳ. ①TN913.33

中国版本图书馆 CIP 数据核字(2022)第 185107 号

策　　划　马乐惠
责任编辑　马乐惠
出版发行　西安电子科技大学出版社(西安市太白南路 2 号)
电　　话　(029)88202421　88201467　　　邮　　编　710071
网　　址　www.xduph.com　　　　　　　电子邮箱　xdupfxb001@163.com
经　　销　新华书店
印刷单位　陕西天意印务有限责任公司
版　　次　2023 年 3 月第 2 版　2023 年 3 月第 1 次印刷
开　　本　787 毫米×1092 毫米　1/16　印张 21.5
字　　数　511 千字
印　　数　1～3000 册
定　　价　50.00 元
ISBN 978 - 7 - 5606 - 6655 - 6/TN

XDUP 6957002 - 1

前　言

过去几十年来，宽带网络从铜线发展到光纤入户，业务从语音、视频发展到 4K 超高清，极大地方便了人们的生活。如今，伴随着高清视频、云游戏、VR/AR（虚拟现实/增强现实）、在线教育、在线办公、智慧家庭等新业务的不断普及，以及全社会数字化、智能化进程的加速，网络正进一步升级到 F5G（第五代固定网络）。为凝聚全球光纤产业链，促进光纤通信生态繁荣，ETSI（欧洲电信标准协会）于 2020 年 2 月正式发布了 F5G，提出了从"光纤到户"迈向"光联万物"的行业愿景。近年来，千兆光网作为我国数字经济发展的"底座"，受到了国家层面的高度重视，为贯彻落实国家"十四五"信息通信行业发展规划，2021 年 3 月工业和信息化部发布了《"双千兆"网络协同发展行动计划（2021—2023 年）》，进一步明确了千兆光网的行动目标和具体任务。国内运营商陆续推出了"三千兆"业务，即千兆 5G、千兆宽带、千兆 WiFi，为家庭和企业提供了无缝的千兆体验。截至 2021 年 8 月底，我国千兆光网已具备覆盖 2.2 亿户家庭的能力，千兆及以上接入速率的固定宽带用户规模累计达到了 1863 万户。

"可接入、质量高、能负担、用得好"的网络基础设施是数字经济发展的基石，而光缆线路则是网络基础设施的"血管系统"。我国光纤通信经过多年的快速发展，现已敷设光缆5249 万千米，其中长途光缆为 112.9 万千米，占比 2.15%；已敷设光纤约 24 亿芯千米，占全球已敷设光纤的 48% 左右。同时，涌现出了众多新技术、新工艺、新产品，对光缆线路工程的设计、施工、监理、运（行）维（护）等均提出了更新、更高的要求。本书内容兼顾前沿与实用、民用与军用、国内与国外，有助于读者牢固掌握光缆线路工程建设的基础知识，缩短任职岗位的培训周期以及适应时间。

本书在结构上分为四部分：第 1～2 章为第一部分，简要介绍了光纤通信系统、光缆通信工程以及通信光缆的基本概念，为读者学习全书奠定基础；第 3 章为第二部分，着重阐述了光缆线路工程的勘测与设计；第 4～7 章为第三部分，是本书的重点，深入剖析了光缆线路工程施工的组织与方法，具体包括光缆线路工程施工准备、光缆线路工程施工、光缆线路接续与成端、光缆线路防护；第 8 章和第 9 章为第四部分，扼要讲解了光缆线路工程的常用仪表与测试、验收、维护、排障、管理。

近年来，我国对涉及光缆线路工程的众多国家标准以及通信行业标准、规范进行了密集的修订。为紧随行业发展趋势，紧跟技术发展步伐，紧贴工程实践应用，编者同步优化了本书结构，更新了全书内容。根据 YD/T 908—2020，更新了第 2 章中关于光缆型号命名方法的内容；根据 GB 50373—2019，修订了第 3 章中通信管道设计的相关内容；根据GB 51171—2016，修改了第 4 章中关于光缆预留规定、光缆线路与其他建筑设施最小净距要求等内容；根据 GB/T 51421—2020 与 GB/T 50374—2018，更新了第 5 章中架空光缆通信杆路施工与通信管道工程施工的相关内容；根据 GB 51171—2016，修改了第 6 章中光缆接头安装的相关内容；根据 GB/T 51421—2020，更新了第 7 章中架空光缆防雷措施的相关内容；在第 8 章中删减了无源光器件的相关内容，增加了光缆线路工程中常用的光缆普查仪等部分内容，并根据 GB 51171—2016 修订了工程验收的相关要求；在第 9 章中完善了光缆线路日常维护的相关内容；最后，将近五年来新修订或颁布的相关标准与规范更新于附录 A 中。

本书的主要特点是：

（1）强调结构的合理性与系统性。全书以光缆线路工程的建设程序为主线，将光缆线路工程的设计、施工、防护、测试、验收、维护与管理等方面的内容有机地融合起来，前后衔接紧密，繁简安排合理，难易设置适当。

（2）注重内容的前沿性与全面性。本书紧跟光缆线路工程的发展前沿，依据最新国际、国家以及行业标准，更新了光缆线路工程建设的规范要求；借鉴光缆线路工程中的新材料、新技术、新工艺，丰富了光缆线路工程建设的方式方法；满足光缆线路工程的特殊应用需求，扩充了特种光缆及其敷设方法；适应目前光缆线路工程建设重心的转移，增设了接入网光缆线路工程建设的热点内容。值得一提的是，本书第 5 章大篇幅、详尽地介绍了各种光缆线路施工技术，既涵盖民用和军用光缆线路工程施工技术，又并重传统与新颖光缆线路工程施工方法。

（3）突出知识的工程性和实用性。本书编者结合自身丰富的光缆通信工程设计、培训以及教学实践经验，广泛收集了来自设计、施工、监理以及运营商等单位的大量工程素材，经过梳理精选，以直观的图纸和翔实的案例有效地加强了本书的工程实践性。

本书由赵继勇、曹芳、汪井源共同编写，第 1～4 章由曹芳编写，第 5～7 章由赵继勇编写，第 8 章和第 9 章由汪井源编写，全书的统稿工作由赵继勇负责，审核工作由唐加红高工负责。在本书的编写过程中，华信咨询设计研究院有限公司蔡承德高工提供了丰富的工程案例素材，陆军工程大学徐智勇教授给予了悉心指导，在此向他们致以诚挚的谢意。本书直接引用了部分公开出版的标准、文献和书籍，在此一并向各位作者（或单位）表示衷心的感谢。

由于编者水平有限，书中欠妥之处在所难免，敬请广大读者提出宝贵意见，以指导本书的进一步修订、完善。

编　者

2022 年 10 月

目　　录

第 1 章　概　　述

1.1　光纤通信的优点

　　光纤通信就是以光波为载体,以光纤(缆)为传输介质的通信方式。光纤通信与传统的各种电缆(铜缆、同轴)通信或无线通信方式相比,具有许多独特的优点。

　　(1) 通信容量大,传输距离长。光纤通信使用的光波频率为 $10^{14} \sim 10^{15}$ Hz 数量级,是常用的微波频率的 $10^4 \sim 10^5$ 倍,因此光纤通信具有很大的通信容量,这是光纤通信优于其他通信的最显著特点。当前,国内运营商的骨干网已经达到了单波 100 Gb/s 的水平,2020 年更是完成了单波 800 Gb/s 的现网测试,最大可实现单纤 48 Tb/s 的传输容量,可支持 100 万人同时在线观看 4K 视频直播,未来的单纤传输容量将会超过 100 Tb/s。目前,商用光纤在 1.55 μm 窗口的损耗已降至 0.2 dB/km 以下,掺铒光纤放大器可在 1.55 μm 波长附近数十个纳米的带宽内对光波透明放大,再加上光纤分布式放大技术可以有效地补偿光纤损耗,使光纤通信系统的无中继通信距离超过了 600 km。

　　(2) 抗电磁干扰,传输质量佳。任何信息传输系统都应具有一定的抗干扰能力,否则就无实用意义。通信的干扰源很多,有天然干扰源(如雷电、电离层的变化及太阳的黑子活动等),有工业干扰源(如电动马达和高压电力线等),还有无线电通信的相互干扰等。这些干扰的影响都是现代通信必须认真对待的问题。一般来说,尽管现有的电通信采取了各种措施,但都不能满意地解决以上各种干扰问题。由于光纤通信使用的光载波频率很高,因此不受以上干扰的影响,这从根本上解决了电通信系统多年来困扰人们的干扰问题。

　　(3) 信号串扰小,保密性能好。对通信系统的另一个重要要求是保密性好。然而,随着科学技术的发展,传统的通信方式很容易被人窃听,只要在明线或电缆线路附近(甚至几千米之外)设置一个特别的接收装置,就可以获得明线或电缆中传输的信息。因此,现有的通信系统都面临着如何提高保密性的问题。光纤通信与电通信不同,在光纤中传输的光波是不会跑到光纤之外的,即使在转弯处当弯曲半径很小时,漏出光纤的光波也十分微弱。如果在光纤或光缆表面涂一层消光剂,则光纤中的光波就完全不会泄漏,既无辐射,也难于窃听。此外,由于光纤中的光波不会泄漏出去,因此我们在电通信中常见的线路之间的串话现象也就完全可以避免,同时,它也不会干扰其他通信设备或测试设备。

　　(4) 材料来源丰富,节省且环保。现有的电话线或电缆是由铜、铝、铅等金属材料制成的。但从目前地质调查情况来看,世界上铜的储藏量极其有限,美国能源部预测,按现在的开采速度,世界上的铜最多还能开采 50 年。光纤的主要原材料是石英(二氧化硅),来源丰富。日本专家预言，将日本本土挖掘 10 cm，开采的石英可供日本使用 15 亿年。如果从上海至北京修一条同轴电缆线路(早期使用的电缆)，则需要铜 800 t、铅 300 t。如果用光纤代替铜、铅等有色金属，则在保持同样的传输容量的条件下，仅需要 10 kg 石英。因此，光纤通信技术的推广应用将节约大量的有色金属材料，具有合理使用地球资源的战略意义。

(5) 光纤尺寸小，质量轻，便于敷设和运输。通信设备的体积和重量对许多领域具有重要的意义，特别是军事、航空及宇宙飞船等领域。光纤的芯径很细，它只有单管同轴电缆芯径的 1% 左右；光缆的直径也很小，八芯光缆的横截面直径约为 10 mm，而标准同轴电缆的横截面直径为 47 mm。目前，利用光纤通信的这个特点，在市话中继线路中成功地解决了地下管道拥挤的问题，节省了地下管道的建设投资。同等传输容量的光缆其重量比电缆轻很多。例如，18 管同轴电缆每米重量为 11 kg，而同等容量的光缆仅重 90 g。近年来，许多国家在飞机上使用光纤通信设备，不仅降低了通信设备、飞机的制造成本，而且提高了通信系统的抗干扰能力、保密性及飞机设计的灵活性。

由于光纤通信具备上述诸多优点，因此除了在公用通信和专用通信系统中使用外，光纤通信在其他许多领域(如测量、传感、自动控制及医疗卫生等领域)都得到了广泛的应用。

当然，光纤通信也存在一些缺点。例如，光纤的制造工艺比较复杂，因为在光纤生产过程中，如果光纤表面存在或产生微裂纹，则会使光纤的抗拉强度降低；光纤的连接必须使用专门的工具和仪表；光纤和光缆的结构设计、生产、运输、施工以及维护中应采取相应的防水措施；光分路、耦合不方便，且光纤弯曲半径不能太小。光纤通信的这些缺点都可以克服，在实际工程施工和维护工作中应尽量注意避免这些问题的发生。

1.2　光纤通信系统

根据信息论理论，任何一种通信系统都是由信源、信道和信宿三要素组成的。相应地，组成光纤通信系统的三大要素包括光发射机、光纤(光缆)和光接收机。

如果信号要传送的距离较长，则光信号会在光纤中产生光功率损耗和信号畸变，此时需要引入中继设备对其进行功率放大、波形整形。可将中继设备理解为串联在光纤线路中的光收/发设备。

本节将从通信系统的三要素出发，简要介绍光纤通信系统的一些基础知识。

1.2.1　光纤通信系统的构成

一个实用的光纤通信系统，除了应具备上述三大要素外，还要配置各种功能的电路、设备和辅助设施，如接口电路、复用设备、管理系统以及供电设施等，才能投入运行。除此之外，光纤通信系统还应根据用户需求、业务种类和技术水平等来确定具体的系统结构。因此，光纤通信系统结构的形式是多种多样的，但其基本结构仍然是确定的。

图 1-1 给出了光纤通信系统的基本结构(也称为原理模型)。

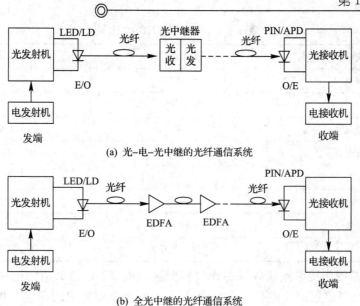

(a) 光–电–光中继的光纤通信系统

(b) 全光中继的光纤通信系统

图 1-1 光纤通信系统的基本结构

图 1-1 中的光纤通信系统主要由三部分构成：光发射机、光纤（光缆）和光接收机。由于光纤只能传输光信号，不能传输电信号，而目前的多数终端还是电终端，因此，实用系统在发送端必须先将来自多个用户终端的低速电信号复用成高速电信号，再将高速电信号转换成光信号（电/光变换），在接收端把光信号转换为电信号（光/电变换），再将高速的电信号解复用为低速电信号，分配至相应的用户终端。

光纤通信系统中的电/光和光/电变换的基本方式是直接强度调制和直接检波。输入的电信号既可以是模拟信号（如视频信号、电视信号等），也可以是数字信号（如计算机数据、PCM 信号等）；调制器将输入的电信号转换成适合驱动光源器件的电流信号，并对光源器件进行直接的强度调制，完成电/光变换；将光源输出的光信号直接耦合到传输光纤中，经一定长度的光纤传输后送达接收端；在接收端，光电检测器对输入的光信号进行直接检波，并将光信号转换成相应的电信号，再经过恢复、放大等电处理过程，弥补线路传输过程中带来的信号损伤（如损耗、波形畸变），最后输出和原始输入信号一致的电信号，从而完成整个传输过程。

直接强度调制和直接检波是指在电/光变换过程中，输出光信号功率的时间响应与输入电信号功率的时间响应成比例；同样地，在光/电变换过程中，输出电信号功率的时间响应也应与输入光信号功率的时间响应成比例。这种光纤通信系统称为光强度调制（Intensity Modulation，IM）光纤通信系统。目前，采用光强度调制的光纤通信系统可分为模拟光强度调制光纤通信系统和数字光强度调制光纤通信系统。

直接强度调制通过改变光源的驱动电流调制光源的发光强度，调制速度受到限制。目前，在高速系统（大于 2.5 Gb/s）中一般使用外调制，即光源发出的光，在光路上通过声光调制、电光调制器件来调制光强，外调制系统具有很高的响应速度。

光源将电信号转变成光信号。目前光纤通信系统中常用的光源主要有两种：发光二极管（LED）和激光器（LD）。这两种器件都是用半导体材料制成的。其主要参数和性能的比较如表 1-1 所示。

表 1-1 LD 与 LED 的比较

比较项目	LD	LED
调制速率	几吉赫	几十兆赫
输出光功率	几十毫瓦	几毫瓦
光谱宽度	窄	宽
驱动电路	复杂	简单
温度特性	差	稳定
可靠性	较低	较高
寿命	较短	较长
应用	高速、长距离	低速、短距离

光电检测器的作用是把接收到的光信号变换为电流，以便其后的电路进行放大和处理。目前，光纤通信用的光电检测器都是由半导体化合物构成的光电二极管，主要有两种：一种是无放大能力的光电二极管（PIN），另一种是有内部增益的雪崩光电二极管（APD）。这两种光电检测器的简单比较如表 1-2 所示。

表 1-2 PIN 和 APD 的比较

比较项目	PIN	APD
结构	简单	复杂
应用电路	简单	复杂
光电增益	无	有
寿命	较长	较短
应用	普遍	普遍

光纤是光信号的传输信道。光纤在实际应用时，必须采用适当的方式将所需根数的光纤束成缆使用，即光缆。通常根据光信号在光纤中传输的模数不同，可将光纤分为单模光纤和多模光纤两大类型。下面仅对这两类光纤进行简单比较，如表 1-3 所示。

表 1-3 单模光纤与多模光纤的比较

比较项目	单模光纤	多模光纤
芯径	细（10 μm）	较粗（50～100 μm）
传输带宽	很宽	较窄
与光源耦合	较难	简单
精度	较高	较低
适用场合	长距离、大容量、高速、多波长系统	中短距离、中小容量、单波长系统
应用	电信干线传输	以太网、FDDI

1.2.2 光纤通信系统的分类

光纤通信系统可根据其所传输的光波长、传输信号形式、传输光纤类型和光接收方式等的不同，分成各种类型。

1. 按传输波长划分

根据传输的波长，可以将光纤通信系统分为短波长光纤通信系统、长波长光纤通信系统以及超长波长光纤通信系统。短波长光纤通信系统的工作波长为 $0.8\sim0.9\ \mu m$，中继距离小于或等于 10 km；长波长光纤通信系统的工作波长为 $1.0\sim1.6\ \mu m$，中继距离大于80 km；超长波长光纤通信系统的工作波长大于或等于 $2\ \mu m$，中继距离大于或等于 1000 km，采用非石英光纤。

2. 按光纤传导模式数量划分

根据光纤的传导模式数量，可以将光纤通信系统分为多模光纤通信系统和单模光纤通信系统。多模光纤通信系统是早期采用的光纤通信系统，目前主要用于计算机局域网中。单模光纤通信系统是目前广泛采用的光纤通信系统，它具有传输损耗小、传输带宽大等特点。

3. 按调制信号类型划分

根据调制信号的类型，可以将光纤通信系统分为模拟光纤通信系统和数字光纤通信系统。模拟光纤通信系统使用的调制信号为模拟信号，它具有设备简单的特点，一般多用于视频信号的传输，在光纤 CATV 系统、视频监控图像传输系统中得到了应用。数字光纤通信系统使用的调制信号为数字信号，它具有传输质量高、通信距离长等特点，几乎适用于各种信号的传输，目前已得到了广泛的应用。

4. 按传输信号的调制方式划分

根据传输信号的调制方式，可将光纤通信系统分为直接调制光纤通信系统和间接调制光纤通信系统。由于直接调制光纤通信系统具有设备简单的特点，因此在光纤通信中得到了广泛的应用。间接调制光纤通信系统具有调制速率高的特点，所以是一种有发展前途的光纤通信系统，在实际中已得到了部分应用，如在高速光纤通信系统中已采用间接调制方式。

5. 其他划分

其他类型的光纤通信系统如表 1-4 所示。

表 1-4　其他类型的光纤通信系统

类　别	特　点
相干光纤通信系统	光接收灵敏度高，光频率选择性好，设备复杂
光波分复用通信系统	一根光纤中传输多个单向/双向波长，具有超大容量，经济效益好
光频分复用通信系统	可大大增加复用光信道，各信道间干扰小，实现技术复杂
光时分复用通信系统	可实现超高速传输，技术先进
全光通信系统	传输过程无光/电转换，具有光交换功能，通信质量高
副载波复用光纤通信系统	数/模混传，频带宽，成本低，对光源线性要求高
光孤子通信系统	传输速率高，中继距离长，设计复杂
量子光通信系统	是量子信息论在光通信中的应用

1.3 光缆通信工程建设程序

光缆通信工程主要包括光缆线路工程和设备安装工程两部分，它们多属于基本建设项目。公用电信网的光缆通信工程，按行政隶属关系可分为部直属项目(如光缆一级干线工程)和地方项目(如光缆二级干线工程)。市内光缆通信工程多数属于某一个建设项目中的一个单项工程或单位工程。一般大中型光缆通信工程的建设程序可以划分为立项、设计、准备、施工和验收投产五个阶段，如图1-2所示。

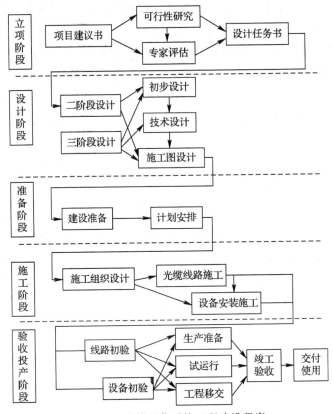

图1-2 光缆通信系统工程建设程序

1. 立项阶段

1) 项目建议书的提出

项目建议书的提出是工程建设程序中最初阶段的工作，是投资决策前对该项目的轮廓设想，主要包括如下内容：

(1) 项目提出的背景，建设的必要性和主要依据，国内外主要产品的对比情况和引进的理由，以及几个国家同类产品的技术、经济分析比较；

(2) 建设规模、地点等初步设想；

(3) 工程投资估算和资金来源；

(4) 工程进度和经济、社会效益估计。

项目建议书可根据项目规模、性质，报送相关计划主管部门审批。项目建议书经主管部门批准后可以进行可行性研究。

2）可行性研究

可行性研究是对建设项目在技术、经济上是否可行的分析论证，是工程规划阶段的重要程序。光缆通信工程的可行性研究主要包括以下内容：

（1）总论：应包括项目提出的背景、必要性，可行性研究的依据和范围，对建设必要性、规模和效益评价等的简要结论。

（2）需求预测和拟建规模：应包括通信需求的预测，建设规模和建设项目的构成范围。

（3）拟建方案论证：应包括干线主要路由及局站设置方案论证，通路组织方案论证，设备选型方案论证，新建项目与原有通信设施的配合方案论证，原有设施的利用、挖潜和技术改造方案论证。

（4）建设可行性条件：应包括协作条件、供货情况、设备来源以及资金来源等。

（5）工程量、设备器材、投资估算及技术经济分析：应包括选定方案的主要工程量，设备、器材的估算，投资估算以及技术经济分析等。

（6）项目建成后的维护组织、劳动定员和人员培训的建议和估算。

（7）对与工程建设有关的配套建设项目安排的建议。

（8）对建设进度安排的分析。

（9）其他与建设项目有关的问题及注意事项。

（10）附录：应包括主要文件名称与摘录，业务预测和财务评价计算书，重要技术方案的技术计算书，工程建设方案（路由及设站）总示意图，工程近、远期通路组织图，主要过河线、市区进线、重要技术方案示意图等。

对于项目的可行性研究，国家和各部委、地方都有具体要求。原邮电部对通信基建项目的规定为：凡是大中型项目、利用外资项目、技术引进项目、主要设备引进项目、国际出口局新建项目、重大技术改造项目等，都要进行可行性研究。

有时可以将提出项目建议书与可行性研究合并进行，这主要根据主管部门的要求而定，但对于大中型项目还是分别进行为好。

3）专家评估

所谓专家评估，是指由项目主要负责部门组织部分理论扎实、有实践经验的专家，对可行性研究的内容作技术、经济等方面的评价，并提出具体的意见和建议。专家评估报告是主管领导决策的主要依据之一。目前，对于重点工程、技术引进项目等进行专家评估是十分有意义的。

4）设计任务书的撰写

设计任务书是确定建设方案的基本文件，是编制设计文件的主要依据。撰写设计任务书时，应根据可行性研究推荐的最佳方案编写，然后视项目规模送相关审批部门批准后方可生效。

设计任务书的主要内容包括：

（1）建设目的、依据和建设计划规模。

（2）预期增加的通信能力。

（3）光缆线路的走向。

（4）经济效益预测、投资回收年限估计、引进项目的用汇额度、财政部门对资金来源等的审查意见。

2. 设计阶段

设计阶段的主要任务就是编制设计文件并对其进行审定。

设计阶段的划分是根据项目的规模、性质等不同情况而定的。一般大中型项目采用两阶段设计，即初步设计和施工图设计。大型、特殊工程项目或技术上比较复杂且缺乏设计经验的项目，可实行三阶段设计，即初步设计、技术设计和施工图设计。小型项目可采用一阶段设计，即施工图设计。例如，设计、施工技术都比较成熟的本地网光缆线路工程等，可采用一阶段设计。

分阶段的设计文件编制出版后，应根据项目的规模和重要性，由主管部门组织设计、施工、建设、物资器材供应、银行等单位的有关人员进行会审，并提出会审意见和建议，然后根据会审情况确定是否报批或修改。

初步设计一经批准，执行中不得随意修改变更。施工图是承担工程实施的部门（具有施工资质的施工企业）完成项目建设的主要依据。

3. 准备阶段

准备阶段的主要任务是做好工程开工前的准备工作，主要包括建设准备和计划安排。

建设准备主要指完成开工前的主要准备工作，如勘察工作中水文、地质、气象、环境等资料的收集，路由障碍物的迁移、交越处理措施手续，主要材料、设备的预订货以及工程施工的招投标等。

计划安排是根据已经批准的初步设计的总概算编制年度计划，对资金、材料、设备进行合理安排，要求工程建设保持连续性、可行性，以确保工程项目建设的顺利完成。

4. 施工阶段

建设单位经过招标与施工单位签订施工合同后，施工单位应根据建设项目的进度及技术要求编制施工组织计划并做好开工前相应的准备工作。

光缆施工应按施工图规定的工作内容、合同书要求以及施工组织设计，由施工总承包单位组织与工程量相适应的一个或多个施工队伍和设备安装施工队伍进行施工。线路工程、设备安装工程开工前，均必须向上级主管部门呈报施工开工报告，经批准后才能正式实施。

光缆线路工程在光缆通信工程项目中，从投资比例、工程量、工期以及对传输质量的影响等各方面看，都是十分重要的。对于一级干线工程，由于线路长，涉及面广，施工期长，因此光缆线路施工尤为重要，施工单位要精心组织，精心施工，确保工程的施工质量。

5. 验收投产阶段

为了充分保证光缆通信工程的施工质量，工程结束后，必须经过验收才能投产使用。验收投产阶段的主要内容包括工程初验、生产准备、工程移交、试运行以及竣工验收等几个方面。

光缆通信工程项目按批准的设计文件内容全部建成后，由主管部门组织建设单位、银行以及设计、施工等单位进行初验，并向上级主管部门提交初验报告。初验后的光缆线路一般由维护单位代为维护。大中型工程的初验一般分为光缆线路和设备两部分分别进行，小工程则可以一起进行。

初验合格后的工程项目即可进行工程移交，开始试运行。

生产准备是指工程交付使用前必须进行的生产、技术和生活等方面的必要准备，准备是否充分将影响到已建工程能否及时投产，发挥其设计的生产能力。生产准备包括：

（1）培训生产人员。一般在施工前配齐生产人员，这些人员可直接参加施工、验收等工作，应使其熟悉工艺过程、方法，为今后独立维护打下坚实的基础。

（2）按设计文件配置好工具、器材及备用维护材料。

（3）组织好管理机构，制订规章制度以及配备好办公、生活等设施。

试运行是指工程初验后到正式验收、移交之间的设备运行。试运行期一般为三个月，大型或引进的重点工程项目，试运行期可适当延长。试运行期间，由维护部门代为维护，但施工单位负有协助处理故障，确保正常运行的职责，同时应将工程技术资料、借用的工器具以及工程余料等及时移交给维护部门。

试运行期间，应按维护规程要求检查并证明系统已达到设计文件规定的生产能力和传输指标。试运行期满后，应提交系统使用情况报告给工程竣工验收会议。

当工程的试运行结束并具备了验收交付使用的条件后，由主管部门及时组织相关单位的工程技术人员对工程进行系统验收，即竣工验收。竣工验收是对光缆线路工程进行全面检查和指标抽测，验收合格后签发验收证书，表明工程建设告一段落，正式投产交付使用。

对于中小型工程项目，可以视情况适当简化手续，将工程初验与竣工验收合并进行。

复 习 思 考 题

1. 与通信电缆相比，光纤光缆具有哪些优点？
2. 简述光纤通信系统的组成与各部分的作用。
3. 光纤通信系统有哪些分类方法？
4. 光缆通信工程建设程序划分为哪几个阶段？
5. 光缆通信工程中设计阶段是如何划分的？
6. 简述设计单位、施工单位在光缆通信工程建设程序的各个阶段中的主要工作。

第 2 章　通 信 光 缆

虽然经过一次涂覆和二次涂覆的光纤具有一定的抗张强度，但还是比较脆弱，经不起弯折、扭曲和侧压力的作用，因而只能用于实验室或机房中。为了能使光纤用于多种环境，又便于敷设施工，必须将光纤和其他元件组合成一体，这种组合体就是通信光缆。通信光缆是以一根或多根光纤或光纤束制成的，其结构符合光学、机械和环境特性的要求。光缆的结构直接影响光传输系统的传输质量，而且与施工密切相关。施工人员在敷设光缆前，必须了解光缆的结构和性能。不同结构的光缆，其允许张力、侧压力等均有较大区别。工程设计应合理选择不同结构和性能的光缆，工程施工应按所选光缆的结构、性能，采取正确的操作方法，完成光缆线路的建设，确保光缆的正常使用寿命。

通信光缆的基本概念、材料结构、型号分类以及特性等，对于每个从事光缆线路工程建设的管理、设计以及施工的人员来说，都是必须了解的。本章主要从工程角度介绍通信光缆的结构、材料、分类、型号、特性、端别与纤序以及部分特种光缆等。

2.1　光 缆 的 结 构

光缆一般由缆芯、加强元件、护层和填充物等几部分构成，另外根据需要还设有防水层、缓冲层、绝缘金属导线等构件。

2.1.1　光缆的基本构成

1. 缆芯

将套塑并满足机械强度要求的单根或多根芯线与不同形式的加强件和填充物组合在一起就形成了缆芯。缆芯的作用是妥善安置光纤，使光纤在一定外力作用下仍能保持优良的传输性能。

缆芯包括光纤、光纤套管或骨架、中心加强元件以及油膏等。中心加强元件的作用是承受光缆敷设时的牵引力，以增加光缆的机械强度；油膏具有可靠的防潮性能，能防止潮气侵蚀纤芯。当缆芯中含有金属加强元件时，必须采取防雷电和防强电措施，尤其在雷电和强电影响严重的地区，应将金属加强元件改为玻璃纤维增强塑料（FRP）或凯夫拉（Kevlar）等介质材料。

2. 加强元件

为了提升光缆的抗拉强度和机械性能，可将一根或多根加强元件组装到光缆结构中，以承受光缆施工或外力所引起的拉力负荷。加强元件在光缆中的位置有中心式、分布式和铠装式三种：位于光缆中心的，称为中心加强，材料可以是单根高强度钢线，也可以是柔软性好、便于施工的多股钢绞线；处于缆芯外层并绕包一层塑料以保证与光纤的接触面光滑且具有一定弹性的，称为分布式加强；位于缆芯绕包一周的称为铠装式加强。在机械特性方面，对加强元件的基本要求是：具有高杨氏模量、高弹性范围、高强度、低线膨胀系数和良好的挠曲性能，以得到强度高、质量小、热性能稳定的光缆结构。

光缆中的加强元件一般采用镀锌钢丝、钢丝绳、不锈钢丝和带有紧套聚乙烯垫层的镀锌钢丝绳。为了防止强电和雷击的影响，也可采用纺纶丝或 FRP。除了加强芯，一些厂家还会在护层中增加一层 Kevlar 材料，以分担光缆部分的纵向拉力（不承受光缆的横向压力）。

3. 护层

护层是由护套和外护层构成的多层组合体，其作用为保护缆芯，使缆芯具备一定的抵御外部机械、物理和化学作用的能力，并能适应各种敷设方式和应用环境，保证光缆正常的使用寿命。

护层位于光缆的最外边，需要有足够的抗拉、抗压、抗弯曲等机械特性以及防潮、防水性能。目前，常用的光缆护层材料有聚乙烯（PE）、铝箔-聚乙烯粘接护层（PAP）、聚乙烯-钢-聚乙烯（PSP）双面涂塑皱纹钢带等。架空、管道光缆大多使用 PAP 护套，直埋光缆大多使用 PSP 护套。护套主要用来防止钢带、加强元件等金属构件直接与缆芯接触而损伤缆芯。

目前，常用的光缆护层主要有无铠装光缆、皱纹钢带铠装光缆、细钢丝铠装光缆、皱纹钢带铠装防蚁光缆、单粗钢丝铠装光缆以及双粗钢丝铠装光缆等六种。

4. 填充物

在光缆缆芯的空隙中注满填充物（油膏），其作用是保护光纤免受潮气侵蚀和减少光纤的相互摩擦。填充物应保证在 60 ℃时不融化，以防从光缆中流出，在光缆允许的低温时不凝固，以防光缆的弯曲特性恶化。

光缆结构设有多重保护，目的就是避免光纤受到外力损伤，确保光纤的传输性能和使用寿命等。尽管光缆结构如此严密，但在局部损伤塑料外护层时，若不及时采取有效补救措施，则可能损坏金属护套甚至内 PE 护层。许多工程实践已证明，如不确保光缆外 PE 护层的完整性，那么金属护套将会因受潮进水而出现腐蚀穿孔情况，减弱甚至丧失对光缆的机械保护作用，光缆将会受到各种机械作用或白蚁、鼠类的直接危害，内 PE 护层也将受到破坏，危害甚至直接侵入内部，破坏光纤。同时，光缆内部的有机混合填充料将会受到物理、化学、生物等作用而变质、损坏，逐渐失去防水、防潮性能，继而影响光纤本身。因此，保证塑料外护层完整性的重要意义是显而易见的。ITU－T 建议用测量光缆对地绝缘电阻的办法，检验光缆塑料外护层的完整性，还制订了相应的标准。

2.1.2 常用光缆结构

目前，常用的光缆基本结构大体可分为层绞式、骨架式、束管式和带状式四种，每种基本结构中既可放置分离光纤，也可放置带状光纤。常用光缆的基本结构如图 2-1 所示。

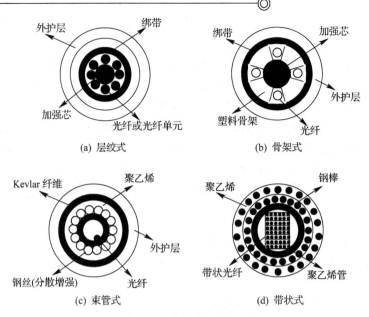

图 2-1 光缆的基本结构

1. 层绞式光缆

层绞式光缆易于制造，应用广泛，它属于中心加强元件配置方式。层绞式光缆有紧套光纤，也有松套光纤。中心加强元件主要包括塑料被覆的多股绞合或实心的钢丝与 FRP（如芳纶）两种（习惯称之为加强芯）。FRP 的强度能满足光缆要求，主要应用于无金属光缆。

层绞式光缆是由紧套或松套光纤扭绞在中心加强元件周围，用包带方法固定，然后根据管道、架空或直埋等不同敷设要求，用 PVC 或 AL-PE 粘接护层作外护层（埋式光缆还会增加皱纹钢或钢丝铠装层）的光缆。

紧套层绞式光缆容纳的光纤芯数有限，且径向侧压力会影响光缆损耗，在成缆时可采用不同模量的多层塑料材料充当缓冲涂层来降低微弯损耗，施工牵引时应充分考虑到侧压力的影响。

松套层绞式光缆采用松套管作为第二道保护，侧压性能进一步提高。但是，如果光纤在松套管内的余长过多则影响温度性能，过少则成缆容易引起附加损耗，而且光缆线路施工中容易产生敷设效应，严重时可能出现断纤，施工后可能使光纤产生残余应力。因此，一般光纤在管内的余长控制在 0.1 % 左右，对光纤余长的控制是松套光纤制造中非常重要的技术。松套管的直径一般为 1.2～2.0 mm，壁厚为 0.15～0.5 mm，模量应稍高一些。由于松套管质量对于成缆和光缆接续都有一定的影响，因此在检查光缆质量时应注意这一点。

在架空、管道和埋式等不同敷设条件下，层绞式光缆的主要区别是护层的材料、组合方式以及中心加强件的截面积。架空、管道光缆护层为 AL-PE 粘接护层，中心加强件按 200 kg 张力设计；埋式光缆护层应用 PE 内护层或 AL-PE 粘接护层、皱纹钢带或钢丝铠装层、PE 外护层，中心加强件按 400 kg 设计。对于埋式防蚁、防鼠光缆，只是在普通埋式光缆的外护层外边再增加一层尼龙 12。

随着光纤芯数的增多，光缆会出现单元式绞合结构：一个松套管就是一个单元，其内可有多根光纤，目前多为直径 250 μm 的一次涂覆光纤。生产时先将光纤集合成单元，挤制松套管，再将松套管扭绞在中心加强件周围，用包带方法固定，然后绞合护层成缆。目前，松套式一管多纤的结构得到了大量的使用。

层绞式光缆的优点是：光缆中容纳的光纤数量多，光缆中光纤余长易控制，光缆的机械、环境性能好，适合直埋、管道敷设，也可用于架空敷设。其缺点是：光缆结构、工艺设备复杂，生产工艺环节烦琐，材料消耗多。

2. 骨架式光缆

骨架式光缆不但可用多芯光纤基本骨架构成不同芯数和性能的光缆，而且对光纤有良好的保护性能，侧压强度高，抗弯性能好，对光缆线路施工尤其是管道光缆的穿放十分有利。

骨架式光缆将光纤放置于横截面为 V 形或 U 形的塑料骨架中，相应凹槽纵向呈螺旋形或正弦形。目前，常见的骨架式光缆是在一个凹槽内放置 5～10 根一次涂覆光纤，或在一个凹槽内放置若干个光纤带，从而构成大容量的光缆，同时使用色谱标识纤序。凹槽的数目则根据光纤芯数设计，一条光缆可容纳数十根到上千根光纤。在骨架式光缆骨架中放置一次涂覆光纤，槽内填充油膏以保护光纤，不但结构简单，而且节省了松套管材料及其涂覆工序，但也对光纤入槽工艺提出了更高的要求，因为仅经过一次涂覆的光纤在成缆过程中容易受损，影响成品的合格率。

在骨架式光缆的制造过程中，骨架间凹槽的几何形状确定后，通过调节合适的节距，可使光纤余长适应光纤应力和热膨胀性能的要求，但这将影响到光缆的机械和温度性能，同时对施工及施工后光纤残余应力的产生有一定影响。

骨架式光缆的优点是：结构紧凑，缆径小，光纤纤芯密度大，施工接续中无须清除阻水油膏，接续效率高。其缺点是：制造设备复杂(需要专用的骨架生产线)，工艺环节多，生产技术难度大等。

3. 束管式光缆

束管式光缆相当于把松套管扩大至整个缆芯而形成一个管腔，将光纤束集中放置在管腔内并填充油膏，以改善光纤在光缆内受侧压、牵引以及弯曲时的受力状态；加强元件则由缆芯中央移至光缆的外护层中，在减小缆芯直径的同时将抗拉功能与护套功能结合起来；在中心管腔内放置若干由色谱标识的一次涂覆光纤束，最终形成上百芯的光缆。束管式光缆具有强度好的优点，特别是其耐侧压性能可防止恶劣施工环境和可能出现的野蛮作业的影响，同时纤芯和加强件分离的结构也提高了传输网络的稳定性和可靠性。

束管式光缆的其他优点是：结构简单，制造工艺简捷，光缆截面小，重量轻，适合架空敷设，也可用于管道或直埋敷设。其缺点是：纤芯数量不宜过多，松套管挤塑工艺中松套管冷却不够，成品光缆中松套管会出现后缩，光缆中光纤余长不好控制。

4. 带状式光缆

带状式光缆的突出优点是可容纳大量的光纤，一般在 100 芯以上，可作为用户光缆满足实际需求。带状式光缆的原理是：将一次涂覆光纤放入塑料带内制成光纤带，然后将多层光纤带放在一起构成缆芯，施工时以光纤带为单元完成一次接续，以适应大量光纤接续、安装的需要。如果将光纤带集中在光缆中央的一个松套管内，则为带状中心束管式光缆；如果将分别置有光纤带的多个松套与中心加强件扭绞在一起，则为带状层绞式光缆；如果将光纤带放置在塑料骨架凹槽中，则为带状骨架光缆。

以上介绍了通信光缆的基本结构单元。在实际应用中，当对光纤芯数的数量要求不多时，可直接用缆芯基本结构单元作为缆芯构成光缆；否则，可用多个上述缆芯的基本结构单位(大中心束管式结构除外)来构成所需的光缆。

2.2 光缆的材料

光缆是由光纤、高分子材料、金属-塑料复合带及金属加强件等共同构成的光信息传输介质。光缆结构设计的要点是根据通信系统容量、使用环境条件、敷设方式、制造工艺等，通过合理选用各种材料来提高光缆的拉伸应变性能、渗水性能、温度循环特性等机械、环境性能。

通常，构成光缆的材料除光纤外主要包括高分子材料、复合材料以及金属材料等三大类。

1. 高分子材料

1) 松套管材料

工业用松套管材料一般为聚对苯二甲酸丁二醇酯(PBT)、聚丙烯(PP)和聚碳酸酯(PC)等。PBT 以其优良的机械特性、热稳定性、尺寸稳定性、耐化学腐蚀性以及与光纤用填充阻水油膏和光缆用涂覆阻水油膏的高相容性，被广泛地用作光纤松套管材料。

2) 聚乙烯护层材料

聚乙烯(PE)是由乙烯聚合而成的高分子材料，其特点表现在：分子结构紧密，分子链间隙极小，渗透性和吸水性弱，具有极高的抗潮性能和较高的绝缘性能；电气性能和化学性能很稳定；有一定的机械强度；价格便宜，易于加工。因此，PE 适于作为光缆的外护层来保护内部的光缆部件。不同密度的黑色聚乙烯护层材料是由不同密度的聚乙烯树脂与抗氧剂、增塑剂、碳黑、加工改性剂以一定比例均匀混炼造粒制成的。由于其分子结构不同，因而它们所具有的性能也不同。一般要求护层材料具有较好的韧性和抗拉强度，良好的耐环境应力和开裂、拉伸强度，较好的断裂伸长率等性能。碳黑的主要作用是抵御紫外线对材料的侵蚀。

3) 阻燃护层材料

光缆作为传输介质，被应用于各种室内场所、智能大厦、综合布线系统及各种局域网中。为了人员及楼宇的安全，应考虑光缆线路的阻燃问题。通常要求光缆护层具有能长期保护缆芯、耐热、耐火、耐溶剂、无毒、低烟等性能。阻燃护层材料按其是否含卤可分为两类：含卤阻燃护层和无卤阻燃护层。

含卤阻燃护层以聚氯乙烯(PVC)为基础树脂，与增塑剂和稳定剂以一定比例混合塑化造粒而成，具有良好的阻燃效果，但在燃烧时会产生大量具有腐蚀性和毒性的氯化氢气体和烟雾。无卤阻燃护层是以聚乙烯(PE)为基础树脂，再添加有协同效应的无机阻燃剂与其他助剂加工制成的，是一种无毒、低烟的洁净阻燃材料。阻燃材料 $Al(OH)_3$ 或 $Mg(OH)_2$ 遇热会分解，释放出结晶水，吸收大量热量，稀释氧气，抑制燃烧护层的温度继续上升，而阻燃材料化学反应的产物 Al_2O_3 和 MgO_2 则形成阻燃壳层，从而达到阻燃目的。

4) 高密度聚乙烯(HDPE)绝缘材料

高密度聚乙烯(HDPE)绝缘材料是以 HDPE 为基础树脂，再添加金属钝化剂、抗氧剂、改性剂等以一定比例加工而成的，具有优良的机械性能、化学稳定性和良好的电气性能，因此被广泛用作光缆的骨架以及填充绳材料。此外，HDPE 还具备良好的耐热应力开裂和耐环境应力开裂性能，且与光缆阻水油膏相容性好。

5）阻水油膏

为了防止水和潮气渗入光缆，需要往松套管内纵向注入纤用阻水油膏，并沿缆芯纵向的其他空隙填充缆用阻水油膏，旨在防止各护层破裂后水向松套管和缆芯纵向渗透，使光纤表面的微裂纹扩张最终导致光纤断裂，同时防止水与光缆结构中金属元件的化学置换反应产生的氢导致光纤氢损。

纤用阻水油膏是由天然油或合成油、无机填料、偶联剂、增黏剂、抗氧剂等按一定比例制成的一种白色半透明膏状物，具有良好的化学稳定性、温度稳定性、憎水性，同时析氢腐蚀极小，含气泡少，与光纤和 PBT（或 PP）相容性好，并且对人无毒无害。缆用阻水油膏一般为热膨胀或吸水膨胀化合物，是由矿物油、丙烯酸钠高分子吸水树脂、偶联剂、抗氧剂、增黏剂等制成的一种黄色半透明膏状物。

施工现场要进行光缆接续前，必须将这些阻水油膏清洁干净，费时且操作烦琐，因此在光纤接入网工程中新型的光缆不再使用填充油膏，而使用吸水膨胀阻水带代替油膏，这种光缆称为干芯或半干芯光缆。

6）热熔胶

热熔胶是由高弹性、高抗张力强度和高伸长率的热塑性橡胶与混合树脂、调节剂、稳定剂经一定工艺加工而成的一种棕色透明状的弹性块状胶体，主要用于光缆铠装层复合带的搭接缝粘接，可以防止光缆铠装层横向和纵向渗水。热熔胶具有强黏结力的同时，还要求其黏结力必须具有分布均匀，固化速度快，热稳定性、气化性能好，与其他材料相容性好等特点。

7）聚酯带

聚酯带在光缆中用作包扎材料。例如层绞式光缆中，缆芯以钢绞线为中心加强件，套塑后光纤绕中心加强件绞合排列，空隙填充缆膏，再由聚酯带绕包而成。聚酯带为酯类聚合物，具有良好的耐热性、化学稳定性和抗拉强度，同时具备收缩率小、尺寸稳定性好、低温柔性好、击穿电压高、绝缘性能好等特点。

8）阻水带

光缆的阻水方式有两种：憎水型阻水和吸水膨胀型阻水。阻水带依据的是吸水膨胀阻水机制，即干性水溶膨胀料阻水。阻水带是用黏结剂将吸水树脂黏附在两层聚酯纤维无纺布中构成的带状材料，当渗入光缆内部的水与阻水带中的吸水树脂相接触时，吸水树脂就迅速吸收渗入水，其自身体积快速膨胀百倍甚至上千倍，迅速充满光缆的空隙，从而阻止水分在光缆中进一步纵向和横向流动。

阻水带除了具有良好的阻水性、化学稳定性、热稳定性、机械强度外，还要求其在一定时间内吸水膨胀度高，吸水速率快。用阻水带代替阻水油膏可免去光缆接续中清洁阻水油膏的工作，尤其适用于光缆接入网工程。阻水带对缆芯的绕包带和缆芯也具有一定的保护作用。

9）芳纶纱

架设在高压电力输电线路上的全介质自承式光缆（ADSS 光缆），其重量不是靠悬挂钢索支承，而是靠光缆自身配置的抗拉元件玻璃钢圆棒和芳纶纱来支承自重和抗拉。芳纶纱的优点是重量轻，抗拉强度高。通常芳纶纱被放置在光缆的内外护套之间，以提升光缆的纵向抗拉强度。一般用芳纶纱作为标准元件的 ADSS 光缆跨度范围为 75～1100 m。

2. 复合材料

复合材料主要有钢-塑复合带和铝-塑复合带两种，用于光缆铠装层，其作用是隔潮，保护缆芯免受机械损伤，提高光缆的侧压力、耐冲击力以及电磁屏蔽性能。

复合材料应注意金属复合带中钢带/铝箔与塑膜的剥离强度、复合带间的热封强度、销装搭接缝的粘接强度等，还应注意复合带的耐水、耐油以及与填充油膏的相容性，以免发生化学反应而产生氢，造成氢损。

3. 金属材料

光缆在敷设和使用过程中均可能产生轴向应力，为保证光缆在所允许的应力作用下工作，必须选用金属材料作为加强元件来提高光缆的抗拉伸、压扁和弯曲等的机械性能。光缆中的金属材料指钢丝或钢绞线。钢丝主要有镀锌高碳钢丝、镀磷高碳钢丝和镀锌低碳钢丝三种。镀锌钢丝由于容易产生析氢现象，因此在海底光缆通信系统中已不再使用。

2.3 光缆的分类

光缆的种类很多，其分类方法也多，一般根据光缆的缆芯结构、敷设方式以及适用环境来划分，具体分类方法如表 2-1 所示。

表 2-1 光缆分类

分类方法	光缆种类
光纤传输模式	单模光缆、多模光缆(阶跃型多模光缆、渐变型多模光缆)
光纤状态	紧结构光缆、松结构光缆、半松半紧结构光缆
缆芯结构	层绞式光缆、骨架式光缆、束管式光缆、带状式光缆
外护套结构	无铠装光缆、钢带铠装光缆、钢丝铠装光缆
光缆材料有无金属	金属光缆、全介质光缆
光纤芯数	单芯光缆、多芯(带状式)光缆
敷设方式	架空光缆、管道光缆、直埋光缆、水底光缆
使用环境	室外光缆、室内光缆、室内外两用光缆
维护方式	充气光缆、充油(Gel-filled)光缆、干芯(Gel-free)光缆
特殊使用环境	高压输电线采用的光缆、室内垂直布线光缆、应急光缆、野战光缆

2.4 光 缆 的 型 号

根据 YD/T 908—2020《光缆型号命名方法》，光缆的型号是由型式代号、规格代号和特殊性能标识代号三部分构成，型式代号和规格代号之间应空一格，规格代号和特殊性能标识代号之间用"—"连接，型号组成的格式如图 2-2 所示。

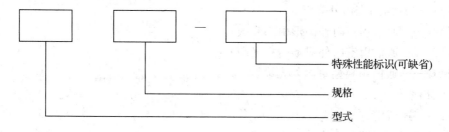

图 2-2 光缆的型号组成格式

2.4.1 光缆的型式代号

光缆的型式由分类、加强构件、结构特征、护套和外护层五部分组成，如图 2-3 所示。

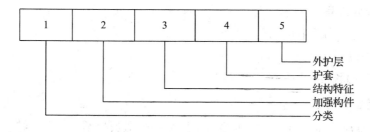

图 2-3 光缆型式的构成

下面对各部分代号所表示的内容做详细说明。

1. 分类代号

（1）室外型：

GY——通信用室（野）外光缆；

GYC——通信用气吹微型室外光缆；

GYL——通信用室外路面微槽敷设光缆；

GYP——通信用室外防鼠啮排水管道光缆；

GYQ——通信用轻型室外光缆。

（2）室内型：

GJ——通信用室（局）内光缆；

GJA——通信用终端组件用室内光缆；

GJC——通信用气吹微型室内光缆；

GJB——通信用室内分支光缆；

GJP——通信用室内配线光缆；

GJI——通信用室内设备互联用光缆；

GJH——隐形光缆；

GJR——通信用室内圆形引入光缆；

GJX——通信用室内蝶形引入光缆。

（3）室内外型：

GJY——通信用室内外光缆；

GJYR——通信用室内外圆形引入光缆；

GJYX——通信用室内外蝶形引入光缆；

GJYQ——通信用轻型室内外光缆。

（4）其他类型：

GH——通信用海底光缆；

GM——通信用移动光缆；

GS——通信用设备光缆；

GT——通信用特殊光缆；

GD——通信用光电混合缆；

GDJ——通信用室内光电混合缆。

2. 加强构件代号

（无符号）——金属加强构件；

F——非金属加强构件；

N——无加强构件。

3. 结构特征代号

光缆结构特征应标识出缆芯的主要结构类型和光缆派生结构。当光缆型式有多个结构特征需要表明时，可用组合代号表示，其组合代号按下列相应的各代号自上而下的顺序排列。

（1）光纤组织方式：

（无符号）—分立式；

D——光纤带式；

S——固化光纤束式。

（2）二次被覆结构：

（无符号）——塑料松套被覆结构；

M——金属松套被覆结构；

E——无被覆结构；

J——紧套被覆结构。

（3）缆芯结构：

J——光纤紧套被覆结构；

（无符号）——层绞结构；

G——骨架式结构；

R——束状式结构；

X——中心管式结构。

（4）阻水结构特征：

（无符号）——全干式；

HT——半干式；

T——填充式。

（5）缆芯外护套内加强层：

（无符号）——无加强层；

0——强调无加强层；

1——钢管；

2——绕包钢带；

3——单层圆钢丝；

33——双层圆钢丝；

4——不锈钢带；

5——镀铬钢带；

6——非金属丝；

7——非金属带；

8——非金属杆；

88——双非金属杆。

（6）承载结构：

（无符号）——非自承式结构；

C——自承式结构。

（7）吊线材料：

（无符号）——金属加强吊线或无吊线；

F——非金属加强吊线。

（8）截面形状：

（无符号）——圆形；

8——"8"字形状；

B——扁平形状；

E——椭圆形状。

4. 护套代号

（1）护套阻燃特性：

（无符号）——非阻燃材料护套；

Z——阻燃材料护套。

（2）护套结构：

（无符号）——单一材质的护套；

A——铝-塑料粘接护套；

S——钢-塑料粘接护套；

W——夹带平行加强件的钢丝的钢-塑料粘接护套；

P——夹带平行加强件的塑料护套；

K——螺旋钢管-塑料护套。

（3）护套材料：

（无符号）——当与护套结构代号组合时，表示聚乙烯护套；

Y——聚乙烯护套；

V——聚氯乙烯护套；

H——低烟无卤护套；

U——聚氨酯护套；

N——尼龙护套；

L——铝护套；

G——钢护套。

5. 外护层代号

当有外护层时，它可包括垫层、铠装层和外被层，其代号用两组数字表示（垫层不需表示）：第一组表示铠装层，它应是一位或两位数字；第二组表示外被层，它应是一位数字。铠装层与外被层代号及其含义如表 2-2 所示。

表 2-2 铠装层与外被层的代号及含义

代号	铠装层（方式）	代号	外被层
0 或（无符号）	无铠装层	0 或（无符号）	无外被层
1	钢管	1	纤维外被
2	绕包钢带	2	聚氯乙烯套
3	单层圆钢丝	3	聚乙烯套
33	双细圆钢丝	4	聚乙烯套加覆尼龙套
4	不锈钢带	5	尼龙套
5	镀铬钢带	6	阻燃聚乙烯套
6	非金属丝	7	尼龙套加覆聚乙烯套
7	非金属带	8	低烟无卤阻燃聚烯烃套
8	非金属杆	9	聚氨酯套
88	双层非金属杆		
备注	当光缆有外被层时，用代号"0"表示"无铠装层"；当光缆无外被层时，用代号"（无符号）"表示"无铠装层"。	备注	当光缆有铠装层时，用代号"0"表示"无外被层"；当光缆无铠装层时，用代号"（无符号）"表示"无外被层"。

2.4.2 光缆的基本规格

光缆的基本规格是由光纤数和光纤类别组成的。同一根光缆中含有一种以上规格的光纤时，不同规格代号之间用"＋"连接。

1. 光纤数的代号

光纤数的代号用光缆中同类别光纤的实际有效数目的数字表示。

2. 光纤类别的代号

光纤类别应采用光纤产品的分类代号表示。具体的光纤类别代号应符合 GB/T 12357 以及 GB/T 9771 中的规定。多模光纤与单模光纤的分类代号详见表 2-3 和表 2-4。

表 2-3 多模光纤的分类代号

分类代号	特性	纤芯直径/μm	包层直径/μm	材料
A1a.1	渐变折射率	50	125	二氧化硅
A1a.2		50	125	
A1a.3		50	125	
A1b		62.5	125	
A1d		100	140	
A2a	突变折射率	100	140	
A2b		200	240	
A2c		200	280	
A3a		200	300	二氧化硅芯塑料包层
A3b		200	380	
A3c		200	230	
A4a		965～985	1000	塑料
A4b		715～735	750	
A4c		465～485	500	
A4d		965～985	1000	
A4e		≥500	750	
A4f		200	490	
A4g		120	490	
A4h		62.5	245	

注：A1a.1、A1a.2 和 A1a.3 的区别在于 850 nm 波长的满注入条件下最小模式带宽不同。

表 2-4　单模光纤的分类代号

分类代号	名　称	ITU 分类代号
B1.1	非色散位移光纤	G.652.B
B1.2a	截止波长位移光纤	G.654.A
B1.2b		G.654.B
B1.2c		G.654.C
B1.2d		G.654.D
B1.2e		G.654.E
B1.3	波长段扩展的非色散位移光纤	G.652.D
B2a	色散位移光纤	G.653.A
B2b		G.653.B
B4c	非零色散位移光纤	G.655.C
B4d		G.655.D
B4e		G.655.E
B5	宽波长段光传输用非零色散光纤	G.656
B6.a1	接入网用弯曲损耗不敏感光纤	G.657.A1
B6.a2		G.657.A2
B6.b2		G.657.B2
B6.b13		G.657.B3

例如:光缆 48B1.3+12B1.2e,表示该光缆含有 48 根 B1.3 类单模光纤以及 12 根 B1.2e 类单模光纤。

2.4.3　光缆特殊性能标识

对于光缆的某些特殊性能可加相应标识代号,不同类别的特殊性能代号间可用"/"分开,部分特殊性能的代号及含义详见表 2-5。

表 2-5　部分特殊性能的代号及含义

代　号	含　义
W	无卤
D	低烟
Z	单根阻燃
ZA	成束阻燃 A 类
ZB	成束阻燃 B 类

代　号	含　义
ZC	成束阻燃 C 类
ZD	成束阻燃 D 类
N1	"一"字形耐火
NU	"U"字形耐火
NUJ	"U"字形耐火加冲击
RFID	带有电子标签
AOC	有源光缆
I	含隐形光缆单元
F	强调缆中材料为全非金属

注：燃烧特性的代号按照无卤、低烟、阻燃及耐火特性的顺序进行标注。

2.4.4 光缆型号命名举例

【例 1】　GYTA 24B1.3＋12B4

该光缆型号表示其为金属加强构件、松套层绞填充式、铝-聚乙烯粘接护套通信用室外光缆，包含 24 根 B1.3 类单模光纤和 12 根 B4 类单模光纤。

【例 2】　GYFDGY63 288B1.3

该光缆型号表示其为非金属加强构件、光纤带骨架全干式、聚乙烯护套、非金属丝铠装、聚乙烯套通信用室外光缆，包含 288 根 B1.3 类单模光纤。

【例 3】　GDTZA56 24B1.3＋2×2×0.4＋4×1.5

该光缆型号表示其为金属加强构件、松套层绞填充式、铝-阻燃聚乙烯粘接护套、纵包镀铬带铠装、阻燃聚乙烯护套通信用室外光电混合缆，包含 24 根 B1.3 类单模光纤、2 对标称直径为 0.4 mm 的通信线和 4 根标称截面积为 1.5 mm^2 的馈电线。

现将 2020 版与 2011 版《光缆型号命名方法》中关于典型光缆型式代号变化对照示例列举于表 2-6 中。

表 2-6　典型光缆型式代号变化对照示例

光缆型式描述	2020 版光缆型式代号	2011 版光缆型式代号
金属加强构件、松套层绞半干式、铝-聚乙烯粘接护套通信用室外光缆	GYHTA	GYA
金属加强构件、松套层绞填充式、铝-阻燃聚乙烯粘接护套通信用室外光缆	GYTZA	未区分
金属加强构件、松套层绞填充式、铝-低烟无卤粘接护套通信用室外光缆	GYTAH	

光缆型式描述	2020版光缆型式代号	2011版光缆型式代号
金属加强构件、松套层绞填充式、铝-阻燃聚乙烯粘接护套、镀铬钢带铠装、阻燃聚乙烯套通信用室外光缆	GYTZA56	GYTZA53，未区分
金属加强构件、松套层绞填充式、铝-低烟无卤粘接护套、镀铬钢带铠装、低烟无卤阻燃聚烯烃套通信用室外光缆	GYTAH58	
金属加强构件、松套层绞填充式、铝-聚乙烯粘接护套、镀铬钢带铠装加聚乙烯套的内层外护层、单层圆钢丝铠装加聚乙烯套的外层外护层通信用室外光缆	GYTA53+33	未表达
金属加强构件、松套层绞填充式、铝-聚乙烯粘接护套、不锈钢带铠装、聚乙烯套通信用室外光缆	GYTA43	未表达
非金属加强构件、松套层绞填充式、聚乙烯护套、非金属杆铠装、聚乙烯套通信用室外光缆	GYFTY83	未表达
金属中心管填充式、金属加强构件、单层圆钢丝加强层、聚乙烯护套通信用室外光缆	GYMXT3Y	未表达
非金属加强构件、中心管式、非金属丝加强层、低烟无卤护套房屋布线用室内光缆	GJFX6H	未表达
中心管填充式、非金属加强构件、非金属带加强层、聚乙烯护套通信用室外光缆	GYFXT7Y	GYFXTY
中心管填充式、无加强构件、钢-聚乙烯粘接护套通信用室外光缆	GYNXTS	未表达
金属中心管填充式、金属加强构件、夹带平行加强件的聚乙烯护套通信用室外光缆	GYMXTP	未表达
中心管填充式、金属加强构件、夹带平行加强件的钢-低烟无卤粘接护套通信用室外光缆	GYXTWH	未表达
金属加强构件、松套层绞填充式、铝-聚乙烯粘接护套、单层圆钢丝铠装、聚乙烯套通信用室外光缆	GYTA33	GYTA33 GYTA43
金属加强构件、松套层绞填充式、铝-聚乙烯粘接护套、双层圆钢丝铠装、聚乙烯套通信用室外光缆	GYTA333	GYTA333 GYTA443
非金属加强构件、中心管填充式、夹带平行非金属加强件的聚乙烯护套、扁平形通信用轻型室外光缆	GYQFXTBP	未表达

2.5 光缆的机械和环境性能

光缆的机械性能是确保光缆安全敷设、可靠运行和使用寿命的基本条件。由于光缆的使用环境不同，对应的要求也会不同，因此相关文档从实践出发对架空、管道、埋式以及水底光缆等不同结构光缆的机械性能和环境性能制定了具体要求。对于重要线路上使用的或有特殊需求的光缆，在工程设计和订货时可向光缆制造厂商提出明确要求。

光缆制造厂商所生产的任何一种结构的光缆，必须进行严格的例行试验和鉴定，并定期对产品进行抽测。施工单位应了解所承担工程选用光缆的机械性能以及试验方法，并且试验工程、重点长途工程应派工程技术人员应参加光缆的出厂检查。

1. 机械性能及试验要求

光缆的机械性能主要包括拉伸、压扁、冲击、弯曲、扭转、曲绕、弯折以及卷绕等。光缆机械性能应依据 GB/T 7424.21—2021《光缆总规范 第 21 部分：光缆基本试验方法 机械性能试验方法》中规定的各项试验方法、试验条件、指标要求进行例行试验或验收试验。

2. 环境性能及试验要求

光缆的环境性能是确保光缆在正常环境和恶劣条件下均能达到设计能力的必要条件。国际电工委员会提出了诸如温度循环、污染、霉菌繁殖、耐火、渗水、冷冻以及核辐射等条件。我国关于光缆环境性能的试验方法表中有温度循环、渗水、复合物滴流等条件。光缆环境性能应依据 GB/T 7424·22—2021《光缆总规范 第 22 部分：光缆基本试验方法 环境性能试验方法》中规定的各项试验方法、试验条件、指标要求进行例行试验或验收试验。

2.6 光缆的端别和纤序

光缆中光纤单元、单元内光纤、导电线组(对)及组(对)内的绝缘纤芯，采用全色谱或领示色谱来识别光缆的端别与光纤序号。对于工程测量和接续工作，必须首先注意光缆的端别和了解光纤纤序的排列。具体色谱排列及加标识颜色的部位，一般由生产厂家在光缆产品说明中规定。用于识别的色标应鲜明，在安装或运行中遇到高、低温度时应不褪色，应不迁染到相邻的其他光缆元件上。

2.6.1 端别判断

通信光缆的端别判断方法与通信电缆类似。一般来说，按光缆线路工程要求：北为 A 端、南为 B 端、东为 A 端、西为 B 端；按设计要求：上游局或站为 A 端，下游局或站为 B 端。

1. 新光缆

对于新光缆，可按红点端为 A 端，绿点端为 B 端进行端别判断；也可按光缆外护套上的长度数字进行端别判断，小的一端为 A 端，另一端即为 B 端。

2. 旧光缆

由于旧光缆外护套上的红绿点和长度数字均有可能在施工过程中被摩擦掉，所以其端别判断方法是：面对光缆横截面，若同一层中的松套管颜色蓝、橙、绿、棕、灰、白按顺时针排列，则为 A 端；若按逆时针排列，则为 B 端。

2.6.2 纤序排定

光缆中松套管单元光纤色谱分为两种：一种是 6 芯的，其色谱排列顺序为蓝、橙、绿、棕、灰、白；另一种是 12 芯的，其色谱排列顺序为蓝、橙、绿、棕、灰、白、红、黑、黄、紫、粉红、天蓝。

若为 6 芯单元松套管，则蓝色松套管中的蓝、橙、绿、棕、灰、白 6 根纤对应 1～6 号纤；紧挨蓝色松套管的橙色松套管中的蓝、橙、绿、棕、灰、白 6 根纤对应 7～12 号纤；依此类推，直至排完所有松套管中的光纤为止。

若为 12 芯单元松套管，则蓝色松套管中的蓝、橙、绿、棕、灰、白、红、黑、黄、紫、粉红、天蓝 12 根纤对应 1～12 号纤；紧挨蓝色松套管的橙色松套管中的蓝、橙、绿、棕、灰、白、红、黑、黄、紫、粉红、天蓝 12 根纤对应 13～24 号纤；依此类推，直至排完所有松套管中的光纤为止。

2.7 特 种 光 缆

2.7.1 排水管道光缆

1. 光缆结构

下水道光缆是利用城区排水管道进行敷设的一种光缆，由于其敷设环境的特殊性，要求在设计光缆结构时必须考虑以下因素：

（1）具备防止啮齿类动物啃咬的能力。

（2）环境温度与气候条件相关，也与下水道中排水温度的情况相关，光缆需具备良好的温度特性。

（3）水中的化学物质对光缆的腐蚀应予以考虑。

（4）高潮湿和浸水环境下，须考虑护套开裂问题以及阻水设计。

（5）下水道光缆需具备阻燃能力。

下水道光缆的结构如图 2-4 所示。

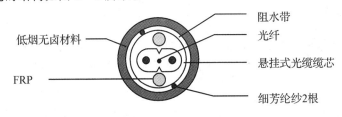

图 2-4 下水道光缆结构图

2. 敷设要求

下水道光缆在结构上结合了 ADSS 和 GYTA 的特质，采用自承式结构挂架于管道上壁，无需在管道中预先设置吊线或吊管，所以其敷设具有施工效率高、工程造价低的特点。

2.7.2　路面微槽光缆

1. 光缆结构

路面微槽光缆和气吹光缆具有相似的结构，缆径小、自重轻、抗侧压、抗拉伸、隔潮性能好。它以不锈钢松套技术为基础，芯数可达 48 芯，外径小于 6.0 mm，缆重小于 60 kg/km。其中，不锈钢管/钢带既是光纤的松套保护管，能提供适当的光纤余长，也是光缆密封套，可以完全隔绝外界潮气不使其进入套管内，同时也是光缆的加强构件，用以确保光缆的拉伸性能和压扁性能。不锈钢管/钢带内填充了阻水带，确保了光缆符合渗水性能的要求，其结构如图 2-5 所示。我国路面微槽敷设光缆由行业标准 YD/T 1461 — 2013《通信用路面微槽敷设光缆》进行规范。

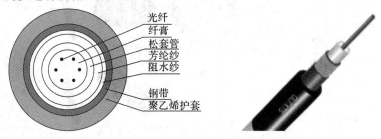

图 2-5　路面微槽光缆结构图

路面微槽光缆适合路况良好的水泥或柏油路，可采用切割机开出的微小 U 形槽，将光缆平铺于槽底后回填恢复路面即可，施工简单，对路面破坏小。

2. 敷设要求

路面微槽光缆在敷设过程中需注意以下几点：

（1）在现有水泥或沥青道路路面开槽。

（2）开槽宽度小于 50 mm。

（3）槽道内最上层光缆距路面深度不小于 80 mm。

（4）槽道总深度不大于路面层厚度的 2/3。

2.7.3　皮线光缆

1. 光缆结构

皮线光缆具有良好的抗侧压能力，更易于敷设，性能更加稳定可靠。皮线光缆以单芯、双芯结构居多，也可做成四芯结构，横截面呈"8"字形，加强件位于两圆中心，可采用金属或非金属结构，光纤位于"8"字形的几何中心。皮线光缆的结构如图 2-6 所示。

皮线光缆的加强件类型有金属加强件和非金属加强件两种。金属加强件的皮线光缆可以达到更大的抗拉强度，适合较远距离室内水平布线或短距离的室内垂直布线。非金属加强件的皮线光缆采用 FRP 作为加强材料，可以实现全介质入户，并且防雷击性能优越，适用于从户外到户内的引入光缆。皮线光缆外护套一般采用 PVC 材料或低烟无卤（LSZH）材料，LSZH 材料阻燃性能高于 PVC 材料，同时，黑色 LSZH 材料可阻挡紫外线侵蚀，防止开裂，适用于室外到室内的引入光缆。

加强件(铜包钢绞线)

光纤(1~2芯)

加强件(铜包钢绞线)

阻燃外护套(单模黄色，多模橙色)

图 2-6 皮线光缆的结构

皮线光缆除了最基本的类型以外，还有多种衍生结构，最常见的有管道映射光缆（管道入户型）和自承式"8"字布线光缆（架空入户型）两种，如图 2-7 所示。

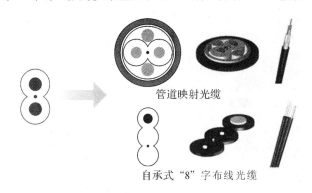

管道映射光缆

自承式"8"字布线光缆

图 2-7 皮线光缆的衍生结构

2. 敷设要求

管道映射光缆和自承式"8"字布线光缆都属于室内外一体化光缆，室内、室外环境均能适应，适合于从室外到室内的 FTTH 引入。管道映射光缆由于在皮线光缆的基础上增加了外护层、加强件及阻水材料，所以其硬度和防水性能均有提高，适合于户外管道敷设。自承式"8"字布线光缆是在皮线光缆的基础上增加了一根金属吊线单元，因此其抗拉强度更大，可用于架空敷设，适用于户外架空引入户内的布线环境。

2.7.4 野战光缆

1. 概述

光纤通信所固有的各种优点使它适合于军事应用，如外径小、重量轻，使其有利于部队野战通信，便于快速架设和撤收，线路组建快、机动性好、生存力强；抗电磁干扰、抗射频干扰和抗电磁脉冲干扰的性能好，且无电磁辐射，提高了通信的保密性和安全性，有助于提高部队在现代电子战环境中的生存能力。这些特点是微波、电缆通信和卫星通信难以具备的，因此，发达国家从 20 世纪 70 年代中期就着手，把光纤广泛应用于陆、海、空各个军种。

野战光缆是一种可方便地在田野收、放的战术光通信干线。野战光缆主要用于野战综合通信系统中的交换节点间、交换节点到用户中心间的群路信息传输及作为无线接力设备的引接设备的传输线，也可作为传输手段用于抗干扰及电磁屏蔽特别严格的场合。

近年来，国外野战光缆的发展出现了几个明显的特点：

(1) 各国野战光缆中的光纤基本上采用紧包缓冲结构 0.9～1 mm 的光纤单元；增强元件以芳纶丝为主，有的伴以 FRP；护套多数采用阻燃聚氨酯，也有氯丁橡胶和聚酯。

(2) 采用一种光缆结构容纳不同光纤类型(如多模光纤、单模光纤、色散位移单模光纤、抗核加固光纤、大芯径光纤等)，光纤经被覆而形成统一外径的光纤单元，从而满足不同的使用要求。

(3) 要求采用防核加固光纤以满足未来战争的需要。

2. 光缆材料与结构

1) 材料

野战光缆直接在田野中敷设，光缆本身不再处于任何受保护的环境之中，极易受到挤压、拉伸和摩擦等作用，所以光缆应具备坚韧的结构；同时，为了便于现场敷设和后勤运输，避免遭受敌方的攻击和摧毁，光缆应具有重量轻、尺寸小和柔软的结构。鉴于上述情况，野战光缆一般都是采用紧包光纤作缆芯、芳纶丝作加强件、聚氨酯作外护层的结构方式，因此野战光缆系列属全介质光缆。

众所周知，光纤处于微弯状态时通常伴有损耗增加(微弯损耗)。根据 Glog 的理论，光纤若带有一层柔软的内涂层和一层较硬的外涂层时会有良好的抗侧压能力，不易引起微弯损耗。通常在 $\phi 0.4$ mm 左右的缓冲涂覆光纤外再套塑一层尼龙 12 或聚酯型热塑性弹性体 Hytrel 至 $\phi 0.9$ mm，得到紧包光纤，其具有卓越的抗侧压能力，并兼具良好的低温性能。

为赋予野战光缆良好的耐磨性、高温和低温下的柔软性，通常采用聚氨酯作为保护层。聚氨酯的弹性好，有利于吸收冲击能量。黑色阻燃型聚氨酯具有耐气候性和抑制火焰蔓延的能力，是制造野战光缆的理想护层材料。

普通光缆采用廉价的钢丝作为加强元件的居多，但是这样的光缆在柔软性方面比使用纤维作加强元件的差，在重量方面远比用纤维的大，因此野战光缆均采用纤维材料作加强元件。可作加强元件的纤维材料有玻璃纤维、尼龙丝、涤纶丝、芳纶丝(美国杜邦公司的产品为 Kevlar，国产品名为芳纶 1414)、碳纤维和硼纤维等，其一般性能列于表 2-7 中。玻璃纤维有耐磨的优点和对静态张力疲劳敏感的问题；碳纤维和硼纤的维耐磨性能较差且成本较高，不适宜在光缆和电缆中作加强元件。日常生活中，尼龙丝和涤纶丝已是属于高强度纤维之列的，大量用来制造高强度的缆绳等，但在光缆中，尼龙丝和涤纶丝断裂时的高强度意义并不大，因为尼龙丝的断裂伸长率达 18.3%，涤纶丝的断裂伸长率为 14.5%，而光纤中个别点的断裂伸长率却很小(光纤的平均断裂伸长率为 7%～8%，筛选应变为 0.5%～1%)，所以用尼龙丝或涤纶丝加强的光缆在受力拉伸时，光缆里的光纤总是先断裂，而尼龙丝或涤纶丝上只发生远比其断裂伸长率小的应变。因此这两种纤维在光缆里也是不适用的。芳纶丝具有高的强度、低的断裂伸长率、耐磨和耐切割性很好的特点，尽管其成本比钢丝高出很多，但对于有尺寸和重量限制的野战光缆来说，是唯一可用的纤维加强材料。

芳纶丝的断裂伸长率为 2.5%～3.5%，因此希望使用筛选应变 1% 甚至 2% 的高强度光纤。考虑到目前的光纤生产水平、光纤的性价比，通常在野战光缆里选用筛选应变为

1%～1.5%的高强度光纤，断裂伸长率为 2.5%～2.9%的芳纶丝为好。

表 2-7　常见增强纤维材料性能表

项目		Kevlar-29	Kevlar-49	尼龙丝	涤纶丝	E-玻纤	S-玻纤	B-纤维	C-纤维	钢丝
抗张强度	MPa	2900	2800	980	1150	3400	4500	2800	2800	2000
	g/d	23	22	9.8	9.2	15	21	—	—	2.9
杨氏模量	MPa	72 000	108 000	5500	13 800	72 000	85 000	380 000	200 000～345 000	200 000
	g/d	565	835	55	115	300	400	—	—	200
断裂伸长率/%		3.6	2.5	18.3	14.5	4.8	5.4	0.8	1.3	2
密度（g/cm³）		1.44	1.44	1.44	1.38	2.54	2.48	2.63	1.49	7.86

2）结构

野战光缆是一种专为野外及复杂环境下临时快速布线或反复收放而设计的通信光缆。紧包光纤、芳纶丝和聚氨酯护层构成了最简单的野战光缆，其具有抗张力强、抗压力强、柔软性好、抗弯曲、耐油、耐磨、阻燃、温度适用范围广等特点。它适用于野外通信系统快速布线或反复收放，雷达、航空和舰船布线，油田、矿山、港口、电视现场转播，通信线路抢修等条件严酷的场合。图 2-8 所示为国外野战光缆的四种结构，图中所示尺寸因不同制造商而有所差异。

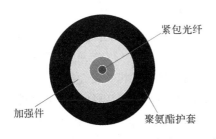

（a）单芯野战光缆的典型结构

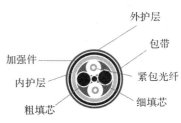

（b）两芯野战光缆的典型结构

（c）四芯野战光缆的典型结构

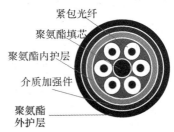

（d）六芯野战光缆的典型结构

图 2-8　国外野战光缆典型结构

野战光缆中的填芯可以采用加强材料芳纶或一般填充物尼龙单丝。紧包光纤和填芯绞合成一个较为圆整的、稳定的缆芯结构。通常处于中心位置的填芯，其尺寸应比正规绞合时的几何图形上的计算尺寸稍大一些，否则会在绞合光纤时出现拥挤现象。

芳纶加强件通常是绕制到缆芯上的，有只绕制一层的，有 S、Z 向各绕制一层的，即总共绕制两层。通常在芳纶丝绕制前、后各绕包一层涤纶薄膜，但也有不绕包涤纶薄膜而直接挤包外护层的。

芳纶丝的绕制角度由 0° 增加到 15° 时，光缆的抗张强度随绕制角度变化不明显，但光缆的断裂伸长率是有些变化的，在此范围内，断裂伸长率将近增加了 1%。芳纶丝在绕制前还需施加一定的捻度。通常捻度系数 TM 为 1.1 时，芳纶丝达到最大强度，但同时伸长率也有增加。适度加捻对芳纶丝的模量影响不大，加捻的芳纶丝，其强度不但提高了，而且容易加工处理。

在图 2-8(d) 中，光纤绞合成缆芯之后，在绕制芳纶丝之前先挤包了一层聚氨酯内护层，然后在绕制芳纶丝之后再挤包一层聚氨酯外护层，它是一种双层护套结构。此外，还有单挤包外护层的单护层结构，以及采用泡沫塑料内护层和聚氨酯外护层的双护层结构。

3）强度计算

根据实战需要，野战光缆应具有约 1200 N 的抗拉力。在这种结构的光缆中，抗拉力完全由芳纶丝承担。光缆中芳纶丝的实际用量应根据光纤在光缆中的余长、整个成缆加工过程中芳纶丝强度的利用率、相应于不同绕制方式和绕制角度的断裂伸长率以及安全系数等因素进行修正。

由于使用场合不同，还有填充防水密封膏的野战光缆、防鼠咬的钢带铠装或非金属防护的野战光缆等。这些光缆也是用绕制芳纶丝作加强元件、聚氨酯作外护层、紧包光纤作缆芯制作而成的，其基本结构特征和前述的野战光缆相一致，只不过缆的抗拉能力、重量和尺寸等相对较大些，而缆中的防水密封膏、铠装钢带等则和普通光缆中的一样。

3. 野战光缆的典型性能

1）重量和尺寸

由于野外随时收放作业的需要，野战光缆必须重量轻、尺寸小。美国野战光缆规范 DOD-C-85045/2 中规定的芯数、重量和外径的标称值如表 2-8 所示。

表 2-8 美国野战光缆典型外型参数

芯 数	最大重量/(kg/km)	标称外径/mm
1	18	3
2	25	5
4	29	6
6	34	6.25

注：表中给出的是具有内外两层护套的数据。

我国自行研制的野战光缆，其芯数、重量和外径的标称值如表 2-9 所示。

表 2-9　我国野战光缆典型外型参数

芯　数	最大重量/(kg/km)	标称外径/mm
1	10	3
2	27	5
4	28	5.5
6	32	6

2）抗拉能力

根据美军野战光缆总规范 DOD-C-85045C，野战光缆在拉伸负荷 1780 N 下的伸长率应小于 2％，在此拉力下相对于无拉力下的每根光纤附加损耗应小于 0.5 dB；工作拉伸负荷 300 N 下保持 72 h，附加损耗应小于 0.5 dB。

国内某企标规定：1100 N 拉力下保持 1 min，每根光纤的附加损耗应小于 0.5 dB。

3）温度特性

按 DOD-C-85045C 规定，光缆绕在线筒上和不绕在线筒上均应进行温度循环试验。经高、低温反复 5 次循环，在其低温端或高温端相对于室温下的每根光纤附加损耗应小于 0.5 dB。低温端定在 -46℃（国内分 -45℃和 -35℃两档），高温端定在 71℃（国内定在 55℃）。在两极端温度和室温下的保温时间至少 4 h。

4）挤压和冲击

按美军军用光缆总规范规定，野战光缆抗挤压能力定为：施压 2000 N/10 cm，保持 1 min，附加损耗小于 0.5 dB。而英国 BICC 研制的野战光缆，在 1000 N/5 mm 下保持 10 min 的最大损耗变化仅为 ±0.05 dB。

按 DOD-C-85045C 规定，野战光缆的抗冲击能力为 1.5 N·m，冲击 100 次，附加损耗小于0.5 dB。国内某企标规定：冲击强度为 1 N·m，冲击 200 次，附加损耗小于 0.5 dB。英国 BICC 研制的野战光缆，在冲击强度为 2.5 N·m、冲击 200 次的情况下，其最大损耗变化为 ±0.5 dB。

4. 其他特种军用光缆

除了战术通信用的野战光缆之外，军事部门还需要各种各样的专用光缆。比如，打击坦克用的导弹制导光缆，打击军舰用的鱼雷制导光缆，可用直升飞机进行高速布线的消耗性光缆，拖曳或吊放声纳的光缆，系留探测气球的光缆等。这些专用光缆在一些发达国家也在不断完善之中，而在我国尚处于起步阶段。

上述专用光缆有一个共同的特点：柔软而又具备高强度。因此，制造这些光缆时均采用筛选应变至少为 1％的高强度光纤，均采用高强度、高模量的芳纶丝作为加强件（拖曳或吊放声纳的光缆也有用钢丝作加强元件的），其结构和制造工艺与野战光缆有共同之处。当然，这些光缆也各有其独特的不同于野战光缆的性能要求。例如，支持飞机高速布线的单芯光缆要求重量约为 10 kg/km、放线速度须达 70 m/s、连续长度为 8 km、价格也应低廉；制导光缆要求重量更轻、尺寸更小、放线速度更高；拖曳、吊放、系留用光缆要求有几百公斤甚至几吨的高抗张强度。下面仅以导弹制导光缆为例，说明该特种光缆的性能。

导弹制导光缆是一种从飞行中的导弹尾部拖曳下来，连接于地面控制站的双向信息传输线。这种导弹是专门用于攻击坦克的，借此光纤制导系统可以大大提高其命中率。这种制导光缆被绕在一个直径为 30～50 mm 的专用线轴上，构成一个可以高速放线的线包，存放于导弹体内靠近尾部的地方。在导弹飞行过程中，该光缆从导弹体内以相当于导弹飞行速度的高速放出，放线速度高达 270 m/s，有时甚至高达 1 马赫数。

导弹制导光缆是一种工作于如此苛刻条件下的光缆，应该具有良好的抗微弯能力、足够的强度，尺寸和重量应尽可能小。一般对该光缆的要求是：光缆绕成线包后的附加损耗应很小，且放线时在剥离点的弯曲应不影响其正常工作；光缆可承受 3～4 kg 的拉伸负荷；光缆外径约为 0.5 mm，其重量小于 0.4 kg/km。

1）抗微弯能力

标准的 50/125 μm、NA 为 0.20 的多模光纤，在高张力下，绕于小直径(ϕ50 mm)的线轴上时，尤其是在高速放线的剥离点处出现微弯时，会出现较大的因微弯引起的附加损耗。根据 Olshansky 的理论，要减小这种附加损耗，应采用较小芯/包比、较大数值孔径的多模光纤。有文献提出用 30/125 μm～35/125 μm、NA 在 0.20～0.25 范围内的多模光纤来制造这种光缆。目前，人们越来越倾向于用单模光纤来制造这种制导光缆。单模光纤绕在小直径线轴上时同样会遇到微弯损耗的问题，有实验证明，低折射包层突变型单模光纤对微弯最不敏感，最适合制作制导光缆。

2）强度、尺寸与重量

为获得尺寸小、重量轻的导弹制导光缆，最好使用涂覆外径为 0.3 mm 的光纤，外加三根芳纶丝，如 Kevlar49/217Dtex 来补强，外层再用聚酯绕包得到 0.55 mm 的光缆。将这种光缆绕在 50 mm 的线轴上，可以 1 马赫数的速度高速放线。

若选用一种由高强度、高模量涂覆料制得的高强度光纤，直接绕制成线包，则可以免去补强用的 Kevlar 丝和包扎用的聚酯，进一步降低制导光缆及其绕成的线包的尺寸和重量，将更适用于导弹制导系统。

复 习 思 考 题

1．室外光缆按照缆芯结构可分为哪几类？分别具有什么特点？
2．光缆受潮、进水后有什么危害？光缆在结构上如何防潮、防水？
3．光缆的端别和纤序是如何规定的？规定端别的目的和意义是什么？
4．加强件的作用是什么？常见的加强件结构及其布放位置有哪几种？
5．根据型号说明以下光缆的结构：
（1）GYFTZY63 - 48B1.3。
（2）GJAFH - J 12×（FJV 6A1a.1）。
（3）GYTZS 24B1.3 WDZCN1 - 750（90＋15）。
6．简述野战光缆的结构、用途和分类。
7．野战光缆的战术要求和主要技术指标有哪些？

第3章 光缆线路工程设计

　　光缆线路工程设计是通信工程项目建设的一个重要环节，做好光缆线路工程设计工作对保证通信畅通、提高通信质量、加快施工进度具有重要意义。光缆线路工程设计应依据工业和信息化部在通信工程建设方面的方针、政策和法规，由工程设计人员运用相关的科学技术成果和长期积累的工程实践经验，从通信工程项目建设的需要出发，利用查勘、测量所取得的基础数据与现行的技术标准等，进行科学、系统的设计。同时，光缆线路工程设计的过程也是综合考虑项目的技术可行性、先进性以及经济效益和社会效益，全面、合理、准确地指导工程建设的过程。

3.1 光缆线路工程设计概述

1. 光缆线路工程设计的主要任务

光缆线路工程设计的主要任务包括：

（1）选择合理的光缆线路路由，并根据路由的选择情况组织光缆网络；

（2）根据设计任务书提出的原则，确定干线及分支光缆的容量、程式，以及各线路节点的设置；

（3）根据设计任务书提出的原则，确定线路的敷设方式；

（4）对光缆线路沿途经过的各种特殊区段加以分析，并提出相应的保护措施；

（5）对光缆线路经过之处可能遭到的强电、雷击、腐蚀、鼠害等影响加以分析，并提出防护措施；

（6）对设计方案进行全面的政治、经济、技术方面的比较，进而综合设计、施工、维护等各方面的因素，提出设计方案，绘制相关图纸；

（7）根据工业和信息化部概（预）算编制要求，结合工程的具体情况，编制工程概（预）算方案。

2. 光缆线路工程的分类及特点

1）光缆线路工程的分类

（1）按敷设方式划分。

光缆线路工程按照敷设方式的不同，可分为架空光缆、地下光缆（直埋、管道）和水底光缆。架空光缆架挂在电线杆间的钢绞线之上，地下光缆则直接埋设在土壤中或通过人孔放入管道中。光缆线路跨越江河时，一般将钢丝铠装光缆(称水线)敷设在水底。跨海的光缆其线路敷设在海底，称为海底光缆。

（2）按承载业务划分。

光缆线路按其承载业务的不同，可分为长途光缆线路、本地网光缆线路和接入网光缆线路。长途光缆线路是连接县城以上城市之间的线路设施；本地网光缆线路是指在一个城市范围内连接所有用户与端局的线路设施；而接入网光缆线路是指连接业务节点和用户驻地网之间的线路设施。

2）光缆线路工程的特点

（1）涉及学科众多。光缆线路工程涉及学科众多，从事光缆线路工程设计的人员不但要精通光纤通信领域的知识，还应该适度了解其他学科的知识，如城市规划、工程经济、市场经济、运筹学、土建、输配电、化学和电化学等。

（2）涉外关系复杂。光缆线路工程的部分设计事项和技术问题会涉及城市管理和公共法规，必须与相关部门(如市政、规划、交通、航运、铁路、气象、水利等政府部门)协商以后才能作出决定。

（3）政策性强。光缆线路设计工作涉及发展方针大计，各项指标和政策法规密切相关，每一个指标数字的取定都要依靠对社会经济的充分了解，所以政策性比较强。例如，局所规划方案的抉择涉及长期发展使用，是运营和建设中的大事，不恰当地调整交换区域不但会使经济蒙受损失，还会危害用户利益。

（4）经济性强。经济分析比较在光缆线路技术中占有重要地位，因为光缆线路工程的投资比重较大，它在光缆通信工程投资总额中高达 20% 以上的比重也表明了其极强的经济性。

（5）复杂度高。光缆线路工程覆盖面广，建设周期长，工程事务复杂，工作环境艰苦。

3.2　中继距离设计

光传输中继距离由光纤损耗和色散等因素决定。因此，实际工程中中继距离的估算分为两种情况：第一种是损耗受限系统，即中继距离由光发送点和光接收点之间的光通路损耗决定；第二种是色散受限系统，即中继距离由光发送点和光接收点之间的光通路色散决定。由于长途光缆线路和城域光缆线路从设计方法上讲基本相同，仅在一些重要参数的选取上有所不同，因此本节主要以长途光缆线路为例说明光中继段距离计算。

长途光缆线路中继段系统构成如图 3-1 所示。S 参考点为光发送点，位于紧靠光发送机的连接器 C_1 之后的光纤点；R 参考点为光接收点，位于紧靠光接收机的连接器 C_2 之前的光纤点。

图 3-1 中：T'、T——符合 ITU-T 建议的光端机和数字复用设备的接口；

TX——光端机或光中继器的光发射机；

RX——光端机或光中继器的光接收机；

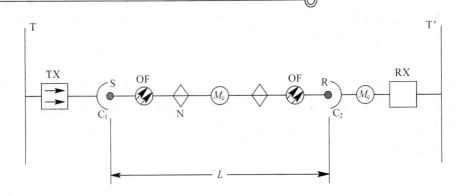

图 3-1　长途光缆线路中继段系统构成示意图

S——紧靠在 TX 上光连接器 C_1 后面的光纤点；

R——紧靠在 RX 上光连接器 C_2 前面的光纤点；

OF——光缆线路；

C_1、C_2——光连接器；

N——光纤固定接头。

一般在工程设计中采用最坏值法估算中继距离，即在设计时，将所有光参数指标都按最坏值进行估算，而不是按设备出厂或系统验收指标，如寿命终了（EOL）最小平均发送功率、寿命终了（EOL）最差灵敏度等。

3.2.1　损耗受限系统

损耗受限系统中继距离可用式（3.1）估算：

$$L = \frac{P_S - P_R - P_P - M_c - A_c}{A_f + A_s} \qquad (3.1)$$

式中：L——损耗受限系统中继段的最大距离（km）；

P_S——S 点寿命终了（EOL）最小平均发送光功率（dBm），也即光发送机发送信号强度的最小值；

P_R——R 点寿命终了（EOL）最差接收灵敏度（dBm），也即光接收机能够接收到信号的最低强度；

P_P——光通路功率代价（dB），因反射、码间干扰等产生的光功率代价，该参数一次性记取一个数值；

M_c——光缆富余度（dB），是指由于光缆线路在运行中的变动（维护时附加接头和光缆长度的增加）与外界环境因素引起的光缆性能劣化，以及 S 和 R 点间其他连接器（配置时）性能劣化在设计中应留有的必要的富余量，在一个中继段内，光缆富余度不应超过 5 dB，设计中按 3～5 dB 取值；

A_c——S 点和 R 点之间除设备连接器 C_1、C_2 以外的其他连接器损耗之和（dB），如 ODF、水线倒换开关等，如果每个连接器损耗取 0.5 dB，那么两个连接器就是 1 dB；

A_f——光纤平均损耗系数（dB/km），具体值与光纤的质量有关，一般在光缆性能较好的情况下可以按照经验估算，如果是一些严重劣化的光缆段落，应以实际测试值为准；

A_s——光纤熔接接头平均损耗系数(dB/km)，与光缆质量、熔接机性能、接续操作水平等因素有关，设计中一般取 0.01～0.02 dB/km。

3.2.2　色散受限系统

色散受限系统中继距离可用式(3.2)估算：

$$L = \frac{D_{max}}{D} \tag{3.2}$$

式中：L——色散受限系统中继段的最大距离(km)；

　　　D_{max}——S 点和 R 点之间允许的最大色散值(ps/nm)；

　　　D——光纤色散系数[ps/(nm·km)]；

最大色散值 D_{max} 一般由光传输设备厂商提供，也可在相关规范的光接口参数中查到。对于 STM-16 及以下速率的传输系统，一般可以不考虑色散问题，而对于 STM-16 以上速率，则需要根据色散估算其中继距离。实际设计时，最大中继距离必须同时满足上述两个主要受限因素，即最大中继距离取决于损耗和色散两个因素受限距离的最小值；当传输距离不满足时，就需要对受限因素进行相应的补偿。

3.2.3　波分复用系统

波分复用系统工程的局站包括光终端站(OTM 站)、光分路站(OADM 站)和光放站(OLA 站)三种站型。配置有光终端复用设备的局站为光终端站；通过光分插复用设备来上下光通路的中间节点局站为光分路站；对光信号进行光放大中继的中间节点局站为光放站。所谓光放段是指相邻光放站之间或相邻光放站与光终端站之间的段落，而光复用段是指两个相邻光终端站之间的段落，如图 3-2 所示。

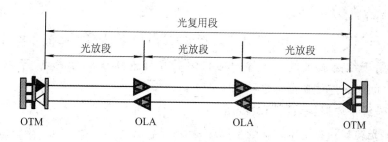

图 3-2　长途光缆线路中继段系统示意图

在实际工程应用中，波分复用系统的光复用段/光放段计算应根据各光放段的长度和损耗情况分别考虑，通常按以下三个步骤进行：

第一步，按规则设计法。即直接套用统一的应用代码，此时实际的光放段数量及光放段损耗不应超过应用代码所规定的数值。

第二步，采用简单信噪比计算法。当实际的光放段损耗比较均匀，但光复用段中的光放段数量比应用代码要求的数量略有增加，或在限定的光放段数量内，个别段落的线路损耗超出应用代码规定的损耗范围时，采用简单信噪比计算公式进行计算，以保证系统性能。

第三步，在上述两种计算方法均不适用时，如光复用段中某一光放段的损耗比较大，要采用设备供应商提供的配套专用计算工具进行计算。

在工程实施前仍需通过模拟仿真系统进行验证。

1) 规则设计法

规则设计法直接套用波分复用系统的光接口应用代码，此时实际的光波段数量及光放段损耗不超过应用代码所规定的数值，此方法适用于各段落损耗比较均匀的情况。

首先，利用式(3.3)计算色散受限的光复用段距离：

$$L = \frac{D_{sys}}{D} \tag{3.3}$$

式中：L——色散受限的光复用段距离(km)；

D_{sys}——MPI-S_M(OMU 后面用于光功率放大的 OA 输出接口之后光纤连接处的参考点)、MPI-R_M(ODU 前面用于前置放大的 OA 输入接口之前光纤连接处的参考点)点之间光通路允许的最大色散值(ps/nm)；

D——平均光纤色散系数[ps/(nm·km)]。

然后，利用式(3.4)计算损耗受限的光复用段距离：

$$L = \sum_{i=0}^{n} \frac{A_{span} - \sum A_c}{A_f + A_{mc}} \tag{3.4}$$

式中：L——保证信噪比的损耗受限的光复用段距离(km)；

n——波分复用系统采用的应用代码所限制的光放段数量；

A_{span}——系统中最大光放段损耗(dB)，其值应不大于波分复用系统采用的应用代码所限制的段落损耗；

$\sum A_c$——MPI-S_M点至 R_M点(用于线路放大的 OA 输入接口之前光纤连接处的参考点)、S_M点(用于线路放大的 OA 输出接口之后光纤连接处的参考点)至 R_M点或 S_M至 MPI-R_M点之间所有连接器损耗之和(dB)；

A_f——光纤平均损耗系数(dB/km)；

A_{mc}——光缆线路每千米维护余量(dB/km)。

最后，分别计算光复用段距离后并比较，取其较小值。

2) 简单信噪比计算法

当规则设计法不能满足实际工程的应用要求时，可通过色散受限与保证系统的信噪比来确定光放段的距离、数量以及最终的光复用段距离。其中色散受限公式详见式(3.4)，而信噪比计算公式为

$$OSNR_N = 58.03 + P_{out} - 10\lg M - A_{span} - NF - 10\lg N \tag{3.5}$$

式中：$OSNR_N$——N 个光放段后的每通路光信噪比(dB)；

M——最大通路数量；

P_{out}——最大通路时总的输出光功率(dBm)；

NF——光放大器的噪声系数(dB)；

A_{span}——最大光放段损耗(dB)；

N——光放段的数量；

58.03——综合系数。

计算光信噪比(OSNR)时，在每个光放段 R_M 点及 MPI-R_M 点的各个通路的 OSNR 满足指标的情况下，由光放段损耗来决定光放段的长度，再确定通过几个光放大器(OA)级联的光复用段长度。

3) 余量及其他考虑

(1) 波分复用系统在设计时应预留光纤损耗、色散的余量。光纤损耗余量宜满足下列规定：

① 当光放段长度小于 75 km 时，每个光放段宜预留 2.5～3 dB 的损耗余量；

② 当光放段长度在 75～125 km 之间时，每个光放段宜预留 0.04 dB/km 的损耗余量；

③ 当光放段长度大于 125 km 时，每个光放段宜预留 5 dB 的损耗余量。

(2) 放大器的配置应满足终期传输容量的要求，应包括管理、维护及系统老化等余量。

(3) 对于增加光放站困难且光放段超长或损耗过大的段落，可使用喇曼放大器。

3.3　工程设计勘测

勘测是光缆线路工程设计工作的重要环节，通过现场勘测，可搜集工程设计所需要的各种业务、技术、经济以及社会等方面的有关资料，并在此基础上，初步拟定工程设计方案。勘测结果直接影响设计的准确性、施工进度以及工程质量。光缆线路工程设计中的勘测主要包括查勘和测量两部分内容。一般大型工程的勘测可细分为方案查勘(可行性研究报告)、初步设计查勘(初步设计)和现场测量(施工图)三个阶段，而勘测所取得的资料是设计的重要基础。

3.3.1　查勘

1. 准备工作

1) 人员组织

查勘小组应由设计、建设维护、施工等单位的相关成员组成，人员多少视工程规模大小而定。

2) 熟悉相关文件

了解工程概况和要求，明确工程任务和范围，如工程性质，规模大小，建设理由，近、远期规划等。

3) 收集资料

一项工程的资料收集工作将贯穿线路设计勘测的全过程，主要资料应在查勘前和查勘中收集齐全。为避免和其他部门发生冲突或造成不必要的损失，应提前向相关单位和部门调查了解、收集其他建设方面的资料，并争取他们的支持和配合。相关部门包括计委、建委、电信、铁路、交通、电力、水利、农田、气象、燃化、冶金工业、地质、广播电台、军事等部门。对改扩建工程，还应收集原有工程资料。

4）制订查勘计划

根据设计任务书和所收集的资料，对工程概貌做出一个粗略方案。可将粗略方案作为制订查勘计划的依据。

5）查勘准备

可根据不同查勘任务准备不同的工具。一般通用工具有：望远镜、测距仪、地阻测试仪、罗盘仪、皮尺、绳尺（地链）、标杆、随带式图板、工具袋等，以及查勘时所需要的表格、纸张、文具等。

2. 查勘

1）路由选择

根据设计规范要求和前期确定的初步方案，进行路由选择。长途光缆线路和本地网光缆线路的路由选择的具体注意点和要求不尽相同，具体要求详见 3.6.2 节。

2）站址选择

根据工程设计任务书和设计规范的有关规定选择分路站、转接站、有人及无人中继站。站址选择的具体要求不尽相同，具体要求详见 3.6.3 节。

3）对外联系

管道、光缆需穿越铁路、公路、重要河流、其他管线以及其他有关重要工程设施时，应与有关单位联系，重要部位需取得有关单位的书面同意。出现矛盾时应认真协商取得一致结论，矛盾突出时应签订正式书面协议。

4）资料整理

根据现场查勘的情况进行全面总结，并对查勘资料进行下述整理和检查：

（1）将主体路由、选择的站址、重要目标和障碍在地图上标注清楚；

（2）整理出站间距离及其他设计需要的各类数据；

（3）提出对局部路由和站址的修正方案，分别列出各方案的优缺点并进行比较；

（4）绘制出向城市建设部门申报备案的有关图纸；

（5）将查勘情况进行全面总结，并向建设单位汇报，认真听取意见，以便进一步完善方案。

3.3.2 测量

光缆线路查勘工作结束后，应进行线路测量。测量工作很重要，它直接影响到线路建设的安全、质量、投资、施工维护等，同时设计过程中的很大一部分问题需在测量时解决，因此测量过程实际上是设计与现场的结合过程。

1. 测量前准备

1）人员配备

根据测量规模和难度，配备相应人员，并明确人员分工，制订日程进度。光缆线路测量工作人员配备情况如表 3-1 所示。

表 3-1　光缆线路测量工作人员配备情况表

序号	工作内容	技术人员	技工	普工	备注
1	大旗组	—	1	2	人员可视情况适度增减
2	测距组：等级和障碍处理	1	—	—	
	前链、后杆、传标杆	—	1	2	
	钉标桩	—	1	1	
3	测绘组	1	1	1	
4	测防组	—	1	1	
5	对外调查联系	—	1	—	
6	合计	2	6	7	

2）工具配备

根据工程类别和测量方法的需要配备测量工具。常用的工具有：红白大旗（及附件）、经纬仪、标尺、绳尺、皮尺、砍刀、指南针、望远镜、锤子、手锯、手水准仪、雨伞、测距仪、绘图用品、工具袋。另外还应准备标桩、红黑漆等辅助材料。

2. 线路测量工作分工和工作要求

光缆线路测量工作分工和工作要求如表 3-2 所示。

表 3-2　光缆线路测量工作分工和工作要求

序号	任务分工	工作要求
1	大旗组： （1）负责确定光缆敷设的具体位置； （2）大旗插定后，在 1：50 000 地形图上标注； （3）发现新修公路、高压输电线、水利及其他重要建筑设施时，在 1：50 000 地形图上补充输入	（1）与初步设计路由偏离不应太大，当不涉及与其他建筑物的隔距要求，不影响协议文件规定时，允许适当调整路由，以使设计更为合理，便于施工维护； （2）发现路由不妥时，应返工重测，个别特殊地段可测量两个方案，作技术经济比较； （3）注意穿越河流、铁路、输电线等的交越位置，注意与电力杆的隔距要求； （4）与军事目标及重要建筑设施的隔距，应符合初步设计的要求； （5）大旗位置选择在路由转弯点或高坡点，直线段较长时，中间增补 1～2 面大旗

序 号	任务分工	工作要求
2	测距组: (1) 负责路由测量长度的准确性; (2) 登记和障碍处理由技术人员承担,对现场测距工作全面负责; (3) 配合大旗组用花杆定线定位,量距离,钉标桩,登记累计距离,登记工程量和对障碍物的处理方法,确定S弯预留量	(1) 保证丈量长度准确性的措施: ① 至少每两天用钢尺核对测绳长度一次; ② 遇上、下坡,沟坎和需要"S"形敷设的地段,测绳要随地形与光缆的布放形态一致; ③ 先由拉后链的技工将每个测挡距离写在标桩上,并负责登记、钉标桩,测绘组的工作人员到达每一标桩点时,都要进行检查,对有怀疑的可进行复量,并在工作过程中相互核对。每天工作结束时,总核对一遍,发现差错随时更正。 (2) 登记和障碍处理: ① 编写标桩编号,即以累计距离作为标桩编号,一般只写百位以下3位数; ② 登记过河、沟渠、沟坎的高度、深度、长度,穿越铁路、公路的保护长度,与坟墓、树木、房屋、电杆等的距离,各项防护加固措施和工程量; ③ 确定S弯预留量。 (3) 钉标桩: ① 登记各测档内的土质、距离; ② 每千米终点、转弯点、水线起止点、直线段每100米钉一个标桩
3	测绘组: (1) 现场测绘图纸,经整理后作为施工图纸; (2) 负责所提供图纸的完整与准确	(1) 图纸绘制内容与要求: ① 直埋光缆线路施工图以路由为主,将路由长度和穿越的障碍物准确地绘入图中,路由50 m以内地形地物要详绘,50 m以外重点绘,与车站、村镇等的距离应在图上标出; ② 登记光缆穿越河流、渠道、铁路、公路、沟坎等所采取的各项防护加固措施; ③ 图框规格:285 mm×800 mm(直埋光缆线路路由); ④ 绘图比例:直埋、架空、桥上光缆施工图1∶2000,市区管道施工图平面1∶500或1∶1000,断面1∶100,水底光缆施工图平面1∶1000或1∶2000; ⑤ 每页中间标出指北方向; ⑥ 城市规划区内光缆施工图按1∶5000或1∶10 000正确放大后,按比例补充绘入地形地物。 (2) 与测距组共同完成的工作内容: ① 丈量光缆线路与孤立大树、电杆、房屋、坟墓等的距离; ② 测定山坡路中坡度大于20°的地段; ③ 三角定标:路由转弯点,穿越河流、铁路、公路和直线段每隔1 km左右标注;

序　号	任务分工	工　作　要　求
3		④ 测绘光缆穿越铁路、公路干线以及堤坝的平面、断面图； ⑤ 绘制光缆引入局（站）进线室、机房内的布缆路由及安装图； ⑥ 绘制光缆引入无人中继站的布缆路由及安装图； ⑦ 复测水底光缆线路平面、断面图； ⑧ 测绘市区新建管道的平面、断面图，原有管道路由及主要人孔展开图； ⑨ 绘制光缆附挂桥上的安装图； ⑩ 绘制架空光缆施工图，包括配杆高、定拉线程式、定杆位和拉线地锚位置，登记杆上设备的安装内容
4	测防组： 配合测距组、测绘组提出防雷、防蚀的意见	(1) 土壤 pH 值和含有机质按初步设计查勘的抽测值进行测量。 (2) 土壤电阻率的测试： ① 平原地区：每 1 千米测值 ρ_2 一处，每 2 千米测值 ρ_{10} 一处； ② 山区：每 1 千米测值 ρ_2 和 ρ_{10} 各一处；在土壤电阻率有明显变化的地段测值； ③ 在需要安装防雷接地的地点测值
5	其他： (1) 对外调查联系工作。 (2) 需要防蚁的地段进行毒土处理	—

3. 整理图纸

(1) 检查各项测绘图纸。

(2) 整理登记资料、测防资料和对外调查联系工作记录。

(3) 统计光缆长度和各种工作量。

资料整理完毕，测量组应进行全面系统的总结，对路由与各项防护加固措施作重点论述。

3.3.3　勘测阶段划分

1. 可行性研究及方案查勘

长途光缆线路及本地网光缆线路的勘测工作一般分为初步设计查勘和施工图测量两个阶段。对跨省的长途干线工程，为了编制规划阶段工程建设的可行性研究报告，同时作为工程投标的参考，首先应进行光缆线路工程的可行性研究及工程方案查勘工作。

由设计人员、主管及相关部门的有关人员组成查勘组。勘察前应在 1：200 000 地形图上初步拟定工程途经的大城市路由走向和重点地区的路由方案，在 1：50 000 地形图上拟定沿途转接站、分路站、有人及无人中继站的设置方案，并对工作内容、查勘程序、工程进度进行安排。

1）工程可行性研究报告及工程方案查勘的任务

工程可行性研究报告及工程方案查勘的任务包括以下四点：

（1）拟订光缆传输系统的光缆规格型号和多路传输设备的制式；

（2）拟订工程大致路由走向以及重点地段的线路路由方案；

（3）拟订终端站和沿途转接站、分路站、有人及无人中继站的建设方案，以及建设规模及其建筑结构，提出关键性新设备的研制及与本工程互相配合的方案；

（4）初步确定本工程的技术经济指标和工程投资估算数额，论证本工程建设的可行性。

2）可行性研究报告和方案查勘应搜集的资料

可行性研究报告和方案查勘应搜集的资料详见表 3-3。

表 3-3 可行性研究报告和方案查勘应搜集的资料

序 号	调查单位	调查搜集资料的内容
1	电信部门	（1）现有长途干线通信网的结构、规模、容量、线路路由、局站分布及系统维护等情况，（了解）过去和现在长途业务量增长情况，（预测）未来发展的可能性。 （2）省内现有长途通信网的结构、局站分布、线路情况及其发展规划
2	公路部门	（1）与工程有关的现有及规划公路的分布以及公路等级情况。 （2）特殊公路和战备公路、高等级公路的情况。 （3）现有公路的改道、升级及大型桥梁、隧道、涵洞建设整修计划
3	水利部门	（1）现有河流、水库的情况及其建设整治计划（一般指较大河流）。 （2）现有农业水利建设及其发展规划。 （3）拟订光缆敷设地段的新挖河道、新修水库的工程计划。 （4）光缆过河位置附近现有和规划的码头、拦河坝、水闸、护堤和水下情况等
4	水文部门	（1）主要河流历年来最大洪水流量、出现时间和断面内最大流速。 （2）主要河流历年来的最高洪水位。 （3）主要河流洪水前后的河床情况
5	气象部门	（1）工程沿途地区地面深度为 1.2～2.0 m 处的地温资料。 （2）近 10 年的雷暴日数及雷击情况。 （3）土壤冻结深度和持续时间，以及封冻、解冻时间

续表

序号	调查单位	调查搜集资料的内容
6	地质农林单位	（1）山区岩石种类、分布范围、地质结构、泥石流、山洪暴发区、滑坡地带等情况。 （2）光缆线路附近地下矿藏资料。 （3）地震及地质结构的变化地段及相关资料
7	石油、化工煤炭、冶金等工矿部门	（1）相关油田、矿山的分布开采（现有情况及其规划）。 （2）输气输油管道的路径、内压、防蚀措施及相关设施。 （3）油田、矿山专用铁路的情况（现有情况及其规划）
8	电力部门	（1）与光缆线路路由平行接近的高压输电线路的路径、供电方式、工作电压、中性点接地方式、架空地线规格、短路电流曲线以及沿线大地导电率资料。 （2）与光缆线路路由平行接近的"两线一地"制输电线路的路径、工作电压、电流、短路电流、沿线大地导电率以及有无改三相的计划等。 （3）正在设计或正在架设中的高压输电线与光缆路由的相互位置。 （4）邻近发电厂、变电站及其他电位资料。 （5）必要时应商议本工程架设电力专线等事宜
9	铁道部门	（1）与本工程光缆线路临近的现有和规划铁路的位置、主要车站、编组站的位置及建设计划。 （2）与光缆线路接近的电气化铁路（包括现有与规划）的位置，电力供电站和牵引变电站的位置、供电制式、电压筹备组及钢轨的型号、断面、尺寸等。 （3）牵引供电段长度、段内机车数量、机车电流、强行运行状态的牵引段长度、机车数量、机车电流、负荷曲线、短路电流、沿线大地导电率等。 （4）通信线路对电气化铁路的防护措施，如吸流变压器等
10	其他有关单位	工程涉及的国家重要机密资料

3）现场查勘

现场查勘应完成以下任务：

（1）将收集的资料和实地查勘获得的材料进行综合分析、比较，研究工程建设方案的可行性，确定重点地区的路由走向方案。

（2）了解工程沿线的现有通信网组成情况及其发展规划，了解沿线其他部门进网的需求。

（3）查勘终端站、转接站、分路站、有人及无人中继站的站址方案。其中，有人站所属的城市及具体位置待下一阶段确定。

(4) 征求工程相关单位(如规划局、军事保密等)对光缆线路路由走向及设站方案的意见。

(5) 与建设单位共同商定查勘的结论。

2. 初步设计查勘

由设计专业人员和建设单位代表组成查勘小组,查勘步骤如下:研究设计任务书(或可行性报告)的内容与要求;收集与工程有关的文件、图纸与资料;在1:50 000地形图上初步标出拟订的光缆路由方案;初步拟订无人站站址的设置地点,并测量标出相关位置;制订组织分工、工作程序与工程进度安排;准备查勘工具。

初步设计查勘的主要任务如下:

(1) 选定光缆线路路由。选定线路与沿线城镇、公路、铁路、河流、水库、桥梁等地形地物的相对位置;选定进入城区所占用街道的位置;根据现有通信管道或需新建管道的规程,选定在特殊地段的具体位置。

(2) 选定终端站、转接站、有人及无人中继站的站址。配合数字通信、电力、土建专业人员,依据设计任务书的要求选定站址,并商定相关站址的总平面布置以及光缆的进线方式及走向。

(3) 拟订中继段内各系统的配置方案。拟订无人站的具体位置,无人站的建筑结构和施工工艺要求;确定中继设备的供电方式和业务联络方式。

(4) 拟订各段光缆规格、型号。根据地形自然条件,首先拟订光缆线路的敷设方式,然后根据敷设方式确定各地段所使用光缆的规格和型号。

(5) 拟订线路上需要防护的地段及防护措施。拟订防雷、防腐蚀、防强电、防止鼠类啃噬以及防机械损伤的地段和防护措施。

(6) 拟订维护事项。拟订维护制式,当采用充气维护制式时,要拟订制式系统和充气点的位置。拟订维护方式和维护任务的划分;拟订维护段、巡房、水线房的位置;提出维护工具、仪表及交通工具的配置;结合监控告警系统,提出维护工作的安排意见。

(7) 对外联系。对于光缆线路穿越铁路、公路或路肩(路的两侧)、重要河道、大堤以及光缆线路进入市区等,协同建设单位与相关主管单位协商光缆线路需穿越的地点、保护措施及进局路由,必要时发函备案。

(8) 初步设计现场查勘,查勘人员将按照分工进行现场查勘,需完成以下任务:

① 核对在1:50 000地形图上初步标定的光缆路由方案位置。

② 向有关单位核实收集、了解到的资料内容的可靠性,核实地形、地物、建筑设施等的实际情况,对初拟路由中地形不稳固或受其他建筑影响的地段进行修改调整,并通过现场查勘比较,选择最佳路由方案。

③ 同维护技术人员在现场确定光缆线路进入市区时利用现有管道的长度,确定需新建管道的地段和管孔配置,以及计划安装制作接头的人孔位置。

④ 根据现场地形,研究确定利用桥梁附挂的方式和采用架空敷设的地段。

⑤ 确定光缆线路穿越河流、铁路、公路的具体位置,并制定相应的施工方案和保护措施。

⑥ 拟订光缆线路如防雷、防蚀、防强电、防机械损伤的段落、地点及其防护措施。

⑦ 查勘沿线土质种类,初估土石方工程量和沟坎的数量。

⑧ 了解沿线白蚁和啮齿动物繁殖及对埋设地下光缆的伤害情况。

⑨ 配合光数字传输设备、电力、土建专业人员，进行初步设计查勘任务中的机房选址工作，并确定光缆的进线方式与走向。

⑩ 同当地局(站)维护人员，研究拟订初步设计中关于通信系统的配置和维护制式等有关事项。

（9）整理图纸资料。通过对现场查勘和先期收集的有关资料的整理、加工，形成初步的设计图纸。

① 将线路路由两侧一定范围(各 200 m)内的有关设施，如军事重地、矿区范围、水利设施、临近的输电线路、电气化铁道、公路、居民区、输油管线、输气管线，以及其他重要建筑设施(包括地下隐蔽工程)等，准确地标绘在 1：50 000 地形图上。

② 整理图纸时，应使用专业符号。整理提供的图纸种类及内容见表 3-4。

表 3-4　图纸种类及内容

序号	图纸名称	主　要　内　容
1	光缆线路路由图	在 1：50 000 地形图上绘制查勘选定的光缆线路路由，终端站、转接站、分路站，有人及无人再生中继站的位置，其他重要设施位置，如水库、矿区、高压输电线、变电站、电气化铁路牵引站等
2	路由方案比较图	对路由中主要复杂地段，绘图并提出路由方案的比较意见
3	系统配置图	概要地给出整个路由与各站的系统分布情况，无人再生中继站的电源供给方式，业务联络系统与监控中心的设置传递方式，巡房、水线房的设置，维护段的划分与主要设施等
4	市区管道系统图	给出现有管道和新建管道的路由、管段长度及规模等
5	主要河流敷设水底光缆的线路平面图和截面图	按所选定水底光缆路由和河道、河床概况绘制
6	光缆进入城市规划区的路由图	同序号 1，用 1：5000 或 1：10 000 的地图比例绘制

③ 在图纸上计算下列长度(用滚图仪在 1：50 000 地形图上计量距离长度)以及主要工作量：路由总长度；终端站、转接站、分路站，有人及无人中继站间的距离；与重大军事目标，重要建筑设施的距离；光缆线路路由沿线的不同地形、不同土质，顺沿公路、铁道、接近的高压输电线和电气化铁道、防雷地段、防腐蚀地段、防机械损伤段落的具体长度及不同路由方案的相关长度；统计各种规格的光缆长度。

（10）总结汇报。查勘组全体人员对选定的路由、站址、系统配置、各项防护措施及维护设施等具体内容进行全面总结，并形成查勘报告，向建设单位汇报。对于暂时不能解决的问题以及超出设计任务书范围的问题，报请上级主管部门批示。

3. 施工图现场测量

施工图现场测量是指在光缆线路施工图设计阶段所进行的对光缆线路施工安装图纸的具体测绘工作，并对初步设计审核中的修改部分进行补充勘测。通过施工图测量，使线路敷设的路由位置、安装工艺、各项防护措施进一步具体化，并为编制工程预算提供第一手资料。

测量之前首先要研究初步设计和审批意见，了解设计方案、设计标准和各项技术措施的确定原则，明确初步设计会审后的修改意见；了解对外调查联系工作情况和施工图测量中需要补做的工作；了解现场实际情况与原初步设计查勘时的变化情况，如因路由变动而影响站址、水底光缆路由以及进城路由走向的变动等；确定参加测量的人数，明确人员分工，制订出日进度计划；准备测量用的工具仪器，见表 3-5。

表 3-5　测量用的工具仪器表

序号	工具仪器名称	单位	数量	备　注
1	红白色大旗 800 mm×550 mm	面	10	—
2	手旗 400 mm×275 mm	面	4	—
3	大旗旗杆	根	6~10	附固定用绳、短钢钎等
4	花杆：3 m 2 m	根	3~5 8~10	—
5	手斧	把	2	—
6	砍刀	把	1	—
7	手锯	把	1	—
8	铁锹	把	1	—
9	钢钎	根	1	—
10	6磅锤	把	1	—
11	木钉锤	把	1	—
12	钢剪钳	把	1	—
13	皮尺(30~50 m)	盘	2	—
14	钢卷尺(3 m)	盘	1	—
15	测绳	条	5	—
16	经纬仪	部	1	在复测过河水底光缆线路路由平面、断面图时使用
17	袖珍经纬仪	部	1	—
18	塔尺	个	1	—
19	测距仪	个	1	—
20	望远镜	个	1	—
21	罗盘仪	个	1	—
22	量图仪	个	1	—
23	土壤电阻测试仪	部	1	—
24	对讲机	部	3	—
25	绘图板	个	1	—

续表

序号	工具仪器名称	单位	数量	备　注
26	晴雨伞	把	1	—
27	绘图工具、计算器	套	1	—
28	红磁漆	千克	按需	—
29	标桩（木标桩 40 mm×30 mm×500 mm）	条	按需	可用竹桩代替（木标桩 40 mm×10 mm×500 mm）
30	交通工具	辆	按需	—

1）测量工作

测量人员一般分为 5 个组，即大旗组、测距组、测绘组、测防组和对外调查联系组，可根据需要配备一定数量的人员。测量任务的分工与测量工作的要求参照表 3-5。

施工图测量工作除了完成表 3-5 中所列内容外，还应请建设单位有关人员一起深入现场进行更加详细的调查研究工作，以解决在初步设计中所遗留的问题。这些问题包括：

（1）在初步设计查勘中已与有关单位谈成意向但尚未正式签订的协议。

（2）邀请当地政府有关部门的领导深入现场，介绍并核查有关农田、河流、渠道等设施的整治规划，乡村公路、干道及工农副业的建设计划，以便测量时考虑避让或采取相应的保护措施。

（3）按有关政策及规定，与有关单位及个人洽谈需要迁移电杆、砍伐树木、迁移坟墓、路面损坏、损伤青苗等的赔偿问题，并签订书面协议。

（4）了解并联系施工时的住宿、工具、机械和材料屯放及沿途可能提供劳力的情况。

2）整理图纸资料

整理图纸资料包括以下工作：检查各项测绘图纸；整理登记资料、测防资料及对外调查联系工作记录，收集建设单位与外单位签订的有关路由批准或协议文件；统计各种程式的光缆长度、各类土质挖沟长度及各项防护加固措施的工程量。

3）总结汇报

测量工作结束后，测量组应进行全面系统的总结，在路由图上对路由与各项防护加固措施应作重点描述。对于未能取得统一看法的问题，应与建设单位协商，广泛征求意见，把问题尽快解决在编制设计文件之前，以加快设计进度，提高设计质量。

3.4　阶段设计及要求

设计工作是在规划阶段完成的设计任务书的基础上，通过理解设计任务，进行现场勘测，最终形成科学、合理、准确的设计方案。对于一般的建设项目，通常依据以下的程序进行：

（1）研究和理解设计任务。

（2）工程技术人员的现场查勘。

（3）初步设计。

（4）施工图设计。

（5）设计文件的会审。

（6）对施工现场的技术指导及对客户的回访。

下面按三阶段设计、二阶段设计和一阶段设计的光缆线路工程，分别叙述各阶段设计工作的要求和主要内容。

1. 三阶段设计

1）初步设计

初步设计是根据批准的可行性研究报告、设计任务书、初步设计查勘资料和有关的设计规范进行编制的。若初步设计阶段发现建设条件有变化，则应重新论证设计任务书，当论证结果必须修改时，应向原批准单位申报，经批准后方能做相应的改变。

初步设计文件和总概算一经批准，该建设项目随即确定，并可将其作为技术设计的依据。

一般要求光缆网通信工程的总体设计文件、光缆线路和设备安装三部分独立成册。初步设计文件应分册编制，内容包括初步设计说明、概算以及图纸等。光缆线路部分的初步设计说明、概算以及图纸的内容及其主要要求分别见表3-6、表3-7和表3-8。

表3-6　初步设计说明的内容与主要要求

内　容	主　要　要　求
概述	（1）设计依据；（2）设计内容与范围；（3）设计分工；（4）主要工程量表；（5）线路技术经济指标；（6）维护机构的设置与人员、车辆配备
光缆线路路由	（1）光缆线路路由方案及选定；（2）水底光缆路由；（3）光缆进局管道路由
主要设计标准和技术措施	（1）光缆结构、程式及光电参数；（2）光缆接续及接头保护；（3）光缆的敷设方法及埋深；（4）光缆的防护要求；（5）地下无人中继站
需要说明的其他有关问题	（1）与有关单位和部门的协议；（2）维护机构的设置地点

表3-7　初步设计概算的内容及其主要要求

内　容	主　要　要　求
概算说明	（1）概算依据；（2）有关费率及费用的取定
概算表	（1）概算总表；（2）建筑安装工程概算表；（3）主要设备及材料表；（4）维护仪表、机具及工具表；（5）无人地下中继站主要材料表；（6）其他有关工程费用概算表；（7）次要材料表

表 3－8 初步设计图纸的内容及其主要要求

内容	主 要 要 求
图纸	（1）光缆线路路由图；（2）光缆线路传输系统配置图；（3）进局管道光缆线路路由图；（4）水底光缆路由图；（5）光缆截面图

2）技术设计

技术设计根据批准的初步设计文件进行编制，技术设计和修正总概算一经批准，即可作为工程拨款和编制施工图设计文件等的依据。光缆线路部分的技术设计说明、修正概算以及图纸的内容及其主要要求分别见表 3－9、表 3－10 和表 3－11。

表 3－9 技术设计说明的内容及其主要要求

内容	主 要 要 求
概述	（1）工程概况；（2）设计依据；（3）设计内容范围及分工；（4）主要设计方案变更论述；（5）主要工程量表；（6）线路技术经济指标；（7）维护机构及人员、车辆配置
选定光缆线路路由方案的论述	（1）沿线自然条件的简述；（2）干线光缆线路路由方案论述；（3）穿越河流的水底光缆线路路由；（4）市区及进局光缆线路路由；（5）无人中继站站址
主要设计标准、技术要求及措施	（1）光纤光缆的主要技术要求和指标；（2）各类光缆结构程式及其使用场合；（3）光缆敷设方式及接续要求；（4）线路传输系统配置；（5）中继段内光缆损耗要求；（6）光缆线路防护；（7）无人地下中继站建筑标准；（8）其他特殊地段的技术保护措施
需要说明的其他有关问题	（1）与有关单位、部门的协议和需进一步落实的问题；（2）关于仪表的配置原则说明；（3）关于光缆数量调整及其他说明

表 3－10 技术设计修正概算的内容及其主要要求

内容	主 要 要 求
修正概算	修正概算表格与初步设计光缆线路部分的概算表相对应

表 3－11 技术设计图纸的内容及其主要要求

内容	主 要 要 求
图纸	（1）光缆线路路由图；（2）光缆线路传输系统配置图；（3）进局管道光缆线路路由图；（4）水底光缆路由图；（5）光缆截面图

3）施工图设计

施工图设计文件是根据批准的技术文件和施工图设计查勘资料、光缆等主要材料的订货情况进行编制的。施工图设计文件一经批准，即可作为施工单位组织施工的依据；施工图预算一经审定，即可作为预算包干、工程结算的依据。施工图设计若需要修改初步设计方案，应由建设单位负责，征求初步设计编制单位的意见，并报批后方可修改。

光缆线路部分的施工图设计说明、预算以及图纸的内容及其主要要求分别见表3-12、表3-13和表3-14。

表 3-12 施工图设计说明的内容及其主要要求

内 容	主 要 要 求
概述	(1)设计依据；(2)设计内容与范围；(3)设计分工；(4)本设计变更初步设计的主要内容；(5)主要工程量表
光缆线路路由的概述	(1)光缆线路路由；(2)沿线自然与交通情况；(3)穿越障碍情况；(4)市区及管道光缆路由
敷设安装标准、技术措施和施工要求	(1)光缆结构及使用场合；(2)单盘光缆的技术要求和技术指标；(3)光纤色标及系统组成；(4)光中继段光、电主要指标；(5)光缆敷设及安装要求；(6)光缆的防护要求和措施；(7)无人地下中继站的设置与设备安装；(8)特殊地段和地点的技术保护措施；(9)光缆进局的安装要求；(10)维护机构及人员、车辆的配置
需要说明的其他有关问题	(1)施工注意事项和有关施工的建议；(2)对外联系工作；(3)建设单位与本工程同期建设项目有关说明；(4)关于仪表配置原则的说明；(5)其他

表 3-13 施工图设计预算的内容及其主要要求

内 容	主 要 要 求
设备、器材表	(1)主要材料表；(2)地下中继站土建主要材料表；(3)线路维护队(班)用房土建材料表；(4)水泥盖板、标石材料表；(5)维护仪表、机具和工具表；(6)次要材料表；(7)线路安装和接头工具表

表 3-14 施工图设计图纸的内容及其主要要求

内 容	主 要 要 求
图纸	(1)光缆线路路由图；(2)线路系统配置图；(3)光缆缆芯及护层结构断面图；(4)光缆线路施工图；(5)大地电阻率及排流线布放图；(6)管道光缆路由图；(7)光缆接头盒及保护图；(8)直埋光缆埋设及接头安装方案图；(9)进局光缆安装方式图；(10)光缆进局封堵和保护图；(11)管道光缆接头在人孔中的安装方式图；(12)监测标石加工图

2. 二阶段设计

二阶段设计分初步设计和施工图设计两个阶段，其主要内容与三阶段设计的初步设计和施工图设计的内容基本相同。

3. 一阶段设计

一阶段设计时，应编制施工图预算，并计列预备费、建设期贷款利息等费用。一阶段设计的设计说明、预算与主要材料以及图纸的内容及其主要要求分别见表 3-15、表 3-16和表 3-17。

表 3-15　一阶段设计说明的内容及其主要要求

内　容	主　要　要　求
概述	（1）设计依据；（2）工程概况；（3）设计范围；（4）工程规模；（5）工程投资额及经济分析
设计方案	（1）光缆线路路由；（2）系统技术指标；（3）光缆主要参数；（4）光缆线路传输损耗及其分配；（5）系统构成及芯线分配；（6）光缆防护
有关问题说明	—
施工注意事项	—

表 3-16　一阶段设计预算与主要材料的内容及其主要要求

内　容	主　要　要　求
预算说明	（1）预算依据；（2）有关费率及费用的取定；（3）有关问题的说明
预算及主要材料	（1）预算总额；（2）预算总表；（3）主要材料表；（4）次要材料表

表 3-17　一阶段设计图纸的内容及其主要要求

内　容	主　要　要　求
图纸	（1）光缆线路路由图；（2）光缆进局管道示意图；（3）进线室光缆施工图；（4）管道光缆人孔中接头安装图；（5）架空光缆接头两侧余缆收容盒（箱）加固图；（6）光缆截面图

3.5　设计会审与审批

工程设计文件编制完成后，必须通过会审，并经工程主管单位审批，会审和审批应按设计阶段进行。初步设计文件根据批准的设计任务书进行审查；施工图设计文件根据批准的初步设计及其审批意见进行审查。

设计会审和审批权限是由工程项目的规模及其重要性决定的。一般大中型项目由工业和信息化部基建主管部门负责审批；省管建设项目由省工业和信息化厅基建主管部门负责审批；小型项目由归口的上级单位负责审批。设计文件的审查，由工程相关部门、单位(如建设、设计、施工、器材供应、银行等单位)的相关人员进行。对于新技术工程或技术复杂工程，还应邀请专家参加审议。

会审主要侧重技术指标，工程量和概、预算等方面。审查取得一致意见后，将确定会审会议纪要，并上报相关主管部门，待批准后，设计文件方能生效。

施工图设计会审对施工部门来说尤为重要。因此，承担工程的施工单位在会审前应组织直接参加施工的工程技术人员及负责人，对设计进行认真阅读、核对，以便在会审会上提出问题和修改意见。

3.6 光缆线路设计

3.6.1 概述

1. 设计原则

(1) 光缆线路工程设计必须贯彻执行国家基本建设方针和通信产业政策，合理利用资源，重视环境保护。

(2) 光缆线路工程设计必须保证通信质量，做到技术先进、经济合理、安全适用，能够满足施工、生产和使用的要求。

(3) 设计中应进行多方案比较，兼顾近期与远期通信发展的需求，合理利用已有的网络设备和材料，以保证建设项目的经济效益和社会效益，不断降低工程造价和维护费用。

(4) 设计中所采用的产品必须符合国家标准和行业标准，未经试验和鉴定合格的产品不得在工程中使用。

(5) 设计工作必须贯彻科技进步的方针，广泛采用适合我国国情的国内外成熟的先进技术。

(6) 军用光缆线路设计中应贯彻"平战结合，以战为主"的方针，确保军事通信网的安全和畅通。

2. 设计内容

光缆线路工程设计的主要内容一般包括：

(1) 对近期及远期通信业务量的预测。

(2) 光缆线路路由的选择及确定。

(3) 光缆线路敷设方式的选择。

(4) 光纤、光缆的选型及要求。

(5) 光缆接续及接头保护措施。

(6) 光缆线路的防护要求。

(7) 局/站的选择及建筑方式。

(8) 光缆线路成端方式及要求。

(9) 光缆线路的传输性能指标设计。

(10) 光缆线路施工中的注意事项。

3.6.2　光缆线路路由选择

1. 长途光缆线路路由选择

长途光缆线路路由选择应遵循以下原则：

（1）光缆线路路由方案的选择，必须以工程设计任务书和光缆通信网络的规划为依据。

（2）光缆线路路由应进行多方案比较，确保线路的安全可靠、经济合理以及便于维护和施工。

（3）光缆线路路由应充分考虑现有地形、地物、建筑设施以及有关部门发展规划等因素的影响。

（4）光缆线路路由应选择在地质稳定、地势较平坦的地段，尽量选择短捷的路由。

（5）光缆线路路由一般应避开干线铁路、机场、车站、码头等重要设施，且不应靠近重大军事目标。

（6）光缆线路应沿公路或可通行机动车辆的大路，但应顺路取直并避开公路用地、路旁设施、绿化带和规划改道地段，距公路距离不小于 50 m。

（7）光缆线路路由要穿越河流，且过河地点附近存在可供敷设的永久性坚固桥梁时，线路宜在桥上通过。当采用水底光缆时，应选择符合敷设水底光缆要求的地方，并应兼顾大的路由走向，不宜偏离过远。但对于河势复杂、水面宽阔或航运繁忙的大型河流，水底光缆的敷设应着重保证水线的安全，此时可局部偏离大的路由走向。在保证线路安全的前提下，可利用定向钻孔或架空等方式敷设光缆线路过河。

（8）光缆线路不宜穿越城镇，尽量少穿越村庄。

（9）光缆线路不宜通过森林、果园、茶园、苗圃及其他经济林场。

（10）光缆线路要通过水库时，应从水库的上游通过；沿水库绕行时，敷设高度应在最高蓄水位以上。

（11）光缆线路不宜穿越大的工业基地、矿区等地带，必须通过时，应考虑地层沉陷对线路安全的影响，并采取相应的保护措施。

（12）光缆线路应尽量减少与其他管线交越，必须穿越时应在管线下方 0.5 m 以下加钢管保护；当敷设管线埋深大于 2 m 时，光缆也可以从其上方适当位置通过，交越处应加钢管保护。

（13）光缆线路不宜选择在存在鼠害、腐蚀和雷击的地段，不能避开时应考虑采取保护措施。

（14）光缆线路应综合考虑是否可以利用已有管道。

2. 中继光缆线路和进局(站)光缆线路路由选择

中继光缆线路和进局(站)光缆线路路由选择应遵循以下原则：

（1）干线光缆通信系统的转接、分路站与市内长途局之间的中继光缆线路路由，可参照长途干线光缆线路的要求选择。市区内的光缆线路路由，应与当地城建、电信等有关部门协商确定。

（2）中继光缆线路一般不宜采用架空方式。远郊的光缆线路宜采用直埋式，但当通过技术经济比较而选用管道式结构光缆穿放在硬质塑料管道中更有利时，或在原路由上有计划增设光缆时，为了避免重复挖沟覆土，也可以采用备用管孔的形式。在市区，应结合城市和电信管线规划来确定采用直埋或是管道敷设，采用直埋敷设时应加强光缆防机械损伤的保护措施。

（3）光缆在本地网管道中敷设时，应满足光缆的弯曲半径和接头位置的要求，并应在管孔中加设子管，以便容纳更多的光缆。如需新建管道，其路由选择应与城建和电信管线网的发展规划相配合。

（4）引入有人中继站、分路站、转接站和终端局站的进局（站）光缆线路，宜通过局（站）前人孔进入进线室。局（站）前人孔与进线室间的光缆，可根据具体情况采用隧道、地沟、水泥管道、钢管、硬塑料管等敷设方式。

3. 接入网光缆线路路由选择

接入网光缆线路应根据业务接入点分布情况、用户性质、发展数量、密度、地域和时间的分布情况，充分考虑地理环境、管道杆路资源、原有光缆的容量以及宽带光纤接入系统建设方式等多种因素，选择合适的路由、拓扑结构和配纤方式，构成一个调度灵活、纤芯使用率高、投资节省、便于发展、利于运营维护的网络。

3.6.3　中继站站址选择原则

局（站）应选用地上型建筑方式。当环境安全和设备工作条件有特殊要求时，局（站）机房也可选用地下或半地下结构建筑方式。新建、购买或租用局（站）机房，其承重、消防、高度、面积、地平、机房环境等指标均应符合 YD 5003 — 2014《通信建筑工程设计规范》和其他相关技术标准。

1. 有人中继站址的选定

有人中继站站址的选定应遵循以下原则：

（1）有人中继站的设置应根据网路规划、分转电路的需要，并结合传输系统的技术要求设定。

（2）有人中继站站址宜设置在县及县以下城镇附近，宜选择在通信业务上有需求的城市。

（3）有人中继站站址应尽量靠近长途线路路由的走向，便于进出光缆。

（4）有人中继站与该城市的其他通信局（站）是否设计在一起，或中继连通，应按设计任务书的要求考虑。

（5）有人中继站站址应选择在地质稳定、坚实，有水源和电源，且具有一定交通运输条件，生活比较便利的地方。

（6）有人中继站站址应避开外界电磁影响严重的地方、地震区、洪水威胁区、低洼沼泽区和雷击区等自然条件不利的地方和对维护人员健康有危害的地区。

2. 无人中继站站址选定

无人中继站的设置，应根据光纤的传输特性要求来确定。地下无人中继站站址应在光缆线路路由的走向上，允许在其两侧稍有偏离。无人站站址的选定应遵循以下原则：

（1）土质稳定、地势较高或地下水位较低，适宜建筑无人中继站站址的地方。

（2）交通方便，有利于维护和施工。

（3）避开有塌方危险、地面下沉、流沙、低洼和水淹的地点。

（4）便于地线安装，避开电厂、变电站、高压杆塔和其他防雷接地装置。

3. 巡房设置地点

巡房设置地点的选择应遵循以下原则：

（1）巡房设置地点应根据光缆通信系统的配置和维护方式决定。

（2）巡房宜设在有（无）人中继站所在地，特别是以太阳能或其他本地电源为供电电源的无人站，巡房应与无人站建筑在一起。

（3）巡房设置的地点，应兼顾生活方便。单独设置的巡房离无人站的站址不宜过远，一般要求巡房至无人站的业务通信联络线路长度不超过 500 m。

3.6.4　光缆线路的敷设方式

光缆线路的敷设方式一般可分为架空、埋式以及其他特殊敷设方式等，埋式分为直埋和管道，其中管道又分为普通管道和长途专用管道。目前，长途光缆线路主要采用管道敷设方式，包括塑料长途管道、普通水泥管道以及高密度聚乙烯硅芯管（HDPE）等。综合考虑投资的经济性及光缆线路敷设的地形、地势及其他人为因素的影响，也可采用架空方式。但由于近年来一些新型管材及施工工艺的出现，管道敷设成本迅速降低，大段落光缆线路已不建议采用直埋或架空敷设方式。

1. 架空

适宜采用架空方式的情况：

（1）本地网基本营业区域以外用户稀疏地点，可设置少量架空明线作为光缆分线点向用户延伸线路。

（2）小城市和乡镇本地网建设时可先用架空明线过渡。

（3）市区至乡镇以及乡镇之间光缆可采用架空方式。

（4）发展慢、距离远兼有传输要求时，宜采用架空方式。

（5）光缆线路在下述情况下可局部采用架空方式：

① 穿越深沟、峡谷、陡峻山岭等直埋敷设不安全或建设费用很高的地段；

② 地面或地下障碍物较多，施工特别困难或赔偿费用很高的地段；

③ 因其他建设规划的影响而非永久性地段；

④ 地表下陷、地质不稳定地段；

⑤ 路由上的永久性坚固桥梁若未建专用或公用通道，但允许做吊线支撑时，可以在桥上架挂光缆；

⑥ 因环境保护、文物保护等原因无法采用其他敷设方式的地段。

（6）下列地段不宜采用架空方式：

① 最低气温低于 −30℃ 的地区；

② 经常遭受强风暴或沙暴袭击的地段。

2. 直埋

长途光缆线路在非市区地段，通常采用直埋敷设方式。对于敷设管道和架空都比较困难且无其他可利用设施的地区，如公园、风景名胜区、大学校园等地区，可适当选用直埋敷设方式。

3．管道

城区内应优先选择管道敷设方式，并应逐步实现光缆线路的隐蔽入地，不破坏自然环境和景观。适合采用管道敷设方式的情况：

（1）局间、局前以及重要节点之间的光缆线路（核心层或骨干层光缆）应采用管道敷设方式。

（2）不能建设架空明线地区建设的传输光缆。

（3）骨干节点至主要光缆分线设备间光缆。

（4）长途光缆线路也可在专用的长途光缆塑料管道中敷设，例如，大长度 HDPE，同时采用气吹光缆敷设技术。

4．特殊敷设方式

其他特殊敷设方式还包括水底、气吹微缆、路面微槽、下水管道、过桥管道或槽道、架空管道和走道，在一些特殊情况下可选择采用。

3.6.5　光纤(缆)选型

光纤是构成光传输系统的主要元素，因此在光缆线路工程设计中，应根据建设工程的实际情况，兼顾系统性能要求、初期投资、施工安装、技术升级及 15～20 年的维护成本，充分考虑光纤的种类、性能参数以及适用范围，慎重选择合适的光纤。从网络建设和发展的角度出发，应根据不同的应用场合，参照光纤的适用范围选择相应的光纤和相应的光缆结构。

光(纤)缆选型的一般原则：根据应用场合选择常规光缆、光纤带光缆、全介质自承式（ADSS）光缆等；根据系统特点选择光缆中光纤的类型；根据通信容量选择光缆中光纤的芯数；根据中继距离选择光缆中光纤的损耗档次；根据敷设条件选择光缆结构；根据气候条件选择光缆的温度特性。

1．光缆容量的确定

光缆使用寿命按 20 年考虑，光缆纤芯数量的确定主要考虑以下因素：

（1）长途光缆的芯数应按远期需求确定，本地网和接入网应按中期需求配置，并应留有足够冗余。

（2）数据、图像、多媒体等业务对缆芯的需求。

（3）根据网络安全可靠性要求，预留一定的冗余度，满足各种系统保护的需求。

（4）与现有光缆纤芯的衔接。

（5）考虑光缆施工维护、故障抢修的因素。

（6）当前光缆的市场价格水平。

（7）对外出租纤芯业务所需的光纤数量。

2．单模光纤

为适应不同的光传送网系统，人们研发了多种类型的光纤。国际上，IEC 制定了有关光纤的标准规范 IEC 60793-2-x 系列；而 ITU-T 结合光传送网使用的特点，参照 IEC 的光纤规范，依据光纤的色散特性及弯曲损耗特性等，命名了专门的光纤名称，并制定了相应的 ITU-T G.65x 系列建议。在我国，国家标准 GB/T 9771.x—2020 系列依据 ITU-T 建议，参考了 IEC 规范的部分特性，并结合我国光传送网的实际情况，对单模光纤的特性也做了相应规范。GB/T 9771 与 IEC 标准、ITU-T 标准中单模光纤代号的对应关系如表 3-18 所示。

表 3-18　GB/T 9771 与 IEC 标准、ITU-T 标准中单模光纤代号的对应关系

GB/T 9771	IEC 标准	ITU-T 标准
B1.1	B1.1	G.652.B
B1.2a	—	G.654.A
B1.2b	B1.2_b	G.654.B
B1.2c	B1.2_c	G.654.C
B1.2d	B1.2_d	G.654.D
B1.2e	—	G.654.E
B1.3	B1.3	G.652.D
B2a	B2_a	G.653.A
B2b	B2_b	G.653.B
B4c	B4_c	G.655.C
B4d	B4_d	G.655.D
B4e	B4_e	G.655.E
B5	B5	G.656
B6a1	B6_a1	G.657.A1
B6a2	B6_a2	G.657.A2
B6b2	B6_b2	G.657.B2
B6b3	B6_b3	G.657.B3

ITU-T 建议的单模光纤有 G.652(非色散位移光纤)、G.653(色散位移光纤)、G.654(截止波长位移光纤)、G.655(非零色散位移光纤)、G.656(宽带非零色散位移光纤)、G.657(弯曲损耗不敏感光纤)等六类，为更合理地选用光纤，表 3-22 简要地介绍了这六类单模光纤的特点及适用范围。

表 3 - 19 单模光纤的特点及适用范围

光纤种类		截止波长 /nm	最大 PMD$_Q$ /(ps/km$^{1/2}$)	适 用 范 围
G. 652	A	≤1260	0.5	G. 957 规定的高至 STM-16 的 SDH 传输系统； G. 691 规定的带光放大器的高至 STM-16 的单通道 SDH 传输系统； G. 693 规定的 10 Gb/s 高达 40 km(以太网)和 STM-256 的局内传输系统
	B	≤1260	0.2	G. 691 规定的带光放大器的高至 STM-64 的单通道 SDH 传输系统； G. 692 规定的带光放大器的高至 STM-64 的波分复用传输系统； G. 693 规定的一些应用于 STM-256 的局内传输系统； G. 959.1 规定的一些应用于 STM-256 的光传输网络 (OTN)内域间接口的单向、点对点、单通道和多通道线路系统
	C	≤1260	0.2	类似于 G. 652A，但允许工作波长扩展至 1360～1530 nm 范围内
	D	≤1260	0.2	类似于 G. 652B，但允许工作波长扩展至 1260～1625 nm 范围内
G. 653	A	≤1270	0.5	G. 691、G. 692、G. 693、G. 957 和 G. 977 涉及的在 1550 nm 波长范围内具有不等通道间隔的系统以及海底系统
	B	≤1270	0.2	支持 CWDM 和 G. 653A 提及的应用，但其更严格的 PMD 要求使 STM-64 系统的长度超过了 400 km 以及可支持 G. 959.1 STM-256 的应用
G. 654	A	≤1530	0.5	G. 691、G. 692、G. 957 和 G. 977 涉及的在 1550 nm 波长范围内的系统
	B	≤1530	0.2	G. 691、G. 692、G. 957、G. 977 和 G. 959.1 涉及的在 1550 nm 波长范围内的远程应用，也可适用于较长距离和大容量的 WDM 传输系统。
	C	≤1530	0.2	类似于 G. 654A，但其更严格的 PMD 要求可支持 G. 959.1 中更高比特率和远程应用
	D	≤1530	0.2	类似于 G. 654B，推荐用于 G. 973、G. 973.1、G. 973.2 和 G. 977 中的高比特率海底系统
	E	≤1530	0.2	类似于 G. 654B，用于部署为具有改进 OSNR 特性的陆地光缆系统

光纤种类		截止波长 /nm	最大 PMD$_Q$ /(ps/km$^{1/2}$)	适 用 范 围
G.655	A	≤1450	0.5	支持 G.691、G.692、G.693 和 G.959.1 中的应用。关于 G.692 的应用，可限制发射总功率的最大值，并限制最小通道间隔为 200 GHz
	B	≤1450	0.5	支持 G.691、G.692、G.693 和 G.959.1 中的应用。关于 G.692 的应用，最小通道间隔≤100 GHz
	C	≤1450	0.2	支持 G.691、G.693 和 G.959.1 中的应用，通过选择最小色散也可支持 G.694.1 中所定义的通道间隔，也可用于海底系统
	D	≤1450	0.2	对于大于 1530 nm 的波长，其色散为"正"，支持应用同 G.655C；对于小于 1530 nm 的波长，其色散值过零，在高于 1471 nm 的波长可支持 CWDM 应用
	E	≤1450	0.2	色散要求与 G.655D 相同，但其取值更高，有利于最小通道间隔的系统，支持应用同 G.655C，也可用于海底系统
G.656		≤1450	0.2	特别适合通道间隔为 100 GHz、传输速率为 40 Gb/s、传输距离为 400 km 的 DWDM 或者 CWDM 系统
G.657	A	≤1260	0.2	适用于整个通用传送网（包括有线接入网）
	B	≤1260	—	更适宜于建筑物内或建筑物附近的有线接入网

（1）G.652 光纤。

G.652 光纤又称为非色散位移光纤（Non-Dispersion Shifted Fiber，NDSF），它是目前城域网中应用最为广泛的单模光纤。G.652 的零色散波长在 1310 nm 附近，既可以工作在 1310 nm 窗口，又可以工作在 1550 nm 窗口；在 1550 nm 波长处色散值为 17～18 ps/(nm·km)，零色散波长范围为 1300～1324 nm。

G.652C/D 光纤是通过降低水离子浓度消除 E 波段 1360～1460 nm 的损耗峰制成的，因此被称为低水峰光纤，在工作波长范围为 1260～1625 nm 内损耗小于 0.4 dB/km，从而实现了更大的可用带宽。由于城域传送网中传输距离较近，城域光缆主要采用 G.652D 型光纤；而在有线接入网中，其主干接入光缆以及配线光缆也可选用 G.652D 光纤。

（2）G.653 光纤。

G.653 光纤又称为色散位移光纤（Dispersion Shifted Fiber，DSF）。相对于 G.652 光纤，G.653 光纤通过改变折射率的分布，将 1310 nm 附近的零色散点位移到 1550 nm 附近，从而使其低损耗窗口与零色散窗口重合，因此非常适合长距离单通道的高速光放大系统。

G.653 光纤在 1550 nm 附近的色散系数极小，趋近零，用于 DWDM 系统时，四波混频（FWM）效应非常显著，会产生非常严重的干扰。因此 G.653 光纤不适合用于 DWDM 系统。

（3）G.654 光纤。

G.654 光纤又称为截止波长位移光纤（Cut-off Shifted Fiber，CSF）。G.654 光纤主要

用于海缆通信系统，为适应海缆通信长距离、大容量的需求，G.654 光纤主要做了两个方面的改进：首先是光纤的损耗从 0.2 dB/km 左右降到了 0.18 dB/km 以下；其次是增大光纤的模场直径，使通过光纤横截面的能量密度减小，从而改善光纤的非线性效应，提升光纤通信系统的信噪比。但由于 G.654 光纤的制造工艺复杂，因此价格十分昂贵。

（4）G.655 光纤。

G.655 光纤又称为非零色散位移光纤（Non-Zero Dispersion-Shifted Fiber，NZDSF），G.655 光纤在 1550 nm 窗口保留了一定的色散，使得光纤同时具有了较小色散和最小损耗。G.655 光纤在 1530～1565 nm 之间的色散系数取值为 1～10 ps/（nm·km），由于 G.655 光纤非零色散的特性，能够避免四波混频的影响，适用于 DWDM 系统。

为进一步解决光纤中的非线性问题，又出现了大有效面积光纤（Large Effective Area Fiber，LEAF）。这种光纤也属于 G.655 光纤，只不过它的有效面积明显大于普通的 G.655 光纤。在相同输入功率条件下，大有效面积光纤中的光强要小得多，从而有效地抑制了非线性效应。

（5）G.656 光纤。

G.656 光纤又称为宽带非零色散位移光纤（Non-Zero Dispersion-Shifted Fiber for Wideband Optical Transport，NZDSF-WOT）。G.656 光纤进一步优化了单模光纤的色散特性，其在 1460～1625 nm 之间的正色散值为 2～14 ps/（nm·km），色散斜率要明显低于 G.655 光纤。实现色散平坦的手段是使波导色散曲线具有更大的斜率，或其负色散值随波长变化更陡，使得在 1300～1600 nm 波长范围内波导色散与材料色散能够较好地抵消。常规型、色散位移型、色散平坦型单模光纤的色散特性如图 3-3 所示。

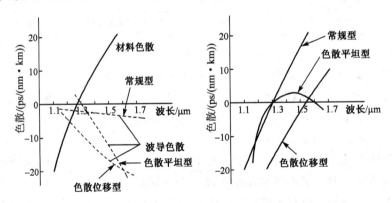

图 3-3 单模光纤的色散特性

虽然针对色散的改变出现了 G.653、G.655 和 G.656 光纤，但由于色散问题的本质是不同分量信号延时不同而产生的相对固定脉冲线性畸变，除了可以用色散补偿器件抑制消除色散之外，还可以利用光电转换后数字域的信号处理以及纠错编码等技术进一步抑制色散对光纤通信的不利影响，因而当前新建的陆地光缆中应用最广泛的仍然是 G.652 光纤。

（6）G.657 光纤。

G.657 光纤又称为弯曲损耗不敏感光纤（Bending-Loss Insensitive Fiber，BLIF）。G.657 光纤主要应用于光纤到楼、光纤到户等场景，与 G.652 光纤相比，它具有良好的抗弯曲性能。按照能否与 G.652 光纤兼容，将 G.657 光纤划分成为 A 和 B 两大类；同时按照最小可弯曲半径，将弯曲等级分为 1、2、3 三个等级，其中"1"对应 10 mm 的最小弯曲半径，"2"对应 7.5 mm 的最小弯曲半径，"3"对应 5 mm 的最小弯曲半径。

有线接入网中，用户接入点至客户侧设备之间的光缆要考虑室内线缆布放时的微弯损耗，建议采用 G.657A2 型光纤。由于 G.657.B 光纤的模场直径略小于 G.652 光纤，在接续时会引入较大的损耗，同时尚未规定其色散指标，因此通常用于短距接入场景；此外，G.657.B 光纤也可用于耐弯曲的野战光缆或特种光缆中。

3. 光缆结构的选择

首先，用以成缆的光纤应选择传输性能和机械强度优良的光纤，光纤应通过不小于 0.69 Gpa(100 kpsi) 的全长度筛选。光缆结构宜采用松套层绞式、中心束管式、骨架式或其他更为优良的结构。其他结构光缆应充分论证，并慎重使用。由于长途干线光缆通信系统一般不使用缆内金属信号线或远端供电方式，长途干线光缆线路应采用无金属线对的光缆，如果有特殊需要需采用金属线对的光缆时，应按相关规范执行，充分考虑雷电和强电影响及防护措施。根据工程实地环境，在雷电或强电危害严重地段可选用非金属构件的光缆，在蚁害严重地段可采用防蚁护套的光缆，护套材料是聚酰胺或聚烯烃共聚物等。

应根据敷设地段环境、采用的敷设方式和保护措施确定光缆的护层结构。GB 51158 — 2015《通信线路工程设计规范》中建议的光缆护层结构如表 3-20 所示。

表 3-20　不同敷设方式下的光缆结构选择

管道光缆（或硅芯管保护光缆）	架空光缆（或电力塔架上的架空光缆）	直埋光缆	水底光缆	局(室)内光缆	防蚁(鼠)光缆
防潮层＋聚乙烯塑料外护层（或微管＋微缆）	防潮层＋聚乙烯塑料外护层（OPGW 或 ADSS 结构）	聚乙烯塑料内护层＋防潮铠装层＋聚乙烯塑料外护层，或防潮层＋聚乙烯塑料内护层＋铠装层＋聚乙烯塑料外护层	防潮层＋聚乙烯塑料内护层＋钢丝铠装层＋聚乙烯塑料外护层	非延燃材料外护层	直埋光缆结构＋防蚁(鼠)外护层
宜选用：GYTA、GYTS、GYTY53、GYFTY、GYA、GYS、GYY53 等结构	宜选用：GYTA、GYTS、GYTY53、GYFTY、GYA、GYS、GYY53(ADSS、OPGW)等结构	宜选用：GYTA53、GYTA33、GYTY53、GYTS33 等结构	宜选用：GYTA33、GYTA333、GYTS333、GYTS43 等结构	宜选用：GJZY 等结构	—

一般情况下，长途光缆不使用带状式光缆。城域网内，当光缆芯数大于 144 时可选择带状式光缆。有线接入网中，主干接入光缆应根据情况选择合适的光缆类型。布放 144 芯

及以上光缆时可采用带状式光缆,宜选择 GYDTA 结构,并使用 12 芯光纤带;不采用带状
式光缆时,宜采用 GYTA 结构,光缆芯数宜为 12 的倍数。配线光缆应根据实际敷设地点
选择合适的光缆类型。

此外,根据工程实地环境,在雷电或强电危害严重地段可选用非金属构件的光缆,在
蚁害严重地段可采用防蚁护套的光缆,护套料是聚酰胺或聚烯烃共聚物等。

光缆在承受短期允许拉伸力时,光纤附加损耗应小于 0.2 dB;拉伸力解除后光缆残余应
变小于 0.08%,且无明显残余附加损耗,护套应无目力可见开裂。光缆在承受长期允许拉伸
力和压扁力时,光纤应无明显的附加损耗。光缆的机械性能应当符合表 3-21 中的规定。

表 3-21   光缆的允许拉伸力和压扁力

敷设方式和加强级别	允许拉伸力最小值/N		允许压扁力最小值(N/100 mm)	
	短期	长期	短期	长期
气吹微型光缆	0.5 G	0.15 G	150	450
管道或非自承式架空	1500 和 1.0 G	600	1500	750
直埋 I	3000	1000	3000	1000
直埋 II	4000	2000	3000	1000
直埋 III	10 000	4000	5000	3000
水下 I	10 000	4000	5000	3000
水下 II	20 000	10 000	5000	3000
水下 III	40 000	20 000	6000	4000

注:G 为每千米光缆的重量。

3.6.6   光缆的预留

为了便于光缆线路的维护使用,在设计、施工中应考虑光缆的预留。直埋、管道、架空
以及水底光缆的重叠、增长和预留长度及位置应结合工程实际情况,按表 3-22 中给出的
光缆预留长度要求及增长参考值来确定。

表 3-22   光缆预留长度要求及增长参考值

项 目	敷 设 方 式			
	直埋	管道	架空	水底
光缆接头每侧预留长度	5~10 m	5~10 m	5~10 m	—
光缆人(手)孔内自然弯曲增长	—	0.5~1 m	—	—
光缆沟或管道内弯曲增长	0.7%	1%	—	按实际
架空光缆弯曲增长	—	—	0.7%~1%	—
地下局(站)内每侧预留	5~10 m,可按实际需要调整			
地面局(站)内每侧预留	10~20 m,可按实际需要调整			
因水利、道路、桥梁等建设规划导致的预留	按实际需要			

3.7　通信管道设计

1. 管道路由及位置的选择

1) 本地网管道路由选择

在本地网的管道路由选择过程中，一方面要对用户预测及网络发展的动向和全面规划有充分的了解，另一方面需妥善处理好城市道路建设、环境保护等与管道路由安全的关系。

本地网管道路由选择的一般原则可归纳如下：

(1) 符合地下管线长远规划，并考虑充分利用已有管道资源。

(2) 选在光缆线路较集中的路由，适应光缆发展的要求。

(3) 尽量不在交换区域边界、铁道、河流等地域建设管道。

(4) 尽量选择直线最短，尚未铺设管道的路由。

(5) 选择地上及地下障碍较少，施工方便的道路(如不存在沼泽、水田、盐渍土壤和没有流砂或滑坡可能的道路)建设管道。

(6) 尽可能避免在化学腐蚀或电气干扰严重的地带铺设管道，必要时应采取防腐措施。

(7) 避免在路面狭窄的道路上建设管道。

(8) 在交通繁忙的街道建设管道时应考虑在施工过程中，有临时疏通行人及车辆的可行方案。

一般情况下，在现有的道路中建筑地下管道，涉及问题错综复杂，故在路由择定过程中，需深入做好技术、经济比较工作。

2) 长途管道路由选择

长途管道路由选择的一般原则可归纳如下：

(1) 通信管道路由选择应与现有光缆网建设及其发展规划相配套。

(2) 通信管道路由应建在光缆发展条数较多、距离较短、转弯和故障较少的定型道路上。

(3) 通信管道路由不宜在规划未定，道路土壤尚未夯实，流沙及其他土质尚不稳定的地方建筑管道，必要时可改建防护槽道。

(4) 通信管道路由尽量选择在地下水位较低的地段。

(5) 通信管道路由应尽量避开有严重腐蚀性的地段。

(6) 通信管道路由一般应选择在人行道下，也可选择在慢车道下，但不应建在快车道下。

3) 管道埋设位置的确定

在选定的管道路由上确定管道具体位置时，应和城建部门密切配合，并考虑以下因素：

(1) 管道埋设位置应尽可能选择在架空杆路的同侧，便于将地下光缆引出配线。

（2）管道埋设位置尽量减少穿越马路和与其他地下管线交叉穿越的可能。

（3）管道埋设位置应尽可能选择在人行道下。由于人行道的交通量小，管道施工与今后维护均比较方便，不需破坏马路面，管道埋设的深度较小，节省了土方量和施工费用，还能缩短工期；在人行道中，管道承载的荷重较小，同样的建筑结构，管道有较高的质量保证。

（4）若不能在人行道下埋设管道时，则应尽可能选在人行道与机动车道间的绿化地带，同时还要考虑管道建成后，绿化树木的根系对管道可能产生的破坏作用。

（5）若地区环境要求管道必须在机动车道下埋设时，应尽可能选择离道路中心线较远的一侧，或在慢车道建设，并应尽量避开街道的雨水管线。

（6）遇道路有弯曲时，可在弯曲线上适当的地点设置拐弯人孔，使其两端的管道取直；也可以考虑将管道顺着路牙的形状建设弯管道。

（7）管道埋设位置不宜紧靠房屋的基础。

（8）尽可能远离对光缆有腐蚀作用及有电气干扰的地带，若必须靠近或穿越类似地段时，则应考虑采取适当的保护措施。

（9）避免在城市规划中即将改建或废除的道路中埋设管道。

（10）管道埋设位置的选取若无法和相关单位协商解决时，可以采取临时性的过渡措施，待条件成熟时再建设永久性的管道路由。

2. 管道容量的确定

管道管孔容量应按远期需要和合理的管群组合型式取定，并留有备用孔，同时结合业务预测及具体情况计算，各段管孔数可按表 3-23 的规定来估算。

表 3-23　管孔容量表

使用性质	远期管孔容量
用户①光缆管孔	根据规划的光缆条数
无线网基站②光缆管孔	根据规划的光缆条数
中继光缆管孔	根据规划的光缆条数
出入局（站）光缆管孔	根据需要计算
租用管孔及其他	2孔～3孔
冗余管孔	管孔总容量的20%

注：① 用户包括公众用户和专线用户等。

　　② 无线网基站包括宏基站、分布系统基站及光纤拉远站等多种建站模式站点。

在一条路由上，管道应按远期容量一次敷设。进局（站）管道应根据终局（站）需要量一次建设，管孔大于48孔时可做通道，应由地下室接出。

3. 管材的选择

通信管道管材可选用塑料管、水泥管块以及钢管等。城区道路中各种综合管线较多、地形复杂的路段应选用塑料管材，郊区和野外的长途管道应选用硅芯管，而在过路或过桥时宜选用钢管。

通信用塑料管材的规格和适用范围如表 3-24 所示。

表 3-24　通信用塑料管材规格及适用范围表　　　　　mm

序号	类型	材质	规格	适用范围
1	实壁管	PVC-U	Φ110/100	主干管道、支线管道、驻地网管道
			Φ100/90	
		PE	Φ110/100	
			Φ100/90	
2	双壁波纹管	PVC-U	Φ100/90	
		PE	Φ110/90	
3	硅芯管	HDPE	Φ40/33	
			Φ46/38	
4	梅花管	PE	7孔(内径32)	主干管道、支线管道
5	栅格管	PVC-U	4孔(内径50)	
			6孔(内径33)	
			9孔(内径33)	
6	蜂窝管	PVC-U	7孔(内径33)	

常用水泥管块的规格和适用范围如表 3-25 所示。

表 3-25　常用水泥管块规格及适用范围表　　　　　mm

孔数×孔径	标称	外形尺寸(长×宽×高)	适用范围
3×90	三孔管块	600×360×140	城区主干管道、支线管道
4×90	四孔管块	600×250×250	
6×90	六孔管块	600×360×250	

复习思考题

1. 光缆线路工程设计的主要内容有哪些?
2. 简述光缆线路工程的分类。
3. 设计文件是由哪几部分组成的?
4. 光纤通信系统中 S、R 点是如何定义的?
5. 光传输中继段距离主要由哪些因素决定?
6. 损耗受限系统、色散受限系统的含义是什么?
7. 损耗受限系统中继段距离如何计算?
8. 设置光缆富余度和设备富余度的目的是什么?
9. 在光缆线路设计时如何选择光缆路由?

10. 长途干线光缆线路的敷设方式如何选择？

11. 哪些地段可采用架空方式？哪些地段不能采用架空方式？

12. 初步设计查勘的任务是什么？

13. 施工图测量的目的是什么？

14. 简述光纤光缆选型的原则。

15. 简述光缆的预留原则。

16. 本地网管道路由选择应注意哪些要素？

17. 简述通信管道确定容量和选择管材的依据。

18. 数字光纤通信系统，工作波长为 1.55 μm，光发送机尾纤的输出功率为 1 mW，光接收机的接收灵敏度为 −36 dBm；传输采用 G.652 光纤。光缆单盘长度为 2 km，其在 1.55 μm 的损耗为 0.25 dB/km，每个光纤接头的熔接损耗为 0.1 dB。在发送端和接收端各有一个活动连接器，其插入损耗为 0.5 dB。考虑系统的环境稳定性及器件老化等影响，预留出 5 dB 的富余度。试计算该系统在损耗限制下的最大无中继距离。

第 4 章　光缆线路工程施工准备

在光缆线路工程设计之后，将批复的、正式出版的设计文本中的图纸变为实物的过程就是施工。光缆线路工程施工是建设高质量光缆通信网的重要环节。为了提高光纤通信系统的可靠性，提供传输性能优良且工作长期稳定的传输信道，除了要有高质量的光纤光缆之外，还必须有高水平的光缆线路施工技术。光缆线路工程的施工类似于电缆工程，但由于光缆的传输介质与电缆有本质区别，因此光缆线路工程在施工方法、标准、要求和施工工序流程等方面都有自己的特点，工程设计、施工和维护人员应充分认识这些特点，以便多快好省地完成光缆线路工程项目的建设。

4.1　概　　述

4.1.1　光缆线路工程的特点

光缆线路工程在施工方法、难度方面有下述特点。

（1）光缆直径较小，重量较轻。由于直径较小，因此在地下管孔中可同时敷设多条光缆，这大大提高了光缆线路的利用率，在本地网管孔资源日趋紧张的今天，其优势尤为突出；由于光缆重量轻，因此在运输和施工中易于搬移，从而降低了施工难度。

（2）光纤损耗小，传输距离长。目前，商用石英光纤的损耗已控制在 0.19 dB/km 以下，低于其他传输介质。若采用非石英系统极低损耗光纤，其理论损耗更低，意味着光纤通信系统可以跨越更大的无中继距离，随着中继站数量的大大减少，不但可以简化施工、缩短工期，而且大大降低了系统的成本和复杂性。

（3）光缆抗张、抗侧压能力差。由于光纤质地极脆，仅存在有限弹性形变，没有可塑性形变，容易断裂，因此光纤在光缆中受到张力和侧压力时，容易造成断纤或损耗增大。在光缆线路施工过程中，光缆的牵引力主要由加强件承受，牵引力必须低于额定值，避免光纤产生拉伸应变。因此，光缆线路施工中必须对牵引张力、侧压以及弯曲半径等提出明确要求。管道光缆适合采用机械牵引敷设方式，而直埋光缆具备条件时宜采用机械和人工结合的敷设方式。

（4）光缆的制造长度长，单盘长度大。一般光缆的标准单盘长度为 2 km，长中继段的埋式光缆的单盘长度为 4 km。大盘长可以减少光纤的接头数量，提高光缆线路的施工质量，降低光缆线路的维护难度。但由于光缆的制造长度长，因此其运输和施工难度增大，尤其在地形复杂时，施工应充分考虑光缆的抗拉强度，并采用恰当的牵引方法。

（5）光缆的油膏有利于施工，但不利于接续。光缆一般具有油膏和防潮层，水分或潮气对光纤的影响不像金属导线那样敏感，因而光缆一般不需要充气，这给施工、维护带来了方便。但是在现场接续时，对填充的油膏处理费时且烦琐。处理不当会造成接续损耗增大，甚至失败，污染仪表工具。

（6）光纤连接要求高，接续技术复杂。光纤的接续需要采用专门的高精度机具和监控测量仪表，而且技术要求也比电缆接续高。光纤的接续质量不仅受机具、仪表精度的影响，而且在很大程度上受制于操作人员的技术水平。

（7）光纤、光缆测试技术较为复杂。光纤、光缆的测试不仅要求具备高精度的测试装置，还要求操作人员必须掌握一定的技能和理论基础。光纤、光缆测试现场受条件影响，对光缆长度、光纤损耗的测试结果不像电缆那样准确。其重复性、测量偏差均有出入。

4.1.2 光缆线路工程的施工范围

光缆线路工程是光缆通信工程的一个重要组成部分。它与传输设备安装工程的划分是以光纤分配架（ODF）或光纤分配盘（ODP）为分界线的，其外侧为光缆线路工程，即从本局光纤分配架或光纤分配盘连接器（或中继器上的连接器）至对方局光纤分配架或光纤分配盘（或中继器上的连接器），如图 4-1 所示。

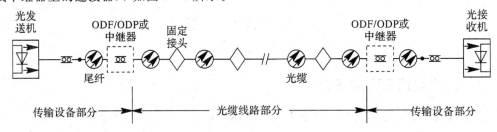

图 4-1 光缆线路工程施工范围示意图

光缆线路工程施工由以下三部分组成。

1. 外线部分

光缆线路工程外线部分的施工内容主要包括光缆的敷设（包括敷设准备和不同程式光缆、不同敷设方式的布放）、光缆敷设后各种保护措施的实施以及光缆的接续（包括光纤的连接、补强保护，加强件、铝箔层、钢带的连接以及光缆接头护套的安装）。

2. 无人站部分

无人站部分的施工内容主要包括无人中继器机箱的安装，光缆的引入，光缆成端、光缆内全部光纤与中继器上连接器尾纤的接续以及加强芯的连接等。

3. 局内部分

局内部分的施工内容主要包括：

（1）局内光缆的布放。

（2）光缆全部光纤与终端机房、有人中继站机房内光纤分配架、光纤分配盘或中继器上连接器尾纤的接续，加强芯、保护地等终端连接以及室内预留光缆的妥善放置，ODF/ODP 或中继器上尾纤的盘绕、落位等。

（3）中继段光、电指标的竣工测试。

4.1.3 光缆线路工程的施工流程

一般光缆线路工程的施工流程如图 4-2 所示，可以分为准备、敷设、接续、中继测量和竣工验收五个阶段，其中准备阶段包括单盘检验、路由复测、光缆配盘和路由准备四个环节。

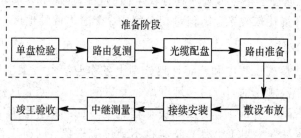

图 4-2　光缆线路工程施工流程图

光缆的单盘检验主要是检查光缆的外观、光纤的有关特性及信号线等。光缆从出厂到工地，经过运输、储存等过程，施工前必须进行单盘检验测试，其检验结果是光缆配盘的重要依据，也是保证光纤通信系统质量的第一关。

路由复测应以批准的施工设计图为依据，复核光缆路由的具体走向、敷设条件、环境条件以及接头的具体位置，复测路由的地面距离等，为光缆的配盘、分屯以及敷设提供必要条件。

光缆配盘应根据复测路由计算出的光缆敷设总长度以及对光缆全程传输质量的要求合理选配光缆盘长，以合理使用光缆，尽量减少光缆接头数目并降低光纤接头损耗。

路由准备工作包括管道光缆敷设前的管道清理、铁丝或塑料导管预穿等，架空光缆敷设前的杆路建设、钢绞线和挂钩预放等，直埋光缆敷设前的光缆沟开挖、接头坑设置、顶管以及预埋塑料或钢管放置等，为之后敷设光缆提供必要条件。

敷设布放光缆即根据设计文件确定敷设方式，将单盘光缆架挂到电杆上，穿放进管道内或者埋入光缆沟中。

光缆的接续安装主要包括光纤接续，铝箔层、加强芯的连接，接头损耗的测量，接头套管的封装以及接头保护的安装等。

光缆线路施工完成一个中继段后，作为工程质量检验，必须进行中继测量。中继测量主要包括光纤的光特性测量和光缆中金属件的电气性能的测试等。

光缆线路工程的竣工验收主要检查工程施工是否完成设计要求的全部工程量，质量是否符合设计要求以及竣工资料是否齐全等，其内容包括提供施工图，修改路由图以及测量数据等技术资料，并做好随工检验和竣工验收工作，以提供合格的光缆线路，确保光通信系统的调测。

4.1.4 光缆线路工程的作业方法

光缆线路工程常用的作业方法有分组分段作业法和分组流水作业法等。各种作业法都适用于直埋敷设、架空敷设、管道敷设和水底敷设。这两种作业法在光缆路由勘测和光缆接续中的应用也比较广泛。

1. 分组分段作业法

分组分段作业法由一个或几个工程小组分段负责线路全部的施工工作。这样不仅减少了流动性，而且人员较少，食宿、管理比较方便，段与段之间工作配合衔接关系少，不易发生阻工、窝工现象，但每个小组都必须具有较全面的技术能力和全套的设备仪表。这种方法一般适用于工程环境比较复杂、工程量相对集中、交通不便的地区。

2. 分组流水作业法

分组流水作业法按施工程序和施工计划分别由各作业组负责某项工作，互相配合，协调地依次推进。长距离施工时，应由一地开始一直做到工程终点，这样可按人员技术熟练程度及工作繁简情况适当分配工作，以加快工程进度。如果工作线过长，组织不当，前后配合不够紧密，则容易发生阻工、窝工或器材不到位等现象，同时工作流动性大，工时利用率低，人员集中，食宿不易安排。因此，施工前必须做好周密细致的组织工作。此种方法仅适用于长距离光缆线路施工。

当然，光缆线路工程作业方法还有许多，采用何种作业方法，必须根据施工条件和线路敷设情况而定，基本原则是要有利于发挥人员、设备的最佳效能，确保工程的进度和质量。

4.1.5 光缆线路工程的施工组织

光缆线路工程施工组织要求：在施工前必须做好技术准备、生产准备以及物资准备等工作，以确保高质量、高效率地完成施工任务；在施工中推广新技术、新工艺、新设备、新材料，并做到科学组织、安全高效、优质高速、文明施工和确保工期。在光缆线路工程中，做好工程施工组织工作，对于工程建设质量的保证与工程价值的实现具有重要意义。

1. 工程任务的确定

1) 工程任务的确定方式

工程任务由工程主管部门委托施工单位承建，一般有下列三种确定方式：

(1) 招标方式：由工程主管部门拟定工程标书，进行公开招标。参加投标的施工单位应持有与工程等级相适应的施工企业等级证书，按规定编制标书并送达招标部门。

在规定日期内开标，确定中标单位。一般是工程招标委员会或小组对投标单位标书拟定的质量、工期、技术装备及工程预算等进行择优选定，并经公证处公证。中标单位的标书是工程承建和费用结算的有效文件和依据。

(2) 议标方式：由工程主管部门根据投标单位的标书内容，从施工工期、工程质量、施工费用以及企业信誉等方面进行综合评定，最后确定中标单位。

(3) 委托方式：由工程主管部门根据国内或省内施工企业情况，直接委托给某一施工单位，或由施工单位自揽，即根据工程信息，主动与工程主管部门联系，通过协商后，确定承担工程的施工任务。

2) 工程承包方式

应根据工程规模、性质以及有关方面的情况确定工程的承包方式。

(1) 大包方式：工程建设单位将设计交给施工单位，按施工图预算费用包干使用。施工单位负责主材、设备器材的选型、订货、运输、组织施工，直至最后验收移交建设维护部门。这种大包方式又称为交钥匙工程。

（2）包工不包料工程：工程用主材、设备均由建设单位材料部门筹供、运屯，施工单位只负责辅材的采办和按施工图设计工作量并组织施工，工程完毕后验收交工。

（3）部分承包工程：对于大型基建项目，有时分若干单项工程或单位工程项目，分别由若干施工单位同时组织施工。这种部分承包工程，有的包括主材、设备的筹供，有的只承包施工部分的工作量。这些工程项目一般完工后按单项工程进行初验并由维护部门代维，经工程总验收后正式交工。

3）工程施工合同的签订

当工程项目承建的施工单位确定后，施工单位同建设单位必须签订工程施工合同或施工协议。

施工合同是施工单位组织施工与结算工程费用的重要依据和法律凭证。施工合同经双方签订并由单位法人代表签字和单位盖章后方可生效。施工合同一旦生效，双方必须自觉履行其职责。施工单位按施工合同中规定的工作量、设计要求和施工规范，在规定的工期内完成施工。建设单位应委派随工代表，负责工程隐蔽项目的检查、签证和组织验收等工作。

工程施工合同的主要内容应包括：

（1）工程概况；

（2）工程范围；

（3）建设工期；

（4）工程质量；

（5）工程造价；

（6）技术资料交付时间；

（7）材料设备的供应责任；

（8）拨款和结算；

（9）竣工验收；

（10）质量保修范围和保修期；

（11）双方的协作条款；

（12）其他。

施工合同签订生效后，施工任务的委托、承接工作结束，随后进入工程实施阶段。

2．施工组织

对于一般的单项工程，根据工程规模和工期确定 1～2 个施工作业队来承担。施工组织由专业施工队在公司工程管理部门的安排、监督下按施工图的设计组织施工。

对于国家重点基建或科研工程项目，由几个施工队联合作业或分段完成。为加强管理、协调各方面的关系，确保工程质量并按期完成，一般由工程公司视工程规模等情况，成立工程指挥部或工地办公室。

1）工程指挥部

工程指挥部一般由 1 名指挥长、1～2 名副指挥长和 1 名监督工程师组成，下设财务、器材、车辆、生活等小组或成员。

工程指挥部在现场办公，组织、指挥各施工队按计划完成各项工序，并协调、解决施工中出现的有关问题（包括技术、质量、器材及外部关系等）。

2）工地办公室

工地办公室类似于工程指挥部，但规模较小。一般由1名主任、1~2名副主任和1名监督工程师（或由1名副主任兼任）组成。办公室设在工地，其主要任务是监督、指导施工和协调工作，协助施工队完成施工任务。

3. 施工组织设计

对于设立施工组织机构的重点或大型工程，一般均应由施工组织机构，即工程指挥部或工地办公室在正式施工（开工）前编制施工组织设计。下属施工队编制自己施工段落的施工方案和作业计划。对于由施工队独立完成的一般工程，则由施工队编制施工组织设计（或施工方案、作业计划）。

施工组织设计包括工程实施方案、施工计划等重要文件，一般应报送建设单位的工程主管部门和施工企业工程技术质量管理部门。

施工组织设计的主要内容应包括：

（1）概述：简要描述工程概况，如工程地点、性质、意义，光缆线路总长度、开通总容量和本期容量，工程竣工开通后的经济、社会效益等。

（2）工程规模及主要工程量：列出施工图设计拟定的主要工程量表。

（3）施工方案：施工组织设计的重要组成部分，包括现场管理机构、工程技术管理、施工方法与要求、计划工期以及施工进度等。

（4）主要技术措施：包括材料选型、敷设工艺、接续与成端、测试与测量、重点部位的质量保证措施以及特殊区域的防护措施等。

（5）具体实施计划：说明各施工作业队的施工段落、范围以及相关要求。

（6）主要施工仪器仪表及机械设备配备情况：列出主要施工仪器仪表及机械设备配备表，说明主要仪器仪表及机械设备的名称、型号规格、国别产地以及额定功率等信息。配置的主要仪器仪表及机械设备应种类齐全，性能良好，能够满足光缆线路工程的施工要求。

（7）劳动力计划：阐明逐级安全、质量及财务管理制度的设立情况以及按工程施工阶段投入的劳动力情况。专业人员构成包括注册建造师、技术负责人、财务负责人、质量管理员、资料管理员、运输管理员、材料管理员、电工以及安全员等。

（8）环境保护、文明施工及安全施工措施：依据 GB/T 24001—2016/ISO 14001：2015《环境管理体系要求及使用指南》，健全环境保护措施，依据 GB/T 45001—2020/ISO 45001：2018《职业健康安全管理体系要求及使用指南》，健全安全施工措施，说明环境保护、文明施工及安全施工的具体措施，包括环境保护措施、文明施工保证措施、安全技术措施以及现场临时用电方案等。工程施工期间严格按照安全操作规程施工，保证人身和设备安全，杜绝重大安全责任事故的发生。

（9）质量、进度及成本控制措施：依据 GB/T 19001—2016/ISO 9001：2015《质量管理体系要求》，建立质量保证体系，说明工程在质量、进度及成本控制方面的具体措施。

（10）主要经济技术指标分析：分析主要经济技术指标，包括总工期指标、单方用工、质量等级、主要材料节约指标、大型机械耗用台班以及降低成本指标等。

4. 施工技术标准

对于重点基建或试验工程，由施工组织机构工程指挥部或工地办公室根据工程要求按施工图及施工、验收技术规定，编制具体的实施技术标准，以便各施工作业队统一做法、标准，以确保工程传输质量与工艺的一致性和美观性。

技术标准应对主要工序提出技术要求，列出标准，尤其对光缆、设备标准、安全防护等有特殊要求或与一般习惯性做法有不同的地方进行明确交底。

考虑工程的施工图设计文件数量有限，不可能发至作业组，因此，技术标准应尽可能详细，以便技术骨干、施工人员了解技术标准，掌握施工要求和主要技术措施。

对于试验工程，如无成熟的操作规程，应编制较详细的技术操作规程（按施工主要程序中的关键部分分别编制），必要时在工程开工前对技术骨干进行培训。

对于一般性常规工程，可以不专门编制实施标准，而由负责工程施工的队长、工程师认真熟悉施工图设计、施工和验收技术规定，并在开工前期向施工人员作技术交底。

4.1.6　光缆线路工程的进度控制

对光缆线路工程建设的进度进行有效的控制，能够确保工程建设项目按预定时间交付使用，及时发挥项目的投资效益和社会效益。

1. 进度控制的概念

工程建设进度控制是指根据进度目标实行资源优化配置的原则，对项目建设各个阶段的工作内容、工作程序、持续时间和衔接关系编制计划并付诸实施，然后对进度计划的实施过程进行经常性检查，将实际进度与计划进度相比较，分析出现的偏差，采取补救措施或调整、修改原计划后再付诸实施，如此循环，直到工程竣工验收交付使用。

工程建设进度控制的最终目标是确保建设项目按预定的时间投入使用或提前交付使用，工程建设进度控制的总目标是建设工期。

2. 影响进度的因素

光缆线路工程建设的进度之所以受到多种因素的影响，主要是因为光缆线路工程建设具有规模大、网络结构复杂、技术含量高、参与单位多、建设周期较长等特点。要有效地控制工程建设进度，就必须对影响进度的各种因素进行全面、细致的分析和预测，以便于利用有利因素保证工程建设进度，对不利因素事先进行预防，制订相应的防范措施和对策，缩小实际进度与计划进度之间的偏差，实现对光缆线路工程建设进度因素的动态控制。

影响光缆线路工程建设进度的因素是多方面的，如人为因素，技术因素，以及设备和材料的供应、资金供给等方面的因素，其中人为因素是最大的干扰因素。从产生影响的根源看，有的来自建设单位及其上级主管部门，有的来自勘察设计单位、施工单位及材料和设备供应单位，有的来自政府职能部门、有关协作单位，有的来自各种自然条件，也有的来自建设监理单位本身。

3. 进度控制的主要任务

光缆线路工程建设进度控制的任务就是要在光缆线路工程建设的各个环节，根据不同的工作内容实现相应的进度，确保光缆线路工程建设总体目标的实现。

1）设计准备阶段

收集有关工期的信息，进行工期目标和进度控制的决策；编制工程项目建设总进度计划；编制设计准备阶段详细的工作计划，并控制其执行；进行工程环境及施工现场条件的调查和分析。

2）设计阶段

编制设计阶段的工作计划，并控制其执行；编制详细的出图计划，并控制其执行。

3）施工阶段

编制施工总进度计划，并控制其执行；编制单位工程施工进度计划，并控制其执行；按年、季、月、周编制施工单位工作计划，并控制其执行。

有效地控制光缆线路工程的建设进度，工程监理单位应在设计准备阶段向建设单位提供有关工期的相关信息，协助建设单位确定建设工期总目标，并对工程建设环境和施工现场条件进行调查和分析；在设计和施工阶段，工程监理单位不仅要审查设计单位的工作计划，还要对施工单位提交的施工组织计划和施工进度计划进行严格的审查，同时要编制监理进度计划，确保进度控制目标的最终实现。

4. 进度控制计划的表示

工程建设进度计划的表示方式有多种，常用的为甘特图和网络计划图两种。

1）甘特图

甘特图又称横道图，最早为甘特提出并开始使用，由于其形象直观且易于编制和理解，因此长期以来被广泛运用于工程建设进度控制中。某光缆线路工程进度安排的甘特图如图 4-3 所示。

序号	工作内容	持续时间	工程建设进度安排/天
			3　5　5　2　5　5　5　5　5　5　5　5　5　5　5
1	工程周期	70	
2	现场准备	3	
3	路由复测	10	
4	单盘检验	10	
5	材料分屯	10	
6	管道准备	10	
7	直埋路由准备	12	
8	配盘	2	
9	埋式光缆敷设	15	
10	挖沟	17	
11	人工截流	17	
12	管道光缆敷设	17	
13	埋设标石、放排流线	35	
14	光缆接续、成端	35	
15	水泵冲槽	40	
16	路面加固	40	
17	竣工测试	5	

图 4-3　某光缆线路工程进度安排的甘特图

用甘特图表示工程建设进度计划，一般包括工作内容、工作的持续时间等基本数据以及表示每项工作起讫时间的横道线。图 4-3 明确地给出了各项工作的划分、工作的持续时间、工作的起讫时间、各项工作之间的衔接关系、项目的总工期等。

用甘特图表示工程建设进度计划也存在某些不足：

（1）不能明确地反映各项工作之间的复杂关系，因而在计划执行的过程中，当某些工作的进度由于某种原因提前或推迟时，不便于分析它对其他工作及总工期的影响，不利于工程进度的动态管理。

（2）不能明确地反映影响工期的关键工作和关键路线，因而不便于工程进度控制人员抓住主要矛盾。

（3）不能反映工程应有的机动时间，无法进行最合理的组织和管理。

（4）不能反映工程造价与工期之间的关系，因而不利于降低工程建设成本。

2）网络计划图

在工程建设进度控制管理中，进度计划也可以用网络计划图来表示，网络计划图是控制工程建设进度的有效工具。利用网络计划图表示工程建设进度，可以弥补甘特图所存在的不足，主要表现在以下几点：

（1）网络计划图能够明确表达各项工作之间的先后顺序，因此各项工作之间的相互影响及它们之间的协作关系就变得非常清晰，这是网络计划图与甘特图的主要区别所在。

（2）在网络计划图中可以找出关键线路和关键点。所谓关键线路，是指在网络计划图中从起始节点开始，沿箭线方向通过一系列箭线和节点，最后到达终止节点为止所形成的同路上所有工作持续时间总和最大的线路。关键线路上各项工作持续时间的总和即为该项目建设的总工期，关键线路上的工作即为关键工作，关键工作的进度将影响该项目建设的总工期。通过对时间参数的计算，能够明确网络计划中的关键线路和关键工作，从而也就明确了进度控制工作中的重点。

（3）通过计算网络计划图中的时间参数，可以明确各项工作的机动时间。一般情况下除关键工作外，其他各项工作均有富余时间，而富余时间可以作为一种资源用以支持关键工作，也可以对网络计划进行进一步的优化。

（4）可以利用计算机技术对网络计划进行优化和调整。在工程建设中影响工程建设进度的因素很多，仅靠管理人员对网络计划进行优化和调整，不仅工作量会非常大，有时甚至是不可能的。网络计划所形成的模型使从事工程进度控制的人员可以利用计算机对工程进度控制进行计算、优化和调整，成为最有效的控制方法。

光缆线路工程施工工序繁杂，工序之间必须衔接紧密。因此，应按科学的管理方法编制施工作业网络计划图，其内容包括施工作业程序、每个项目的实施日期和完工日期。

无论对于重点工程还是一般工程，光缆线路工程施工作业网络图都应由工程组织机构认真编制，并组织实施和督促执行。图 4-3 所描述的某光缆线路工程进度安排的网络计划图如图 4-4 所示。

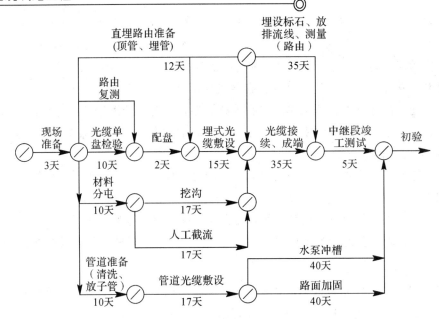

图 4-4 某光缆线路工程进度安排网络计划图

4.2 单盘检验

4.2.1 检验目的

光缆在敷设之前必须进行单盘检验。单盘检验工作包括对运送到现场的光缆及连接器材的规格、程式(指埋式、管道、架空、水下等)、数量进行核对、清点、外观检查和主要光电特性的测量,目的是确认光缆、器材的数量、质量是否达到设计文件或合同规定的有关要求。

单盘检验是一项较为复杂、细致的技术性较强的工作,对确保工期、施工质量、工程经济效益、维护使用及光缆线路的使用寿命均有重大影响。同时,检验工作对分清光缆、器材质量的责任方,维护施工企业的信誉都有不可低估的影响。因此,必须按规范要求和设计文件或合同书规定的指标进行严格检验。即使工期紧张,也不能草率进行,而必须以科学的态度、高度的责任心和正确的检验方法,执行有关的技术规定。

4.2.2 内容与方法

光缆单盘检验的主要内容包括检查外观,核对程式、数量,测试光纤长度和损耗等工作。

1. 一般规定

(1) 单盘检验适合在施工现场进行,检验后不宜长途运输;若经长途运输,应进行外观检查和光纤背向散射曲线的观测,以确认光缆完好无损。

(2) 单盘检验之前需做好以下准备工作:

　　① 熟悉施工图技术文件、订货合同，了解光缆规格等技术指标和中继段光功率分配等；

　　② 收集、核对各盘光缆的出厂产品合格证书、产品出厂测试记录等；

　　③ 准备光纤的测量仪表(经计量或校验)及测试用连接线、电源等测量条件；

　　④ 准备必要的测量场地及设施；

　　⑤ 准备测试表格、文具等；

　　⑥ 对测量人员进行技术交底或短期培训，以统一认识、方法。

　　(3) 经过检验的光缆、器材应作记录，并在缆盘上标明盘号、外端端别、长度、程式以及使用段落(配盘后补上)。

　　(4) 检验合格后单盘光缆应及时恢复包装，即对光缆端头进行密封处理，固定光缆端头，重新钉好缆盘护板，并将缆盘置于妥善位置，同时注意光缆安全。

　　(5) 对经检验发现不符合设计要求的光缆、器材，应登记上报，不得随意在工程中使用。对光缆、光纤中个别损耗超出指标的，应进行重点测量，如确认超标但超出不多并且单盘光缆及中继段单纤平均损耗达标则可以使用；对于光纤后向散射曲线有缺陷的，应作记录，凡出现尖峰、严重台阶的应作不合格处理。对有一般缺陷的器件，修复后方可使用。

2. 外观检查

　　检查外观时，首先应检查光缆盘的包装是否破损，光缆盘有无变形。如有破损或变形，应做好记录，并请供货单位一起开盘检查。开盘检查光缆外护层有无损伤，如有损伤应做好记录，并按出厂记录进行重点检测。

　　然后检查光缆端头是否良好。对于充气光缆，必须检查缆内气压；对于填充型光缆，应检查填充物是否饱满，以及在高、低温下是否存在滴漏或凝固现象。

　　最后剥开光缆端头，核对光缆的端别和种类，并在缆盘上用红漆标上新编盘号及光缆的端别，在外端标出光缆的种类。

3. 光缆长度复测

　　目前，各个厂家的光缆标称长度与实际长度不完全一致，有的以纤长按折算系数标出缆长，有的以缆上长度标记或缆内数码带长度标出缆长，有的甚至将光纤长度作为缆长，然后括号内标上 OTDR。因此，有些光缆按设计要求有几米至 50 m 的正偏差，有的可能出现负偏差。为了正确配盘，以确保光缆安全敷设，避免浪费，在单盘中对光缆长度进行复测十分必要。

　　光缆长度复测的方法和要求如下：

　　(1) 抽样率为 100%。

　　(2) 按厂家标明的光纤折射率系数用光时域反射仪(OTDR)进行测量；对于不清楚光纤折射率的光缆，可自行推算出较为接近的折射率系数。

　　(3) 按厂家标明的光纤与光缆的长度换算系数计算出单盘光缆长度，对于不清楚换算系数的可自行推算出较为接近的换算系数。

　　(4) 光缆的出厂长度只允许出现正偏差。当发现负偏差时，应进行重点测量，以得出光缆的实际长度；当发现复测长度较厂家标称长度长时，应郑重核对，为节约光缆和避免差错，应对其进行必要的长度丈量和实际试放。

应做好光缆单盘长度复测记录,以供配盘、光缆分屯、敷设时参考。测试记录可参考表 4-1 所示内容。

表 4-1　光缆单盘检验(长度复测)记录

盘　号		端别(外)	
出厂盘长/km		测试端别	
纤　序	颜　色	纤　长/km	备　注
1			
2			
3			
4			
5			
6			
7			
8			
换算缆长/km		公式:	

仪表型号＿＿＿＿＿＿＿　测试波长＿＿＿＿＿＿＿　折射率＿＿＿＿＿＿

测　试　人＿＿＿＿＿＿＿　记　录　人＿＿＿＿＿＿＿　审核人＿＿＿＿＿＿

测试地点＿＿＿＿＿＿＿　日　　期＿＿＿＿＿＿＿

4. 光缆单盘损耗测量

1) 现场损耗测量的特点和要求

现场测量光纤损耗时,由于施工现场条件受限,因此难以实现防尘、稳固、温度和杂散光等的控制。为了确保测量工作适应环境条件且能迅速完成,需注意以下几点:

(1) 现场测量设备要求仪表化,重点工程的要求更高,应尽量选择精度较高且具有微处理性能的中高档测量仪表。

(2) 工程损耗测量不同于改变中心波长的技术测量(如光谱测量),而是特定中心波长的测量。因此,光源应是单一波长性质的。为避免波长偏离设计规定的中心波长而产生误差,应选择满足 $0.85\ \mu m$、$1.31\ \mu m$ 或者 $1.55\ \mu m$ 等不同波长要求的光源。单模光纤应选用高稳定度光源,并注意谱宽性能。

(3) 测量仪表应经过校准,当几部仪表同时测量时应注意统调。

(4) 测量方法要规范化,施工现场宜采用非破坏性的方法,可选用 ITU-T 建议的替代法(后向散射法(OTDR 法)或插入法)。

(5) 为了保证测量数据的可靠性,测量精度偏差要求不得超过表 4-2 中的规定。

表 4 - 2　光缆损耗测量精度要求

光　纤		单位长度损耗偏差/(dB/km)	
		精确要求	一般要求
多模	0.85 μm	0.1	0.2
	1.31 μm	0.1	0.2
单模	1.31 μm	0.03	0.05
	1.55 μm	0.03	0.05

（6）测试人员应经过训练并具备较高的专业素质，测试组应有一名技术负责人，并具有一定的实践经验和分析能力，以便指导工作和分析、解决问题，这对确保测量质量、速度和企业信誉均有益处。

2）现场损耗测量方法及其选择

单位长度上的损耗量称为损耗系数，单位为 dB/km。光缆单盘损耗测量主要是测量其损耗系数。

施工现场测量损耗采用非破坏的方法，可选用 ITU 建议的替代法——背向散射法（OTDR 法）。在现场用 OTDR 法可确认光缆运输后光纤损耗变化情况以及测量偏差是否达到设计和施工要求。也可采用插入法。当测量数据发生矛盾或超出指标时，应用截断法进行校准。

（1）截断法。截断法是 ITU - T 建议的基准测量方法，它是以 N 次测量为基础的具有破坏性的方法，即在沿光纤长度方向上，把光纤剪断 $N-1$ 次，将测得的结果表示为输出光功率和输入光功率与距离的关系。截断法如图 4 - 5 所示，该法采用单一波长的 LED 光源（多模用）或高稳定度的 LD 光源（单模用）。

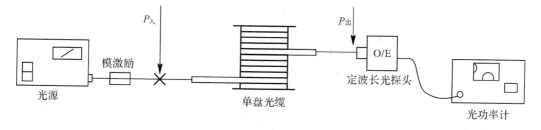

图 4 - 5　截断法现场测量损耗示意图

多模光纤必须在模式近似稳态条件下测定输入光功率；单模光纤通过模激励使 $P_入$ 在单一模条件下测量，以减小高次模影响。

为了减少 $P_入$、$P_出$ 受光纤端面制作质量的影响，一般采用三次平均法，即连续测量三次 $P_入$ 或 $P_出$（包括重新制作端面），同时要求三次测量值的偏差要小，一般小于 0.05 dB，要求高时，应做到小于 0.03 dB。光纤损耗以及损耗系数按测量 $P_入$、$P_出$ 的平均值计算。

（2）背向散射法（OTDR 法）。采用背向散射技术测出光纤损耗的方法，习惯上称为背向散射法，又称为 OTDR 法。这是一种非破坏性且具有单端测量特点的方法，非常适合现场测量。ITU - T 建议，对于多模光纤，本方法为第二替代法；对于单模光纤，本方法为第一替代法。

背向散射法测量单盘损耗,其测量值的精度、可靠性,除受仪表质量影响外,最关键的是耦合方式,光注入条件不同对测量值的影响非常大。一般用 OTDR 测量、检验,将光纤通过裸纤连接器直接与仪表插座耦合,或通过光纤耦合器与带插头的尾纤耦合,或用熔接器作临时性连接。对于单盘损耗的精确测量,采用辅助光纤,可以获得满意效果,具体测量方法如图 4-6 所示。

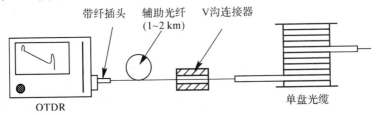

图 4-6　背向散射法现场测量损耗示意图

由于 OTDR 法测量光纤损耗受仪器测量耦合的影响较大,被测光纤短于 1 km 时测量值往往偏大很多,因此,选择 1~2 km 的标准光纤作为辅助光纤,用 V 沟连接器或毛细管弹性耦合器将被测光纤与辅助光纤相连。V 沟连接器在光纤耦合点加少量匹配液,可以获得更好的效果。

用辅助光纤测量时,应将光标线定位于合适位置,第一光标应打在"连接台阶"的后边,而不能置于辅助光纤长度的末端,第二光标应置于末端前几米处,这样可避免被光纤连接台阶和末端反射峰淹没,影响测量值的正确性,如图 4-7 所示。

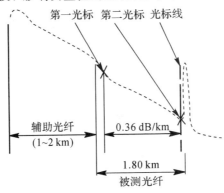

图 4-7　背向散射法测量损耗时的定标

根据工程经验,对盘长 2 km 以上的光缆可以不用辅助光纤,但必须注意仪器侧的连接插件耦合要良好。这种直接耦合方法将被测光纤与带连接插头的尾纤,通过 V 沟连接器耦合。通常用这种方法测出的平均值较接近实际值。

背向散射法测量光纤损耗时具有方向性,即从光缆 A、B 两个方向测量,结果不一定相同。因此,严格来讲,OTDR 测量光纤的损耗应该进行双向测量,取其平均值。在单盘光缆检验测量过程中,受时间、条件等影响,如果采用双向测量法,则工作量加倍。鉴于单盘检验对损耗系数采取精测与普测相结合的评价方法,除少量光纤需进行双向测量外,一般进行单向测量即可。

(3)插入法。插入法又称介入损耗法,这也是一种非破坏性的测量方法。ITU-T 建议，对于多模光纤，插入法为第一替代法；对于单模光纤，插入法为第二替代法。对于单盘光缆损耗的测量，采用如图 4-8 所示的插入法，可以得到误差小于 0.1 dB 的测量值。

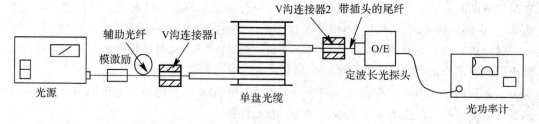

图 4-8　插入法现场测量损耗示意图

对于多模光纤，光源使用 LED，辅助光纤为 1～2 km；对于单模光纤，光源使用稳定化 LD，波长根据被测光纤的使用窗口决定，辅助光纤在 200～500 m 之间即可。V 沟连接器最好选用具备微调结构的或精度较高的弹性毛细管耦合器。在 V 沟连接器的光纤对准部位加少量匹配液，光功率计的带插头的尾纤（测试线）均用多模测试线，以确保光功率计的耦合效果。具体测量步骤如下：

① 如图 4-8 所示，用一段短光纤（2～5 m）代替被测光纤，调节 V 沟连接器 1、2，使光功率计指示最大，记下光功率 P_1；

② 将被测光纤接入测试系统（取代短光纤），调节 V 沟连接器 1、2，使功率计指示最大，记下光功率 P_2；

③ 分别计算得出光纤损耗和损耗系数。

（4）现场测量方法的比较和选择。

这里仅从光缆线路工程角度出发，对单盘光缆损耗的三种现场测量方法进行比较，详见表 4-3。

表 4-3　三种现场测量方法比较表

方　法	优　点	缺　点
截断法	（1）ITU-T 推荐为基准测量法，测量原理符合损耗定义，测量精度高。 （2）对仪表本身要求不苛刻，测量精度受仪表影响较小	（1）具有破坏性，会切断光缆。 （2）对光注入条件、环境以及测量人员操作技能的要求较高。 （3）测试较复杂，费时，工效低
背向散射法	（1）具有非破坏性。 （2）具有单端测量的优点。 （3）可与长度复测、背向散射曲线观测同时进行，具有速度快、工效高等特点。 （4）测量方便，易于操作	（1）对仪表性能、精度要求高。 （2）测量精度受仪表本身的影响较大
插入法	（1）具有非破坏性。 （2）对仪表本身的要求不苛刻	（1）对 V 沟连接器的要求较高。 （2）用于单盘测量还不成熟，限于一般性测量

只要具备条件，首先应选择背向散射法，因为 OTDR 具有质量高、操作方便、重复性好等优点。当采用辅助光纤时，双向测量可以得到与截断法同样的精度。即使采用方便、省时的单向测量，就每根光缆各条光纤的平均损耗而言，与截断法相比，其偏差也可达到表 4-2 中的一般要求，同时还可以与长度复测、背向散射曲线观测等项目一起完成。

截断法一般不宜普遍采用，主要用于少数光缆（如 5％）的测量比对。当采用其他方法测出的光缆不合格时，用截断法进一步确认，可以做出光缆是否合格的正确结论。

插入法用于一般小工程或大工程由于光缆多、OTDR 不足时的一般性测量。此外，光缆敷设后采用插入法进行安全检查也极为方便、经济。

5. 光纤背向散射曲线观测

对于光缆线路工程施工而言，信号曲线观测是最关键的单盘检验项目，因此，光缆线路工程均应进行本项目的检查。

1）背向散射曲线观测的作用和必要性

光纤背向散射曲线又称为光纤时域回波曲线，用来观察和检查光纤沿长度方向的损耗分布是否均匀、有缺陷，光纤是否存在轻微裂伤等。

（1）光缆成缆或运输过程中，可能造成个别光纤断裂或轻微裂伤，其损耗增加很小，此时采用截断法或插入法很难发现，若用 OTDR 测量，就可以发现一个菲涅尔反射点，经进一步观察可断定其出现问题。上述裂伤若在单盘检验中不被发现，则敷设后很可能因为受力而造成完全断裂；若敷设后裂伤仍未被发现，则会对光缆网的正常使用造成更大影响。

（2）有些光纤随长度的损耗分布不均匀，可能存在一些缺陷（如有高损耗部位）。对于这些质量不是太高的光纤，通过观察背向散射曲线，有利于光纤接续、测量等工作的顺利进行。

（3）对于质量较好的光纤，光波导特性虽然比较均匀，但是在包装、运输或个别光缆成缆中会造成光纤挤压，使光纤的背向散射信号产生缺陷。出厂时、运输过程中或者成缆时造成光缆损耗增加，只要敷设后损耗不恶化，一般损耗会趋于稳定；如损耗情况恶化，则应增加一个接头或者更换光缆，该问题应在回填前解决。必须避免在敷设安装结束后发现问题，以免造成人力、物力的浪费和延误工期。这类光缆损耗增加的情况若在单盘检验中不被发现，而待敷设后才发现，则容易导致责任不清。因此，对于大型工程、重点工程，均应由责任心较强的工程技术人员进行单盘光缆的损耗测量。

2）观测方法和评价

对于光纤背向散射曲线的观测，一般可与 OTDR 的损耗测量和长度复测一同进行。但无论对于损耗精测的 25％抽样或其余损耗普测的光缆均应进行本项目检查。具体观测方法如下：

（1）质量好的光纤其背向散射曲线均匀，观测时应注意有无异常，如台阶、高损耗区、曲线斜率过大等，尤其观察有无菲涅尔反射点（微裂）、非末端反射峰（断裂）。当发现可疑时应将曲线放大，将观察部位扩张，即把光标线移至观察部位，然后将测试距离改变为 100 m/div、50 m/div 或 25 m/div 分辨率较高的挡位，以便进一步分析确认。

（2）对于短距离光纤而言，其背向散射曲线不一定很均匀，应观察有无明显台阶和非末端反射点(反射峰)。

对信号曲线,根据工程经验,可按下列方法评价、处理:

(1) 发现反射峰或不明显的反射点时,必须反复测量以确认故障性质。首先分清是断裂部位还是始端信号的二次、三次反射峰。在现场测量中有时信号较强,始端信号的二次、三次反射峰极像断点反射峰,判断时应通过改变测试方法、接入假纤或双向观察加以区分、确认。

(2) 当确认光纤存在断点或微伤时,必须处理后方可施工。

(3) 对于严重缺陷,如曲线台阶明显,损耗增加较大,应考虑排除。曲线台阶较缓,损耗增加不大的,属于"已稳定"光缆,可以在工程中使用,但在敷设后应立即进行测量、观察,以判断是否恶化。当然,在光缆富余时,这种光缆可用作备缆。

(4) 对于台阶不明显的一般缺陷,可视同缓慢台阶光纤,可以使用。

6. 光缆护层的绝缘检查

光缆护层的绝缘检查指通过对光缆金属护层,如铝带纵包层(LAP,铝-聚乙烯黏结护套)、钢带或钢丝铠装层的对地绝缘测量来检查光缆外护层(PE)是否完好。

1) 护层对地绝缘测量

护层对地绝缘测量包括测量 LAP 层、钢带(丝)金属护层的对地绝缘电阻和对地绝缘强度。

(1) 对地绝缘电阻的测量。LAP 层、钢带(丝)金属护层的对地绝缘电阻的测量如图 4-9 所示,测量步骤如下:

① 将光缆浸于水中 4 h 以上;

② 高阻计或兆欧表接于被测金属护层和地(水)之间,测试电压为 250 V 或 500 V,1 min 后进行读数。用兆欧表测量时,应注意手摇速度要均匀。

③ 分别测量,读出 LAP 层、钢带(丝)的对地绝缘电阻值。

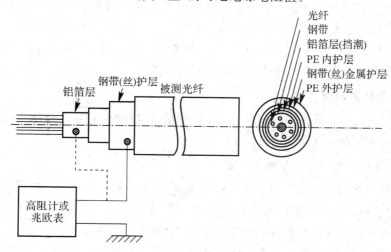

图 4-9　金属护层对地绝缘电阻测试示意图

(2) 对地绝缘强度的测量。LAP 层、钢带(丝)金属护层对地耐压的测量系统图与图 4-9 相似,只是用介质击穿仪或耐压测试器代替高阻计或兆欧表。一般规定,加高压后

2 min 不击穿即可。

　　2）护层对地绝缘的一般要求

　　（1）指标要求。

　　① 护层对地绝缘电阻指标：金属层对地绝缘电阻≥1000 MΩ·km。

　　② 护层对地绝缘强度指标：进口光缆为加电压 15 000 V，2 min 不击穿；国内光缆为加电压 3800 V，2 min 不击穿。

　　（2）护层对地绝缘测量的意义。光缆金属护层、单盘绝缘检查不合格的主要原因有以下三点：

　　① PE 护层自身不良，如有气孔、杂质等。光缆在成缆时经高压火花检查，一般 PE 护层是良好的，但还是可能有 5％左右的护层绝缘不合格。

　　② 机械外伤，如包装不慎导致的机械损伤、运输中或开盘时的人为损伤等。

　　③ 光缆端头密封不良，使护层受潮。

　　以上①、②两种原因一般会造成钢带（丝）金属层绝缘不良。对 LAP 层，一般外边还有一层 PE 内护层，损伤的可能性较小。

　　（3）光缆金属护层对地绝缘的工程意义。一般来说，光缆金属护层对地绝缘不影响光系统的传输性能。就金属护层的作用而言，LAP 层（国外称之为防潮层）是最重要的，它对光纤具有直接的保护作用。钢带（丝）金属层主要用于抵御机械外力。从某种意义上讲，埋式光缆外护层损伤（不严重时）不影响光缆性能、作用，但从延长铠装层寿命的角度来说还是有一定意义的。

　　（4）单盘检验测量护层绝缘的可能性。对单盘光缆层进行绝缘检查，需经过 4 h 以上的浸水处理，而现场一般不具备该检查条件，况且光缆出厂时本身绝缘不良的概率极低，所以在单盘检验时，除特殊要求外，一般可不作绝缘检查，但在开盘及其他项目测量中，应对缆盘外包装、光缆外层进行目视检查。

　　如果光缆护层绝缘有问题，则一般在光缆敷设后随工测量中会发现。如果是 LAP 层损伤，则必须做包扎处理；如果是钢带（丝）绝缘不良，则其外 PE 层不一定非要处理。因为 PE 外护层轻微损伤不影响内部，对传输性能影响不大。相反，如果因为 PE 层微小的损伤而进行挖掘处理，反而可能导致其他部位新的损伤。

7. 其他器材的检查

　　其他器材的检查包括光缆连接器材、光纤连接器（带尾纤）、管道用塑料套管、光缆保护材料和无人中继箱及其附件的清点、质量检查。

　　1）光缆接头护套（盒）及其附件检查

　　光缆接头护套（盒）及其附件、零（部）件是光缆连接的重要部件，不仅要清点其数量（包括每套接头材料的详细附件清单），而且要观察分析其质量，必要时进行试验。对于不合格产品以及质量不理想的材料，均应提出处理意见或申报追加备品。

　　（1）清点数量。光缆接头护套（盒）的数量应有一定的备品，一般一个中继站应有一个备品，以便增加接头，或在某一接头附件不够时及时供给。

　　每个光缆接头护套（盒）的附件均应详细清点。对于大型工程，当开箱后不易保管或工期紧、来不及清点时，可以不作详细清点，但应注意：

① 应具有一定的数量；

② 应作抽样清点检查；

③ 接续人员在领用时应作详细清点。

接头护套(盒)的附件包括主套管、光纤热缩保护管、密封材料等。由于各厂产品结构不同，程式不同，因此其零部件也不相同。

（2）质量检查：

① 接头护套必须是经过正规鉴定的产品，要有出厂合格证。

② 施工单位未使用过的产品应作重点检查和试验性连接。

③ 对埋式接头护套，应严格检查其密封方式、工艺及材料质量，对可疑产品应作密封试验。

④ 对于光纤热缩保护套管，应检查材料表面工艺，判断金属棒是否笔直，必要时作抽样试验。试验方法是试做接头，或直接把光纤穿入，容纳后置于加热器上热缩，观察其热缩过程和收缩质量。

a. 外部热缩管与内部易熔管在加温下的进展速度应一致；

b. 收缩管内收缩后应无气泡，以免形成隐患；

c. 光纤热缩管收缩后，外形应正常，两侧热熔胶适量外流。

⑤ 绝缘检查主要是对接头护套(包括地线引线、密封胶条)进行绝缘电阻的抽测，指标同光缆要求。

2）管道塑料子管及其他保护管检查

（1）塑料子管的检查。

① 本地网管道用的子管，其内径、外径、壁厚、盘长、数量均应符合设计要求。一般子管的内径为光缆外径的 1.5 倍；一个管孔预放三根子管时，总直径应不大于管内径的 85%。

② 塑料子管管壁厚度应均匀，抽查部分子管，看其内壁有无结疤、流痕以及压扁等变形现象。

③ 塑料子管的一般特性应符合表 4-4，检查时应主要了解子管厂家的产品标准，看子管的回直力、弹性等是否良好。

表 4-4　塑料子管特性表

抗压强度/(kg/cm²)	抗拉强度/(kg/cm²)	断裂伸长率/%	子管收盘内径
≥4	≥80	≥200	≥子管外径的 24 倍

（2）埋式光缆保护管的检查。埋式光缆的保护管，如无缝钢管、PE 硬管、PE 半软管、PE 轻管等，均应符合规定的数量、质量要求。对于架空光缆杆下预留保护管、管道人孔内保护管，应检查其直径和易弯曲特性。

3）无人站安装器材的检查

（1）无人中继器机箱的检查：

① 中继器机箱的型号、规格、数量均应符合设计要求；

② 机箱的气闭性能良好；

③ 零部件应齐全、完好，内部布线良好，外观应无损伤等缺陷；

④ 机箱固定尺寸与无人站机墩、固定预留孔位一致。

（2）尾巴光缆的检查。

① 尾巴光缆的型号、规格、数量均应符合设计要求。

② 作光纤通光检查，其结果应符合设计要求。

③ 对于带连接器的尾巴光缆，还应对其连接器进行检查。

4）光缆连接器及终端架（盘）的检查

（1）光纤连接器的检查：

① 光纤连接器的型号、规格、数量均应符合设计要求，数量上应考虑少量备品。

② 光缆（纤）连接器一般分为单模（8～9/125 μm）连接器、多模（50/125 μm）连接器、单模对多模连接器，检查时要分清并标明，一般单模对多模连接器是用于单模系统的接收通道。

③ 光纤连接器一般带有尾纤，其长度应满足光纤分配架（盒）或光纤终端盒至光设备架（盘）的长度要求，一般为 3～5 m。

④ 光纤连接器的传输性能应符合设计规定，插入损耗分为 0.5 dB 和 1 dB 两挡，互换性、重复性应良好。

一般要求线路侧用的连接器应为双头连接插件，即两条尾纤连接插件制作在一起，在现场使用时从中间剪开。这种连接器的测量简便。普通单插件尾纤形式的连接器其测量较为复杂，因此，现场检查时由于条件、时间的限制，一般进行抽样检查，抽样比例为 10%。

（2）终端架（盘）的检查。各光纤连上连接器后，光缆插至架（盘）上的连接插座。在检查终端架（盘）前，首先由设备安装人员安装好机架（光纤分配架或分配盘、光端机架的终端盘或机框）。检查工作主要包括检查其终端架（盘）上的方式、结构是否符合设计要求，终端架（盘）与光端机架的距离同连接器尾纤的长度是否适应，终端架（盘）安装方式、操作与终端维护是否方便、合理。

（3）连接器配合的检查。当光纤连接器的形式与测量仪表插件不一致时，必须配备转接测试线。检查时必须检查连接器和终端架（盘）插件形式与施工、维护用仪表是否一致，配备的转接线是否符合要求，并作试验测量。

4.3 路 由 复 测

光缆线路路由复测是光缆线路工程开工后的首要任务。路由复测是以施工图设计为依据，对沿线路由进行必不可少的测量、复核，以确定光缆敷设的具体位置，丈量地面的正确距离，为光缆配盘、敷设和保护地段等提供必要的数据。光缆线路路由复测对保质保量、按期完成工程施工任务可起到保证作用。

4.3.1 路由复测的主要任务

光缆线路路由复测的主要任务包括以下内容：

（1）根据设计方案核定光缆路由的具体走向、敷设方式、环境条件，以及接头、中继站的具体位置。

（2）丈量、核定中继段间的地面距离，核定管道路由并测量出各人孔间的距离。

（3）核定穿越铁路、公路、河流、水渠以及地下管线等其他障碍物的地段以及技术措施，并核定设计中各项具体措施的实施可能性。

（4）核定"三防"（防机械损伤、防雷、防白蚁）地段的长度、措施及实施可能性。

（5）核定、修改施工图设计。

（6）核定青苗、园林等赔补地段的范围以及针对困难地段绕行的可能性。

（7）注意观察地形地貌，初步确定接头位置的环境条件。

（8）为光缆配盘、光缆分屯及敷设提供必要的数据资料。

4.3.2　路由复测的基本原则

1. 路由复测的基本原则

光缆线路路由复测应以审批的施工图设计为依据，通过复测核定并最终确定路由的具体位置。

2. 路由等的变更要求

在测量时，一般不得随意改变施工图设计文件所规定的路由走向、中继站站址等。若由于现场条件发生了变化或其他原因，必须变更施工图设计原定路由方案或需要进行较大范围变动，则应及时向工程主管部门反映，并由设计单位核实后，编发设计变更通知书。在局部方案变动不大、不增加光缆长度和投资费用，也不涉及与其他部门的原则协议等情况下，可以适当变动，以使光缆路由位置更加合理，并使之有利于施工或维护。

3. 光缆与其他设施、树木、建筑等的最小间距要求

为了保证光缆及其他设施的安全，光缆敷设位置与地下管道、树木以及建筑物之间应有一定的间隔，其间隔距离应符合表 4-5、表 4-6 和表 4-7 中的规定。

表 4-5　直埋光缆与其他建筑设施间的净距要求

建筑设施名称		最小净距/m	
		平行时	交越时
通信管道边线（不包括人孔）		0.75	0.25
非同沟直埋通信光（电）缆		0.5	0.25
埋式电力电缆	交流 35 kV 以下	0.5	0.5
	交流 35 kV 以上	2.0	0.5
架空线杆及拉线		1.5	—
给水管	管径小于 30 cm	0.5	0.5
	管径为 30~50 cm	1.0	0.5
	管径 50 cm 以上	1.5	0.5
高压石油、天然气管		10.0	0.5

建筑设施名称		最小净距/m	
		平行时	交越时
热力管、排水管		1.0	0.5
排水沟		0.8	0.5
煤气管	压力小于 300 kPa	1.0	0.5
	压力 300 kPa 及以上	2.0	0.5
其他通信线路		0.5	—
房屋建筑红线或基础		1.0	—
树木	市内、村镇大树、果树、行道树	0.75	—
	市外大树	2.0	—
水井、坟墓、粪坑、积肥池、沼气池、氨水池		3.0	—

注：① 直埋光缆采用钢管保护时，与给水管、燃气管、输油管交越时的净距可降低为 0.15 m。

② 大树指直径 30 cm 及以上的树木。

③ 穿越埋深与光缆相近的各种地下管线时，光（电）缆宜在管线下方通过，并采取保护措施。

④ 对于杆路、拉线、孤立大树和高耸建筑，还应考虑防雷要求。

⑤ 最小净距达不到上表要求时，应采取保护措施。

表 4-6　杆路与其他设施的最小水平净距　　　　　m

设施名称	最小净距	备　注
消防栓	1.0	消防栓与电杆距离
地下管、缆线	0.5～1.0	包括通信管、缆线与电杆间的距离
火车铁轨	杆高 4/3	
人行道边石	0.5	
地面上已有其他杆路	杆高 4/3	以较长杆高为基准。其中，对 500 kV～750 kV 输电线路不小于 10 m，对 750 kV 以上输电线路不小于 13 m
市区树木	0.5	缆线到树干的水平距离
郊区树木	2.0	缆线到树干的水平距离
房屋建筑	2.0	缆线到房屋建筑的水平距离

注：在地域狭窄地段，拟建架空光缆与已有架空线路平行敷设时，若间距不能满足以上要求，可以杆路共享或改用其他方式敷设光缆线路，并满足隔距要求。

表 4-7　架空光缆与其他建筑、树木间最小垂直净距　　　　　m

名　称		与线路方向平行时		与线路方向交越时	
		净距	备　注	净距	备　注
市区街道		4.5	最低缆线到地面	5.5	最低缆线到地面
市区里弄（胡同）		4.0		5.0	
铁路		3.0		7.5	最低缆线到轨面
公路		3.0		5.5	最低缆线到路面
土路		3.0		5.0	最低缆线到地面
房屋建筑		—	—	0.6	最低缆线到屋脊或房屋平顶
				1.5	最低缆线到房屋平顶
河流		—	—	1.0	最低缆线距最高水位时的船桅杆顶
市区树木		—	—	1.5	最低缆线到树枝的垂直及水平距离
郊区树木		—	—	1.5	最低缆线到树枝的水平及垂直距离
其他通信导线		—	—	0.6	一方最低缆线到另一方最高线条
与同杆已有缆线间隔		0.4	缆线到缆线		
电力线（有防雷保护设备）	10 kV 以下	—	—	2.0	最高缆线到电力线条
	35～110 kV（含 110 kV）	—	—	3.0	
	110～220 kV（含 220 kV）	—	—	4.0	
	220～330 kV（含 330 kV）	—	—	5.0	
	330～500 kV（含 500 kV）	—	—	8.5	
	500～750 kV（含 750 kV）	—	—	12.0	
	750～1000 kV（含 1000 kV）	—	—	18.0	
供电线接户线①		—	—	0.6	最高线条到供电线线条
霓虹灯及其铁架		—	—	1.6	
电气铁道及电车滑接线②		—	—	1.25	

注：① 通信线应架设在电力线路的下方位置，当供电线为被覆线时，光缆也可在供电线上方交越。② 光缆应在上方交越，跨越杆档两侧电杆及吊线安装应做电气隔断保护装置。③ 普通杆档按最高温度时的垂度再加 0.5 m（挂缆后下垂）计算。④ 长杆档及跨越杆档按最高温度时的垂度再加 0.1 m（挂缆后下垂）计算。

4.3.3　路由复测的方法

1. 复测准备

路由复测小组由施工单位组织，通常，小组成员由施工、维护、建设和设计单位的人员组成，复测工作应在配盘前进行。复测小组的劳力组合和所需的机具、材料如表4-8和表4-9所示。

表4-8　复测小组的劳力组合

工作内容	技工/人	普工/人
插大旗	1～2	1～2
看标	1	—
传送标杆	—	1～2
拉地链	1	1～2
打标桩	1	1
绘图	1～2	—
画线	1	2～3
对外联系	1	—
生活管理	1	—
司机	1	—
组长	1	—
合计	10～12	6～10

表4-9　复测小组所需机具、材料

名称	单位	数量	备注
大标旗(6～8 m)	根	3	—
花杆(2 m、3 m)	根	各3～4	—
地链(100 m)	条	2	—
钢卷尺(30 m)	盘	1	—
皮尺(30 m)	盘	1～2	—
望远镜	架	1	—
袖珍经纬仪	架	1	视需要
绘图板	块	1	—
多用绘图尺	把	1～2	—
测远仪	架	1	视需要
步话机	部	2～3	—
接地电阻测试仪	套	1	—

名　称	单　位	数　量	备　注
口哨	支	2～3	—
斧子	把	1	—
手锤	把	1	—
手锯	把	1	—
铁铲	把	1	—
红漆	瓶	若干	—
白石灰	千克	若干	每 km 用量
木(竹)桩	片	15	—
汽车	辆	1	—
自行车	辆	1～2	—
劳保用品	—	适量	—

2. 路由复测的基本技术

勘测是为了选择路由，而路由复测按设计施工图所规定的路由进行复核测量。对于参加路由复测的技术人员，应掌握线路测量的基本技术，如直线段的测量、转角点的测量、河和沟宽的测量、高度和断面的测量等。

1) 直线段的测量

直线段的测量一般由 3～4 人配合进行插标、看标，然后由拉地链人员测出地面距离、钉标桩等。具体操作方法：前面由 2 人插标杆，后面由 1 人看标，如图 4-10(a)所示，插标时要求用力均匀使标杆插直，插斜易造成测量误差；看标时要求负责看标的人员距离 A杆 30 cm 左右，人体重心位于 A、B 杆直线上，双目平视前方，以 A、B 两杆为基线，改变C 杆位置使 A、B、C 杆成一直线。

看标方法得当，所测量的直线不会走标造成误差，具体看标方法如图 4-10(b)所示。看标人分别用左、右眼单独看 A、B 杆，其左右像至 C 杆间距相等，表明 A、B、C 三杆在一条直线上，否则应调整 C 杆位置。

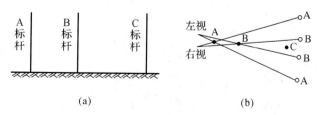

图 4-10　直线段测量看标方法示意图

若遇高坡或低洼地形影响看标视线，可通过图 4-11 中的插引标方法来解决。A、B 杆与引标杆 D、E 成直线，引标杆插定之后，C 杆通过 D、E 杆使之成为直线，即完成 A、B、C 三主杆的直线测量。对于低洼地形的测量，方法类似上述高坡的测量。在测量中，需要作直角，即作垂线，一般采用等腰三角形法或采用"勾股弦"方法。

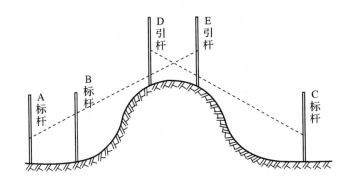

图 4-11　路由障碍的引标测量方法示意图

2）转角点的测量

架空线路转角点的电杆称为"角杆"，线路转角的角度在实际测量时一般不便于测量，而用角深来表示转角的大小。角深的定义如图 4-12 所示。

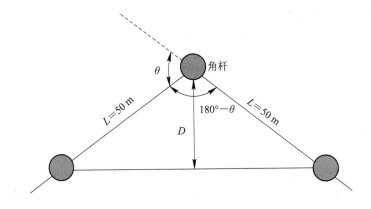

图 4-12　角深的定义

当标准杆距为 50 m 时，角深与线路转角、内角的关系如式（4.1）所示。

$$D = L \times \cos\left(\frac{180° - \theta}{2}\right) \tag{4.1}$$

式中：D——角杆的角深；

　　　L——杆距；

　　　θ——线路转角；

　　　$(180° - \theta)$——线路内角。

表 4-10 给出了标准杆距为 50 m 时角深与内角的关系。

表 4 - 10　角深与内角关系对照表

角深/m	内角/°	角深/m	内角/°	角深/m	内角/°
1.0	178.0	9.0	159.0	17.0	140.0
2.0	175.5	10.0	157.0	18.0	138.0
3.0	173.0	11.0	154.5	19.0	135.5
4.0	171.0	12.0	152.0	20.0	133.0
5.0	168.5	13.0	150.0	21.0	130.5
6.0	166.0	14.0	147.5	22.0	128.0
7.0	164.0	15.0	145.0	23.0	125.0
8.0	161.5	16.0	143.0	24.0	123.0

3) 河宽的测量

光缆线路经过河流属于常见情况，测量河宽是比较重要的工作，尤其是采用水底光缆时，必须取得河宽的准确数据，方能进行水底敷设。测量时，通过底边直线和垂线的基本方法得到如图 4 - 13 所示的三角形，利用相似三角形的几何学原理，即可计算出河宽 AB 的距离。

测量时，由 A、B、C 三根标杆按直线段测量方法使之成为直线，在 B 点作垂线 BD 垂直于 AB，并在 D 点作垂线 DC 垂直于 AD(移动 C 杆来获得，C 杆与 A、B 保持直线)，这样便得到图中所示的△ABD 和△BCD 两个三角形，根据相似三角形的原理，AB∶BD＝DB∶BC，因此河宽 AB＝(BD)²/BC。

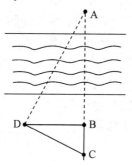

图 4 - 13　河宽测量方法示意图

3. 路由复测的一般方法步骤

路由复测一般包括定线、测距、打标桩、划线、绘图和登记六个步骤。

1) 定线

根据工程施工图设计，在起始点、三角定标桩或转角桩位置插大标旗，标识出光缆路由的走向。大标旗间隔一般为 1～2 km，测量人员通过调整大标旗中间的标杆可使之成一条直线。

2）测距

测距是路由复测中的关键内容，必须掌握其基本方法，才能正确地测出地面实际距离，以确保光缆配盘的正确性和光缆敷设工作顺利进行。

测距的一般方法：采用经过皮尺校验的 100 m 地链（山区采用 50 m 地链），由两人负责丈量（沿大标旗），后链人员持地链始端，前链人员持地链末端，大标旗中间的标杆插在地链的始末端，沿前面大标旗方向每 100 m（或 50 m）为单位不断推进。一般由三根标杆配合进行测距，当 A、B 两杆间测完第一个 100 m 后，B 杆不动取代 A 杆位置，C 杆取代 B 杆位置；当测第二个 100 m 时，原有 A 杆往前移动变为第三个 100 m 的 B 杆（C 杆取代 A 杆），这样不断地变换标杆位置，即不断向前测量。测距时，标杆与大标旗间应不断调整，使之在直线状态下完成测距工作。

3）打标桩

光缆线路路由确定并测量后，应在测量路由上打标桩，以便划线、挖沟和敷设光缆。一般每 100 m 打一个计数桩，每 1 km 打一个重点桩，穿越障碍物、拐角点也应打上标记桩。对于改变光缆敷设方式、光缆程式的起讫点等重要标桩应进行三角定标。

为了便于复查和核对光缆敷设长度，标桩上应标有长度标记，如从中继站至某一标桩的距离为 6.373 km，则标桩上应写"6＋373"。标桩上标有数字的一面应朝向公路一侧或中继站前进方向的背面。

4）划线

路由复测确定后即可划线。用白灰粉或石灰沿地链（或用绳子）在前后标桩间拉紧划成直线。划线一般与路由复测同时进行。

划线可以采用单线或双线方式，一般地形采用单线划法，要求白灰均匀清晰；对于地形复杂地段，可采用双线划法，双线间隔一般为光缆沟的宽度（60 cm）。

对于转角点应划成弧线，其半径应大于光缆的允许弯曲半径。半径大一些，光缆的转弯缓和一些，有益于光纤传输性能的稳定。

对于光缆"S"弯预留位置，如穿越河流、跨度较大的公路以及大坡度地段，光缆要求作"S"弯敷设，"S"弯的大小视光缆预留量的设计而定，同时"S"弯的弯曲半径应考虑光缆的允许弯曲半径，通常河流两侧的"S"弯预留 5 m。

5）绘图

绘图一般可按下述要求进行：

（1）核定复测的路由、中继站位置与施工图设计有无变动，对于变动不大的可利用施工图作部分修改。

（2）路由因路面变化等原因变动较大时，应重新绘图。绘图时，首先要求绘出中继站站址及光缆路由 50 m 内的地形、地物和主要建筑物；其次要绘出"三防"设施位置、保护措施、具体长度等。市区要求按 1∶500 或 1∶1000 的比例绘制，郊外按 1∶2000 的比例绘制，对于有特殊要求的地段，应按其规定的比例绘制。

（3）对于水底光缆，应标明光缆位置、长度、埋深、两岸登陆点、"S"弯预留点、岸滩固定、保护方法、水线标识牌等。同时还应标明河流流向、河床断面和土质，平面图一般按 1∶（500～5000）比例绘制，断面图按 1∶（50～100）比例绘制。

6）登记

登记工作主要包括沿光缆路由统计各测定点累计长度、无人站位置、沿线土质、河流、渠塘、公路、铁路、树木、经济作物、通信设施和沟坎加固等的范围、长度与累计数量。

登记人员应每天与绘图人员核对，发现差错及时补测、复查，以确保统计数据的正确性。这些数据是工作量统计、材料筹供、青苗赔偿等重要环节的依据。

4.4　光缆配盘

4.4.1　光缆配盘的目的

光缆配盘是根据路由复测计算出的光缆敷设总长度以及光纤全程传输质量的要求，选择、配置单盘光缆的。光缆配盘是为了合理使用光缆，减少光缆接头和降低接头损耗，达到节省光缆和提高光缆线路工程质量的目的。

4.4.2　光缆配盘的要求

对施工而言，光缆配盘工作非常重要，要求配盘细致、准确。负责配盘的工程技术人员在单盘检验和路由复测后开始配盘，在分屯、布放过程中，还应不断检查和检验配盘是否合理，必要时可作小范围调整。因此，配盘工作待光缆全部敷设完毕才算完成。

光缆配盘的基本要求如下：

（1）一般工程的光缆配盘是在单盘检验、路由复测之后，光缆分屯和敷设之前进行的；大型工程可按设计进行初配，到分屯点后，进行单盘检验和中继段正式配盘。

（2）光缆配盘应按路由条件选配满足设计规定的不同程式、规格的光缆；配盘总长度、总损耗及总带宽（色散）等传输指标应满足设计要求。

（3）光缆配盘时应尽量做到整盘配置，以减少接头数量。一般接头数量不应超过设计规定的数量。

（4）为了降低连接损耗，一个中继段内应配置同一厂家的光缆，并尽量按出厂序号的顺序进行配置。

（5）为了提高耦合效率，利于测量，靠近局（站）侧的单盘长度一般不小于 1 km，并应选择光纤参数接近标准值且一致性较好的光缆。

（6）光缆配盘后接头位置应满足下述要求：

① 直埋光缆接头应尽量安排在地势平坦、地质稳固和无水地带，并应避开水塘、河流、沟渠及道路等障碍点。

② 管道光缆的接头应避开交通道口。

③ 埋式与管道光缆交界处的接头应安排在人孔内。受条件限制，一定要安排在光缆直埋处时，对非铠装管道光缆伸出管道部位应采取保护措施。

④ 架空光缆接头一般应安装在杆旁 2 m 以内或杆上。

（7）光缆端别的配置应满足下列要求：

① 为了便于连接、维护，要求光缆应按端别顺序配置，除特殊情况外，一般端别不得

倒置。

②　长途光缆线路，应以局（站）所处地理位置规定光缆端别：北（东）为 A 端，南（西）为 B 端。

③　本地网局间光缆，在采用汇接中继方式的城市，以汇接局为 A 端，分局为 B 端；两个汇接局间以局号小的局为 A 端，局号大的局为 B 端；没有汇接局的城市，以容量较大的中心局（领导局）为 A 端，对方局（分局）为 B 端。

④　分支光缆的端别，应服从主干光缆的端别。

（8）配盘工作应从整个工程层面统一考虑，以一个中继段为配置单元。

（9）长途光缆线路工程、大中城市的局间中继、专用网工程的光缆配盘，光纤应对应相接，不作配纤考虑；对于短距离本地网、局部网等要求不太高的线路，需选用光纤参数较差一些的光缆时，在经主管部门同意后，可以按光纤的几何、传输参数进行配置，配置后的传输指标应达到设计规定。

（10）光缆配置应按规定预留长度，以避免浪费，单盘长度选配应合理，尽量节约光缆，还应为维护部门多留一些余料，以备维护使用，从而降低工程造价。

4.4.3　光缆配盘的方法

光缆配盘的具体方法步骤如下。

1. 列出光缆路由长度总表

根据路由复测资料，列出各中继段地面长度，包括直埋、管道、架空、水线或丘陵山区爬坡等布放的总长度以及局（站）内的长度（局前人孔至机房光纤分配架／盘的地面长度），如表 4-11 所示。

表 4-11　光缆路由长度总表　　　　km

中继段名称					
设计总长度					
复测地面长度	直埋				
	管道				
	架空				
	水线				
	爬坡				
	局（站）内				
	合计				

2. 列出光缆总表

将单盘检验合格的不同光缆列成总表，内容包括盘号、规格、型号及盘长等，如表 4-12 所示。

表 4-12　光 缆 总 表

序　号	盘　号	规格、型号	盘　长	备　注

3. 初配

根据表 4-11 中不同敷设方式中路由的地面长度，加余量(1%)计算出各个中继段的光缆总用量。根据算出的各中继段光缆用量，依据表 4-12 综合考虑其长度，选择不同规格、型号的光缆，使光缆累计长度满足中继段总长度的要求。列出初配结果，即中继段光缆分配表，如表 4-13 所示。

表 4-13　中继段光缆分配表

中继段名称	光　缆	数量/km		出厂盘号	备　注
	类别、规格、型号	计划量	实配量		

考虑到有的大型工程进度快，必须先分屯再检验，对这类工程，应根据设计长度，同样按上述方法进行初配，然后分屯，待单盘检验、路由复测后再进行中继段正式配盘。但按设计长度初配时应留有一部分机动盘，在正式配盘时调整选用。机动盘一般先放到中心分屯点。

4. 中继段内光缆配盘(正式配盘)

根据表 4-13 的初配结果，按配盘的一般规定进行正式配置，包括接头点位置的初步确定。配盘完毕后，应对照实物清点光缆，核对长度、端别、分配段落并在缆盘上标注清楚，最后填好配盘图表交施工队或作业组实施布放。

4.4.4　中继段光缆配盘的步骤

光缆正式配盘是以一个中继段为配置单元，要求排出各盘光缆的布放位置。其具体步骤如下。

1. 配置方向

一般工程均由 A 端局(站)向 B 端局(站)方向配置。

2. 进局光缆的要求

局内光缆按设计要求确定，详见第 5.6.1 节。

3. 光缆布放长度的计算

按表 4-13 分配给中继段的光缆，根据式(4.2)计算出光缆的敷设长度，即

$$L = L_埋 + L_管 + L_架 + L_水 + L_坡 \tag{4.2}$$

式中：L——中继段光缆敷设总长度，单位为米；

$L_埋$——中继段内直埋光缆敷设长度，即

$$L_埋 = L_{埋(丈)} + L_{埋(预)} \tag{4.3}$$

$L_管$——中继段内管道光缆敷设长度，即

$$L_管 = L_{管(丈)} + L_{管(预)} \tag{4.4}$$

$L_架$——中继段内架空光缆敷设长度，即

$$L_架 = L_{架(丈)} + L_{架(预)} \tag{4.5}$$

式(4.2)、式(4.3)和式(4.4)中，$L_{x(丈)}$为光缆线路路由的地面丈量长度，$L_{x(预)}$为光缆线路敷设的各种预留长度，单位为米。

$L_水$为中继段内水底光缆敷设长度：

$$L_水 = (L_1 + L_2 + L_3 + L_4 + L_5 + L_6) \times (1 + \alpha') \tag{4.6}$$

式中：L_1——水底光缆两终端间现场的丈量长度；

L_2——终端固定、过堤、"S"形敷设、岸滩及接头等项增加的长度；

L_3——两终端间各种预留增加的长度；

L_4——布放平面弧度增加的长度；

L_5——水下立面弧度增加的长度，应根据河床形态和光缆布放的断面计算确定；

L_6——施工余量，根据不同施工工艺考虑取定。其中，拖轮布放时，可为水面宽度的8%~10%；抛锚布放时，可为水面宽度的3%~5%；埋设犁布放时，应另行据实计算；人工抬放时，一般可不加余量；

α'为水底光缆自然弯曲增长率，根据地形起伏情况，取1%~1.5%。

以上各式中的预留长度如表4-14和表4-15所列。

表4-14 陆地光缆布放预留长度表

敷设方式	自然弯曲增加长度/(m/km)	人孔内弯曲增加长度/(m/人孔)	杆上伸缩弯长度/(m/杆)	接头预留长度/m	局内预留长度/m	备　注
直埋	7	—	—	一般为8~10	一般为15~25	接头的安装长度为6~8 m；局内的预留长度为10~20 m
爬坡(埋)	10	—	—			
管道	5	0.5~1	—			
架空	5	—	0.2			

表4-15 水底光缆布放预留长度表

F/L	6/100	8/100	10/100	13/100	15/100
增加长度	0.00L	0.017L	0.027L	0.045L	0.06L

注：L为布放平面弧度的弦长(单位为 m)，如图4-14所示；F为弧线的顶点至弦的垂直高度(单位为 m)；F/L为高弦比。

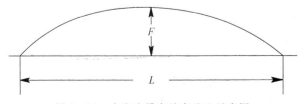

图4-14 水底光缆布放高弦比示意图

对于一般河流，由于河宽在 200 m 以内的占多数，为减少中继段接头数，水底光缆配置往往按整盘或半盘考虑，一般不少于 500 m。对于水线上岸后的陆地部分敷设长度，一般可按表 4-15 预留长度计算，考虑这一部分距离不长以及地形由岸滩进入陆地等因素，这部分预留长度按 1‰ 计算即可。

4. 管道光缆配算方法

无论是本地网光缆线路，还是长途光缆线路，管道敷设方式是最基本的，几乎每个工程都涉及。由于管道两个人孔间位置已固定，且各人孔间距从几十米到 200 m 左右不等。因此，管道路由的配盘计算较为复杂。要做到既节省光缆、又能确保敷设安全和满足长度要求，必须掌握下述要领：

(1) 路由地面距离必须丈量准确，并应与维护部门原始图核对。

(2) 选配光缆单盘长度和接头人孔应合适，这是配盘的重点。一般方法如下：

① 采取试凑法：抽取 A 盘光缆，由路由起点开始按配盘规定，依据式(4.4)和表 4-14 配算，至接近 A 盘长度时，使接头点落在人孔内，最短预留一般除接头重叠预留外再加 5 m，就可以保证路由长度偏差。

当 A 盘不合适，即光缆配至终点不在人孔处，若退后一个人孔又太浪费时，应算出较 A 盘增减长度，然后选择 B 盘或 C 盘试配，直到合适为止。

按类似方法配第二盘、第三盘，直至配完。

② 配好"调整盘"：较长管道路由配盘(如大于 5 km)所配光缆不可能正好或接近单盘长度，很可能只用一盘的一部分，我们在配盘时将这一盘作为"调整盘"。当配盘光缆中某一盘因地面距离偏差或其他原因需延长或缩短敷设距离时，此"调整盘"就可相应地调整敷设距离。在配置"调整盘"时应考虑该盘敷设长度不少于 500 m，以便 OTDR 仪测量方便和避免单盘过短。

当使用长度超过 1 km 时，可将"调整盘"安排在靠局(站)的一段；根据敷设需要或因地形等条件限制不宜盘长过长的地段时，可将"调整盘"安排至中间段落。

配盘时对"调整盘"必须注明，要求敷设时放在最后敷设。安排"调整盘"位置的另一个考虑因素是，如光缆敷设是从两头向中间同时敷设，则该"调整盘"应作为中间的"合龙盘"。

③ 考虑光缆的外端端别：出厂光缆单盘的外端端别不一定一致，在配盘时应由 A 端向 B 端方向配置；在敷设时则不一定，要根据地形和出厂光缆单盘外端端别决定。在配盘时，应视出厂光缆单盘外端端别的多数端别确定敷设的大方向；对于少数外端端别不同的缆盘因敷设时要先倒盘后布放，故对特殊地段应尽量考虑选择与敷设方向具有适合端别的光缆。

5. 埋式光缆配算方法

对于长途光缆，直埋敷设方式比较合适。若其中个别地段为水底敷设或管道敷设，使埋式光缆形成几个自然段，配盘时以一个自然段作为配盘的连续段。配算时应按下述方法进行：

(1) 对于一般的中继段，如一个 25 km 的埋式自然段，可配 12 盘光缆，其总长度符合式(4.3)和表 4-14 的要求。各盘排列顺序可按盘号序列顺序排放。施工队作业组在具体敷设时应检查接头位置是否合适、布放端别是否受环境地形限制，如有问题可以自行选择后边的单盘，调整后在配盘资料上做相应修改即可。

(2) 对于光缆计划用量紧张的中继段，必须采取"定缆、定位"配置，即按上述方法排出配盘顺序后，逐条光缆核实接头位置是否合适；否则应更换单盘光缆，并将每盘光缆布放长度的具体位置确定好，标好起始、终点的桩号，称这种方法为"定桩配盘法"。虽然定桩配盘法要多花一些时间、工作复杂一些，但较为科学，放缆时不会因不合适而重新选缆，同时该方法能使施工作业组敷设时心中有数，可以减少浪费、节省光缆。

（3）埋式光缆，在配盘时应根据光缆敷设情况配好"调整盘"。

有些工程进度快、工期紧，由一个方向向对端敷设的方法跟不上，需要有两至三个施工作业组同时进行敷设。对这种工程必须安排好"调整盘"，施工作业组只能由两侧向"调整盘"方向布缆。

"调整盘"以一个自然段安排一盘为宜，"调整盘"选择非整盘敷设的一个单盘，如 2 km 盘长只需敷设 1.6 km 的一盘作为"调整盘"。"调整盘"一般放在自然布放段的中间或两侧，与其他敷设方式的光缆合拢位置。

6. 编制中继段光缆配盘图

光缆配盘结束后，应将结果填入"中继段光缆配盘图"，同时在光缆盘上标明该盘光缆所在中继段的段别及配盘编号，如图 4 - 15 所示。

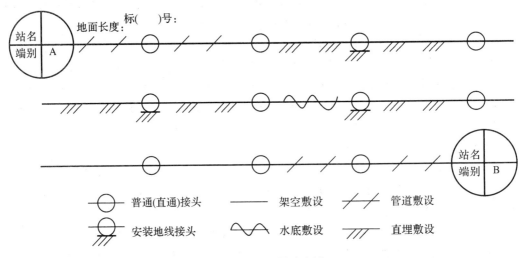

注：(1) 按图例符号在接头圆圈内标上接头类型符号和接头序号。
　　(2) 按图例符号在横线上标上光缆类别(敷设方法)。
　　(3) 在上图横线上标明地面长度；并标明标桩或标石号；①配盘时为标桩号；②竣工资料为标石号。
　　(4) 在上图横线下标明光缆长度：①配盘时为配盘长度；②竣工时为最终实际敷设的光缆长度。

编制人＿＿＿审核人＿＿＿日期＿＿＿

图 4 - 15　中继段光缆配盘图

4.5　光缆的分屯运输

光缆经单盘检验合格后，将由大分屯点(集中检验现场)按配盘图、布放作业计划及时安全地运送至放缆作业队(组)分屯点，再在敷设时运至施工现场，或直接从大分屯点运至施工现场。光缆分屯运输对加速工程进展、确保安全敷设、提高工程质量是非常重要的。

4.5.1 分屯运输的准备工作

1. 制定分屯运输计划

(1) 由大分屯点运至施工作业队(组)分屯点时,应根据中继段光缆分配表或中继段配盘图编制分屯运输计划。计划要求包括光缆程式、数量、盘号、运输时间、路线、责任人和安全措施等。

(2) 由作业分屯点运至当日布放现场的工作,由施工队(组)负责,一般为 1~2 盘,应尽量运至光缆路由的放缆点。当运输计划较简单时,一般结合配盘图、布放作业计划进行考虑。

(3) 分屯运输应由专人负责,并应了解光缆安全知识,熟悉运输路线,对参与运输及相关人员进行安全教育,检查和制定安全措施,确保分屯运输中人身、光缆、车辆、机具的安全。

2. 准备运输车辆、装卸机具

(1) 批量运输。长途工程大分屯点一般有几十盘光缆,要运至施工作业分屯点,通常一个中继段两个作业分屯点的情况较多。对埋式光缆,载重 4 吨的卡车可运 2~3 盘;长距离运输用 8 吨载重型卡车或由载重车再挂一光缆拖车,可提高运输效率。

(2) 由作业分屯点运至布放现场,最好的办法是用光缆拖车,由出工用车辆带拖;若无光缆拖车可用卡车装运。对于较重的埋式光缆,可以用电缆车,也可用轻型液压升降光缆拖车。

(3) 装卸车辆。从光缆安全考虑,对于水底光缆、铠装埋式光缆应采用吊车,埋式光缆一般用汽车吊车就可以。对于重量较轻的光缆,可以不用吊车,也不用叉式装卸车,而采用人工抬运,但应准备好跳板、绳索等。

4.5.2 分屯运输的方法和要求

1. 一般方法

1) 批量运输

一般载重车装 2~3 盘,光缆盘应横放,盘下应用垫木等支撑以避免滚动,并用钢丝或 4.0 mm 铁丝捆牢。

2) 少量(1~2 盘)直接运至敷设现场

采用液压光缆拖车时,应锁住升降控制开关,避免锁定脱开砸坏缆盘;采用卡车运输时可用垫木、钢丝等固定,也可用"千斤顶"支架光缆,但缆盘距离车厢底板不应超过 5 cm。

3) 吊车装卸光缆盘

应用钢丝绳或钢棒穿过缆盘轴心,然后套上钢丝绳进行吊装。用汽车吊车时,若地面不平或土质松软,应在地面与支撑腿间垫上垫木。

4）人工装卸光缆盘

吊、卸光缆盘时均应用粗绳拴牢，跳板两侧宽度必须宽于缆盘。在没有跳板时，可用砂堆(砂中应无硬物)来减少高差和震动，但应用绳子拉住，避免卸下后光缆盘发生滚动或撞击。

5）**防护措施到位**

除由作业分屯点运至敷设现场距离较近可用拖车直接拖拉光缆(已开盘)外，对长距离运输一般都应在包装完好的情况下进行，缆盘护板应钉牢，光缆端头固定必须良好，否则光缆容易松动或磨损。

2.分屯运输的要求

1）**安全**

(1) 装卸时，缆盘下禁止站人，避免发生人身安全事故。

(2) 光缆从车上卸下时，不准从车上直接推到地上，以免砸坏。

(3) 缆盘滚动时，应符合如图4-16所示的滚动方向，滚动距离不宜太长，避免光缆松脱受损。

(4) 在作业分屯点，光缆屯放位置应注意安全，护板没有完全恢复时应由专人看管；运至敷设现场的光缆，应当日敷设完毕；确实未使用完的光缆，也应运回或由专人看管。

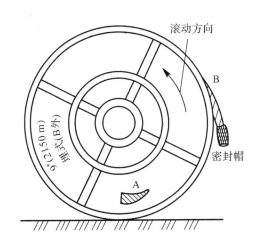

图4-16　光缆盘正确的滚动方向

2）**正确放置缆盘**

(1) 作业分屯点确定后，应按配盘规定盘号、数量，并按时运送至分屯点。

(2) 运至施工现场的光缆盘，盘号必须正确；并根据光缆外端端别确定的布放方向运至预定敷设点(缆盘位置)，如马上敷设的光缆，其缆盘放置位置应使出线方向与布放方向相一致。当光缆向两个方向敷设时，缆盘放置在中间预定位置，若先放方向的缆头在盘内端，考虑先盘"∞"字倒出内端，此时缆盘运放位置还应考虑到"∞"字场地，并与预定放缆位置尽量靠近一些。

复 习 思 考 题

1. 什么是光缆线路工程？简述其施工范围和施工流程。
2. 光缆线路工程任务的确定方式有哪几种？
3. 简述施工组织设计的主要内容。
4. 工程建设进度控制的概念是什么？控制工程建设进度有什么意义？
5. 在光缆线路工程建设过程中，影响进度的常见因素有哪些？
6. 工程建设进度计划的表示方法有哪些？各有什么优缺点？
7. 光缆单盘检验的意义、内容和方法分别是什么？
8. 光缆单盘损耗现场测量有哪几种方法？各有什么优缺点？
9. 说明使用 OTDR 进行单盘检验时的连接方法（包括辅助光纤），并画图说明 OTDR 光标的放置方法。
10. 采用后向散射法测量单盘光缆后，如何观测和评价其后向散射曲线？
11. 路由复测的意义是什么？
12. 简述路由复测的一般方法步骤。
13. 什么是角深？什么是三角定标？
14. 简述光缆配盘的目的和方法。
15. 说明水底光缆布放预留长度的计算方法。

第5章　光缆线路工程施工

光缆线路工程是光缆通信工程的重要组成部分,光缆线路工程施工技术是按规范、规程要求建设符合设计要求的传输线路,并确保通信可靠畅通的一门综合技术。光缆线路工程施工所涉及的主要工作包括路由施工、光缆敷设、接续以及工程测试等。本章按照不同的光缆敷设方式分别介绍架空、管道、直埋、水底、进局以及部分特种光缆的路由施工和光缆敷设安装技术。

5.1　光缆敷设的一般规定

1. 按中继段光缆配盘图进行敷设

光缆经单盘检验合格后,由集中检验现场按布放计划(中继配盘)及时、安全地运到放缆作业地(分屯点)或直接运到布放现场,在路由施工完成后,即可进行光缆的敷设。

(1)中继段光缆配盘图或按此图制定的敷设作业计划是光缆敷设的主要依据,一般不得任意变动,避免盲目进行。

(2)敷设路由必须按路由复测划线进行,若遇特殊情况必须改动时,一般以不增加敷设长度为原则,并须征得建设单位同意。

(3)有 A、B 端要求的光缆要按设计要求的方向布放。

2. 光缆的弯曲半径和牵引力

在光缆的布放过程中,为了保证光缆敷设的安全,光缆敷设应遵守下列规定:

(1)光缆弯曲半径应不小于光缆外径的 15 倍,施工过程中(非静止状态)不应小于 20 倍。

(2)光缆布放的牵引张力应不超过光缆允许张力的 80%,瞬间最大张力不超过光缆允许张力的 100%(指无金属内护层的光缆)。牵引方式敷设时,主要牵引力应加在光缆的加强件(芯)上,并防止外护层等后脱。

(3)为避免牵引过程中光纤受力和扭转,光缆牵引时,应制作合格的光缆牵引端头。

(4)机械牵引时,张力应能调节,且应具有自动停机(超负荷)功能,并能自动发出告警。

3. 光缆敷设的牵引速度

(1)光缆敷设的牵引速度一般以 5～15 m/min 为宜,机械牵引速度调节范围应为 0～20 m/min,调节方式应为无级调速。

(2)光缆敷设人工牵引时拖放速度应均匀,一般控制在 10 m/min 左右,且牵引长度不宜过长,可以分几次牵引。

(3)敷设光缆时,光缆必须由缆盘上方放出并保持松弛的弧形。光缆敷设过程中不应出现扭转，严禁打背扣、浪涌等。

4. 光缆敷设牵引方式

（1）光缆敷设采用机械牵引时，应根据地形、布放长度等因素选择集中牵引、中间辅助牵引或分散牵引等方式。

（2）光缆敷设采用人工方式时，可采取地滑轮人工牵引方式或人工抬放方式。

5. 光缆敷设的质量要求

（1）在光缆敷设的安装、回填中均应注意光缆安全，严禁损伤光缆；发现护层损伤应及时修复。

（2）光缆敷设完毕，发现可疑时，应及时测量，确认光纤是否良好。光缆端头必须进行严格的密封防潮处理，不得浸水。

（3）未放完的光缆不得在野外放置（无人值守情况下），埋式光缆布放后应及时回土（不少于 30 cm）。

5.2　架空光缆敷设

将光缆架设至杆上的敷设方法称为架空敷设。它主要应用于容量较小、地质不稳定、市区无法直埋且无电信管道、山区和水网条件特殊及有杆路可利用的地段。与地下直埋敷设相比，架空敷设光缆容易受外界条件（如自然气候、人为因素）的影响，但架设简单，维护方便，且建设费用较低。

5.2.1　架空光缆线路的一般要求

1. 架空光缆及杆路的一般要求

（1）架空光缆应优先采用钢绞线支承式，该结构通过杆路吊线托挂或捆绑（缠绕）架设。

（2）架空光缆应具备相应的机械性能，如防震，抗风、雪、低温等气象负荷变化产生的张力，并具有防潮、防水性能。一般可根据线路性质、环境因地制宜决定是否采用填充油膏光缆，但应有防潮层（铝箔层）。

（3）架空线路的杆距随不同气象负荷区的气象条件而异。我国负荷区的划分主要依据风力、冰凌、温度等三要素，详见表 5-1。

表 5-1　我国负荷区的划分表

气象条件	负荷区			
	轻负荷区	中负荷区	重负荷区	超重负荷区
冰凌等效厚度/mm	≤5	≤10	≤15	≤20
结冰时温度/℃	−5	−5	−5	−5
结冰时最大风速/(m/s)	10	10	10	10
无冰时最大风速/(m/s)	25	—	—	—

（4）架空光缆线路应充分利用现有架空杆路加挂光缆，其杆路强度及其他要求应符合架空通信线路的建筑标准。

（5）架空光缆的吊线应采用规格为 7/2.2 mm 的镀锌钢绞线。对于长途一级干线需要采用架空敷设方式，且光缆重量超过 1.5 kg/m 时，可在重负荷区减少杆间距离或采用 7/2.6 mm 钢绞线。吊线的安全系数应不低于 3。

（6）架空光缆应根据使用环境，选择符合温度特性要求的光缆。但在超重负荷区、冬季气温低于-30 ℃、大跨距数量较多、沙暴和大风危害严重的地区，不宜采用架空光缆。

2．架空光缆安装的一般要求

（1）架空光缆垂度的选定，应确保光缆架设过程中和架设后受到最大负载时产生的伸长率小于 0.2%。工程中应根据光缆结构及架挂方式确定光缆垂度，其垂度主要取决于吊线垂度，具体可参考市话电缆 7/2.2 吊线的原始垂度标准。光缆架挂时不要绷紧，一般垂度稍大于吊线垂度。对于在原有杆路上加挂的光缆，一般要求与原线路垂度尽量保持一致。

（2）架空光缆可适当地在杆上作伸缩预留，一般重负荷区、超重负荷区要求每根杆上都作"Ω"型预留；中负荷区 2～3 档作一处预留；轻负荷区 3～5 档作一处预留。对于无冰期地区可以不作预留，但敷设时光缆不能拉得太紧，注意自然垂度。杆上光缆伸缩预留弯的规格如图 5-1 所示，靠杆中心部位应采用聚乙烯波纹管保护；预留长度为 2 m，一般不得少于 1.5 m；预留两侧及绑扎部位，应注意不能捆死，以便在气温变化时能够伸缩，起到保护光缆的作用。

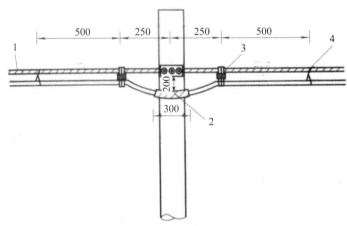

1—吊线；2—聚乙烯管；3—扎带；4—挂钩

图 5-1　光缆在杆上的伸缩预留示意图（单位/mm）

光缆经"十"字吊线或"丁"字吊线处应加设如图 5-2 所示的方式保护。

除了在电杆上做伸缩弯保证光缆在气温变化时的收缩外，为了架空光缆的维护和变更，设计时应考虑光缆的盘留，隔一定距离进行光缆盘留，将光缆盘在收容架上，并将收容架安装在杆子附近。在接头位置，必须要盘留光缆。

（3）架空光缆的引上安装方式和要求。杆下用钢管保护防止人为损伤；上吊部位应留有伸缩弯并注意其弯曲半径，以确保光缆在气温剧烈变化状态下的安全。图 5-3 是引上光缆安装、保护示意图，固定线应扎紧。

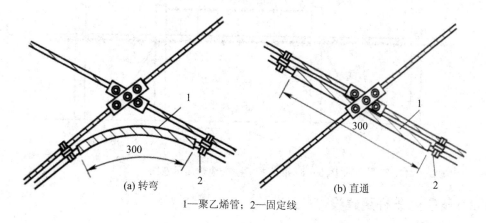

1—聚乙烯管；2—固定线

图 5-2　光缆在十字吊线处保护示意图（单位/mm）

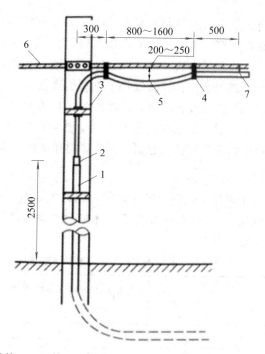

1—引上保护管；2—子管；3—胶皮垫；4—扎带；5—伸缩弯；6—吊线；7—挂钩

图 5-3　引上光缆安装及保护示意图（单位/mm）

（4）架空光缆应按设计规定作防强电、防雷措施，光缆与高压线交越时，应采用胶片或竹片等将吊线作绝缘处理。光缆与树木接触部位，应用聚乙烯波纹管进行保护。

（5）光缆牵引张力和弯曲半径应符合规定。

（6）光缆线路跨越小河或其他障碍时，可采取长杆档设计，辅助吊线一般用 7/3.0 钢绞线，如图 5-4 所示。

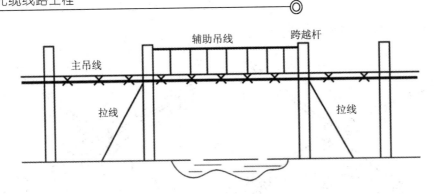

图 5-4 长杆档架空光缆敷设示意图

5.2.2 架空光缆杆路建设

架空光缆杆路建设主要包括以下 8 个步骤。

1. 路由复测

光缆施工前,应对原测量线路进行路由复测,以保证电杆和拉线在地面上的位置完全符合设计图纸的规定。测量时钉立的标桩可能在施工时遗失或被移动,因此,必须在找寻原标桩的基础上,采用同样的测量方法,分别核定每一标桩。对原测量中存在的问题和设计文件中路线标桩位置修改的部分,在核测过程中也必须重测。

重测的方法是:当标桩遗失或被移动时,应以两个标杆为准决定其余杆位,或用直线上至少三点决定丢失标桩的杆位。当丢失标桩较多时,必须反复测量,找出原测杆位。经现场反复核测,有把握判定原标桩钉错位置时,方可移动并加以认定。

2. 电杆的规格及选用

电杆是竖立在地面上用以架设线缆或安装通信设施的支撑物,通信工程通常采用防腐木杆(简称木杆)或钢筋混凝土电杆(简称水泥杆)。木杆一般均应经过注油防腐处理以延长使用年限。常用水泥杆规格见表 5-2。

表 5-2 水泥杆的规格与技术性能

杆长/m	梢径/cm	壁厚/cm	弯矩位置/m (距杆底)	容许弯矩/(T·m) (k=2)	杆重/kg
6	13	3.8	1.2	0.69	236
6.5	13	3.8	1.2	0.73	263
7	13	3.8	1.4	0.74	290
7	15	4	1.4	1.19	343
7.5	13	3.8	1.4	0.95	318
7.5	15	4	1.4	1.25	378
8	13	3.8	1.6	1.12	348
8	15	4	1.6	1.27	410

续表

杆长/m	梢径/cm	壁厚/cm	弯矩位置/m（距杆底）	容许弯矩/(T·m)（$k=2$)	杆重/kg
8.5	15	4	1.6	1.3	445
8.5	17	4.2	1.6	2	518
9	15	4	1.8	1.34	483
9	17	4.2	1.8	2.05	560
10	15	4	1.8	1.64	555
10	17	4.2	1.8	2.5	643
11	15	4	2	1.95	633
11	17	4.2	2	2.95	733
12	15	4	2	2.08	715
12	17	4.2	2	3.49	823

注：① 表中电杆指邮电部直属厂出产的水泥杆，编号为 YD 类，锥度为 1/75。容许弯矩＝破坏弯矩/K，一般换算系数 $K=2$，配用杆 $K\leqslant1.8$，终端杆、角杆 $K\leqslant8$。

② 水泥杆的规格型号按"电杆长-梢径-容许弯距"顺序组成，例如："YD8.0-15-1.27"表示邮电用，杆长 8 m，梢径 15 cm，容许弯距 1.27 T·m。

架空光缆线路常用水泥杆负荷，可参考电缆线路容许负荷情况，如表 5-3 所示。

表 5-3　水泥杆容许负荷情况

杆高/m	电杆容许的线路负荷情况	电杆容许弯矩($K\leqslant2$)
6.0~6.5	二条电缆、一层线担、档距 40 m	0.7~0.75
7.0	1. 二条电缆、一层线担、档距 40 m 2. 三层线担、档距 50 m	0.75~0.85
7.5	1. 四条电缆、一层线担、档距 40 m 2. 二条电缆、三层线担、档距 50 m	1.20~1.25
8.0~8.5	1. 四条电缆、二层线担、档距 40 m 2. 二条电缆、三层线担、档距 50 m 3. 四层线担、档距 50 m	1.25~1.30
9.0	1. 四条电缆、三层线担、档距 40 m 2. 四层线担、档距 50 m	1.30~1.35

注：① 电缆每条按 HQ0.5×150 对（电缆重量不超过 2.31 kg/km）考虑，明线按 2.0 mm 铁线考虑。

② 档距市区按 40 m、郊区按 50 m 考虑；但中、重负荷区明线杆路按 40 m 考虑。

③ 明线杆路负荷按冰凌 10 mm、风速 10 m/s 计算；电缆杆路及电缆、明线合设杆路负荷按无冰凌时最大风速 25 m/s 计算。

④ 本表不考虑风压屏蔽系数。

电杆的选用应根据气象负荷区、杆距、杆上负荷、垂直空距、光缆程式及吊线程式等因素综合考虑。水泥杆专用铁件有夹板、U形抱箍、撑脚抱箍、穿钉、钢担等。

3．挖洞

1）电杆的埋深及杆距

电杆的埋深主要根据线路负荷、土壤性质、电杆规格等决定，一般取杆长 1/6 即可。在各种情况下，不同电杆的埋深要求如表 5－4 所示。

表 5－4　电杆的埋深

电杆高度/m	电杆埋深/m							
	水 泥 杆				木 杆			
	普通土	硬土	水田、湿地	石质	普通土	硬土	水田、湿地	石质
6.0	1.2	1.0	1.3	0.8	1.2	1.0	1.3	0.8
6.5	1.2	1.0	1.3	0.8	1.3	1.1	1.4	0.8
7.0	1.3	1.2	1.4	1.0	1.4	1.2	1.5	0.9
7.5	1.3	1.2	1.4	1.0	1.5	1.3	1.6	0.9
8.0	1.5	1.4	1.6	1.2	1.5	1.3	1.6	1.0
8.5	1.5	1.4	1.6	1.2	1.6	1.4	1.7	1.0
9.0	1.6	1.5	1.7	1.4	1.6	1.4	1.7	1.1
10.0	1.7	1.6	1.8	1.6	1.7	1.5	1.8	1.1
11.0	1.8	1.8	1.9	1.8	1.7	1.6	1.8	1.2
12.0	2.1	2.0	2.2	2.0	1.8	1.6	2.0	1.2

注：① 本表适用于中、轻负荷区新建的通信线路；重负荷区的杆洞深度应按本表规定值另加 0.1～0.2 m。

② 当埋深达不到要求时，可采用石护墩等保护方式。

标准杆距可在标称杆距范围内选择，如表 5－5 所示。当杆距超过标准杆距范围上限的 25％时，宜采用长杆档建筑方式；当杆距超过标准杆距范围上限的 100％时，宜采用跨越杆建筑方式。

表 5－5　标称杆距范围

负荷区		轻负荷区	中负荷区	重/超重负荷区
标称杆距范围/m	野外	50～65	50～60	25～50
	市区	35～55	35～50	25～40

2）挖洞的方法

在一般土质地点挖洞时，应以标桩为中心，画好洞形再挖掘；在水深 30 cm 以下地区挖洞时，应排除积水后再开挖；在流沙地区挖洞时，为防止洞壁倒塌，在挖到一定深度后，应把预制的金属篓圈放在洞中，然后边挖边放，直到需要的深度。洞挖好后，应立即立杆；在斜坡上挖洞时，深度应从斜坡低的一面算起；在岩石地区挖洞时，应采用爆破法。

3）挖洞注意事项

杆洞形状应便于立杆，要求洞壁垂直，不得擅自迁移洞位。爆破时应严密组织，检查爆破区，确实无人后再发出爆破信号。

4. 安装夹板

挂设光缆的吊线可按设计要求使用三眼单槽夹板或三眼双槽夹板固定于电杆上，固定夹板的高低应符合最小垂直空间距离规定，但也不宜太高。通常夹板离电杆顶端不小于 40～50 cm，特殊情况不小于 25 cm。吊线夹板在电杆上的高度要一致，遇有障碍物或下坡、上坡时，可适当调整。吊线的坡度一般不应超过杆距的 1/20。装设一条吊线时，夹板一般装于电杆面向人行道的一侧；装设两条吊线时，可用长穿钉在电杆两侧装设夹板。同杆装置上、下两层及以上的吊线夹板时，夹板间的垂直距离应为 40 cm。

安装吊线夹板的方法是：吊线夹板的穿钉螺母与夹板同侧，穿钉长度与电杆直径相适应。穿钉两端紧靠电杆处应各垫以 5 cm×5 cm 的衬片。吊线夹板与衬片间还应垫装螺帽，螺帽要旋紧，以防止穿钉晃动。平行架挂两条吊线时，应选用适当长度的无头穿钉，并在电杆两侧各装设一块吊线夹板，吊线夹板线槽应在穿钉上面，唇口面向电杆。

5. 立杆

立杆时必须严密组织、统一指挥、分工负责、密切协作、确保安全。立普通杆时，应先将电杆移放至洞沿的有利位置，然后一人将护杆板或能滑动的工具插入洞中，抬起杆梢使根端顶住护杆板。杆梢升到 2 m 时，用杆叉或夹杠顶住杆身，继续竖起，必要时可用绳子牵引立杆。电杆竖起后，放至洞中央并扶正。为保证杆身正直，还应站在离杆洞 7～8 m 且与线路方向垂直的位置上，观察杆上装置是否对正横线，最后用"吊垂"校正杆身。看好直、横线后，即可填土分层夯实。此时应随时注意校正杆身，最后在杆根周围培成 10～15 cm 的圆锥形土堆。竖立电杆时，应使用杆叉支撑，不得利用铁锹或其他工具；在较陡的山坡或沟旁竖立电杆时，应用绳子捆绑电杆，派人在上坡拉住或固定在可利用的地物上，以防电杆由坡上滚下；在城镇竖立电杆时，非施工人员不得进入作业区，以防发生危险；在农作物地段竖立电杆时，立杆人员应尽可能缩小作业面，以防过多损坏农作物。

6. 拉线与撑杆

1）拉线

架空光缆线路所用的拉线、撑杆及固定横木是克服杆路上的不平衡张力、保障杆路的稳固性、增强机械强度的重要措施。拉线通常用来稳固抗风杆、防凌杆、角杆、坡度杆、长杆档电杆以及终端杆等。不便采用拉线的地方，可改用撑杆或引留撑杆来加强机械强度。

拉线程式主要有以下五种：

（1）角深≤12.5 m 的角杆，其拉线程式与光缆吊线的程式相同；角深＞12.5 m 时，拉线程式应比光缆吊线的程式加强一档，即当光缆吊线为 7/2.2 镀锌钢绞线时，拉线程式应采用 7/2.6 镀锌钢绞线。

注：吊线 7/2.2 表示吊线由 7 根直径为 2.2 mm 的钢绞线绞合而成，7/2.6 等吊线规格以此类推。

（2）抗风拉线、防凌杆侧方拉线的程式均可选用 7/2.2 镀锌钢绞线；顺方拉线至少应选用与光缆吊线相同程式的镀锌钢绞线。

（3）终端杆和线路中间杆两侧线路负荷不同时（如杆档距离不相同或同杆多条光缆线路时），应设置顶头拉线和顺方拉线。拉线程式应与拉力较大一侧的光缆吊线程式相同。架空光缆线路均衡负载拉线程式如表5－6所列。

表5－6 均衡负载拉线程式   mm

吊线架设形式	光缆吊线程式	拉线程式	
		终端拉线	泄力拉线
单层单条	7/2.2	7/2.2	7/2.6
	7/2.6	7/2.6	7/3.0
单层双条	7/2.2	2×7/2.2	2×7/2.2
	7/2.6	2×7/2.6	2×7/2.6

（4）架空光缆线路角杆拉线程式如表5－7所列。

表5－7 角杆拉线程式   mm

吊线架设形式	光缆吊线程式	拉线程式	
		角深≤12.5 m	角深＞12.5 m
单层单条	7/2.2	7/2.2	7/2.6
	7/2.6	7/2.6	7/3.0
单层双条	7/2.2	2×7/2.2	2×7/2.2
	7/2.6	2×7/2.6	2×7/2.6

注：角深大于12.5 m的角杆应尽量分作两个角杆。

（5）架空光缆线路抗风杆及防凌杆拉线程式如表5－8所列。

表5－8 抗风杆及防凌杆拉线程式   mm

光缆吊线程式	抗风杆拉线程式	防凌杆拉线程式	
		侧方拉线	顺方拉线
7/2.2	7/2.2	7/2.2	7/2.2
7/2.6	7/2.2	7/2.2	7/2.6
7/3.0	7/2.2	7/2.2	7/3.0

2）拉线和地锚的装设

拉线在电杆上的装设位置应根据电杆的杆面型式和装设光缆吊线的数量来确定。图5－5和图5－6所示为各种条件下拉线在电杆上的装设方法，可视设计及施工条件在图5－5(a)、图5－5(b)、图5－5(c)中选用。

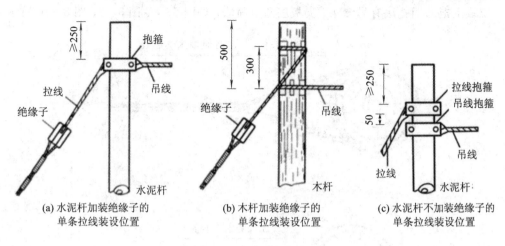

图 5-5　单条拉线装设位置示意图（单位为 mm）

(a) 水泥杆加装绝缘子的
单条拉线装设位置

(b) 木杆加装绝缘子的
单条拉线装设位置

(c) 水泥杆不加装绝缘子的
单条拉线装设位置

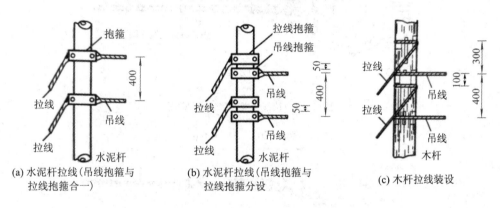

(a) 水泥杆拉线（吊线抱箍与
拉线抱箍合一）

(b) 水泥杆拉线（吊线抱箍与
拉线抱箍分设）

(c) 木杆拉线装设

图 5-6　双条拉线装设位置示意图（单位为 mm）

3）拉线与电杆的结合方法

拉线与木杆或水泥杆的结合方法有捆扎法（自缠法）或抱箍法。捆扎法为拉线在木杆或水泥杆上自绕一圈与电杆结合的方法，抱箍法为拉线用拉线抱箍与电杆结合的方法。这两种结合方法如图 5-7 所示。

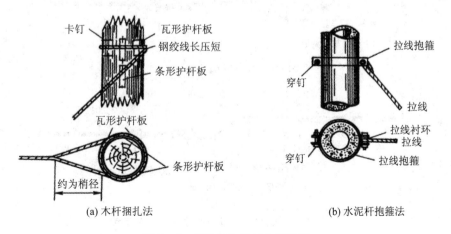

(a) 木杆捆扎法

(b) 水泥杆抱箍法

图 5-7　拉线与电杆结合示意图

拉线上把的捆扎法有另缠法、夹板法和卡固法，如图5-8、图5-9、图5-10所示。

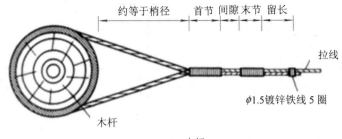

(a) 木杆

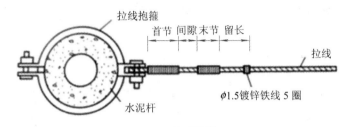

(a) 水泥杆

图5-8 拉线上把另缠法示意图

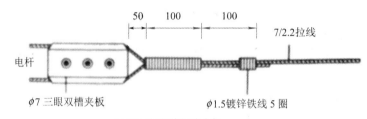

(a) 7/2.2钢绞线拉线上把

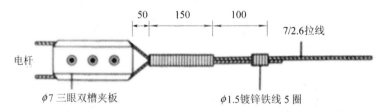

(b) 7/2.6钢绞线拉线上把

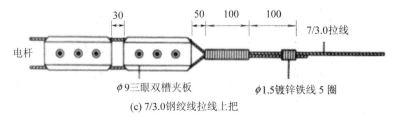

(c) 7/3.0钢绞线拉线上把

图5-9 拉线上把夹板法示意图(单位为 mm)

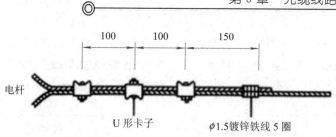

图 5-10　拉线上把卡固法示意图(单位为 mm)

拉线上把另缠规格如表 5-9 所示。

表 5-9　拉线上把另缠法规格表　　　　mm

电杆种类	拉线程式	缠扎线径	首节长度	间隙	末节长度	留头长度	留头处理
木杆或水泥杆	1×7/2.2	3.0	100	30	100	100	用 1.5 mm 镀锌铁线另缠 5 圈扎固
	1×7/2.6	3.0	150	30	100	100	
	1×7/3.0	3.0	150	30	150	100	
	2×7/2.2	3.0	150	30	100	100	
	2×7/2.6	3.0	150	30	150	100	
	2×7/3.0	3.0	200	30	150	100	

拉线的中把与地锚连接处应按拉线程式装设拉线衬环,以保证拉线的回折有适当的弯曲半径。7/2.2 及 7/2.6 拉线装设三股拉线衬环,7/3.0 拉线应装设五股拉线衬环。

与强电线路接近的电杆,拉线中间需加绝缘子,绝缘子距地面的垂直高度应大于 2 m。

拉线中把的夹板和另缠规格如表 5-10 所列。

表 5-10　拉线中把的夹板和另缠规格表　　　　mm

类别	拉线程式	夹、缠物类别	首节	间隔	末节	全长	钢绞线留长
夹板法	7/2.2	φ7 夹板	1 块	280	100	600	100
	7/2.6	φ7 夹板	1 块	230	150	600	100
	7/3.0	φ9 夹板	2 块,间隔30	100	150	600	100
另缠法	7/2.2	3.0 铁线	100	330	100	600	100
	7/2.6	3.0 铁线	150	280	100	600	100
	7/3.0	3.0 铁线	200	230	150	600	100
	2×7/2.2	3.0 铁线	150	260	100	600	100
	2×7/2.6	3.0 铁线	150	210	150	600	100
	2×7/3.0	3.0 铁线	200	310	150	800	150
	V 形 2×7/3.0	3.0 铁线	250	310	150	800	150

拉线中把的另缠法和夹板法如图 5-11 所示。

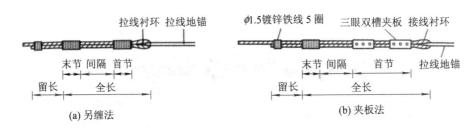

图 5-11   拉线中把的另缠法和夹板法示意图

4）拉线地锚

架空光缆线路中的拉线地锚主要包括两种：水泥杆杆路宜采用钢柄地锚与水泥拉线盘配合使用的拉线地锚，木杆杆路宜采用钢绞线与横木配合使用的拉线地锚，分别如图5-12 和图 5-13 所示。

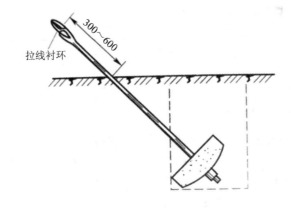

图 5-12   钢柄地锚示意图（单位为 mm）

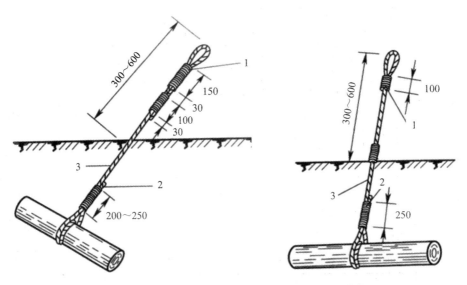

1—3.0 mm 镀锌钢线；2—4.0 mm 镀锌钢线；3—镀锌钢绞线

(a) 单条单下地锚   (b) 单条双下地锚

图 5-13   钢绞线地锚示意图（单位为 mm）

拉线地锚配套的各种材料规格如表 5-11 所列。

表 5-11　拉线地锚配套材料规格表　　　　　　mm

拉线程式	水泥拉线盘 （长×宽×厚）	地锚钢 柄直径	地锚钢线程式 （股/线径）	横木 （根×长×直径）	备注
7/2.2	500×300×150	16	7/2.6(或 7/2.2 单条双下)	1×1200×180	
7/2.6	600×400×150	20	7/3.0(或 7/2.6 单条双下)	1×1500×200	
7/3.0	600×400×150	20	7/3.0 单条双下	1×1500×200	
2×7/2.2	600×400×150	20	2×7/2.6	1×1500×200	2 条或 3 条拉线 合用一个 地锚时的 规格
2×7/2.6	800×400×150	20	2×7/3.0	1×1500×200	
2×7/3.0	800×400×150	22	2×7/3.0 单条双下	2×1500×200	
V 形 2×7/3.0+ 1×7/3.0	1000×500×300	22	7/3.0 三条双下	3×1500×200	

　　拉线地锚的埋设不得偏斜。水泥拉线盘（横木）应与拉线垂直，地锚在地面上 10 cm 及地面下 50 cm 应涂防腐油。在易腐蚀的地方、地锚的地下部分应用防腐油浸透的麻布条缠扎。拉线地锚的出土斜槽应与拉线上把成直线，不得有扛、顶现象。

　　因地形限制无法装设拉线时，可改装撑杆，以平衡光缆线路的张力和合力。各种撑杆的装设方法如图 5-14 所示。

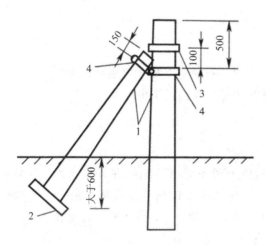

1—水泥电杆；2—地盘；3—吊线抱箍；4—抱箍

(a) 水泥电杆撑杆

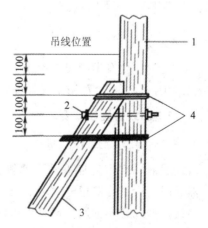

1—木杆；2—M16镀锌穿钉；
3—木撑杆；4—4.0镀锌钢线缠扎

(b) 木杆撑杆

图 5-14　撑杆装设示意图（单位为 mm）

7. 号杆

号杆就是将电杆按规定方向编号，为架空光缆施工和维护提供方便。

1）编号规定

（1）从开端站至中继站，或中继站至另一中继站，各段线路均应单独编号。

（2）杆号方向由上级机务站至下级机务站从架设起点向终点进行编号，分支杆路从分线杆开始单独编号。

（3）电杆编号应从开端站或中继站的引入杆开始，将其编为 0 号，连续编至另一站的引入杆。对分支杆路，新立杆为 1 号，其他依次编号。

2）号杆的方法

直接号杆法一般用于水泥杆。为使杆号的字体大小整齐划一，先用白铁片等物刻出字样，然后用油漆描写。

杆号牌号杆法用于全防腐木杆。杆号牌由木板或铁皮制成，板上涂白色漆底，再用黑色油漆直接编写或喷刷。

3）号杆的内容

普通杆上面书写电杆建设年份，通常取年份后两字，下方编写杆号。杆号数不够十进位、百进位、千进位时，应用"0"填补。杆路改移增加电杆时，在该电杆编号的后面依次编为 ＸＸ/1，ＸＸ/2，…。

8. 接地保护

为保证光缆线路设施和维护人员免受强电或雷击危害和干扰影响，架空光缆需采用接地保护措施，具体详见 7.2.3 节。

5.2.3　架空光缆吊线装设

1. 支承方式

架空光缆主要有钢绞线支承式和自承式两种。我国基本都采用钢绞线支承式，即通过杆路吊线来吊挂光缆，可用吊线托挂式或捆扎式将光缆固定于吊线上。

2. 光缆吊线的装设及要求

1）光缆吊线程式选择

光缆具有一定重量且机械强度较差，所以光缆不能直接悬挂在杆路上，必须另设吊线，然后用挂钩或挂带把光缆托挂在吊线上。托挂主要包括吊线托挂和吊线缠绕两种方式。吊线托挂式是一种用挂钩将光缆吊挂于钢绞线上的方式；吊线缠绕式是将不锈钢扎线通过缠绕机，沿杆路将光缆与吊线缠绕为一体的方式。

普通杆距架空光缆吊线规格的选择，要根据所挂光缆的程式、重量、标准杆距和线路所在地区的气象负荷来确定，如表 5-12 所列。

架空光缆吊线的物理性能如表 5-13 所示。

表 5－12　普通杆距架空光缆吊线规格

负荷区别	杆距 L /m	光缆重量 W /(kg/m)	吊线规格 线径/(mm×股数)
轻负荷区	$L\leqslant45$ $45<L\leqslant60$	$W\leqslant2.11$ $W\leqslant1.46$	2.2×7
	$L\leqslant45$ $45<L\leqslant60$	$2.11<W\leqslant3.02$ $1.46<W\leqslant2.18$	2.6×7
	$L\leqslant45$ $45<L\leqslant60$	$3.02<W\leqslant4.15$ $2.18<W\leqslant3.02$	3.0×7
中负荷区	$L\leqslant40$ $40<L\leqslant55$	$W\leqslant1.82$ $W\leqslant1.224$	2.2×7
	$L\leqslant40$ $40<L\leqslant55$	$1.82<W\leqslant3.02$ $1.22<W\leqslant1.82$	2.6×7
	$L\leqslant40$ $40<L\leqslant55$	$3.02<W\leqslant4.15$ $1.82<W\leqslant2.98$	3.0×7
重负荷区	$L\leqslant35$ $35<L\leqslant50$	$W\leqslant1.46$ $W\leqslant0.574$	2.2×7
	$L\leqslant35$ $35<L\leqslant50$	$1.46<W\leqslant2.52$ $0.57<W\leqslant1.22$	2.6×7
	$L\leqslant35$ $35<L\leqslant50$	$2.52<W\leqslant3.98$ $1.22<W\leqslant2.31$	3.0×7

表 5－13　光缆吊线的物理性能

钢绞线股数及线径 /mm	外径 /mm	截面 /(mm²)	重量 /(kg/km)	单位强度 /(kg/mm²)	总拉断力 不小于/kg	弹性模数 /(kg/mm²)	线性膨胀系数 /℃
7/3.0	9.0	49.5	400	120	5450	$1.7\sim2.0\times10^4$	1.2×10^{-5}
7/2.6	7.8	37.2	300	120	4100	$1.7\sim2.0\times10^4$	1.2×10^{-5}
7/2.2	6.6	26.6	210	120	2930	$1.7\sim2.0\times10^4$	1.2×10^{-5}

2）光缆吊线的装设

（1）光缆吊线装设的基本要求：

① 为了保证光缆线路的安全，一条光缆线路上的吊线一般不得超过 4 条。一般情况下，一条吊线上架挂一条光缆，如条件限制应进行特殊处理。

② 电杆上的吊线位置，应保证架挂光缆后，在最高温度或最大负载时，光缆到地面的距离符合要求。

③ 同一杆路上架设两条以上吊线时，吊线间的距离应符合设计要求。

④ 新设的光缆吊线，一个杆档内只允许有一个接头。

（2）光缆吊线的装设方法：

① 中间杆上吊线的装设。光缆吊线在中间杆的装设方法因电杆材质而不同：木杆一般在电杆上打穿钉洞，用穿钉和夹板固定吊线；水泥杆可选用穿钉法（电杆上有预留孔）、钢箍法或光缆吊线钢担法。无论何种方法，光缆吊线距杆顶的距离均不得小于 50 cm，距离变更一般不得超过杆距的 5%。若光缆吊线的坡度变化大于 5%，则电杆上应设置辅助吊线。

② 角杆上吊线的装设。角杆上装设夹板时，夹板的线槽应在穿钉上面，夹板的唇口由光缆吊线的合力方向而定。角杆和俯仰角杆的夹板唇口方向应与吊线合力方向相反。

③ 终端杆、转角杆上吊线的装设。终端杆和角深大于 15 m 的转角杆上的光缆吊线应做终结，如终端杆和转角杆因地形限制无法终结时，应将光缆吊线向前延伸一档或数档，再做吊线终结。

光缆吊线终结的方法一般有卡固法终结、夹板法终结和另缠法终结，各种终结的方法如图 5-15 所示。

架空杆路相邻杆档光缆吊线负荷不等，在负荷较大的线路终端杆前一根电杆可按设计要求做泄力杆。光缆吊线应在泄力杆做辅助终结，如图 5-16 所示。

3）长杆档吊线

当杆距超过 80 m 时，应装设辅助吊线，如图 5-17 所示。辅助吊线应采用 7/3.0 钢绞线，当跨度距离更大时，辅助吊线与光缆吊线间的安装间距应加大，其间的连接夹板数目也应相应增加。

4）吊线辅助线

当木杆角杆的角深为 5~10 m 时，宜用镀锌铁线做吊线辅助装置；当角深为 10~15 m 时，宜用辅助吊线做吊线辅助装置，如图 5-18 所示。

水泥杆角杆宜用辅助吊线做吊线辅助装置，如图 5-19 所示。

当吊线在电杆上的坡度变更大于 20% 时，应加装仰角辅助装置或俯角辅助装置，辅助吊线的规格应与吊线一致，如图 5-20 所示。

5）光缆吊线的原始垂度

两相邻电杆吊线的弯曲顶点至其吊线互连直线的最大垂直距离称为光缆吊线的原始垂度。在不同负荷区，对各种程式的光缆吊线，吊挂光缆前的原始垂度应符合规定。在 20℃ 以下时，允许偏差不大于标准垂度的 10%；在 20℃ 以上时，允许偏差不大于标准垂度的 5%。

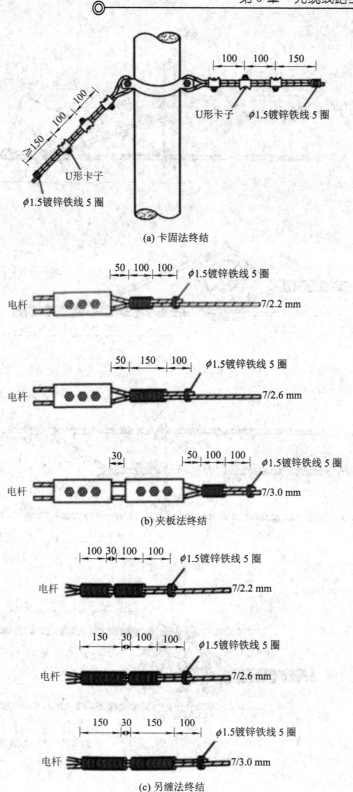

(a) 卡固法终结

(b) 夹板法终结

(c) 另缠法终结

图 5-15　光缆吊线终结方法示意图（单位为 mm）

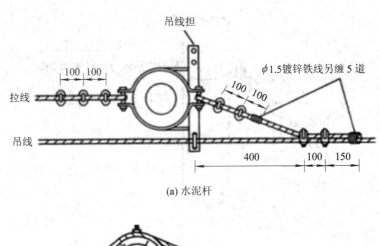

(a) 水泥杆

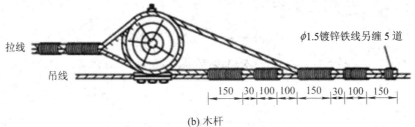

(b) 木杆

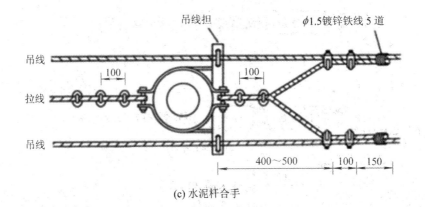

(c) 水泥杆合手

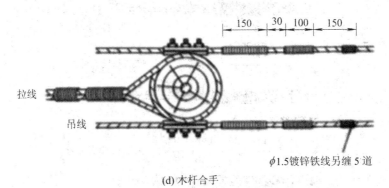

(d) 木杆合手

图 5-16　泄力杆吊线辅助终结示意图（单位为 mm）

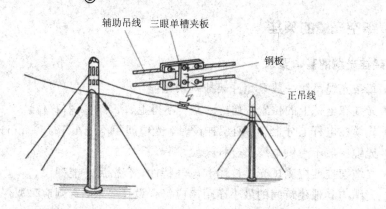

图 5-17　长杆挡正吊线、辅助吊线装置示意图

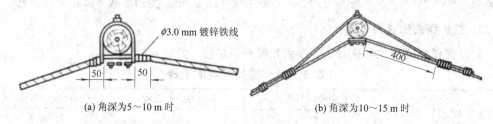

(a) 角深为5～10 m 时　　　　　　　　(b) 角深为10～15 m 时

图 5-18　木杆角杆吊线辅助装置示意图(单位为 mm)

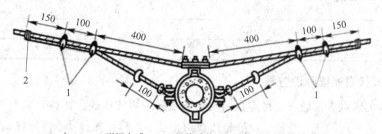

1—ϕ10 mm U形钢卡或3.0 mm钢线缠扎；2—ϕ1.5 mm镀锌铁线另缠 5 道

图 5-19　水泥杆角杆吊线辅助装置示意图(单位为 mm)

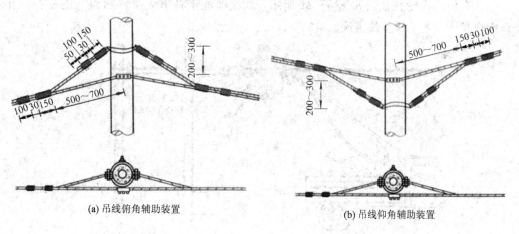

(a) 吊线俯角辅助装置　　　　　　　　(b) 吊线仰角辅助装置

图 5-20　俯、仰角辅助装置示意图(单位为 mm)

5.2.4　架空光缆的架挂

1. 架挂光缆的基本要求

（1）每条光缆吊线一般只允许架挂一条光缆。

（2）光缆在电杆上的位置应始终一致，不得上、下、左、右移位。

（3）光缆在电杆上分上、下两层挂设时，光缆间距不应小于 450 mm。

（4）光缆一般不与供电线路合杆架设。

（5）光缆架挂前应测试光学性能和电气特性，合格后才能架设。

（6）光缆与其他建筑间的最小净距离应符合设计要求，否则应采取保护措施。

（7）光缆挂钩的卡挂间距为 50 cm，允许偏差不大于±3 cm；电杆两侧的第一个挂钩距吊线在杆上的固定点边缘为 25 cm，偏差不大于±2 cm。挂钩程式、搭扣方向一致。

2. 挂钩程式的选用

架空光缆挂钩程式的选择，应参照光缆外径进行，如表 5-14 所示。

表 5-14　挂钩规格的选择

挂钩规格	用于光缆的外径/mm	用于吊线的规格	挂钩自重/(N/只)
25	<12	7/2.2	0.36
35	12～17	7/2.2	0.47
45	18～23	7/2.2	0.54
55	24～32	7/2.6	0.69
65	>33	7/3.0	1.03

3. 托挂式架空光缆敷设方法

架空光缆的敷设方法较多，目前我国架空光缆多采用托挂式。托挂式架空光缆敷设方法一般有机动车牵引动滑轮托挂法、动滑轮边放边挂法、定滑轮托挂法、预挂挂钩托挂法等。

1）机动车牵引动滑轮托挂法

汽车牵引动滑轮托挂法如图 5-21 所示，此法适应于杆下无障碍物而又能通行汽车、架设距离较大、光缆较重的情况。

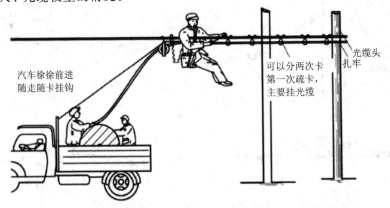

图 5-21　机动车牵引动滑轮托挂法示意图

采用机动车牵引动滑轮架设光缆时，先将千斤顶（又称架机）固定在汽车上，顶起光缆盘，使之能自由转动且从顶部出缆，再将光缆盘盘轴固定于汽车上；然后将光缆拖出适当长度，将其始端穿过吊线上的一个动滑轮，并引至起始端，固定在电杆吊线上，再将牵引绳一端与动滑轮连接，另一端固定在汽车上。在确保安全的条件下，把吊椅与动滑轮用牵引绳连接起来，一切准备工作就绪后，汽车徐徐向前开动，人力转动光缆盘放出光缆，吊椅上的线务员一面随牵引绳滑动，一面每隔 50 cm 挂一只挂钩，让光缆一边沿着架空杆路布放，一边把光缆挂在吊线上，在一个档距布放完后，开始下一个档距的布放，直到光缆放完、挂钩卡完为止。

这种方法操作简单，但使用卡车架设会受到限制。使用这种方法时，一般应符合以下条件：

（1）道路条件允许车辆行驶。

（2）架空杆路离路边距离不大于 3 m。

（3）架空段内无障碍物。

（4）吊线位于杆路上其他线路的最下层。

2）动滑轮边放边挂法

动滑轮边放边挂法如图 5 - 22 所示。采用此法时，首先在吊线上挂好一只动滑轮，并在滑轮上拴好绳，在确保安全的条件下，把吊椅与滑轮连接上，并把光缆放入滑轮槽内，光缆的一头扎牢在电杆上；然后一人坐在吊椅上挂挂钩，2 人徐徐拉绳，另一人往上托送光缆，使光缆不出急弯，4 人密切配合，随走随拉绳，并往上送光缆，按规定距离卡好挂钩，光缆放完，挂钩也随即全部卡完。

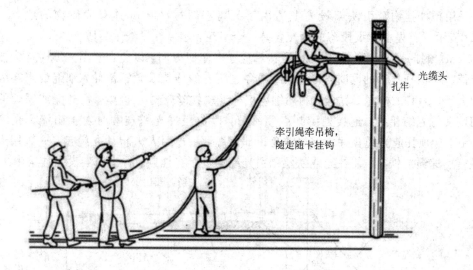

光缆头
扎牢
牵引绳牵吊椅，随走随卡挂钩

图 5 - 22　动滑轮边放边挂法示意图

3）定滑轮托挂法

采用托挂法布放光缆时，为避免损伤光缆外护套必须使用滑轮。其中，定滑轮托挂法如图 5 - 23 所示，此法适用于杆下有障碍物不能通行汽车的情况。首先将光缆盘支好，并把光缆放出端与牵引绳连接好；然后，在光缆盘一侧（始端）和牵引侧（终端）分别安装导引

(牵引)索和两个导引(牵引)滑轮,并在电杆部位安装一个大号滑轮。

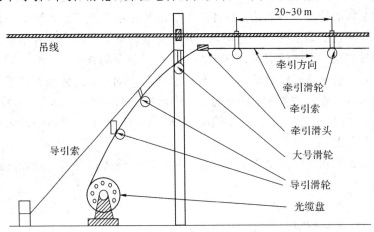

图 5-23　定滑轮托挂法

　　每隔 20~30 m 安装一个牵引滑轮,并同时将牵引索通过每一个滑轮,一边按顺序安装直至到达光缆盘处,且与牵引端头连接好。当采用人工或机械牵引布放光缆时,牵引速度要均匀、稳起稳停、动作协调,防止发生事故。

　　每盘光缆牵引布放完毕,由一端开始用光缆挂钩分别将光缆托挂在吊线上,替下导引滑轮,并按前述规定在杆上作伸缩弯,整理挂钩间隔为 50 cm。通常,光缆接头预留 8~10 m,并盘成圆圈后捆在杆上,作好接续准备工作。

　　4)预挂挂钩牵引法

　　采用预挂挂钩牵引法架设光缆适用于距离不超过 200 m 并有障碍物的地方,如图 5-24 所示。首先在架设段落的两端各装一个滑轮,然后在吊线上每隔 50 cm(可最大放宽至 60 cm)预挂一个挂钩,挂钩的固定钩端应逆向牵引方向,以免在牵引光缆时挂钩被拉跑或撞掉。在预挂挂钩的同时,将一根细绳穿过所有的挂钩及角杆滑轮,细绳的末端绑扎抗张力大于1.4 T 的棕绳或铁丝,利用细绳把棕绳或铁丝带进挂钩里,在棕绳或铁丝的末端利用网套与光缆相接,连接处绑扎必须平滑,以免经过光缆挂钩时发生阻滞。光缆架设时,用千斤顶托起光缆盘并确保光缆盘顶部出缆,一边用人力转动光缆盘,一边用人工或机械牵引棕绳或铁丝,使棕绳或铁丝牵引光缆穿过所有挂钩,将光缆架设到挂钩中。

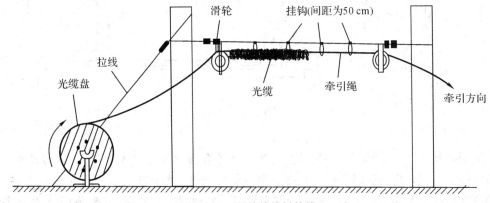

图 5-24　预挂挂钩托挂法

4. 缠绕式架空光缆敷设方法

新式的小型自动缠绕机的成功开发使得缠绕式架空光缆敷设方法既能保证质量，又省时省力，成为一种较为理想的架设方式。缠绕机分为转动和不可转动两部分，不可转动部分由牵引线带动沿光缆方向前行，通过一个摩擦滚轮（转动部分）带动扎线匣绕吊线和光缆转动，实现光缆的布放，缠绕和捆扎同时自动完成，如图 5 - 25 所示。

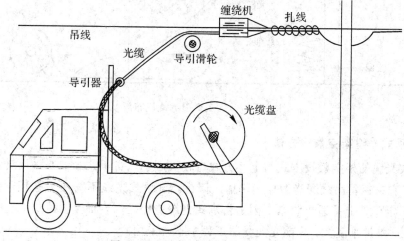

图 5 - 25　缠绕式架空光缆敷设方法

卡车载放着光缆盘缓慢向前行驶，缠绕机随之进行自动绕扎。卡车后部用液压千斤顶架起光缆盘，光缆通过光缆输送软管由导引器送出，光缆缠绕机由导引器支点牵引。光缆由盘上放出随着缠绕机转动部分旋转，由扎线捆扎在吊线上。卡车上装有升降座位供操作人员乘坐并完成杆上安装作业。光缆经过电杆时，同人工牵引法一样，由人工制作伸缩弯并固定，以及将缠绕机由杆一侧移过电杆并安装好。

这种施工方式虽然高效，但仅限于可以行使卡车的线路路由。图 5 - 26 所示敷设方法为架空光缆预放，图 5 - 27 所示敷设方法为人工牵引缠绕机布放，适用于不便汽车通行的线路路由安装。

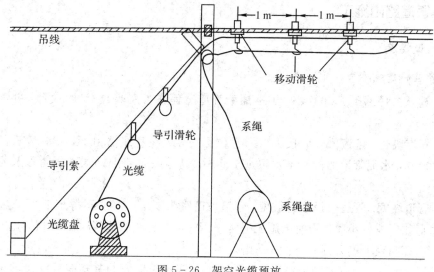

图 5 - 26　架空光缆预放

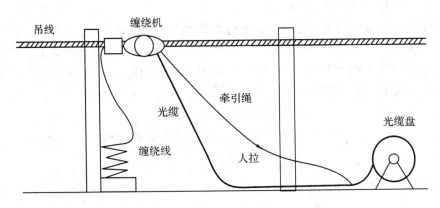

图 5-27 人工牵引缠绕机布放

5. 自承式光缆架空敷设方法

自承式光缆的架空敷设方式与上述方式有较大区别。自承式光缆是采用自承式结构的专用光缆，它将钢丝吊线同光缆合为一体。因此，自承式光缆不需要另挂钢丝吊线，可直接将光缆固定于杆上并适当收紧。因为自承式光缆造价较高，而且这种专用光缆对杆路要求高，施工、维护难度大，目前光缆线路工程中不常采用。

5.3 管道光缆敷设

管道光缆敷设是将光缆置于通信管道内的敷设方法，管道通常为水泥管道或塑料管道。光缆线路在城市中一般采用管道光缆敷设方法。管道光缆的敷设要比直埋和架空光缆的敷设复杂很多，施工技术要求较高。一般情况下，管道光缆敷设主要包括管道路由施工和管道光缆敷设两道工序。

5.3.1 管道路由施工

1. 建筑要求

1) 管道的建筑要求

管道建筑参照 GB/T 50374—2018《通信管道工程施工及验收标准》执行，并满足以下要求：

(1) 管道段长。管道段长应按人（手）孔位置而定。在直线路由上，塑料管道的段长不宜超过 200 m，水泥管道的段长不宜超过 150 m，高等级公路上的通信管道段长不应超过 1000 m。

(2) 管道坡度。管道敷设应有坡度，管道坡度宜为 3‰~4‰，不得小于 2.5‰。在段长较短及障碍物影响较小时，为便于施工通常采用一字坡；在管道穿越障碍物有困难或管道进入人（手）孔间距上覆太近时，通常采用人字坡。

(3) 管道埋深。管道埋深一般为 0.8 m 左右，穿越公路及与其他管线交越或因地下障碍物的原因无法达到埋深时，可适当缩小埋深，视情况采用钢管或水泥包封保护。但最小埋深不得低于表 5-15 所列要求。

表 5-15　路面至管顶的最小深度表　　　　　　　　　　　　m

类别	人行道/绿化带	机动车道	与电车轨道交越（从轨道底部算起）	与铁道交越（从轨道底部算起）
水泥管、塑料管	0.7	0.8	1.0	1.5
钢管	0.5	0.6	0.8	1.2

采用微控定向钻时，管道穿越公路部分埋深不小于 1.5 m。从手井至引上井之间的管道需用热镀锌钢管保护。

（4）基础。通信管道基础，除满足设计要求外，应根据现场地质条件的不同区别对待。水泥管道应符合下列规定：

① 土质为硬土的地段，挖好沟槽后应夯实沟底，做混凝土基础。

② 土质为松软不稳定的地段，挖好沟槽后应做钢筋混凝土基础。

③ 土质为岩石的地段，管道沟底应保证平整。

塑料管道应符合下列规定：

① 土质为硬土的地段，挖好沟槽后应夯实沟底，沟底回填 50 mm 细砂或细土。

② 土质较松软的地段，挖好沟槽后应做混凝土基础，基础上回填 50 mm 细砂或细土。

③ 土质松软不稳定的地段，挖好沟槽后应做钢筋混凝土基础，基础上应回填 50 mm 细砂或细土，必要时应对管道进行混凝土包封。

④ 土质为岩石、砾石、冻土的地段，挖好沟槽后应回填 200 mm 细砂或细土。

⑤ 管道沟底应平整，不得有突出的硬物，管道应紧贴沟底。

（5）铺管。铺设塑料管道时，塑料管孔组合排列方式和断面与水泥管道的管孔组合排列方式和断面相同。为保证管孔排列整齐、间隔均匀，塑料管每隔 3 m 左右采用框架或间隔架固定。为了通信管道的安全，在一般地带的管道上方 300 mm 处加警告标识。塑料管之间的连接宜采用套筒式连接、承插式连接、承插弹性密封圈连接和机械压紧管件连接，钢管接续应采用套管式连接。进入人（手）孔前 2 m 范围内，多孔管之间宜留 40～50 mm 空隙；单孔实壁管、波纹管之间宜留 15～20 mm 空隙，所有空隙应分层填实。

（6）人（手）孔内处理。管道进入人（手）孔或建筑物时，靠近人（手）孔或建筑物侧应做不小于 2 m 长的混凝土基础和包封。

2）人（手）孔建筑要求

（1）人（手）孔建筑标准。人（手）孔建筑标准应依据中华人民共和国工业和信息化部 YD 5178—2017《通信管道人孔和手孔图集》。

（2）挖掘人（手）孔基坑的要求。人（手）孔基坑根据设计中规定的人（手）孔的大小和形状挖掘。

（3）底基。当管道或手孔土质为硬土时，宜夯实沟底，铺 10 cm 黄砂作为垫层；松土时，采用碎石底基，铺 10 cm 碎石，铺平夯实后再用黄砂填充碎石空隙拍实、抄平。人（手）孔坑底如遇土质不稳定，应加大片石料填实，再填碎石、黄沙，夯实后加铺 150♯混凝土基础并进行养护。

（4）混凝土。人（手）孔基础采用 150♯混凝土。

（5）砂浆。砌筑及填层砂浆标号均不低于 100♯。

（6）砌体。砌体面应平整、美观，不应出现竖向通缝。砖砌体砂浆饱满程度应不低于 80%。砖缝宽度应为 8～12 mm。砌体必须垂直，砌体顶部四角应水平一致，砌体的形状尺寸应符合图纸要求。

（7）抹面。设计要求需要抹面的砌体，应将墙面清扫干净。抹面应平整、压光，不得空鼓，墙角不得歪斜。抹面厚度、砂浆配比应满足设计要求。

（8）上覆及盖板。人（手）孔上覆（简称上覆）及通道沟盖板（简称盖板）的外形尺寸允许偏差为±20 mm，厚度允许最大负偏差不应大于 5 mm。预制的上覆、盖板两板之间的缝隙应尽量缩小，其拼缝应用 1：2.5 水泥砂浆堵抹严密，不得空鼓、浮塞，外表应平光，不得有欠茬、飞刺、断裂等缺陷。人（手）孔、通道内顶部不应有漏浆等现象。上覆、盖板底面应平整、光滑、不露筋，不得有蜂窝等缺陷。上覆、盖板与墙体搭接的内外侧应用 1：2.5 的水泥砂浆抹八字角，但上覆、盖板直接在墙体上浇灌的可不抹角。

（9）积水罐。人（手）孔内需装积水罐。积水罐安装坑的大小比积水罐外形四周大 100 mm，坑深比积水罐高度深 160 mm 或 150 mm（手孔和小号人孔基础部位积水罐处高度是 160 mm，其他型号人孔都是 150 mm），基础的表面从四周向积水罐做 20 mm 泛水。

2. 通信管道的结构

通信管道由若干管筒连接而成，为了便于施工和维护，管筒中间应构筑若干人（手）孔。

1）通信管材

20 世纪 90 年代中期以前，通信管道主要为水泥管。水泥管用水泥浇铸而成，每节长度为 60 cm，有多管孔组合（如 12 孔、24 孔）和长度为 2 m 的大型管筒块。此外，一般常用单节管筒，断面有 2 孔、4 孔和 6 孔等。水泥管的重量是衡量其质量的一个重要指标。在同样的原材料条件下，越重表示管身的密实程度越高。因此，其质量标准要求水泥管的重量不能低于用当地材料制成的标准成品重量的 95%。

塑料管由树脂、稳定剂、润滑剂及添加剂配制挤塑成型。目前常用的有单孔管和多孔管，单孔管包括硬聚氯乙烯管（PVC 管）、聚乙烯管（PE 管）和聚丙烯管（PP 管）；多孔管包括栅格管和蜂窝管。

陶管由黏土烧制而成，内外均涂上一层釉，形状、尺寸与混凝土管道相似。为了制造方便，能使其均匀地焙烧，将放管孔制成方形。陶管的优点是管壁光滑、耐酸性能好、不漏水且重量较轻，但抗压力不如混凝土管，因此宜用在地下水位小于 3 m 的地方。

石棉水泥管的缺点是脆弱、管与管之间的接续比较复杂，而且特种制管厂才能生产，因此应用较少。

各种管材的优缺点对比如表 5-16 所示。

表 5-16 各种管材优缺点对比

管材名称	优 点	缺 点
水泥管	1. 价格低廉 2. 制造简单，可就地取材 3. 料源较充裕	1. 要求有良好的基础才能保证管道质量 2. 密闭性差，防水性低，有渗漏现象 3. 管子较重，长度较短，接续多，运输和施工不便，增加施工时间和造价 4. 管材有碱性，对光缆护层有腐蚀作用 5. 管孔内壁不光滑，对抽放光缆不利
塑料管 （硬聚氯乙烯管）	1. 管子重量轻，接头数量少 2. 对基础的要求比水泥管低，占用道路断面小 3. 密闭性、防水性好 4. 管孔内壁光滑，无碱性 5. 化学性能稳定，耐腐蚀	1. 有老化问题，但埋在地下则能延长使用年限 2. 耐热性差 3. 耐冲击强度较低 4. 线膨胀系数较大

2）人（手）孔

人（手）孔位置应设置在光缆分支点、引上光缆汇接点、坡度较大的管线拐弯处、道路交叉路口或拟建地下引入线路的建筑物旁，交叉路口的人（手）孔位置宜选择在人行道或绿化地带。人（手）孔位置应与其他相邻管线及管井保持距离，并相互错开，不应设置在建筑物进出通道、货物堆场和低洼积水处、地基不稳定处等。通信管道穿越铁道和较宽道路时，应在其两侧设置人（手）孔。

人孔按建筑材料分为钢筋混凝土和砖砌两种，结构如图 5-28 所示。

钢筋混凝土人孔的底板、井壁和上覆均为钢筋混凝土。砖砌人孔的防水性能较差，一般用在无地下水或有地下水但无冰冻的地区。在有地下水的地区，采用砌砖人孔时应采取防水措施。

人孔按形状和用途可分为直通、转弯、分歧、扇形及局前 5 种形式。其中，直通型人孔用在直线管路上，或两段管路的中心线夹角在 150°～180°之间的转弯点上；转弯型人孔用在两段管路的中心线夹角在 90°～105°之间的转弯点上；分歧型人孔用在管路的分歧点上；扇形人孔一般用在管道非 90°的转弯处；局前人孔是光缆进入局（站）的专用人孔。各类人孔的型号均有大小之分，大型人孔适用于 10～24 孔的管道，小型人孔适用于 3～9 孔的管道。

人孔的上覆、四壁和底板的厚度根据人孔建筑地点的地理环境应有所区别。车行道下的人孔应能承受总重量为 30 吨的载重车辆。

人孔的附件有线缆支架和托板、穿钉、拉力环以及积水罐等，如图 5-29 所示。在人孔侧壁需要安装线缆支架和托板，以便安放光缆。线缆支架应用铸钢（玛钢或球墨铸铁）型钢或其他工程材料，不得用铸铁；支架上的托板插孔内部尺寸误差不得大于±1 mm。线缆托板根据电缆大小分为单式、双式和三式等三种，用铸铁加工。穿钉用于固定线缆支架，穿钉用 $\phi16\sim\phi20$ 普通碳素钢加工。在人孔中管孔进口的对面墙壁上要装设拉力环，以便敷设光缆时固定滑轮，拉力环用 $\phi16$ 普通碳素钢加工。上述附件均要求镀锌处理。积水罐用于清除人孔内的积水，积水罐用铸铁加工，要求热涂沥青防腐处理。

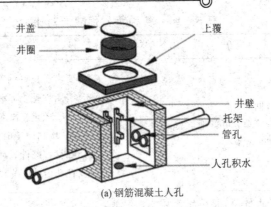

(a) 钢筋混凝土人孔

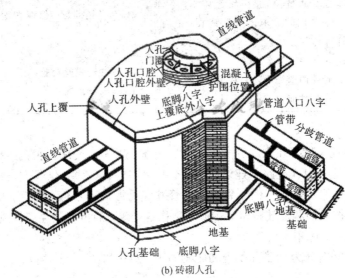

(b) 砖砌人孔

图 5-28 人孔的一般结构

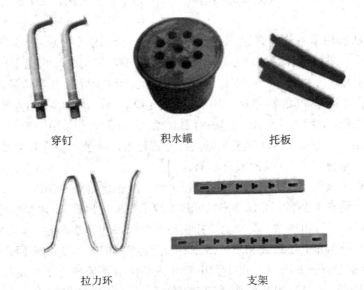

穿钉　　　　　积水罐　　　　　托板

拉力环　　　　　　　支架

图 5-29 人孔附件

手孔按建筑材料也可分为砖砌手孔和钢筋混凝土手孔两种,手孔尺寸比人孔小得多。一般情况下,工作人员不能站在手孔中作业。只有大型手孔的底部才留有 50 cm×40 cm×50 cm 的长方形坑,作为贮水沟和供工作人员站立用。

手孔按用途可分为直通型、交接箱型和引入型 3 种。其中,直通型手孔用于 1~2 孔的分支管道中;交接箱型手孔用来安装交接箱;引入型手孔用于把管道中的光缆引至电话站和用户处。

人(手)孔的选用如表 5-17 所示。

表 5-17　人(手)孔的选用

人(手)孔类型		管孔方向(单一方向,标准孔径 90 mm)	备　注
手孔 /(mm×mm)	550×550	3 孔以下	(1) 位于非机动车道的引上管旁; (2) 孔径为 28 mm 或 32 mm 的多孔管 9 孔以下
	700×900		建筑物前
	900×1200	3 孔以上	(1) 双方向或管道中心线夹角≤30°; (2) 孔径为 28 mm 或 32 mm 的多孔管 9 孔以上
	1000×1500	6 孔以下	(1) 多方向或管道中心线夹角>30°; (2) 孔径为 28 mm 或 32 mm 的多孔管 18 孔以下
	1200×1700		
人孔	小号	6 孔以上	孔径为 28 mm 或 32 mm 的多孔管 18 孔以上、36 孔以下
		12 孔以下	
	中号	12 孔以上	孔径为 28 mm 或 32 mm 的多孔管 36 孔以上、72 孔以下
		24 孔以下	
	大号	24 孔以上	孔径为 28 mm 或 32 mm 的多孔管 72 孔以上、144 孔以下
		48 孔以下	

注:表中"以下"包含本身,"以上"不包含本身。

3. 管道建筑与子管敷设

1) 管道建筑

光缆管道属于地下土建工程,建成后不能迁改或移动,因此必须精心设计、细心施工。光缆管道建筑包括人(手)孔定位,管道放线,人(手)孔坑开挖,管道沟开挖,孔坑、管道沟抄平夯实,孔底、管道沟底基础浇筑,管道敷设,管道包封,人(手)孔砌筑,手孔圈安装,人孔上敷托模、布筋、浇筑,配件、盖板等安装以及回土夯实等工序。

挖沟和挖人孔基坑时,首先按设计图纸划线,在每个人(手)孔的中心钉木桩以定位,并画出管道的沟边线,然后按照设计深度挖掘。

挖掘人孔基坑时,坑底应比人孔基座四周宽 40~50 cm。挖沟的基本方法与直埋光缆线路的光缆沟相似,但沟底要求必须平直、坚实,管道沟开挖时,应按照以下原则进行:

（1）在土层坚实，地下水位低于沟底时，可采用放坡法挖沟。

（2）坑的侧壁与人（手）孔外壁外侧的间距不小于 0.4 m（不支撑护土板时）。

（3）下列地段施工时应支撑护土板：

① 横穿车行道的地段；

② 土壤是松软的回填土、瓦砾、砂土、级配砂石层等的地段；

③ 土质松软低于地下水位的地段；

④ 与其他管线平行较长而间距又较小的地段。

管道底基一般可分为无碎石底基和有碎石底基两种。前者即为混凝土基础，其厚度一般为 8 cm。当管群组合断面高度不低于 62.5 cm 时，则基础厚度应为 10 cm；当管群组合断面不低于 100 cm 时，则基础厚度应为 12 cm。有碎石底基的统称碎石混凝土基础，除混凝土基础外，于沟底加铺一层厚度为 10 cm 的碎石。特殊地段应采用钢筋混凝土基础。管道基础宽度在管群两侧各多出 5 cm。

此外，还应考虑管道进入人孔的位置，管顶距人孔上覆底部应不小于 30 cm，管底距人孔基础面应不小于 40 cm。塑料管的接续宜采用承插法或双插法，采用承插法时，承插部分长度可参考表 5 - 18。

表 5 - 18　承插法接续塑料管的承插长度表　　　mm

塑料管外径	40	50	60	75	90	100 以上
承插长度	40	50	50	55	60	70

通信管道与其他管线最小净距要求如表 5 - 19 所示。

表 5 - 19　通信管道与其他管线最小净距表

其他地下管线及建筑物名称		平行净距/m	交越净距/m
已有建筑		2	—
规划建筑物红线		1.5	—
给水管	直径≤300 mm	0.5	0.15
	300<直径≤500 mm	1.0	
	直径>500 mm	1.5	
排水管		1.0①	0.15②
热力管		1.0	0.25
输油管道		10.0	0.5
燃气管	压力≤0.4 MPa	1.0	0.3③
	0.4 MPa<压力≤1.6 MPa	2.0	
电力电缆	35 kV 及以下	0.5	0.5④
	35 kV 及以上	2.0	
高压铁塔基础边	35 kV 及以上	2.5	—

其他地下管线及建筑物名称		平行净距/m	交越净距/m
通信电缆(或通信管道)		0.5	0.25
通信杆、照明杆		0.5	—
绿化	乔木	1.5	—
	灌木	1.0	
道路边石边缘		1.0	
铁路钢轨(或坡脚)		2.0	
沟渠基础底		—	0.5
涵洞基础底		—	0.25
电车轨底		—	1.0
铁路轨底		—	1.5

注：① 主干排水管后敷设时，排水管施工沟边与既有通信管道间的平行净距不得小于 1.5 m。

　　② 当管道在排水管下部穿越时，交越净距不得小于 0.4 m。

　　③ 在燃气管有接合装置和附属设备的 2 m 范围内，通信管道不得与燃气管交越。

　　④ 电力电缆加保护管时，通信管道与电力电缆的交越净距不得小于 0.25 m。

挖好沟槽和人孔基坑后，即可建筑人孔。采用混凝土结构时，铺设基座后浇灌孔壁。此时，应先用木板制好孔模，扎好钢筋架。浇灌应分层进行，每层以 15～20 cm 为宜，浇灌后应捣实抹平。最后，再安装人孔井盖井圈。

敷设完塑料管后即可回土夯实，回土夯实应该注意下列要求：

(1) 管道顶部 30 cm 以内及靠近管道两侧的回填土内，不应含有直径大于 5 cm 的砾石、碎砖等坚硬物。

(2) 管道两侧应同时进行回填，每回填 15 cm 厚的土，就用木夯排夯两遍。

(3) 管道顶部 30 cm 以上，每回填土 30 cm，应用木夯排夯三遍，直至回填、夯实与原地表平齐。

(4) 挖明沟穿越道路的回填土，应达到下列要求：

① 本地网内主干道路的回土夯实，应与路面平齐；

② 本地网内一般道路的回土夯实，应高出路面 5～10 cm；在郊区土地上的回填土，可高出地表 15～20 cm。

(5) 人(手)孔回填土应符合下列要求：

① 靠近人(手)孔壁四周的回填土内，不应有直径大于 10 cm 的砾石、碎砖等坚硬物；

② 人(手)孔坑每回土 30 cm，应用木夯排夯三遍；

③ 人(手)孔坑的回填土严禁高出人(手)孔口圈的高度。

2) 子管敷设

根据光缆直径小的优点，为充分挖掘管孔的利用率，提高经济、社会效益，人们广泛采用对管孔的空分复用，即在一个管孔内采用不同的分隔方式，可穿放 3～4 根光缆。常见的是在一个 ϕ90 mm 的管孔中布放 3 根塑料子管的分隔方法，塑料子管的外径为 1 英寸(1 英寸＝25.4 mm)。

塑料子管的数量应按管孔的直径和工程要求确定,但数根塑料子管的等效总外径应不大于管道孔内径的 90%,塑料子管的内径为光缆外径的 1.2～1.5 倍。

数根塑料子管应捆扎在一起同时穿放,其牵引力一般不超过 350 kg,穿放时应避免扭曲和出现死弯,同时,人(手)孔内的塑料子管不允许有接头。

子管在人(手)孔内应留出便于实施操作的长度,可为 200 mm～400 mm。暂时不用的塑料子管,应堵塞管口,避免杂物进入影响以后使用。

3) 人井的设置

人井采用砖砌结构方式时,砖墙的厚度为 24 cm,人井的规格是:内径 1200 mm× 900 mm×1200 mm(长×宽×深),水泥盖板厚度为 15 cm,布双层钢筋。要求盖板面与地面持平,并在人(手)井处设置标石,以避免它物掩盖而不易寻找和维护。

5.3.2 管道光缆敷设

管道光缆的敷设一般包括准备工作、管孔选用、清刷、穿放子管、穿放光缆、接续、引上、终端等工序。

1. 管道光缆敷设前的准备工作

(1) 管道光缆敷设前应进行路由勘测,按施工图设计的路由核对管孔及子管的占用情况。

(2) 清洗所用管孔,清洗方法同普通电缆布放前的管孔清洗。

(3) 预放塑料子管。管道内布放 3 根以上子管时,应做识别标记,每根光缆布放应占用同一色标的子管。光缆占用的子管应预放好牵引绳索,如尼龙绳、细钢丝、铁线等。穿引牵引绳的方法是:先用弹簧钢丝穿引绳索,然后用空压机将尼龙线吹入子管道内,并从另一端引出,最后将牵引铁线穿入子管内,以供布放时牵引光缆。

2. 管孔的选用和清刷

1) 管孔的选用

合理选用管孔有利于穿放光缆和进行日常维护。选用光缆管道管孔的原则是"先下后上、先两侧后中间"。管孔必须对应使用,同一条线缆所占用的管孔位置,在各个人(手)孔内应尽量保持不变,以避免发生交错(交错会引起摩擦,同时不利于施工维护)现象。通常同一管孔内只能穿放一条光缆,如果光缆截面较小,也可在同一管孔内穿放几条光缆,但应先在管孔中穿放塑料管,一根塑料管内只能穿放一条光缆。

2) 管孔的清刷

敷设管道光缆或布放塑料子管之前,首先应将管孔内的淤泥杂物清除干净,以便顺利穿放光缆或子管。同时,应在管孔内预留一根牵引铁丝,以便穿放光缆。

清刷管孔的方法很多,早期常采用竹板穿通法,即用长 5～10 m、宽 5 cm、厚 0.5 mm 的竹板,用 1.6 mm 铁线逐段绑扎。管孔较长时,竹板可由管孔两端穿入,通过竹板头上绑扎的勾连装置(一端为三爪铁钩,另一端为铁环)在管孔中间相碰连接,贯穿全管孔,然后从管孔的一端在竹板末端接上清刷工具,如图 5-30 所示。在清刷工具的末端接上预留的铁线，从管孔的另一端拉动竹板，带动清刷工具由管孔中通过，完成管孔的清理。其中，铁砣端先入管孔，铁砣可先将水泥块等较大、较硬的杂物"打磨"粉碎、清除，再由其后的钢丝刷、麻布等依次进行精细清理。

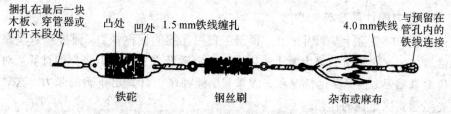

图 5 - 30　管孔清刷工具

较先进的机械清理管孔法有软轴旋转法、风力吹送载体法和压缩空气清洗法等。图 5-31 所示为常见的一种机械清理管孔方法，主要利用电动皮带洗管推进器和聚乙烯洗管器间的摩擦力推动洗管器前进。

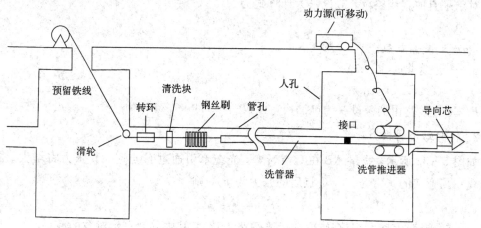

图 5 - 31　机械清理管孔

此外，压缩空气清洗法广泛用于密闭性能良好的硅芯管道，先将管道两端用塞子堵住，通过气门向管内充气，当管内气压达到一定值时，突然将对端塞子拔掉，利用强气流的冲击力将管内污物带出。使用这种方法的设备包括液压机、气压机、储气罐和减压阀等。

3）塑料子管的穿放

塑料子管穿放时，先将子管放在要穿放管孔的地面上，放开并量好距离，子管不允许存在接头。将预穿好的引线与塑料子管端头绑在一起，在对端牵引引线即可将子管布放于管孔内。当同管布放两根以上(一般为三根或四根)塑料子管时，牵引头应把几根塑料子管绑扎在一起。为了防止塑料子管扭绞，应每隔 2～5 m 将塑料子管捆扎一次，使其相对位置保持不变。管道内布放 3 根以上子管时，应做识别标记，每根光缆布放应占用同一色标的子管。

在布放过程中，人孔口与管孔口处要有专人管理，避免将塑料子管压扁。同时，地面上的塑料管尾端应有专人管理，以防塑料子管碰到行人及车辆。此外，还应随着布放速度松送、顺直塑料子管。

一般塑料子管的布放长度为一个人孔段。当人孔段距离较短时，可以连续布放，但一般最长不超过 200 m。布放结束后，塑料子管应引出管孔 10 cm 以上或按设计余留，并装好管孔堵头和塑料子管堵头。可在塑料子管内预放尼龙绳，作为光缆的牵引绳。

3. 管道光缆配盘

管道光缆的工程配置通常称为管道光缆配盘，具体方法和要求详见 4.4 节。

4. 牵引张力的计算方法

敷设光缆前，必须计算牵引张力。根据工程用光缆的标称张力，通过对敷设路由牵引张力的估算确定一次牵引的最大敷设长度，并确定敷设方式。牵引张力的计算，对于管道敷设来说尤其重要，根据路由情况和光缆重量、标称张力计算出正确的张力，这对安全敷设管道光缆起到决定性的作用。

敷设张力的大小随路由和光缆结构而异，计算时必须摸清路由状况，如线路平直、拐弯、曲线以及子管的质量等情况。

1) 平直路由的张力计算

对于平直的直线路由，敷设张力计算式为

$$F = \mu \omega L \qquad (5.1)$$

式中：μ——摩擦系数；

ω——光缆重量（kg/m）；

L——直线段长度（m）；

F——直线路由的敷设张力（kg）。

2) 转弯路由的张力计算

如图 5-32 所示，线路 AB 在 C 点转弯，光缆牵引通过 C 点时，其张力将增大。设图中光缆在拐弯前的张力为 F_1，C 点后的张力为 F_2，则

$$F_2 = F_1 e^{\mu \cdot \theta} \qquad (5.2)$$

式中：$e^{\mu \cdot \theta}$——张力增大系数（转弯前后光缆张力比），其中 e 为自然对数的底；

θ——AC 与 BC 两直线线路的夹角。

3) 曲线路由的张力计算

光缆通过如图 5-33 所示的平面曲线路由时，光缆承受的张力较直线路由要大。设光缆在曲线路由前的张力为 F_1，经过曲线路由后的张力为 F_3，弯曲路由长度为 L_2，交叉角为 θ_1，则

$$F_3 = (F_1 + \mu \omega L) e^{\mu \cdot \theta} \qquad (5.3)$$

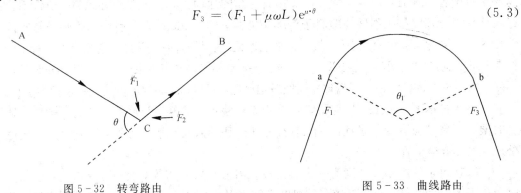

图 5-32　转弯路由　　　　　　　　　　　图 5-33　曲线路由

4）牵引张力计算案例

根据我国城市电信管道的情况看，人孔间隔距离不等，一般在 1 km 区间内人孔拐弯和人孔出、入口的高差约有 5~6 处，图 5-34 所示是实际管道光缆线路路由的一个案例。图 5-34 中光缆由起点 A 经 AB（直线路由）—BC（曲线路由）—CD（直线路由）—D 点（拐弯）—DE（直线路由）—E（人孔高差，类似两个拐弯）—EF（转弯路由）至 F 终点。

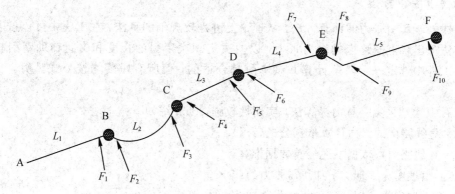

图 5-34　管道光缆线路路由案例

牵引力计算时首先应分别计算出 F_1~F_{10} 各个张力。在计算各点张力时，应考虑下述因素：

（1）路由的性质、材料以及使用工具（包括牵引钢丝或其他牵引绳）不同时，摩擦系数是不同的。不同条件下的 μ 值详见表 5-20。

表 5-20　不同条件下的摩擦系数 μ 值

摩擦物	水泥管道与光缆	水泥管道与牵引钢丝绳	塑料子管与光缆	塑料子管与牵引钢丝绳	导引轮（器）与光缆	金属滑轮与钢丝绳
μ	0.5~0.6	0.3~0.4	0.33	0.2	0.1~0.12	0.15~0.2

（2）张力增大系数 $e^{\mu\cdot\theta}$ 具体由 μ 和 θ 决定。以 μ 为变量的张力增大系数 $e^{\mu\cdot\theta}$ 与交叉角 θ 的关系曲线如图 5-35 所示。由图可见，若交叉角达到 90°时，不同摩擦系数条件下的张力增大系数见表 5-21。

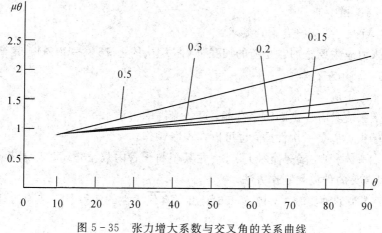

图 5-35　张力增大系数与交叉角的关系曲线

表 5 - 21   不同摩擦系数条件下的张力增大系数

μ	0.5	0.3	0.2	0.15
$e^{m \cdot q}$	2.2	1.65	1.4	1.3

5）实用计算方法

上述关于牵引张力的计算方法，从理论上讲是较规范的算法，在工程中可以按上面的举例方法算出各点及终点的牵引张力，以便决定一次牵引的长度和中间辅助牵引机的位置。在工程中选定一个段落计算并试牵引是合适的，但所有段落均按公式计算，显然太费时。

工程中通常采用一种简易算法，实用性较强，现介绍如下：

（1）直线路由的张力计算依据公式(5.1)。

（2）其他路由可依据下述经验数据推算：

① 上山坡度为 5°时，增加所需张力的 25%；

② 下山坡度为 5°时，减少所需张力的 25%；

③ 一个拐弯半径为 2 m 时，增加所需张力的 75%；

④ 若①、③同时存在，则增加所需张力的 120%；

⑤ 若②、③同时存在，则增加所需张力的 30%。

（3）光缆牵引采用润滑剂润滑时，摩擦系数将减少 40% 左右。

5. 穿放光缆

1）光缆牵引端头的制作方法

光缆在牵引过程中，光缆芯线不应受力。对于光缆敷设，尤其管道穿放，光缆牵引端头制作是非常重要的工序。光缆牵引端头制作是否得当，直接影响到光纤传输特性的好坏。在某些施工中，由于未掌握光缆牵引特点和制作合格牵引端头的方法，可能会发生外护套脱出数米或光纤断裂的严重后果。因此，牵引端头的要求和制作工艺，对于光缆线路施工人员来说是一项基本功。目前，少数工厂在光缆出厂时，已制作好牵引端头，故在单盘检验时应尽量保留该端头。

（1）牵引端头的要求。

光缆牵引端头一般应符合下列要求：

① 牵引张力应主要施加在光缆的加强件（芯）上（约占 75%～80%）；其余加到外护层上（约占 20%～25% 左右）；

② 缆内光纤不应承受张力；

③ 牵引端头应具有一定的防水性能，避免光缆端头浸水；

④ 牵引端头可以是一次性的，也可以在现场制作；

⑤ 牵引端头体积（主要是直径）要小，尤其塑料子管内敷设光缆时必须考虑这一点。

（2）牵引端头的种类和制作方法。

光缆牵引端头的种类较多，图 5 - 36 列出了有代表性的四种不同结构的牵引端头。

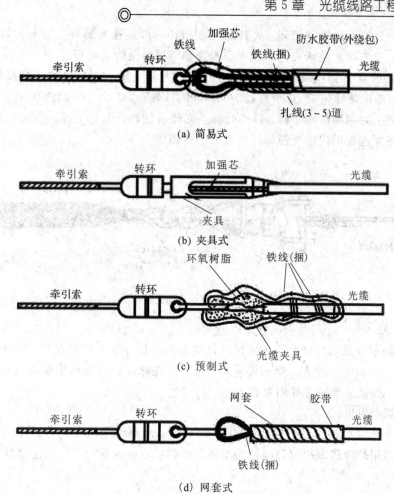

(a) 简易式

(b) 夹具式

(c) 预制式

(d) 网套式

图 5 - 36　光缆牵引端头制作示意图

① 简易式。简易式牵引端头是较常用的一种，适用于直径较小的管道光缆，如图 5 - 36(a)所示。其制作方法是：将光缆的 30～40 cm 只留下加强芯做一扣环，并用两根 1.6 mm 或 2.0 mm 的铁线与加强芯一样做成扣环，然后由铁丝在光缆上捆扎 3 道，最后用防水胶带包扎(加强芯扣环在护层前边扎线一般为 3～5 道，若张力较大则要多扎几道)。护层切口处应用防水胶带紧包以避免水汽侵入。转环对于管道光缆敷设是必不可少的，当采用机械牵引时牵引索应用钢丝绳；当采用人工牵引时，可用尼龙绳或铁丝作牵引索。

② 夹具式。夹具式牵引端头使用比较方便，一般有压接套筒式、弹簧夹头式和抓式夹具等，如图 5 - 36(b)所示。其制作方法是：先将光缆剖开，去除护层和芯线约 10 cm，加强芯用夹具夹紧，护层由套筒收紧。夹具本身带转环，为了提高防水性能，可在套筒与护套间用防水胶包扎。

③ 预制式。预制式牵引端头是由工厂或施工队在施工前预先制作的一种方式，这是一次性牵引端头，使用一次后不再利用。这种方式的优点是可预先制作好，施工现场不必制作，方便省时，同时具有良好的防水性能，如图 5 - 36(c)所示。

④ 网套式。由于 40～50 cm 长的网套具有收紧性能，受力分布均匀且面积大，因此网套式牵引端头非常适用于具有钢丝铠装的光缆，如图 5 - 36(d)所示。当用于非钢丝铠装光

缆时，应把加强芯引出做一扣环，将其与网套扣环一同连接至转环。在有水区域敷设时，套上网套前，应先将光缆断头用树脂或防水胶带等材料做防水处理。

牵引端头的牵引钢丝绳与光缆网套（扣环、夹具）连接的地方有一连接装置，如图 5-37 所示。连接装置包括：1 个直径为 6 mm 的铁转环，1 个"∞"形铁环和 1 个"U"形铁环。这样，牵引时如钢丝绳扭转，转环的前半部随着旋转，而后半部连接的光缆网套不扭转，因而可使穿进管道内的光缆保持平直而不致扭绞。

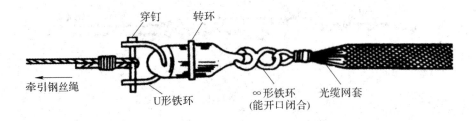

图 5-37　牵引端头的连接装置

2）主要敷设机具

管道光缆敷设采用机械牵引方式可以保证敷设质量，并且节省劳力，有利于提高经济和社会效益。机械牵引较人工牵引要求高，它需要性能较好的终端牵引机、中间辅助牵引机以及转弯、高低差导轮等导引装置。

（1）终端牵引机。

终端牵引机又称端头牵引机，如图 5-38 所示。终端牵引机安装在允许牵引长度的路由终点，其作用是通过牵引钢丝绳把终端的光缆按规定的速度牵引至预定位置。

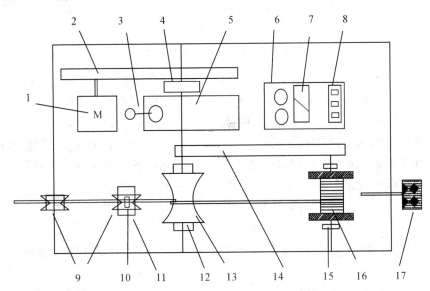

1—马达；2—主传动带；3—人工换挡开关；4—离合器；5—变速器；6—仪表盘；7—张力指示器；
8—计米器；9—钢丝导轮；10—张力调节器；11—张力传感器；12—绞盘分离器；13—绞盘；
14—收线传动带；15—轴承；16—收线盘、牵引钢丝绳；17—收线盘分离踏板

图 5-38　光缆终端牵引机

（2）辅助牵引机。

在架空光缆、管道光缆或直埋光缆的敷设中，一般将辅助牵引机置于中间部位，起到辅助牵引作用，如图 5-39 所示。光缆夹在两组同步传输带中间，终端牵引机牵引光缆时，辅助牵引机以同样的速度带动传动带，光缆由传动带夹持，利用摩擦力对光缆起牵引作用。

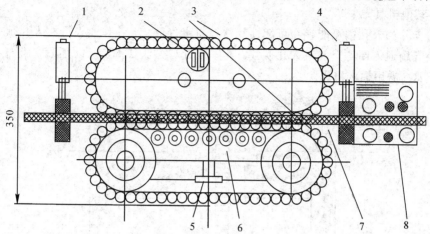

1、4—光缆固定；2—夹持；3—同步传动带；5—减速器；6—导轮；7—光缆；8—液压马达

图 5-39　光缆辅助牵引机

（3）导引装置。

管道光缆敷设时，会遇到人孔的入口、出口，路由拐弯、曲线以及管道人孔的高差等情况，为了使光缆安全、顺利地通过这些部位，必须在有关位置安装相应的导引装置以减少光缆所受的摩擦力，降低牵引张力。

按上述不同用途，光缆导引装置可设计成不同结构的导引器或导引滑轮。导引器是专门为管道光缆的敷设而设计的，导引器有多种形式，但多数是带轴承的组合滑轮，如图 5-40 所示。

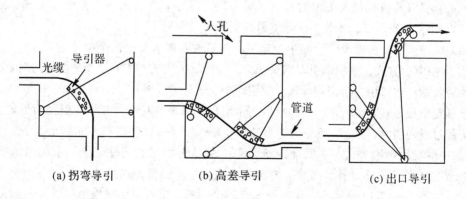

(a)拐弯导引　　　(b)高差导引　　　(c)出口导引

图 5-40　管道光缆导引器

导引器在管道光缆敷设中广泛使用，用 1 或 2 个导引器可作为光缆转弯导引；用 2 个可组成高低人孔的高差导引或光缆引出人孔导引。尽管用在不同的地方，但导引器的作用是一样的，即减少光缆所受的侧压力以及降低牵引张力，对安全敷设光缆起到重要保护作用。人孔出口引出光缆还可以采用金属滑轮导引。

　　输送管是用于光缆始端入口处的导引装置。平时光缆盘处均有专人值守，把光缆慢慢放入人孔，只要确保光缆在人孔内有少许余留，使光缆保持松动状态，入口处可以不用输送管等装置，但在人孔入口处应加软垫以避免擦伤光缆。注意：光缆从盘上退下的速度要与布放速度同步，以避免打小圈或出现"浪涌"等现象。

　　（4）其他机具。

　　久闭未开的人孔内可能存在可燃性气体及有毒气体。人孔作业人员在人孔顶盖打开后应先用换气扇通入新鲜空气对人孔换气，具体装置与方法如图 5 - 41 所示。此外，假如人孔内有积水，需用抽水机排除。

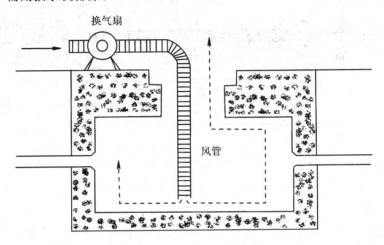

图 5 - 41　人孔内的换气装置与方法

　　3）光缆敷设方法

　　敷设管道光缆的工序包括估算牵引张力并制定敷设计划、管孔内拉入钢丝绳、牵引设备安装和牵引光缆等 4 个步骤。光缆敷设根据牵引力由机械或人工提供，可分为机械牵引、人工牵引以及机械与人工相结合的牵引方法。其中，牵引机械有光缆牵引车、光缆牵引机和电动绞车等，人工牵引又分为使用绞车和手放两种。

　　（1）机械牵引。机械牵引包括集中牵引、中间辅助牵引和分段牵引等方式。

　　① 集中牵引方式。集中牵引即端头牵引。当计算的张力小于光缆允许的张力时，可采用整盘光缆首端一次牵引。牵引钢丝通过牵引端头与光缆端头连好，用终端牵引机将整条光缆牵引至预定敷设地点，如图 5 - 42(a)所示。牵引机械必须具有可调节的牵引张力设定，当牵引张力超过设定值时，应能自动告警并自动停止牵引。牵引速度应不超过 20 m/min。

　　② 中间辅助牵引方式。中间辅助牵引是一种较好的敷设方法，但要求每个人孔处的牵引机或人工能够同步动作，因此需要可靠的联络手段保证统一指挥下实现各个牵引点同步行动，如图 5 - 42(b)所示。它既采用了终端牵引机，又使用了辅助牵引机。一般以终端牵引机通过光缆牵引端头牵引光缆，辅助牵引机在中间给予辅助，使一次牵引长度得到增加。图 5 - 43 所示即是管道光缆敷设中采用该种敷设方法的典型实例。

　　③ 分段牵引方式。当光缆一次牵引所需的牵引力正好超过光缆的允许张力，或路由复杂时，可采取"∞"形盘留，进行分段牵引，如图 5 - 42(c)所示。分段牵引分单向和双向两种方式。光缆靠近接续点或终端且有临时盘留场地时，宜单向分段牵引；光缆盘在管道

路由中间且有临时盘留场地时，宜双向分段牵引。

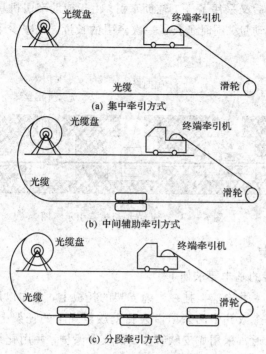

图 5-42 机械牵引光缆敷设方法示意图

（2）人工牵引。由于光缆具有轻、细、软等特点，故在没有牵引机的情况下，可采用人工牵引的方法来完成光缆敷设。人工牵引方法的重点是在良好的指挥下尽量同步牵引。牵引时一般为集中牵引与分散牵引相结合，即有一部分人在前边拉牵引索（尼龙绳或铁线），每个人孔中有 1~2 个人辅助牵拉。前边集中牵拉的人员应考虑牵引力的允许值，尤其在光缆引出口处，应考虑光缆牵引力和侧压力，通常一个人用手拉拽时的牵引力为 30 kg 左右。

人工牵引时光缆布放长度不宜过长，常用的办法是采用"∞"式敷设法，即牵引几个人孔段后，将光缆引出盘后摆成"∞"形（地形、环境有限时用简易"∞"架），再向前敷设，如距离长还可继续将光缆引出盘成"∞"形，直至整盘光缆布放完毕。人工牵引导引装置，虽不及机械牵引要求严格，但拐弯和出、入口处还是应安装导引器为宜。

人工牵引敷设管道光缆的缺点是不仅费力，组织不当时还易损伤光缆，而且工艺太落后。

（3）机械与人工相结合牵引。这是一种比较符合我国国情的有效方法，包括中间人工辅助牵引和终端人工辅助牵引两种方式。

① 中间人工辅助牵引方式：终端用终端牵引机作主牵引，中间在适当位置的人孔内由人工辅助牵引，若再用上一部辅助牵引机，则能大大延长一次牵引的长度。

端头牵引必须先将牵引钢丝放在始端，再进行牵引。解决这一问题的方法是：假设牵引 1 km 的光缆，可以让前 400 m 由人工牵引，与此同时终端牵引机可向中间放牵引钢丝，这样当两边合拢后，再采用端头牵引与人工辅助牵引相结合的方式，这样既加快了敷设速度，又充分利用了现场人力，提高了劳动效率。

② 终端人工辅助牵引方式：中间采用辅助牵引机，开始时是用人工将光缆牵引至辅助牵引机，然后在牵引机后又采用了人工辅助牵引。由于辅助牵引机具有最大 200 kg 的牵引力，因此大大减轻了劳动量，同时延长了一次牵引的长度，且减少了人工牵引时的"蛙跳"次数，提高了敷设速度。

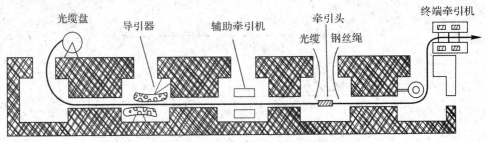

图 5-43　管道光缆机械牵引示意图

6. 人孔内光缆安装

光缆在人孔内安装的基本要求如下：

(1) 管道光缆进入人孔内应架挂在光缆支架的托板上，走向以局方一侧为准。光缆牵引完毕后，由人工将每个人孔中的余缆沿人孔壁放至规定的托架上，一般尽量置于上层。为了光缆今后的安全，通常采用蛇皮软管或 PE 软管保护，并用扎线绑扎使之固定。其固定和保护方法如图 5-44 所示。

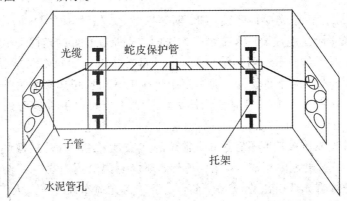

图 5-44　人孔内光缆的固定和保护

(2) 光缆接头应安置在相邻两铁架托板中间；根据管孔的排列，光缆接头可按一列或两列交错排列。

(3) 光缆接头的一端距管道出口的长度至少为 40 cm；光缆接头不要安排在管道进口的上方或下方。

(4) 光缆线路经过桥梁时，要求在桥梁两头建手孔，通常预留光缆 20~50 m，具体情况视桥梁的长度而定。

(5) 人井(手孔)中的光缆应设有明显的标记，以便于维护和修复。

(6) 为防止光缆端头进水，应采用端头热缩帽作热缩处理，并将预留光缆按照弯曲半径要求，盘圈挂在人孔壁上或系在人孔内盖上，不要将端头浸泡在水中。

7. 管道的标志设置

管道上需要设置标石、宣传牌以及水线牌等标识。

1）标石设置要求

（1）在直线段和大长度弯道段，原则上按照每 100 m 左右设置 1 处，标石必须埋在管道的正上方。

（2）线路拐弯处必须设置标石，且应埋设在转角两侧直线段延长线的交点，而不应在圆弧顶点上。

（3）硅芯管道接头处必须埋设标石。

（4）管道与其他线路交越点必须埋设标石。

（5）管道穿越河流、公路、村庄等障碍点必须埋设标石。

（6）每个人（手）孔处必须埋设标石。

（7）标石统一采用 1.5 m 高水泥"丁"字标石，埋深 0.6 m，出土 0.9 m。

2）标石编号要求

（1）标石出土部分靠顶部 15 cm 应刷水泥漆，下部 75 cm 一般刷白底色，并用水泥漆正楷书写标号，顶部以水泥漆的箭头表示管道路由方向。

（2）标石编号以中继段为单位，由 A 端向 B 端依次逐个编写。

（3）标石类型分为直线标、拐弯标、交越标，并在标号面用不同符号标记，直线标用"一"表示，拐弯标石用"＜"表示，交越标石用"X"表示。

（4）标石正面用水泥漆书写"XX 管道"字样。

3）宣传牌、水线牌设置要求

（1）宣传牌采用常规铁质搪瓷宣传牌，水线牌采用木制水线牌。水线牌架立采用 8 m 水泥杆。

（2）宣传牌原则上每 1000 m 设置一处，具体设置可视实地情形自行调整。一般在村庄、道路口、远离公路及有可能动土的地方均应设置宣传牌。

（3）水线牌仅在穿越通航河流时设置，一般每段河道设置 2 处。

8. 管道光缆敷设案例

这里主要以机械牵引法的中间辅助牵引方式说明管道光缆的敷设步骤。

1）估算牵引张力，制定敷设计划

（1）路由摸底调查：按施工图路由进行摸底，调查具体路由状况，统计拐弯、管孔高差的数量和具体位置。

（2）制定光缆敷设计划：为避免盲目施工，必须根据路由调查结果和施工队敷设机具条件，制定切实可行的敷设计划。计划包括光缆盘、牵引机以及导引装置的安装位置，此外还包括张力分布和人员配合等。

（3）敷设计划：

① 路由：全程 2.399 km，且为塑料子管管道，有 5 处拐弯，管道高差两处，因高差不大，且子管伸出 0.5 m，故不考虑高差影响，具体如图 5-45 所示。

② 机具：终端牵引机、辅助牵引机各一台以及其他导引器等。牵引机钢丝绳重量为

50 kg/km。

③ 光缆：重量 400 kg/km，标称张力为 200 kg。

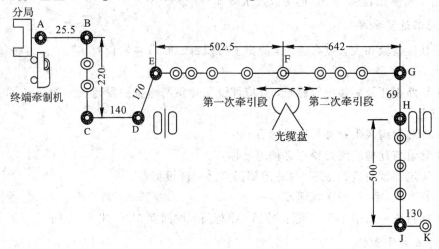

图 5-45　管道光缆敷设路由和牵引计划图(单位为 m)

④ 光缆敷设计划：

a. 全程分两次牵引，将光缆置于 F 点，第一次向局内牵引至 B 点(考虑此段转弯较多，故终端牵引机在 B 点牵引。局内 50 m 和 AB 间 25.5 m 由人工向局内布放至地下进线室)。

第二次由 B 点向 J 点(终点)牵引。在拐弯处设置导引器，在牵引段中间合适位置设置辅助牵引机。

b. 张力估算，按式(5.1)及实用计算法可较准确地估算出各主要位置的牵引张力，以确定中间是否需要设置辅助牵引机和设置终端牵引的最大牵引力范围。

c. 绘制牵引计划图表，施工时可利用路由绘制，详见图 5-45 和表 5-22。

表中光缆至各点的张力是指光缆到达该点时所承受的张力；此时牵引机上显示的张力为光缆张力增加前面一段钢丝绳的牵引张力(计算时已包括由人孔内通过引出装置的两组金属滑轮的摩擦力)。

表 5-22　管道光缆牵引计划表　　　　　　　　　　kg

路由主要位置	第一次牵引段						第二次牵引段				备注
	A	B	C	D	E	F	G	H	J	K	
机械设置	人工	终端牵引机	导引器	辅助牵引机	导引器	光缆支架	导引器	辅助牵引机	导引器	终端牵引机	
光缆至各点的张力	105.6	58.42	15.5	138.53	66.33	—	84.74	157.44	66	132	牵引机最大牵引力设置：200
牵引机显示张力	105.6	58.92	19.85	153.11	83.91	—	114.2	186.97	69.5	132	

d. 关于牵引机最大张力的设置，根据敷设的一般规定，最大牵引力应不超过标称值的 85%，对于有金属护层的光缆可达 100%。在上述条件下，光缆的标称张力为 200 kg，表 5 -22 中张力最大的 H 点也仅为 157.44 kg。考虑钢丝绳的牵引张力为 186.97 kg，因而牵引张力最大设置为 200 kg 是安全的，一般来说也是够用的。

e. 关于瞬时最大张力的考虑和预定，由于路由复杂且不规则，有时实际张力会超过所设置的最大张力值，必要时考虑增加辅助牵引(可以人工辅助)。对于短时间的超载，如管道内堵塞，钢丝接头、管口面出现大张力的现象等统称为瞬时张力加大。对于有些结构的光缆，瞬时张力可以允许加大，这里介绍一个方法：对于有金属内护层的光缆，牵引端头采取网套方式时，瞬时加大的张力可按标称张力的 25%～50% 考虑。这是由于光缆标称张力是以加强件(芯)的最大安全张力来考虑的。对于采用 50 cm 长网套的牵引端头，光缆护层能承受 25%～50% 的张力，为安全起见，一般按 25% 计算，故瞬时最大张力预定为 250 kg，供布放时调整(敷设时若遇到瞬时牵引告警，可将牵引力手控加大到预定瞬时最大张力的范围内)。

2) 拉入钢丝绳

管道或子管一般已有牵引索，若没有牵引索则应及时预放好，一般用铁丝或尼龙绳。

机械牵引敷设时，首先在缆盘处将牵引钢丝绳与管内预放牵引索连好，另一端由终端牵引机牵引管孔内的牵引索，将钢丝绳牵引至牵引机位置，并做好牵引准备。

3) 光缆及导引装置的安装

(1) 光缆盘放置及引入口安装。光缆盘由光缆拖车或千斤顶支撑于管道人孔一侧；为安全起见，在光缆入口处可以采用输送管，如图 5-46 所示。图 5-46(a)是将光缆盘放在使光缆在入口处呈近似直线的位置；受条件限制时，也可按图 5-46(b)所示位置放置。输送管可用蛇皮钢管或聚乙烯管，可以避免光缆打小圈和防止光缆外护层损伤。

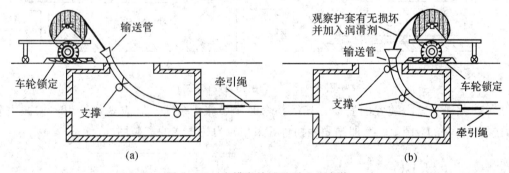

图 5-46 光缆盘放置及引入口安装

(2) 光缆引出口安装。端头牵引机将牵引钢丝和光缆引出人孔的方式主要有以下两种方式。

① 采用导引器方式：把导引器和导轮按图 5-47(a)所示方法安装，应使光缆引出时尽量呈直线，可以把牵引机放在合适的位置；若人孔出口狭小或牵引机无合适位置，为避免侧压力过大或擦伤光缆，则应将牵引机放置在前边一个人孔处(光缆牵引完再抽回引出人孔)，同时应在前一人孔处另外安装一副导引器或滑轮，如图 5-47(b)所示。

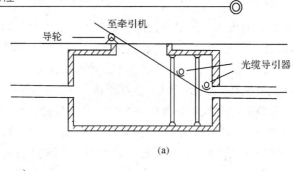

(a)

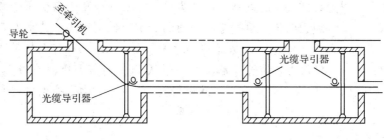

(b)

图 5-47　光缆引出口安装(一)

② 采用滑轮方式：这种方法基本上是敷设普通电缆的方式，采用金属滑轮或滑轮组，如图 5-48 所示。

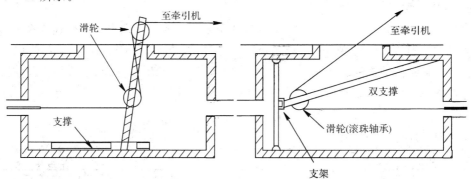

图 5-48　光缆引出口安装(二)

(3) 拐弯处减力装置的安装。光缆拐弯时牵引张力较大，故应安装导引器或减力轮(类似自行车轮)，图 5-49 即是光缆拐弯处采用减力轮方式的安装图。

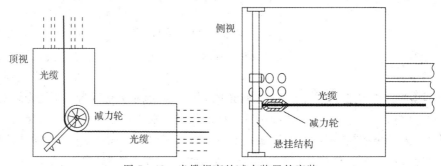

图 5-49　光缆拐弯处减力装置的安装

（4）管孔高差导引器的安装。为减少因管孔不在同一平面（存在高差）所引起的摩擦力、侧压力，通常是在高低管孔之间安装导引器，具体安装方法如图 5-50 所示。

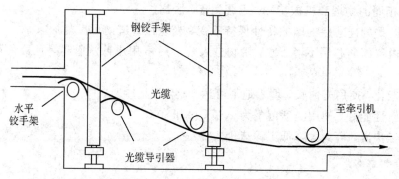

图 5-50　管孔高差导引器的安装

（5）中间牵引时的准备工作。采用辅助牵引机时，将设备放于预定位置的人孔内，放置时要使机上光缆固定部位与管孔持平，并将辅助牵引机固定好。若不用辅助牵引机，可由人工代替，即在合适位置的人孔内安排人员帮助牵引。

4）光缆牵引

（1）制作合格的牵引端头并接至钢丝绳。

（2）按牵引张力、速度要求开启终端牵引机，值守人员应注意按计算的牵引力操作。

（3）光缆引至辅助牵引机位置后，将光缆按规定安装好，并使辅助牵引机以与终端牵引机同样的速度运转。

（4）光缆牵引至牵引人孔时，应留足供接续及测试用的长度；若需将更多的光缆引出人孔，必须注意引出人孔处内导引装置及人孔口壁摩擦点的侧压力，要避免光缆受压变形。

5.3.3　硅芯管道及其气吹光缆法

牵引法敷设光缆的距离短、速度慢，且很容易造成光缆的机械损伤。气吹光缆法是通过光缆喷射器产生的一个轻微的机械推力和流经光缆表面的高速高压气流，使光缆在塑料管内处于悬浮状态并带动光缆前进，从而减少了光缆在管道内的摩擦损伤。该方法操作简便，气吹距离长，而且由于有安全保护装置，一旦线缆前进中遇到阻力过大时会自动停止，因此不会对光缆构成任何损伤，是一种安全高效的光缆敷设方法。

1. 硅芯管的特点、性能及技术参数

1）主要特点

高密度聚乙烯（HDPE）硅芯管是目前用量最大、最先进的通信用光缆保护套管，采用特种 HDPE 原料加硅料共同挤压复合而成，具有以下特点：

（1）管道强度大，包括抗压、抗张力和抗冲击能力，充分考虑到光缆保护所需的安全系数，不再需要大管作为外层保护。

（2）硅管曲率半径小，为其外径的 10 倍，敷设硅管时遇到弯曲和上下管落差处可随路由而转或随坡而走，无须作任何特别处理，更不必设人井过渡。

（3）其内壁的硅芯层是固体的、永久的润滑剂。

（4）其内壁的硅芯层被同步挤压进管壁内，均匀地分布于整个内壁，硅芯层与高密度聚乙烯具有相同的物理和机械特性，不会剥落、脱离。

（5）其内壁的硅芯层的摩擦特性保持不变，光缆在管道内可反复抽取。

（6）其内壁的硅芯层不溶于水，污物进入管道后可用水冲洗管道，且可免遭啮齿动物破坏。

（7）抗老化，使用寿命长，埋入地下可达 50 年以上。

（8）耐候性能好，使用温度范围为 −30℃～+80℃。

（9）施工快捷，可大大降低工程造价。

2）规格和盘长

通信管道使用的 HDPE 硅芯管规格主要有两种：40/33 mm 和 46/38 mm，其盘长分别为 2000 m 和 1500 m（盘长可根据用户需求定制）。40/33 mm 硅芯管适用于平原、丘陵、公路、路肩和边沟等，46/38 mm 硅芯管适用于山区、弯度较大的公路路肩和沟边。典型的硅芯管规格及尺寸如表 5−23 所示。

表 5−23　HDPE 硅芯管规格及尺寸　　　　　　　　　　　　mm

规　格	平均外径		壁　厚		不圆度/%	
	标称值	允许偏差	标称值	允许偏差	绕盘前	绕盘后
34/28	34	+0.3 0	3.0	+0.3 0	≤2	≤3
40/33	40	+0.4 0	3.5	+0.35 0	≤2.5	≤3.5
46/38	46	+0.4	4.0	+0.35	≤3	≤5

3）HDPE 硅芯管主要性能

HDPE 硅芯管的主要性能描述如表 5−24 所示。

表 5−24　HDPE 硅芯管主要性能

项　目	主要性能	测试条件
拉伸强度	≥18 Mpa	试样长度(200±5)mm，拉伸速度(50±5)mm/min
断裂延伸率	ϕ40/33 mm：≥380% ϕ46/38 mm：≥380% ϕ50/42 mm：≥400%	试样长度(200±5)mm，标距 70～100 mm，拉伸速度(10±5)mm/min
冷缩	长度变化：≤3%	塑料管从 110℃冷却到 20℃
最大牵引负载	ϕ40/33 mm 为 8000 N ϕ46/38 mm 为 10 000 N ϕ50/42 mm 为 10 000 N	试样长度(200±5)mm，拉伸速度(500±5)mm/min

项 目	主 要 性 能	测 试 条 件
最小弯曲半径	$\phi40/33$ mm 为 450 mm $\phi46/38$ mm 为 500 mm $\phi50/42$ mm 为 625 mm	选取 3 根长 1500 mm 试样,置于(-18±2)℃温度下至少 2 小时
抗冲击性	选取 10 根长(50±2)mm 试样,置于-19℃温度下至少 2 小时,落锤质量 9 kg,落锤高度 1.5 m,每根试样冲击 1 次不破裂	
抗侧压强度	试样长度(50±2)mm,在 1500 N/100 mm 压力下,扁径不小于塑料管外径的 70%,卸荷后检测能恢复到塑料管外径的 90%以上,塑料管无裂纹	
扁平试验	从 3 根管材上各取长为(50±2)mm 的试样 1 个,将试样水平放置在试验机上的上下平行压板间,以(10±5)mm/min 的速度压缩试样,压至试样原外径的 50%时立即卸荷,用肉眼检查 3 个试样均无裂缝为合格	
内壁摩擦系数	普通管:静摩擦不大于 0.25,动摩擦不大于 0.29;硅芯管不大于 0.15	
工频击穿电压	≥30 kV/mm(2 min)	
环刚度	≥30 kn/m²	

2. 施工前材料的检查

(1)施工前严格复检硅芯管及配套产品的规格、品种和数量。

(2)严格检查硅芯管的质量,硅芯管外观应无毛刺、无压扁、无裂纹、无折弯现象;管口密封紧固,无脱落,无泥沙、水和杂物进入等现象。

(3)检查硅芯管长度、尺码、标记,码标等应清晰可见。

(4)影响布放和气吹法敷设光缆的硅芯管及配套产品不得用于施工。

(5)同沟敷设两条以上硅芯管时,应采用不同颜色的硅芯管或采用其他分辨标记,全程硅芯管颜色或标记顺序要一致,以便于光缆施工和维护。

3. 硅芯管道的敷设

1)硅芯管道沟的建筑安装要求

开挖管道沟前必须复测划线、定位和顺路由取直管道沟。沟底内应平整顺直,沟坎及转角处管沟应平整、裁直、平缓过渡。硅芯管道的埋深应根据铺设地段的土质和环境条件等因素确定,并由随工代表签字确认,管道的埋深要求如表 5-25 所示。

表 5-25 硅芯管道的埋深要求 m

序 号	铺设地段及土质	上层管道至路面埋深
1	普通土、硬土	≥1.0
2	半石质(砂砾土、风化石等)	≥0.8
3	全石质、流沙	≥0.6
4	市郊、村镇	≥1.0

续表

序　号	铺设地段及土质		上层管道至路面埋深
5	市区街道	人行道	≥0.7
		车行道	≥0.8
6	穿越铁路(距路基面)、公路(距路面基底)		≥1.0
7	高等级公路中央分离带		≥0.8
8	沟、渠、水塘		≥1.0
9	河流		同水底光缆埋深要求

注：① 人工开槽的石质沟和公(铁)路石质边沟的埋深不得小于 0.4 m，并应按设计要求采用水泥砂浆等防冲刷材料封沟，硬路肩不得小于 0.6 m。

② 管道沟沟底宽度应大于管群排列宽度，且每侧不得小于 0.1 m。

③ 在高速公路中央隔离带或路肩开挖管道沟时，硅芯塑料管埋深及管群排列宽度的确定，应避开高速公路防撞栏立柱。

2）硅芯管道的敷设安装要求

硅芯管道的敷设安装应注意以下事项：

(1) 硅芯管道敷设采用人工铺设方式时，应安排足够的人力，不得拖地、打扭。

(2) 施工前，应先将两端管口严密封堵，防止水、土及杂物等进入管内。

(3) 硅芯管在沟内应平整、顺直布放，在地形起伏大、沟坎、转角处应持平、裁直、平缓过渡。

(4) 同沟布放多根硅芯管时，应相隔 10 m 左右捆绑一次，各硅芯管的颜色应不同。布放 4 根以上硅芯管时，采用分两层叠放的方式。硅芯管在沟底应松紧适度，在爬坡和转弯处更应注意，在此地段内，硅芯管应每隔 50 cm 用扎带捆扎一次。

(5) 硅芯管敷设进入(手)孔内的管口应及时封堵。铺设时其最小弯曲半径应不小于硅芯管外径的 15 倍。

(6) 人(手)井间的硅芯管道原则上不采取驳接硅芯管。确因特殊情况需要驳接时，应通知建设单位，由施工单位派技术人员处理，并采取配套的密封接头件接续，严禁用喷灯直接吹烤硅芯管。驳接后，应进行相应检测，合格后方可覆土，并设置驳接点标石或标识。硅芯管通过河沟时应整条布放，不得驳接。

(7) 硅芯管进人(手)孔前、后 2 米处不需捆扎，在人(手)孔内开断，为保证气流敷设光缆时辅助管的连接，应将硅芯管分别固定在人(手)孔左右两内壁上，人(手)孔内硅芯管端口的排列至少应保持 3 cm 的间距。硅芯管应绑扎牢固，整齐美观，固定方法全程统一。

(8) 在石质沟底地段，应在硅芯管上、下方铺垫 10 cm 碎土或沙土。硅芯管敷设好后，回填土应高于地面 10 cm，并成龟背形。受其他因素影响不能深埋时，应采取水泥砂浆封沟。

(9) 硅芯管道穿越铁路和主要公路时，硅芯管应穿放在镀锌无缝钢管内。开挖公路时，可直接埋设硅芯管道。在斜坡上，硅芯管道不采用"S"形敷设。

(10) 布放硅芯管后的覆土、加固保护等应按设计及 YD 5103—2003《通信道路工程施工及验收技术规范》执行，并做好路由的保护和加固工作。

3）连接件工具

硅芯管的特性决定了必须具备与之相匹配的高质量连接件，否则硅芯管的优势不仅难以体现而且会埋下极大的安全隐患。硅芯管管道系统的连接件及工具主要由如下配件组成：

（1）气密封接口：用特殊 PE 材料制成。在气吹敷缆时能耐受高速气流压力；操作方便，2 min 内便可借助此接口连接两段硅芯管，并使相连的硅芯管内保持水密封和气密封。

（2）修补管：用特殊 PE 材料制成。当已敷有光缆的硅芯管遭到意外损坏时，无须作剪断光缆处理，可在 5 min 内用修补管取代被损坏的硅芯管段，并保持水、气密封。

（3）抗缆塞：硅芯管与光缆接头盒处的密封部件。

（4）护缆塞：为敷设硅芯管时防止泥沙或水进入管道而使用的密封塞，此件对预埋的空管更为有用。

硅芯管的敷设专用工具有硅芯管割刀、接口扳手和滑轮割刀及修补钳等。

4）硅芯管的配盘

硅芯管配盘时，应根据复测路由的计算长度确定敷设硅芯管的总长度、接头点环境条件，尽量减少接头，便于吹放光缆，对沟坎、渠、河流地段应优先配盘，不随意开断管道，减少管材浪费和管道接续。配盘时应注意：每个人孔段长内每一根硅芯管只能有一个接头，该段总的接头数量不得超过 3 个，而且接头间距应大于 10 m，接头处应做水泥包封。

5）管道敷设方法

把 HDPE 硅芯管运送至施工现场埋设位置后，用专用工具将管盘架起，将轴调平并与放管方向垂直。首先检查管端有无堵头，如无堵头，堵上堵头后再放管。放管一般采用以下两种方式。

（1）牵着管的一端一直向前拉，每 100 m 左右安排一个人，直至放完拉直。途中如需穿越建筑物，从预留孔中穿过，预留孔直径在 64 mm 以上的可直接穿过 34 mm 的接头，预留孔直径在 70 mm 以上的可直接穿过 40 mm 的接头。如果预留孔直径小于以上尺寸，要先把接头卸开，并将管口堵上，待穿越建筑物预留孔后再接上，最好把整盘放完后再接，保证省人、省时、省力。

（2）途中不需穿越建筑物时，可将管头先固定在埋设沟的一端，然后拉着管向前走（管盘不动），边走边往沟里敷设，或者将管的一头固定在埋设沟的一端后，将管盘放到机动车上并用专用工具将其架起，开动机动车向前行驶，这样，硅芯管就可以随着机动车的不断前行和管盘的转动而敷设。

6）硅芯管的接续

（1）应采用配套的密封接头件接续，即使用工程塑料螺纹管加密封圈的装卸式机械密封连接件接续。管道的接口断面应平直、无毛刺。

（2）接续过程中应防止泥沙、水等杂物进入硅芯管。

（3）硅芯管道和管道连接件组装后应作气闭检查，应充气 0.1 Mpa，并在 24 h 内气压允许下降值不大于 0.01 Mpa。

（4）同一段内（两个手孔间）每根硅芯管的接头应相互错开 10 m。

（5）硅芯管道的接头位置应标在施工图上，并应增设普通标石，也可增设地下电子标识。

7) 接头安装方法

(1) 把硅芯管两端剪齐对接好。

(2) 把螺帽、卡圈、密封圈按顺序套在管上，卡圈与密封圈的小头要朝里(针对接头而言)。

(3) 两管插入接头，两管头的弯曲要一致，即成为一个弧形，不要将两端的弯曲部位拧拉，更不要呈 S 形。

(4) 将螺帽用手拧紧后再用专用扳手用力拧紧，如果用力过小拧不紧，则容易造成脱开现象。

8) 特殊地段的处理

(1) 硅芯管道穿越较大河流时，主河道可采取地龙打孔方式或河滩直接开挖方式。穿越大堤，采取顶管或爬堤方式通过，并按要求对堤坝进行修复，或在大堤两侧修筑石护坡加固，石护坡宽度不小于 3 m，大堤外侧应修建手孔。

(2) 硅芯管道穿越有疏浚和拓宽的沟、渠、水塘时，宜在硅芯管道上方覆盖水泥砂浆袋或水泥盖板保护。硅芯管道应尽量避开鱼塘，若局部必须沿鱼塘边敷设，则需采取石砌护坡加固。

(3) 硅芯管道穿越铁路或主要公路时，应采用钢管保护，或定向钻孔地下敷管，但应同时保证其他地下管线的安全。硅芯管道穿越允许开挖路面的一般公路时，可直埋敷设通过。

(4) 硅芯管道在桥侧吊挂或新建专用桥墩支护时，可加玻璃钢管箱带 U 形箍防护，也可采用桥侧 U 形支架承托钢管保护。

(5) 硅芯管道与其他地下通信光(电)缆同沟敷设时，隔距不应小于 100 mm，并不应重叠和交叉。原有光(电)缆的挖出部分可采用竖铺砖保护。

(6) 硅芯管道与燃气、输油管道等交越时，宜采用钢管保护。垂直交越时，保护钢管长度为 10 m(每侧 5 m)；斜交越时，应加长。

(7) 硅芯管道穿越梯田、台田的堰坝和沟渠的陡坎时，应采取石砌护坎保护，石砌护坎应根据不同的地形向沟两侧各延伸 30 cm 以上。无特殊要求的陡坎，护坎长度为 1 m。

(8) 硅芯管道埋深小于 0.5 m 时，在采用钢管保护的同时，也可采用上覆水泥盖板、水泥槽或铺砖保护。

(9) 在石质沟底铺设硅芯管时，应在其上、下各铺 10 cm 厚的砂土。

(10) 手孔内的空余硅芯管及已被光缆占用的硅芯管端口，均应进行封堵。

9) 手孔的设置

手孔的规格尺寸应根据敷设的塑料管数量确定。手孔建筑可采用砖砌混凝土手孔或新型复合材料的手孔，建筑形式可为普通型与埋式型。埋式型子孔盖距地面宜约为 0.6 m。埋式型手孔上方应设标石，也可增设地下电子标识器。硅芯管道手孔的设置，应根据布放地段的环境条件和光缆盘长等因素确定，并应符合以下要求。

(1) 直线段每隔 1 km 设置一个手孔，根据硅芯管的长度，大号手孔之间的隔距为 2 km，两个大号手孔中间正常情况下设置一个小号手孔，结合地形和管道路由走向还可以适当设置若干小号手孔，直通型小号手孔内硅芯管暂不断开（如穿越公路、较大河流等特殊地段须增设小号手孔）。

（2）在硅芯管道拐弯点、河流大堤外侧稳固点设置手孔。

（3）在高等级公路及其他不可随意开挖的地段，应根据硅芯管道穿放长度及公路部门要求在公路两边适当位置设置手孔。

（4）手孔的建筑地点应选择在地形平坦、地质稳固、地势较高的地方，应避免安排在安全性差、常年积水、进出不便的地方，以及铁路和公路路基下面。

10）硅芯管道施工防护

硅芯管道路由加固保护措施按施工设计图要求执行。若敷设硅芯管的同时又布放光缆，则一定要做好防雷措施，按设计要求布放排流线。同时，硅芯管道路由必须埋设路由标石。

11）硅芯管道施工验收

（1）随工验收。凡隐蔽工程的各项工序，必须有随工验收签证，包括挖沟沟深、平整度、弯曲度、硅芯管的规格和颜色等内容，以及敷设硅芯管后塑料管的质量、捆绑扎、排列、管口堵塞、硅芯管伸入井内长度及路由的加固保护措施等。

（2）气闭检查。硅芯管布放后施工单位应作气闭检查，施工吹放光缆时，若发现有漏气点或因漏气无法吹放光缆，则应由施工单位返修。

（3）验收人员由建设单位委派或组织。

4. 硅芯管道气吹光缆法

硅芯管等塑料管内敷设光缆采用气吹光缆法。用 11 m^3/min 左右的气体带动光缆在管道中匀速前进，完成光缆在塑料管中的敷设，一次可吹 1000 m。气吹光缆法所用设备有气吹机和空气压缩机等。

气吹机是用来将光缆气吹敷设进硅芯管道的专用机械，它分为普通型和超级型两种。普通型气吹机主要用于较细、较轻的光缆以及地势相对平直情况下的光缆敷设，正常进缆速度为 60～80 m/min，最高速度为 110 m/min，单机重量约 17 kg。超级型气吹机用于较粗、较重的光缆以及地势起伏较大的山区、丘陵地段敷设，该机正常进缆速度为 40～50 m/min，最高速度为 60 m/min，需与专用液压装置配套使用。

空气压缩机输出空气压力应大于 0.8 MPa，气流量在 11 m^3/min 以上，还应具有良好的气体冷却系统。输出的气体应干燥、干净、不含废油及水汽。虽然气吹光缆法有独特的优势，但在操作中需考虑以下因素：

（1）光缆塑料外护套与光缆的直径比、硅芯管内径与光缆的直径比均应在 2～2.3 范围内，不能小于 1.8。

（2）光缆塑料外护套应为中密度或高密度的聚乙烯、聚氯乙烯。

（3）光缆的截面应呈圆形，且粗细均匀。

（4）普通管道光缆无需铠装。

气吹光缆法的作业方法是：一个气吹作业组需气吹设备一台，工作技术人员约 8～10 名，工程车两辆，其中一辆牵引空气压缩机，一辆用来装运光缆及其他施工器材。每组日平均敷设单条光缆 10 km 左右。

吹放光缆之前，应从盘中倒出足够的余缆或将光缆倒成"∞"型，确保吹缆时光缆不绞折或打小圈。如果用塑料管敷设光缆，应先将管内杂物和水吹出后再吹放光缆。在施工中应根据地形情况，从头至尾吹放光缆或从中间开口往两边吹放光缆。施工中使用的气吹机和空气压缩机必须由专职人员操作，并根据光缆直径选用气吹机气垫圈，调节控制进缆速度。

为确保输送高压气体，施工中空气压缩机离气吹点的距离一般不应超过300 m。光缆敷设完毕后，应密封光缆与塑料管口。另外，吹放完毕后，气吹点（塑料管开口点）应做好标记，便于日后维护。图5-51所示为气吹机接力敷设长距离光缆的示意图。

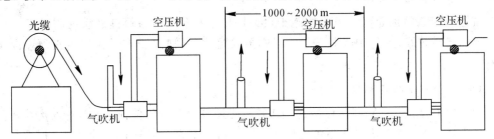

图5-51　气吹机接力敷设长距离光缆的示意图

5. 硅芯管道的保护

（1）硅芯管道与其他地下通信光（电）缆同沟敷设时，隔距应不小于10 cm，并不应重叠和交叉。

（2）硅芯管在人（手）孔内全部采用密封件密封。

（3）管道穿越可以开挖的区间公路时，若埋深能满足要求，则可直接埋设硅芯管道穿越公路。管道穿越需疏浚或取土的沟渠、水塘时，采用在管道上20～30 cm处铺水泥砂浆袋保护。管道通过市郊、村镇等可能动土且危险性较大的地段时，视情况采用铺钢管或混凝土包封保护。

（4）当地形高差小于1 m时宜采用三七土护坎；高差大于1 m时采用石砌护坎保护，砌石处应用100♯混凝土包封。

（5）硅芯管埋深不足0.5 m时，采用ϕ114/110 mm对缝钢管保护。

5.4　直埋光缆敷设

直埋光缆敷设是通过挖沟、开槽，将光缆直接埋入地下的敷设方式。这种方式不需要建筑杆路或地下管道，采用直埋方式可以省去许多不必要的接头。因此，目前长途干线光缆线路工程，以及本地网光缆线路在郊外的地段大多采用直埋敷设方式。

直埋光缆敷设施工步骤主要包括现场复测、挖沟、沟底处理、敷设光缆、回填以及埋设路由标石等工序。

5.4.1　现场复测

直埋光缆工程施工前，首先根据施工图纸到现场进行复测，核对光缆敷设路由及埋设的具体位置，核对接头坑间距是否符合光缆配盘长度，核对跨越障碍物等措施是否合理。发现问题后应及时与设计部门协商解决。复测后，根据中心桩划出光缆埋设位置的中心线或管沟开挖边线。

复测划线的同时，还应了解附近地上、地下建筑物的分布情况，一般建筑应满足"直埋光缆与其他设施（建筑物）平行、交越最小间距"的要求，特殊建筑设施还应采取相应措施，确保施工和光缆的安全。

5.4.2 挖沟

挖沟应在勘察测量的基础上，按照路由选择进一步精选、精量，做好标记后进行。在市区地下设施较多的情况下，一般采取人工挖掘。在郊外田间地下设施较少的情况下，最好采用机械挖掘。光缆沟采用人工挖掘方法时，需加强管理、统一标准。

1. 挖掘光缆沟

1）光缆埋深

光缆直埋敷设时，可能会受到诸多因素的影响，如地表震动、机械损伤、鼠害、冻土层深度等。光缆沟的深度应主要根据光缆在地层下所受地面活动压力和震动的影响来决定。因为地面活动压力是以某种角度的锥体形状向地下分布的，而离地面越近震动越强烈，所以光缆埋设越深，这些影响就越小。此外，直埋光缆只有达到足够深度才能防止各种外来的机械损伤，而且在一定深度后地温稳定，减少了温度变化对光纤传输特性的影响。各种情况下光缆的埋深如表 5-26 所列。

表 5-26 直埋光缆埋深表 m

敷设地段及土质		埋深
普通土、硬土		≥1.2
砂砾土、半石质、风化石		≥1.0
全石质、流沙		≥0.8
市郊、村镇		≥1.2
市区人行道		≥1.0
公路边沟	石质（坚石、软石）	边沟设计深度以下 0.4
	其他土质	边沟设计深度以下 0.8
公路路肩		≥0.8
穿越铁路（距路基面）、公路（距路面基底）		≥1.2
沟、渠、水塘		≥1.2
河流		按水底光缆要求

挖光缆沟前应根据施工图纸，用白灰标出光缆路由位置的中心线，为保证光缆沟笔直，也可标画双线。

挖掘光缆沟时，沟宽应以不塌方为宜，且要求底平、沟直，石质沟沟底应铺 10 cm 细土或砂土。决定直埋式光缆挖沟宽度时，应注意既要保证人员安全又不致砸坏光缆，既方便施工又可使土石方的作业量最经济。

光缆沟的截面尺寸应按施工图要求，其底宽随光缆数目而变化，一般敷设 1~2 条光缆时，沟底宽度为 30~40 cm，敷设 3 条光缆时沟底宽度为 55 cm，敷设 4 条光缆时沟底宽度为 65 cm。沟底宽度约为底宽+0.1 倍的埋深。同沟敷设的光缆不得交叉、重叠，且缆间的平行净距不宜小于 100 mm。图 5-52 所示为沟坎处光缆沟的挖掘要求。

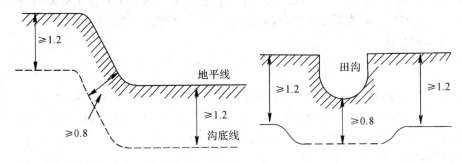

图 5-52　沟坎处光缆沟的要求（单位为 m）

两直线段上光缆沟要求越直越好，直线遇有障碍物时可以绕开，但绕开障碍物后应回到原来的直线上，转弯段的弯曲半径应不小于 20 m。当光缆沟遇到地下建筑物时，必须小心挖掘，进行保护。图 5-53 所示是对原有地下管道、电缆等实施现场保护的例子。

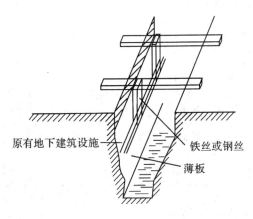

图 5-53　原有地下建筑设施的现场保护

2）"S"弯预留

光缆敷设在坡度大于 20°、坡长大于 30 m 的斜坡上时，应作"S"弯预留；无人中继站进局（站）时应作"S"弯敷设；穿越铁路、公路时，也应作"S"弯敷设。"S"弯敷设的光缆沟均应按图 5-54 所示标准尺寸挖沟。

"S"弯应按设计规定预留长度 ΔS，如表 5-27 所示。图 5-54 中 b 和 h 的尺寸由表

5-27 中的比例数字决定。

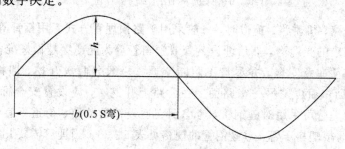

图 5-54　"S"弯标准尺寸

表 5-27　"S"弯尺寸设计规定　　　　　　　　　　　　　　m

ΔS	h	
	$b=3$	$b=5$
2.02	1.12	1.42
2.03	1.4	11.76
4.04	1.65	2.06
5.04	1.88	2.33

2. 挖接头坑

挖掘接头坑时，要有利于排水和接续等工作的展开。接头坑的深度以光缆沟深度为准；有负荷箱时，应适当增加深度。各接头坑均应在光缆线路行进方向的同一侧，靠路边时，应靠道路的外侧。接头坑的宽度应不小于 120 cm。

3. 穿越障碍物的路由施工

1）顶管

直埋光缆通过铁路、重要公路等不便直接破土开挖的地段时，可采取顶管法，由一端将钢管顶过去，一般采用液压顶管机完成。

采用顶管法时，可用专门的顶管机，也可用千斤顶，在钢管顶端口装上顶管帽，将钢管从跨越物的一端顶至另一端，然后以此钢管作为光缆的通道。顶管前，应在跨越点挖好顶管坑，该坑的深度以光缆埋深为准，宽度以便于人员操作为限；长度应等于钢管、千斤顶或顶管机与顶管的长度之和。顶管坑的后壁必须坚实并加垫板，以防千斤顶被推垮或陷入后壁。为了使顶管方向准确，安放钢管时，必须按线路中心线放好准绳，并挂铅锤以对准方向。

钢管顶到对端后，钢管内穿入三根塑料子管，其中一根作为保护光缆的外护套，另两根为以后同沟敷设光缆做好准备。

对开挖地段应及时回填并分层夯实。水泥路面应用水泥恢复，并经公路或有关部门检查合格。

2）预埋管

光缆穿越公路、机耕路、街道时，一般采用破路预埋管方式。用钢钎等工具开挖路面，挖出符合深度要求的光缆沟，然后埋设钢管或塑料管等为光缆穿越做好准备。

开挖路面必须注意安全，并尽量不阻断交通。一般分两次开挖，即将马路一半先开挖，放下管道、回填后再挖另一半路面。在公路上开挖时，应设置安全标识以确保行人、车辆的安全。预埋管可采用对缝钢管，考虑到交通繁忙的公路、街道不宜经常破路，因此钢管内可放 2～3 根塑料子管，对缝钢管的规格见表 5-28。当埋管需要几根钢管连接使用时，其接口部位应采用接管箍接续。

表 5-28　预埋对缝钢管的尺寸规格

规格	内径/mm	外径/mm	重量(kg/m)	长度/m	备　注
1.5″	40	48	3.84	4～9	适穿 1 根子管
2″	50	60	4.88	4～9	—
2.5″	63	75.5	6.64	4～9	可穿放 2 根子管
3″	79	88.5	10.85	4～9	可穿放 2～3 根子管

对承受压力不大的一般公路、街道等地段，可埋设塑料管。工程中采用 HDPE 管，管的接续方法类似于钢管，其规格见表 5-29。

表 5-29　预埋 HDPE 管规格

外径/mm	内径/mm	重量(kg/m)	长度/m	备　注
76	71	1.56	4	适合放 2 根子管
90	84	2.2	4	适合放 2～3 根子管

5.4.3　沟底处理

一般地段的沟底填细土或沙土，夯实后其厚度约为 10 cm。

风化石和碎石地段应先铺约 5 cm 厚的砂浆（1∶4 的水泥和沙的混合物）；再填细石或沙石，以确保光缆不被碎石的尖角顶伤。

若光缆的外护层为钢丝铠装，则可以免铺砂浆。

在土质松软易于崩塌的地段，可用木桩和木块作临时护墙保护。

5.4.4　敷设光缆

1. 准备工作

敷设光缆前应做好如下准备工作：

（1）准备好敷设光缆用的工具、器材。

（2）领取光缆配盘表，依据配盘表顺序将光缆运送到预定地点，并指定专人负责检查盘号。

(3) 整修抬放光缆的道路，在急转弯、陡坡等危险地段应采取安全措施。

(4) 清理光缆沟，在石质沟底垫 10 cm 以上的细土或沙土；在陡坡地段的光缆沟内按规定铺设固定横木。

(5) 检查光缆，发现损伤要及时上报和修复。

(6) 组织好敷设人员，并规定敷设光缆的统一行动信号。

2. 光缆敷设要求

敷设光缆时，严禁直接在地上拖拉光缆，要求布放速度均匀，避免光缆过紧或急剧弯曲。在 30°以上斜坡地段和在非规划道路的转弯处，光缆应作"S"形敷设，留有足够长度的光缆便于地形变动时进行移位。光缆接头处一般应留有 2 m 重叠，接续时，根据接头坑的大小，每端适当预留约 30 cm。

3. 敷设光缆的具体方法

直埋光缆主要有机械牵引敷设和人工抬放敷设两种方法。机械牵引敷设法利用机动车拖引光缆盘，将光缆自动布放在沟中或沟边，布放在沟边的光缆，要用人力移入沟中。机械牵引敷设法具有节省人力、效率高、质量好的优点，但易受地形条件限制。在地形比较复杂、不利于机械作业的场合多采用人工敷设法。人工敷设时，首先将单盘光缆架在千斤顶上，然后每隔一定的距离用人力将光缆抬放入沟。

1) 机械牵引敷设法

机械牵引敷设采用端头牵引机、中间辅助牵引机牵引光缆。2 km 盘长的光缆主要采用人工、中间辅助牵引机或端头牵引机的方法，将一盘长为 2 km 的光缆由中间向两侧牵引，如图 5 - 55 所示。

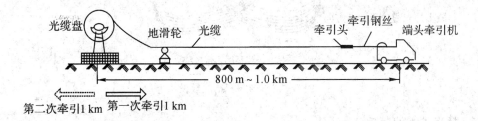

图 5 - 55　2 km 盘长光缆机械牵引的示意图

4 km 盘长的光缆可分两次牵引，其中端头牵引机牵引 1 km，中间辅助牵引 500 m，用两部中间辅助牵引机(其中 500 m 由人工来代替)，每次牵引 2 km，如图 5 - 56 所示。

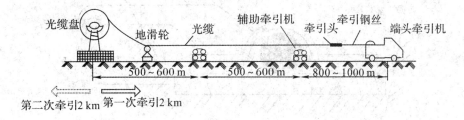

图 5 - 56　4 km 盘长光缆机械牵引的示意图

　2) 沟上滑轮牵引法

　　在已挖好的光缆沟上，每隔 20 m 左右安装一个导向滑轮，在拐弯点安装转弯导向轮。敷设时，牵引绳系到光缆端头上，由机械在前方牵引或由人工边走边牵引，使光缆在导向滑轮上随滑轮不断转动，直至到达终点。

　　3) 人工抬放敷设法

　　人工抬放光缆是将一盘光缆分为 2～3 段敷设，由几十至上百人人均间隔 10～15 m 排列，光缆放于肩上边抬边走。这种方法由于可以利用当地劳力，因此不需要专用设备，但这种方法必须组织好人力，由专人统一指挥。缆盘、光缆端头、拐弯等重要部位应由专业人员负责。抬放过程中注意速度均匀，避免"浪涌"和光缆拖地，严禁光缆打"背扣"，防止损伤光缆。

　　4) 倒"∞"抬放敷设法

　　倒"∞"抬放法是一种适合山区的光缆敷设方法，如图 5-57 所示。具体作法是将光缆分成若干组并堆盘成"∞"状，可用竹竿或棒等作为抬架。敷设时以 4～5 人为一组将"∞"状光缆像抬轿一样放于肩上缓慢向前行走，光缆由上层一个"∞"不断退下并放入沟中，放完第一个"∞"后，再退下放第二个"∞"，逐个解开"∞"直到放完。这种方法的最大优点是可避免光缆在地上拖擦，有效保护光缆护层，但在穿越钢管、塑料管及其他障碍地段时不便采用。

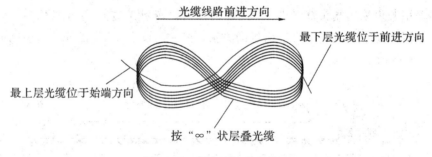

图 5-57　倒"∞"抬放敷设法

4. 特殊地段的防护

在一些特殊地段，光缆应采取以下机械防护措施：

(1) 光缆沟的坡度较大时，应将光缆用卡子固定在预先铺设好的横木上，如图 5-58 所示。

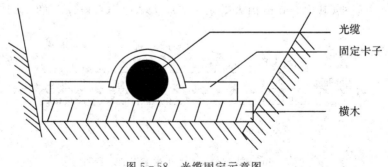

图 5-58　光缆固定示意图

光缆敷设在坡度大于 20°、坡长大于 30 m 的斜坡地段时，宜采用"S"形敷设。坡面上的光缆沟有受到水流冲刷的可能时，应采取堵塞加固或分流等措施。在坡度大于 30° 的较长斜坡地段敷设光缆时，除上述措施外，还应选用特殊结构光缆。

（2）光缆线路穿越铁路、轻轨线路、通车繁忙或开挖路面受到限制的公路时，应采用钢管保护，或定向钻孔地下敷管，但应同时保证其他地下管线的安全。当采用钢管保护时，应伸出路基两侧排水沟外 1 m，光缆埋深距排水沟沟底不应小于 0.8 m；钢管内径应满足安装子管的要求，但不应小于 80 mm；钢管内应穿放塑料子管，子管数量视实际需要确定，不宜少于两根。光缆线路穿越允许开挖路面的公路或乡村大道时，应采用塑料管或钢管保护；穿越有动土可能的机耕路时，应采用水泥盖板或铺砖保护。埋式光缆的机械防护如图 5 - 59 所示。

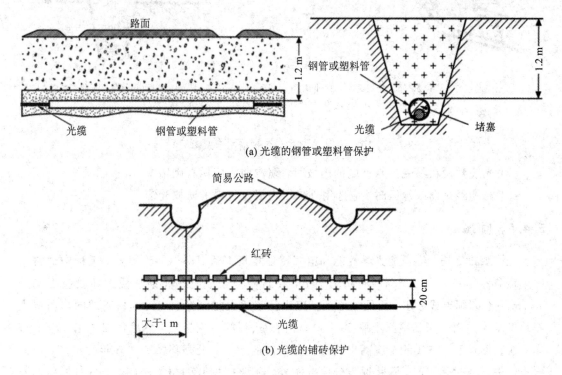

(a) 光缆的钢管或塑料管保护

(b) 光缆的铺砖保护

图 5 - 59　埋式光缆的机械防护示意图

（3）光缆通过地形易变及塌方处时，常采用钢管包封、挡土墙等办法保护光缆。在地下管线及建筑物较多的工厂、村庄、城镇地段敷设光缆时，光缆上面约 30 cm 处应铺放一层红砖，保护光缆不被挖坏。

（4）光缆穿越需疏浚的沟渠或要挖泥取肥、植藕湖塘地段时，除保证埋深要求外，还应在光缆上方覆盖水泥板或水泥沙袋进行保护。

（5）光缆穿越汛期山洪冲刷严重的沙河时，应采取人工加铠装或砌漫水坡等保护措施。

（6）光缆穿越落差为 1 m 以上的沟坎、梯田时，应采用石砌护坎，并用水泥砂浆勾缝。落差在 0.8～1 m 时，可用三七土护坎。落差小于 0.8 m 时，可以不做护坎，但须多次夯实。石砌护坎保护措施如图 5 - 60 所示。

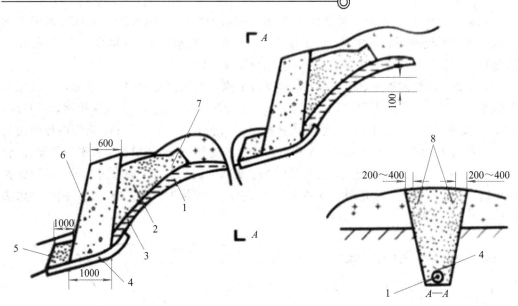

1—光缆或硅芯管；2—原土分层夯实；3—回填细土或砂100 mm；4—半硬塑料管(硅芯管道无此塑料管)；
5—原土夯实；6—石砌护坎；7—1：1坡度；8—缆沟边

图 5-60　石砌护坎保护措施示意图

（7）光缆敷设在易受洪水冲刷的山坡时，缆沟两头应做石砌堵塞。

（8）光缆经过白蚁地区时，应选用外护层为尼龙材料的防蚁光缆。

5.4.5　回填

　　光缆敷设完毕，经检测光学性能和电气特性均良好后，即可回土覆盖，工程中通常将回土覆盖称作回填。回填时，应先填细土，在石质地段或有易腐蚀物质的地段应先铺盖30 cm 左右的细土或砂土，再回填原土。应当注意不要把杂草、树叶等易腐蚀的物质或大石块等填入沟内。当回填原土厚 50～60 cm 时，进行第一次夯实，然后每回填土 30 cm 夯实一次。回填后，夯实的土应高出地面。有条件的地方，最好移植一些多年生草坯，以防水土流失。通过梯田时，除将原土分层夯实外，还要把掘开的塄坎垒砌好，恢复原状。石质地带不准回填大石头，特殊地段按设计要求回填。一般土路、人行道回填时应高出路面5～10 cm，郊区农田的回填应高出地面 15～20 cm，沥青及水泥路面的沟槽回填应与路面齐平，经压实后，方可修复路面。光缆敷设于市区或有可能开挖的地段时，覆土填沟后，应在光缆上面 30 cm 处铺以红砖作为标识，也可保护光缆线路。

5.4.6　埋设路由标石

　　为标定光缆线路的走向、线路设施的具体位置，方便日常维护和故障查修，直埋光缆应在路由沿途埋设光缆标石。标石是表明光缆走向和特殊位置的钢筋混凝土或石质标识。

　　常用光缆的标石用钢筋混凝土制作，其规格有两种(短标石和长标石)，一般地区使用短标石，其规格尺寸应为 1000 mm×150 mm×150 mm；土质松软及斜坡地区使用长标石，其规格尺寸应为 1500 mm×150 mm×150 mm。按其用途的不同，光缆标石可分为普通标石、监测标石、地线标石和巡检标石 4 类。光缆标石的规格如图 5-61 所示。

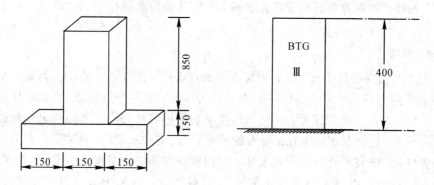

图 5-61　光缆标石的规格(单位/mm)

1) **标石安装位置**

以下部位需要安装标石：

(1) 市区直线段每隔 200 m、郊区或长途每隔 250 m 处，或定位光缆困难的地点需设置普通标石，普通标石应埋设在光缆的正上方。

(2) 光缆线路的接头点、拐弯点、排流线起止点应安装标石。接头标石表明光缆接头位置，转角标石标定光缆转弯后的走向。

(3) 同沟敷设光缆的起止点。

(4) 光缆的特殊预留点。

(5) 光缆穿越铁路、公路、沟、渠、水塘和其他障碍物的两侧。

(6) 光缆与其他地下管线的交越处。

(7) 需要监测光缆内金属护层对地绝缘及电位的位置，应设置监测标石。

(8) 安装接地体的位置应设置地线标石。

(9) 光缆线路每 1000 m 的位置应设置巡检标石。

2) **标石埋设要求**

(1) 标石应按不同规格确定埋设深度，普通标石应埋深 600 mm，出土 400 mm；长标石应埋深 800 mm，出土 700 mm。

(2) 标石四周土壤应夯实，使标石稳固正直，倾斜不超过±20 mm，标石周围 300 mm 内无杂草。

(3) 普通标石、巡检标石一般应埋设在光缆路由的正上方，标石上喷写编号的一侧应面向光缆线路的 A 端。

(4) 接头标石应埋设在路由上，标石有字面朝向光缆接头。

(5) 转角标石应埋设在线路转弯处两条直线段延长线的交叉点上，有字面朝向光缆转角较小的一面。

(6) 当光缆沿公路敷设间距不大于 100 m 时，标石有字面朝向公路。

3）中继段标号

中继段段落采用罗马数字（Ⅰ、Ⅱ、Ⅲ、Ⅳ……）编号。例如，从北京出发的线路，以北京为起点，按照各中继段的排列顺序依次编号；而其他线路则按照从北向南，从东向西的原则编号。

4）标石编号

标石编号为白底红色正楷字，各种标石的编写规格如图 5-62 所示。长途光缆线路及硅芯塑料管道的标石编号方法是以一个中继段为单元，将各中继段从 A 端向 B 端依次编号，用罗马数字标出中继段序号，用阿拉伯数字表示标石序号，再用各种记号标画在标石上，比如接头点、监测点等，作为此标石的特种记号。标石编号一般采用三位数码，从小到大，依次排列，中间不要有空号和重号。同沟敷设两条以上光缆时，接头标石两侧应标明光缆条别。同时，创建光缆皮长与路由标石对照表，以利于查找维护中产生的断开故障。

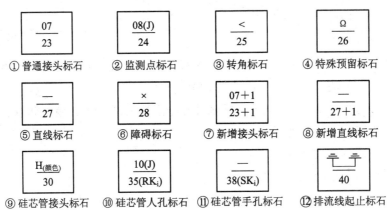

注：（1）编号的分子表示标石的不同类别或同类标石的序号，如①②；分母表示一个编号单元内总标石编号。

（2）图⑦、⑧中分子和分母＋1表示新增加的接头或直线光缆标石。

（3）图⑨表示硅芯管接头，括号内标注接头的硅芯管颜色；当所有硅芯管均在此处接头时，括号内标注"全"。

（4）图⑩、⑪为硅芯管道人（手）孔标石，分子表示标石的不同类别或同类标石的序号，分母表示一个编号单元内的总标石编号，其中括号内"RK"表示人孔，"SK"表示手孔；i＝1、2、3…表示人（手）孔编号，在一个编号单元内，人（手）孔一并编号。

（5）图⑫表示排流线敷设的起止点。

图 5-62　各种标石的编写规格

5.5　水底光缆敷设

水底光缆敷设是将光缆穿过水域的敷设方法，光缆线路需要跨越江河、湖泊及海洋，当受地理条件、河宽和安全等因素限制，采用架空光缆、桥梁附挂光缆和桥梁管道光缆有困难时，需要敷设水底光缆。

5.5.1　水底光缆敷设要求

1. 水底光缆选用原则

（1）河床及岸滩稳定、流速不大，但河面宽度大于 150 m 的一般河流或季节性河流，应采用短期抗张强度为 20 000 N 及以上的钢丝铠装光缆。

（2）河床及岸滩不太稳定、流速大于 3 m/s，或主要通航河道等，应采用短期抗张强度为 40 000 N 及以上的钢丝铠装光缆。

（3）河床及岸滩不稳定、冲刷严重以及河宽超过 500 m 的特大河流，应采用特殊设计的加强型钢丝铠装光缆。

（4）穿越水库、湖泊等静水区域时，可根据通航情况、水工作业和水文地质状况综合考虑确定光缆。

（5）河床稳定、流速较小、河面不宽的河道，在保证安全且不受未来水工作业影响的前提下，可采用直埋光缆过河。

（6）河床土质及水面宽度情况能满足定向钻孔施工设备的要求时，也可选择定向钻孔施工方式，此时可采用在钻孔中穿放直埋或管道光缆过河。

河宽超过 500 m 的特大河流以及重要的通航河流等，可根据干线光缆的重要程度设置备用水底光缆。主、备用水底光缆应通过连接器箱或分支接头盒进行人工倒换，也可进行自动倒换，为此可设置水线终端房。

2. 水底光缆线路的过河位置

水底光缆线路的过河位置，首先应考虑光缆的稳固性，同时应考虑施工与维护是否方便。因此，对水线路由的测量包括河床断面、水流、土质及两岸地理环境等，确定水底光缆弧形敷设路线。应选择在河道顺直、流速不大、河面较窄、土质稳固、河床平缓且无明显冲刷、两岸坡度较小的地方敷设水底光缆。不应在以下地点敷设水底光缆：

（1）河流的转弯或弯曲处、汇合处、水道经常变动的地段，以及险滩、沙洲附近。

（2）水流情况不稳定、有漩涡产生的地段，或河岸陡峭不稳定、有可能遭受猛烈冲刷导致坍岸的地段。

（3）凌汛危害地段。

（4）有拓宽和疏浚计划，或未来有抛石、破堤等可能改变河势的地段。

（5）河床土质不利于布放、埋设施工的地方。

（6）有腐蚀性污水排泄的水域。

（7）附近有其他水下管线、沉船、爆炸物、沉积物等的区域。

（8）码头、港口、渡口、桥梁、锚地、船闸、避风处和水上作业区的附近区域。

3. 水底光缆的埋深

水底光缆深埋对光缆的安全和传输质量的稳定具有非常重要的作用。为了防止水底光缆被水流冲击及各种外力损伤，水底光缆必须埋设于水底河床地沟中。水底光缆的埋深应根据河流的水深、通航状况、河床土质等具体情况分段确定。一般在不通航的河道中，光缆埋深为 0.7 m；在通航的河道中，埋深为 1 m 以上；在水深超过 8 m 的河段，不需要挖沟，让光缆自然下沉即可。水底光缆的具体埋深如表 5－30 所示。

表 5－30　水底光缆的埋深　　　　　　　　　　　m

河床部位和土质情况		埋设深度
岸滩部分		≥1.2（洪水季节受冲刷或土质松散不稳定的地段，应加大埋深）
水深小于或等于 8 m（枯水季节水位）的水域	河床不稳定、土质松软	≥1.5
	河床稳定、硬土	≥1.2
水深大于 8 m（枯水季节水位）的水域		可将光缆直接布放在河底，不加掩埋
在游荡型河道等冲刷严重和极不稳定的区域		应将光缆埋设在变化幅度以下；如遇特殊困难不能实现，在河底埋深不应小于 1.5 m，并应根据需要将光缆作适当预留
有疏浚规划的区域		在规划深度以下 1 m。施工时可暂按一般埋深，但要将光缆作预留，待疏浚时再下埋至要求深度
冲刷严重、极不稳定的区域		应将光缆埋设在变化幅度以下
石质和半石质河床		≥0.5，并应加保护措施

注：光缆在岸滩的上坡坡度应小于 30°。

4. 水底光缆的敷设要求

（1）水底光缆在通过有堤坝的河流时应伸出堤坝外，且不宜小于 50 m；在穿越无堤坝的河流时应根据河岸的稳定程度及岸滩的冲刷情况而定，水底光缆伸出岸边不应小于 50 m。

（2）河道、河堤有拓宽或整改规划的河流，经过土质松散、易受冲刷的不稳定岸滩部分时，水底光缆应作适当预留。

（3）水底光缆穿过河堤的方式和保护措施，应确保光缆和河堤的安全。光缆穿越河堤的位置应在历年最高洪水水位以上，对于河床逐年淤高的河流，应考虑到 15～20 年后的洪水水位。光缆在穿越土堤时，宜采用爬堤敷设的方式，光缆在堤顶的埋深不应小于 1.2 m，在堤坡的埋深不宜小于 1.0 m，如果堤顶兼为公路，堤顶部分应采取保护措施。若达不到埋深要求，则可采用局部垫高堤面的方式，且光缆上垫土层的厚度不应小于 0.8 m。河堤的复原与加固应按照河堤主管部门或单位的有关规定处理。光缆穿越较小的、不会引起灾害的防水堤时，可在堤坝基础下直埋穿越，但需要经过河堤主管单位的同意。光缆不宜穿越石砌或混凝土河堤，若必须穿越，则应采用钢管保护，其穿越方式和加固措施应与河堤主管单位协商确定。

（4）水底光缆应按现场查勘的情况和调查的水文资料，确定最佳施工季节和可行的施工方法。水底光缆的施工方式，应根据光缆规格、河宽、水深、流速、河床土质、施工技术水平和经济效果等因素，选择人工挖沟敷设、水泵冲槽或充放器敷设等方式，对石质河床可采用爆破方式。

（5）光缆在河底敷设时，应以测量时的基线为基准向上游弧形敷设。弧形敷设的范围应包括在洪水期间可能受到冲刷的岸滩，且弧形顶点应设在河流的主流位置上。弧形顶点至基线的距离，应按弧形弦长的大小和河流的稳定情况确定，一般可为弦长的 10%，冲刷较大或水面较窄的河流可将比率适当放大。当布放两条及两条以上水底光缆，或者在同一水区有其他光缆、电缆或管线时，相互间应保持足够的安全距离。

（6）水底光缆不宜在水中接续，若不可避免，则应保证接头的密封性能和机械强度达到要求。

（7）靠近河岸部分的水底光缆，若容易遭受到冲刷、塌方和船只靠岸等危害，则可选用加深埋设、覆盖水泥板、采用关节型套管、砌石质护坡或堆放石笼等保护措施，对石质河床的光缆沟，还应考虑防止光缆护层磨损的措施。

（8）水底光缆的终端固定方式应根据不同情况分别采取措施。对于一般河流，水陆两段光缆的接头应设置在地势较高和土质稳定的地方，可直接埋于地下，为维护方便也可设置接头人（手）孔；在终端处的水底光缆部分，应设置 1～2 个"S"弯，作为锚固和预留的措施。对于较大河流、岸滩有冲刷的河流以及光缆终端处的土质不稳定的河流，除上述措施外，还应对水底光缆进行锚固。

（9）水底光缆穿越通航的河流时，在过河段的河堤或河岸上应设置醒目的光缆标识牌。其中，水面宽度小于 50 m 的河流，在河流一侧的上、下游堤岸上，可各设置一块标识牌；水面较宽的河流，在水底光缆上、下游的河道两岸均可设置一块标识牌；河流的滩地较长或主航道偏向河槽一侧时，可在近航道处设置标识牌；有夜航的河流，可在标识牌上设置灯光设备。

（10）特大河流应设置备用水底光缆，主、备光缆间的距离不应小于 1 km，两缆的长度应尽量相等。

（11）应控制布放速度，光缆不得在河床上腾空、打小圈。

5. 水底河床光缆沟的挖掘方法

一般小河及不通航的河流，可进行人工开挖，既可采用挖泥铁夹或挖泥吊斗，也可在河底预放钢管，在敷设光缆时，用管内预穿铁线牵引即可。人工截流方法应因地制宜，水流较急但不深时采用的截流施工方法如图 5-63 所示。

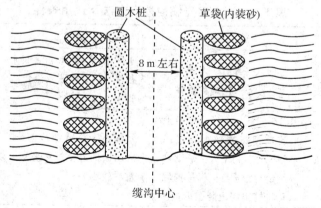

图 5-63　人工截流挖掘光缆沟

较大河流中，在光缆线路位置上，可用高压水泵冲挖光缆沟槽。高压水泵的压力应在294～490 kPa 之间，高压水流可将河床的土壤冲成槽沟。高压水泵压力不宜过大，否则潜水员操作困难。冲槽深度一般粗砂土质为 0.5 m，细砂土质为 0.7 m，泥砂土质为 1～1.2 m，淤泥为 1.3～1.5 m。潜水作业员的工作责任心十分重要，一定要保证光缆自然沉入沟底，避免打小圈、死弯，并注意防止光缆护层受损伤，如图 5-64 所示。

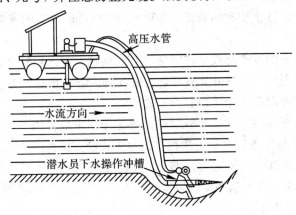

图 5-64　高压水泵冲挖光缆沟槽示意图

　　水面较宽、流速较大且河床不是十分坚硬的情况下，宜采用冲放器、挖冲机方式。这种施工方式可以保证光缆的布放、挖沟和掩埋等连续作业一次完成。虽然其施工效率高，但不适于河床有岩石、大卵石的情况。河床为岩石时，需经水下爆破设计，用炸药在石质岩块上炸出沟槽。

　　河面宽、流速急的河流可用挖泥船挖掘。一般靠近河岸的部分可以挖得窄一些，河中央应挖得宽一些，防止冲塌沟壁。施工时，首先在两岸设置标识，水中设浮标（如短段木棍或竹竿等），以标明水底河床地沟的边线；然后用锚链或木桩将挖泥船固定在地沟边线处，在两边线的范围内挖泥。挖好一处后，移动船位再挖另一处，这里，可用船上的绞车收放锚链来移动船位。为了使光缆在河中心紧紧贴在河床底，不因水流冲击而悬空，则光缆在河中心应略向上游偏移，河床地沟应按此路线开挖。水底光缆的挖沟方法及适用条件如表 5-31 所列。

表 5-31　水底光缆的挖沟方法及适用条件

挖沟和冲槽方法		施工方法	适用条件	备注
人工施工方法	长把铁锹法	两人一组，一人向下挖土，另一人用绳拉铁锹	水深小于 50 cm；河底为黏性土壤；流速及流量均较小	—
	吊斗法	6～7 人一班，在船上装置脚踩的轴承并提吊挖泥斗，利用人力踩动轴承带动挖泥斗，提吊挖泥斗将挖出泥土装船运走	水深小于 5 m 的浅河；河底为淤泥砂土；流速及流量均较小	挖沟深度可达水面以下 4～6 m，但需分层挖掘
	夹挖塘泥法	一人一船，采用夹挖塘泥的工具，方法简便，但工作量不宜过大	水深小于 3 m 的浅河；河底为淤泥	适用于南方水网地区

续表

挖沟和冲槽方法			施工方法	适用条件	备注
机械设备施工方法	挖泥船施工方法	吸扬式挖泥船	利用离心泵自河底吸取泥土和水的混合物,通过排泥管送到排泥地点	河底为砂质土壤,如有绞刀设备则可用于砂质黏土、淤泥黏土等土壤;水深在8~14 m间	主要取决于土壤性质,排泥管的长度、离心泵的工作效率等
		链斗式挖泥船	利用一系列泥斗在斗架上连续转动,从河底不断挖掘泥土	一般砂质土壤、黏土、淤泥、泥灰土壤中(黏土时,泥土不易倒空);水深在8~13 m间	链斗式的种类较多,有高架长槽链斗式、泥泵链斗式等
		铲扬式挖泥船	船上固定铲泥的铁铲,利用铁铲下放到河底挖取泥土	重黏土、淤泥、砂质黏土、石质土壤已经捣碎时,不适用细砂和稀泥;水深在6~12 m间	—
		抓扬式挖泥船	船上装有带钢丝绳的抓斗,在重力的作用下抓斗下放到河底挖取泥土	水深在12~18 m间;河床为砾石、黏性土壤,不适用于大石块细砂、夹石泥土等河床	投放抓斗不易控制位置及挖沟的深度,沟底不如其他挖泥船平整
	其他施工方法	水泵冲槽法	用高压水泵将河底土壤冲槽,有先放光缆后冲槽和先冲槽后放光缆两种。一般采取先放光缆后冲槽的方法	水深小于10 m;河底为砂土、黏土或淤泥;流速小于1 m	在原有光(电)缆路由上增设光缆或挖沟的工作量较大时采用最佳
		自动吸泥法	采用高压空气管吸泥排到远处	水深大于10 m;河底为砂土、黏土或淤泥;流速可大于1 m/s	—
		爆破施工法	利用炸药的爆炸力将石质岩块炸开形成沟槽	河床为岩石质时	需经水下爆破设计和施工单位研究后确定,才能进行施工

5.5.2 水底光缆敷设方法

1. 水底光缆的敷设方法

水底光缆敷设时,光缆布放和埋设需同时进行。水底光缆的敷设方法应根据河流的宽度、水深、流速、河床土质以及所采用的光缆程式,并结合目前施工技术水平和设备条件综合考虑。表5-32所示为水底光缆常用的敷设方法,图5-65所示为水底光缆线路敷设工作的流程。

表 5-32 水底光缆常用的敷设方法

序号	敷设方法		适用条件	施工特点	备注
1	人工抬放法		① 河流水深小于 1 m	用人力将光缆抬到沟槽边,然后依次将光缆放至沟内	使用劳动力较多
			② 流速较小		
			③ 河床较平坦,河道较窄		
2	浮具引渡法	浮桶法	① 河宽小于 200 m	将光缆绑扎在严密封闭的木桶或铁桶上,对岸用绞车将光缆牵引过河,到对岸后,逐步将光缆由岸上移到水中的沟槽内	较人工抬放法省劳动力,在缺乏劳动力时可采用
			② 河流流速小于 0.3 m/s		
			③ 不通航的河流或近岸浅滩处		
			④ 水深小于 2.5 m		
		浮桥法	适合条件同浮桶法	与浮桶相似,但较浮桶法经济、方便	
3	冲放器法		① 水深大于 3 m	施工方法较简单经济,利用高压水,通过冲放器把河床冲刷出一条沟槽,同时船上的光缆由冲放器的光缆管槽放出,沉入沟槽内。具有施工进度快,埋深符合要求,节省施工费用等优点	不适用于原有水底光(电)缆附近增设光缆的情况
			② 流速小于 2 m/s		
			③ 除岩石等石质河床外,其他土质的河床均可采用,冲槽深度与河床土质有关,可达 2~5 m		
			④ 河道宽度大于 500 m		
4	拖轮引放法		① 河道较宽,大于 200 m	利用拖轮的动力牵引盘绕光缆的水驳船,把光缆逐渐放入水中,如不挖槽时,宜采用快速拖轮,要求拖轮的马力大些	不适用于浅滩或流水旋涡的河道,机动拖轮会使施工速度加快
			② 水流速度小于 2~3 m/s		
			③ 河流水深大于 6 m		
5	冰上布放法		① 河面上有较厚的冰层,且可上人时	在光缆路由上挖一冰沟但不连续或挖到冰下,将光缆放在冰层上,施工人员同时将冰挖通,将光缆放入冰沟中	不适用于南方,仅在严寒地区施工,施工条件受到限制
			② 河流水深较浅,河床较窄的段落		

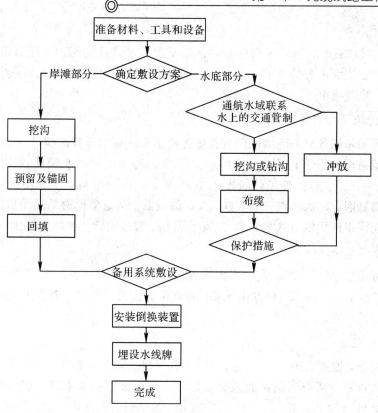

图 5-65　水底光缆线路敷设工作的流程图

2. 水底光缆沟的回填

水底光缆敷设完毕后,光缆沟必须回填。用高压水泵冲槽时,可一边冲刷并将光缆放入沟内,一边把泥土冲回槽内填沟。用挖泥船开挖沟槽时,可用开底泥驳法和吸泥岩法回填。开底泥驳法是用挖泥船自别处挖土,用有活动底仓的泥驳将土运至沟槽上方稍偏上游处,将仓底打开使土落入沟中。吸泥岩法是用吸扬式挖泥船在沟槽附近一面吸泥,一面将泥排入沟槽中。

5.5.3　水底光缆附属设施

水底光缆的附属设施一般包括水底光缆的终端、水底光缆两岸的固定装置和水底光缆的标识等。

1. 水底光缆的终端

水底光缆的终端方式有三种:直接终端、人井终端、水线房终端。

1)直接终端

河面宽度较小、河床稳定、水深不超过 9 m 的河流中,水底光缆采用直接终端法。水底光缆和陆上光缆用普通套管直接连通,水陆缆间不设气闭。

2)人井终端

河面较宽、水深流急的江河中,水底光缆一般采用人井终端法,便于随时维修。

3）水线房终端

大江、大河或通航频繁的江河中，水底光缆常用水线房终端。水线房设在江河两岸，与维护人员的住房和人井建立在一起，故又称人井房。水线的终端和转接仍在人井内进行，方法与人井终端相同。

2. 水底光缆两岸的固定装置

水底光缆的岸滩处理与终端固定应根据河岸土质和地形等情况综合考虑。水底光缆的岸上部分一般采用曲折埋设固定；光缆引上河岸处的河底深度在最低水位时，应不小于1 m。水底光缆在岸上曲折埋设的长度不小于30 m，若河岸与地下光缆连接处距离小于30 m，则宜设桩固定。水线在一些大江、大河的登陆点，通常同时采用曲折埋设与设桩固定。水底光缆两岸的固定方式主要有"S"弯预留法、锚桩固定法和梅花桩法等3种。

1）"S"弯预留法

岸滩坡度小于30°，土质稳定，直接在近水地段作"S"弯预留，"S"弯半径为1.5 m左右，埋深不应小于1.5 m。这种方法兼具挖沟埋缆、预留、固定三个作用，并且简易实用，因而得到了广泛应用。

2）锚桩固定法

岸滩不稳定，坡度大于30°时，除作"S"弯预留外，还应作锚桩固定。具体方法是：在岸滩的固定地点埋设两根适当长的地锚或横木，在地锚或横木上绑扎固定并引伸出多根（一般取6～8根）4.0 mm铁线，铁线均匀散开，置于光缆的加强芯上，并编织成网。同时用3.0 mm铁线每隔30～50 cm缠扎15～20圈，总长度约为3 m。地锚应埋在光缆两侧，埋设地点视岸滩地形条件而定，如图5-66所示。受力不太大的情况下用一般型固定；土质松软、受力较大的情况，采取加强型固定方式。当光缆上的网套长度为2～3 m时，缠扎间隔为50 cm，捆扎力度要适当，避免光缆变形。

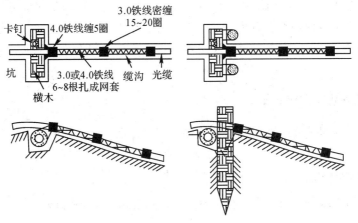

图5-66　水底光缆锚桩固定法示意图

3）梅花桩法

梅花桩法的固定性能良好，可以承受较大的拉力；但缺点是当地形变动或木桩被水冲掉时，水底光缆张力将增大，易损伤光缆，因此梅花桩法使用得不多。梅花桩法如图5-67所示。

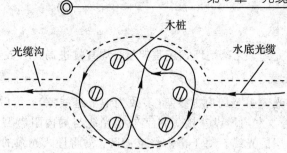

图 5-67　水底光缆梅花桩法固定示意图

　　无论水底光缆线采用何种终端固定方式，若河流较急、岸滩冲刷特别严重，或者在船只靠岸地段，则均需加强光缆的保护，如采用增大埋深，覆盖水泥板、水泥沙袋，砌石坡，使用毛石、水石砂浆封沟等措施。

3. 水底光缆的标识

　　在敷设水底光缆的通航水域内，应划定禁止抛锚区域，在水底光缆过河段的河堤或河岸上应设置标识牌，以警示过往船只。水底光缆的标识牌如图 5-68 所示。标识牌的数量、设置方式和设置地点应与航务部门和堤防单位协商决定。

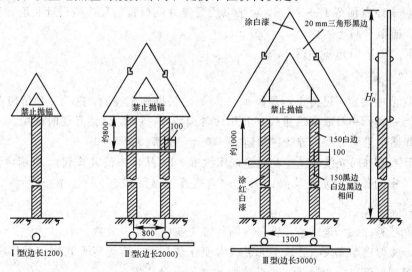

图 5-68　水底光缆的标识牌（单位为 mm）

5.6　进局光缆的敷设安装

5.6.1　进局光缆敷设安装的一般要求

1. 进局光缆的选用

　　局内光缆主要有两种程式，一种为普通室外用光缆；另一种为聚氯乙烯外护层阻燃光缆，它具有防火性能。工程中应按设计要求选用和进行局内敷设。

1）普通型进局光缆

靠局（站）侧室外光缆，无论是埋式还是架空，均直接进局（站）放至机房 ODF 架。

2）阻燃型进局光缆

靠局（站）侧室外光缆引至局内进线室（多数为地下进线室），然后改用阻燃型光缆，放至机房 ODF 架，在进线室内增设一接头将室外型光缆与局内阻燃型光缆相连接。局内阻燃光缆一般为无铠装层的光缆。对于雷击严重地区，需将埋式光缆的铠装层在进线室内引至保护地，避免将雷击电流带入机架，同时可提高机房的防雷安全性。

目前，国内工程多数采用普通型光缆敷设进局，其优点是减少了一个接头。但对于某些工程则需要采用阻燃型进局光缆。

2. 进局光缆的预留

进局（站）光缆的预留应包括测试、接续、成端用长度和按规定预留长度。进局光缆敷设前，一般应按施工图给出的局内长度进行丈量和核算，应避免盲目敷设造成光缆浪费或不足（预留长度包括进线室和机房内）。

1）预留长度

一般规定局内预留 15～20 m，对于以后可能移动位置的局应按设计长度预留。

（1）普通型进局光缆预留 15～20 m。

（2）阻燃型进局光缆预留 15 m。

2）预留位置

施工规范中规定：设备每侧预留 10～20 m。根据施工经验，这部分预留应在进线室和机房各预留一些，一般成端后进线室和机房各预留 5～8 m，以便必要时使用。

（1）普通型进局光缆，进线室预留 5～10 m，机房预留 8～10 m。

（2）阻燃型进局光缆，进线室内连接用预留 3 m（从接头位置算起），机房内预留 15 m；室外进地下室的普通型光缆预留 8～10 m（包括连接预留和地下室预留长度）。

3）预留处理

进局光缆敷设时，进线室、机房内的预留光缆应作妥善放置。

（1）普通型进局光缆：进线室的进线光缆在理顺后，按规定方式固定并作临时绑扎后再向机房敷设；机房内预留光缆一般临时放置于安全位置。

（2）阻燃型进局光缆：进线室与局外的光缆一块盘起收好，放置于安全位置，避免外来人员踩踏；机房内光缆临时放置于安全位置。

3. 光缆路由走向和标识

进局光缆由局前人孔进入进线室，然后通过爬梯、机房光（电）缆走道至 ODF 架或光端机架。

1）进线管孔

光缆由进局人孔按设计指定管孔穿越至地下进线室。光缆进线管孔应堵塞严密，避免渗漏。

2）爬梯和走道

光缆进入机房最后到 ODF 架或光端机架，需经过上楼爬梯和室内走道。光缆的位置应按设计规定位置放置。

在爬梯上,由于光缆悬垂受力,因此应绑扎牢固。对于无铠装的光缆,绑扎时为防止光纤受侧压,在绑扎部位可垫一层胶皮。其他位置(如走道上)的光缆也应进行绑扎,并应注意排列整齐。

3) 弯曲半径

光缆拐弯时,弯曲部分的曲率半径应符合具体规定,一般不小于光缆直径的 15 倍。

4) 光缆标识

(1) 进线室、机房内有两根以上光缆时,应标明来去方向及端别。

(2) 在易动、踩踏等不安全部位,应对光缆作明显标识,如缠绕有色胶带,提醒注意,以避免外力损伤。

5.6.2　进局光缆的敷设

局内光缆一般从局前人孔进入局内地下进线室。通过爬梯沿机房的光缆走道引至ODF 架或光端机架成端。由于路由复杂,因此宜采用人工敷设方式。敷设时上下楼道及每个拐弯处应设专人、按统一指挥牵引,牵引中保持光缆呈松弛状态,严禁打小圈或出现死弯。

1. 敷设方向

进局光缆敷设均应由局内人孔向进线室、机房布放。

(1) 丈量出局前人孔至进线室以及机房的长度,丈量时先熟悉施工图局内光缆路由,逐段丈量并考虑各种预留长度,算出局内总长度。一般在光缆配盘前进行测量。布放前如光缆有富余,则不必测量;若光缆紧缺,则应作复核,以保证中继段总的光缆用量和传输长度。

(2) 当两根以上光缆进入同一机房时,应对每一根光缆预先作好标识,以避免出错。

(3) 进局光缆的端别必须遵照规定,严禁出错。

2. 敷设方法

(1) 一般由局前人孔通过管孔内预放的铁线牵引至进线室,然后向机房内布放。

(2) 上下楼层间一般可采用绳索由上一层沿爬梯放下,与光缆系好,然后牵引上楼。引上时应注意位置,避免与其他线缆交叉。

(3) 同一层布放时,应由多人接力牵引。

(4) 拐弯处应有一专人传递,以免形成死弯,并确保光缆的弯曲半径。

(5) 敷设过程中,光缆应避免在有毛刺等的硬物上拖拉,以防止护层受损。

5.6.3　进局光缆的安装、固定

1. 进线室光缆的安装、固定

(1) 普通型光缆进局时,可按如图 5 - 69 所示的方法进行预留光缆的安装、固定。预留光缆时,在光缆架下方的位置作较大的环形预留,这样具有整齐、易于改动等特点。根据进局管位置及上楼楼孔位置的不同,灵活安装光缆,但拐弯的曲率半径应符合要求。

光缆在托架上的位置应理顺,避免与其他光(电)缆交叉,同时尽量放置于贴近墙壁位置。对无铠装的管道或架空光缆，在进局管孔至第一拐弯部位及其他拐弯部位，应用蛇形软管加以保护，必要时作全段保护。

当地下进线室空间较为窄小时，或对于直径较小的无铠装层光缆，可将预留光缆盘成符合弯曲半径规定的缆圈，如图 5-70 所示。预留光缆部位应采用塑料包带绕缠包扎并固定于扎架上。对于要求光缆预留较多的进线室，可分两处盘留。

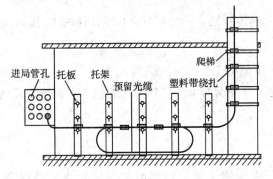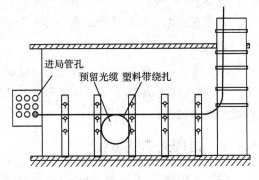

图 5-69　普通型光缆进局安装固定方式(一)　　　　图 5-70　普通型光缆进局安装固定方式(二)

(2) 阻燃型光缆进局时可按如图 5-71 所示的方法进行安装、固定。采用阻燃型光缆时，应在进线室内增设一个光缆接头(图 5-71 中是成端后的状态)。在敷设安装期，室外光缆按图示方式作盘留处理后固定好，并留出 3 m 接续用光缆。局内阻燃型光缆留 3 m 作接续用光缆，放置于接头位置，其余按图示方式固定后由爬梯上楼。如果受进线室位置限制，则预留光缆亦可采用图 5-70 中盘成圆圈的方式。但应注意，20 芯以上的埋式光缆较粗，盘圈时需多加注意，以免形成死弯和弯曲半径过小。

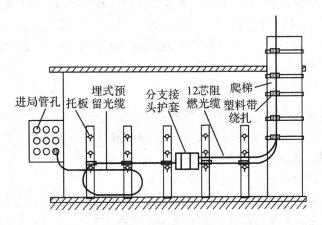

图 5-71　阻燃型光缆进局安装固定方式

2. 光缆引上安装、固定

光缆由进线室敷设至机房 ODF 架，往往从地下或半地下进线室由楼层间光(电)缆预留孔引上走道，即经爬梯引至机房所在楼层。有些局(站)引上爬梯直接至机房楼层；有些不能直接到机房楼层，如先由进线室爬至二楼，然后通过二楼平行走道至上一层楼梯；有些局要经几次拐弯才能到达。其路由上不可绕开的是引上爬梯，因为光缆引上不能仅靠最上层拐弯部位受力固定，而应进行分散固定，即要沿爬梯引上，并作适当绑扎。对于通信楼，一般均有爬梯可利用。若原来没有爬梯，可按设计要求或参考图 5-72 所示方式加工、安装。对于小局，当引上距离不太大时，如不安装爬梯，则应安装简易走道或直接在墙上预埋 U 形支架（类似于走线架横铁，直接埋于墙上），以便固定光缆。

光缆在爬梯上，可见部位应在每支横铁上用粗细适当的麻绳绑扎。对于无铠装光缆，每隔几挡衬垫一胶皮后扎紧，拐弯受力部位还应套一胶管加以保护。

在同一楼层内，光缆一般平行铺设在光（电）缆槽道内或走线架上，在走线架上也应适当绑扎。当光缆位于槽道内时，可不进行绑扎，但光缆在槽道内应呈松弛状态，并应尽量靠边放置。

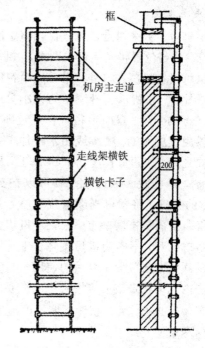

图 5-72　光缆引上爬梯的加工、安装示意图

3. 机房内光缆的安装、固定

1）槽道方式

对于大型机房，光（电）缆一般均在槽道内敷设。由于机房大，因此光缆经由主槽道、列槽道往往几经拐弯。光缆在槽道内的位置应尽量靠边，以避免今后布放其他光（电）缆时移动、踏压。光缆在槽道内一般不需绑扎，但在拐弯部位，为防止拉动时造成曲率半径过小，应作适当绑扎。

大型机房内一般光缆端头预留 3～5 m 供接续用，其余正式预留的光缆应采取槽道内迂回盘放的方式，放置于本列或附近主槽内，如图 5-73 所示。图 5-73 中，在本列或主槽道内加盘几圈以增加预留量，这种预留方式在今后改接时十分便利。

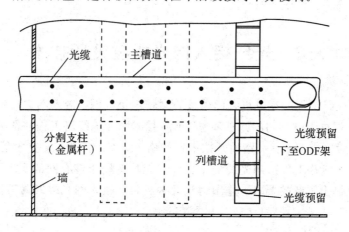

图 5-73　光缆在槽道内预留方式示意图

2）走道方式

中小机房多数采取走道方式供光缆走线、固定。光缆预留一般不采用图 5-73 所示方式，而是在适当位置将光缆盘成圆圈，并固定于靠墙或靠机架侧的走道上，有隐蔽的位置更好。也可以在机房入口处，用一盛缆箱固定于墙上，如图 5-74 所示。盛缆箱的大小只要能盛放 8～10 m 的光缆、弯曲半径符合规定即可。盛缆箱可以用铁皮加工、喷漆或用木板加工。对于铠装埋式光缆，如预留长度在 8 m 以上，则箱体太大太厚，不美观。因此，一般可以在类似图 5-74 上的位置，将预留光缆盘绕整齐，并用塑料包带绕包后固定于墙壁上。总之，机房内预留光缆要考虑整齐，不影响机房整体美观，同时预留位置及固定方式应便于今后的使用。

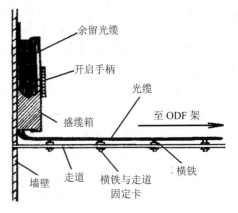

图 5-74　光缆箱预留方式示意图

机房内光缆在走道上应按机房电缆要求进行绑扎固定。但必须注意，拐弯不能按电缆审美标准衡量，必须首先保证曲率半径，然后才考虑如何尽量使光缆走向美观。

至 ODF 架或光端机的成端预留光缆应盘好，并临时固定于安全位置，供成端时使用。

机房内光缆进行测量后，光纤应剪齐并作简易包扎。如还需测量，则不能剪去已剥开的光纤，应作妥善放置并标明"请勿动"字样，避免其他人员拉动光纤而造成靠近端头侧的光缆内断纤，给成端工作带来困难。

4.临时固定

若光缆敷设时劳力紧张，不能作正式固定，则应作临时固定，并注意安全，正式固定工作可安排在成端时一并进行。有时暂时不能将光缆敷设进入机房，这时必须复核长度，确保条件成熟后将其放至 ODF 架，且有满足长度的要求。当光缆暂时在室外放置时，光缆端头应作密封处理，避免浸潮。

5.7　光纤接入网光缆敷设新技术

现今，光缆线路工程的建设重心已由核心网转至接入网，接入网中光缆的敷设受到越来越多的重视。相对于核心网的施工环境来说，接入网光缆线路工程往往处于繁华街道或拥挤的居民区，管线资源紧张，路面开挖审批严格，施工条件苛刻，技术复杂，成本高昂。因此，接入网光缆线路工程选用光缆的结构和性能均有别于核心网的要求，这对光缆的敷设和施工方法也提出了新的要求。本节讨论几种近年来接入网光缆线路工程中出现的新的施工方法。

5.7.1　应用于 FTTH 网络的光缆

随着光纤接入技术的发展，"光进铜退"使得光纤不断靠近用户。根据光纤靠近终端用户的程度，光纤接入网（OAN）的应用形式分为光纤到路边（FTTC）、光纤到驻地（FTTP）、光纤到大楼（FTTB）、光纤到户（FTTH）或光纤到办公室（FTTO）。以上 OAN 的应用形式并非技术上的差别，而仅是光纤应用的程度不同。FTTH 是 OAN 的最终发展模式，也是最理想状态。OAN 主要采用无源光网络（PON）技术，用分光器把光信号进行分配，同时为多个用户提供服务。应用于 FTTH 网络的光缆，按其在网络中的位置分为馈线光缆、配线光缆和入户光缆，如图 5-75 所示。

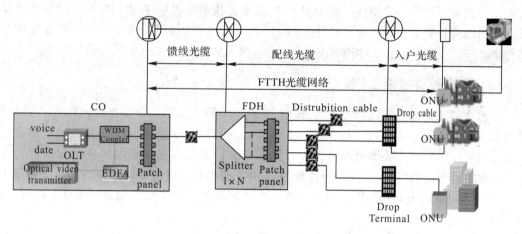

图 5-75　FTTH 网络结构

1．馈线光缆

馈线光缆始于中心局（CO），连接到光纤分布集线器（FDH）。馈线光缆纤芯数比较多，少则上百芯，多则上千芯，通常使用中心束管式、层绞式或骨架式光纤带状光缆。根据馈线光缆所处的环境位置，馈线光缆可选择室外光缆、室内光缆或室内外两用光缆。当馈线光缆为室外光缆时，通常采用管道敷设方式。在一些特殊的敷设方法下，可采用特殊结构的光缆，详见 2.7 节。

2．配线光缆

配线光缆为 FDH 至用户接入点之间的光缆。根据位置不同，配线光缆可选用室外光缆、室内光缆和室内室外两用光缆三种。配线光缆始于 FDH，连接到多个用户接入点，它的覆盖区域一般不会太大，通常采用星/树型结构，选用带状缆或者纤芯密度大的分立式光缆。同时，由于光缆的安装一般是在人口稠密的城区，因此，要尽量利用原有的管道及管孔，争取高密度复用已有的地下空间。当然，光缆也要根据选用空间的特性作适当结构特性方面的调整、改进，以保证原有管道的功能和光缆的安全。用这些特殊路权敷设的光缆通常称为路权光缆，其缆型主要有气吹微缆、路面微槽光缆和排水管道光缆等。

3．入户光缆

入户光缆是用户接入点至光网络单元（ONU）的光缆。当用户接入点置于室外时，户外段应选用室外光缆或室内外两用光缆引入。当用户接入点置于室内或楼内（FTTH 或 FTTB）时，入户光缆应使用室内光缆。

在这几种光缆中，入户光缆较为复杂。传统的入户光缆存在价格高、可靠性低等问题。

新型的入户光缆包括铠装光缆和皮线光缆两种。铠装光缆适用于移动的、保护要求较高的场合，一般用作墙面插座到桌面光用户终端之间的活动跳线。皮线光缆比较适合于固定的、空间位置比较紧张的布线，可用于明线或短距离的管道敷设。

管道映射光缆和自承式"8"字布线光缆都属于室内外一体化光缆，室内、室外环境均能适应。管道映射光缆由于其硬度和防水性能更适合于户外管道敷设，自承式"8"字布线光缆由于其抗拉性能，更适合于户外架空引入户内的布线环境。

入户光缆可以采用管道入户或架空入户（自承式皮线光缆），在建筑内有楼内垂直布线和水平布线两种布线方式。入户光缆内的光纤建议选用符合 ITU – T G.657A/B 标准的弯曲性能良好的光纤，配合多种现场连接器，可以在最短时间内实现现场成端与对接。

5.7.2　气吹微缆线路工程

气吹微缆系统的典型结构是母管-微管-微缆。母管可以穿放在混凝土管孔中，也可以进行新的路由建设。在已敷设的 HDPE 管或 PVC 母管中，或在新建光缆路由上预敷设母管和微管，可穿管或用吹缆机吹放。母管里能布放微管的数量主要取决于机械保护的要求，微管的横截面积（以微管的外径计算）的总和不得超出母管横截面积的一半。给微管内充入连续不断的气流，利用管道内的气流对微缆表面的推拉作用可把微缆布放到微管中，如图 5 – 76 所示。

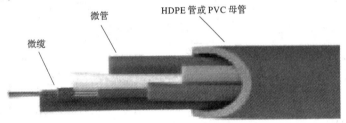

图 5 – 76　气吹微缆系统

微管通常由一次性气吹进入母管中。由于高压气流关系，光缆在管道中会处于半悬浮状态，因此地形的变化及管道的弯曲对敷缆影响不大。微缆被气吹机吹送进微管中，一次可吹送 1.6 km。气吹微缆施工原理如图 5 – 77 所示。在这种特殊的施工环境中，微缆应具有适当的刚柔性能，外表面与微管内表面之间的摩擦力要小，微缆形状和表面形态要有利于在气流下产生较大的推拉力，微缆和微管具有适合吹放的机械性能、环境性能以及适合系统要求的光学和传输性能。

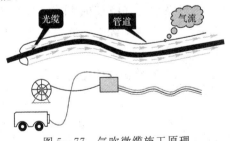

图 5 – 77　气吹微缆施工原理

1. 微管

多根微管穿放在塑料硅芯管道中，它的结构为内壁带纵向条纹硅层的 HDPE 管。微管通常被着成各种纯色，以便于区分。微管的外观如图 5 - 78 所示，微管的尺寸有 $\phi5/3.5$ mm、$\phi8/6$ mm、$\phi10/8$ mm、$\phi12/10$ mm 和 $\phi14/12$ mm 等（$\phi10/8$ 代表微管外径为 10 mm，内径为 8 mm）。

微管可以组成集束管，提供更多的容量，典型结构为 $\phi10/8$ mm×7 等，如图 5 - 79 所示。

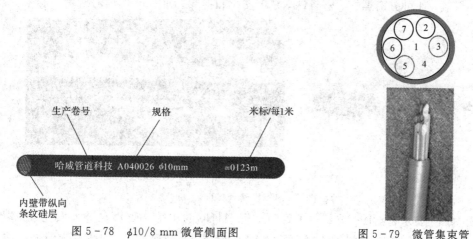

图 5 - 78　$\phi10/8$ mm 微管侧面图

图 5 - 79　微管集束管

2. 微型气吹光缆

微型气吹光缆简称为微缆，直径约为 4～8 mm，芯数有 2～72 芯，分为全介质结构和不锈钢中心束管式结构。在 $\phi7/5.5$ mm 的子管中，可吹入一根芯数为 4～24 的光缆，在 $\phi10/8$ mm 的子管中，可吹入一根芯数为 48 或 60 的光缆（或其他小芯数的光缆）。在图 5 - 80 所示的微型气吹光缆中，容放光纤的数目可达几十根（每个 1.7 mm 的松套管可放置 12 根光纤）。

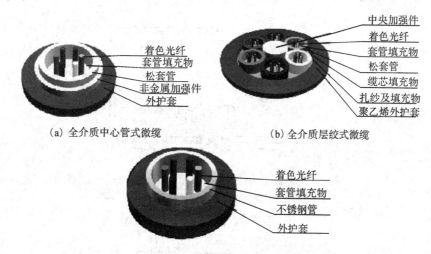

（a）全介质中心管式微缆　　（b）全介质层绞式微缆

（c）不锈钢管中心管式微缆

图 5 - 80　微型气吹光缆结构

微缆尺寸小，重量轻，容纤密度高，具有良好的气吹安装特性，采用优异的抗侧压和抗曲挠设计，适应温度和湿度要求，具体要素可参考国际标准 ITU - T L.79—2008《微管道吹风安装应用的光纤光缆要素》和我国行业标准 YD/T 1460.4—2019《通信用气吹微型光缆及光纤单元第 4 部分：微型光缆》。

3. 连接配件

耦合管用于微管之间的直通连接，以保证整个微管长度内的密封连接，如图 5 – 81(a)所示。Y 形分支连接器用于光缆分歧，对子管和光缆提供关键的机械保护。Y 形连接器由若干部件组成，如可分离螺帽、密封件，易于安装和拆卸，如图 5 – 81(b)所示。

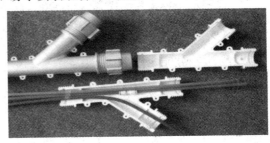

      (a) 耦合管   (b) Y 形分支连接器

图 5 – 81 微管连接配件

气密封圈、防水密封圈、光缆、子管和母管密封圈的作用是防止水进入人孔、局端和用户端。此外，当附近有燃气管道时，要求使用气密封圈，目的是在气体发生泄漏时将风险降低到最低程度。在这种情况下，子管（无论里面是否有光缆）和母管（无论里面是否有子管束）都要用这种密封圈密封上。这类密封圈不仅要气密性好，而且要防水。

4. 施工安装

气吹微缆的施工步骤分为清洁硅芯管道，气吹微管，安装和密封连接微管，将微型光缆气吹进微管中，微缆的盘留和固定等，如图 5 – 82 所示。

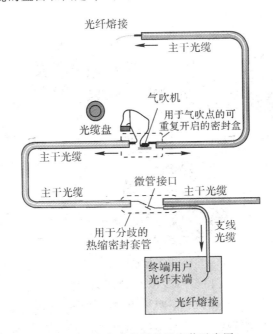

图 5 – 82 气吹微缆敷设安装示意图

5. 气吹微缆施工案例

2007 年 9 月山东联通在济南利用英国 CBS 全套气吹设备进行了气吹微缆工程的施工，工程报告如表 5 - 33 所示。

表 5 - 33　气吹微缆工程报告

气吹微管报告	气吹微缆报告
微管直径：$\phi 10/8$ mm 气吹微管数量：4 根 气吹速度：35～45 m/min 气吹距离：810 m 小结：以约 40 m/min 的速度完成 4 根微管的 810 m 吹送敷设，4 根微管的敷设长度误差不超过 10 cm	微缆结构：层绞式非金属 微缆纤芯数：72 芯 微缆直径：5.4 mm 气吹长度：810 m 气吹速度：62 m/min 小结：在 4 根微管中气吹 4 根微缆，平均每根气吹 15 min，约 1.5 h 将光缆气吹完成

6. 气吹微缆的特点

气吹微缆是一种机械性能优良、保护功能强的室外光缆敷设技术，适用于网络的各个层次，具有以下优点：

(1) 初期投资少，比传统的网络建设方法节省 65％～70％的初期投资。

(2) 可用于新布放的 HDPE 母管或已有的 PVC 母管，在不影响已开通光缆正常运行的条件下，可接入新用户。

(3) 光纤组装密度高，通过敷设可重复利用子管，充分利用管孔资源。

(4) 可随通信业务量的增长分批次吹入光缆，及时满足用户的需求，便于今后采用新品种的光纤，在技术上保持领先。

(5) 易于平行扩容和纵向扩容，减少挖沟工作量，节省土建费用。

(6) 微缆的气吹速度快且气吹距离长，光缆敷设效率大幅提高。

5.7.3　路面微槽光缆线路工程

路面微槽光缆是针对城市通信线路资源紧张以及工程建设困难的现状而特殊设计的一种创新的光缆线路施工技术。路面微槽光缆采用嵌入方式直接将光缆敷设于人行道、车行道或停车场里，即采用开槽的方式在路面开一条微槽道，先在槽道底部预置一根 PE 泡沫填充条，将光缆放入，光缆上方用一种缓冲材料保护起来。根据需要加入塑料隔离物，然后将热沥青填入，修复路面，如图 5 - 83 所示。

路面微槽光缆采用不锈钢管或双面涂塑钢带，以保证光缆具有良好的抗压性能和柔软性。不锈钢管内充以特种油膏，对光纤实施保护。100％缆芯填充，缆内松套管中填充特种纤膏，结合不锈钢管、钢带的防潮层和良好的阻水

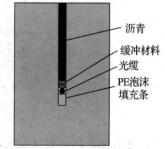

图 5 - 83　路面微槽光缆敷设安装示意图

材料,防止光缆纵向渗水。具体要素可参考我国行业标准 YD/T 1461—2013《通信用路面微槽敷设光缆》。

　　路面微槽光缆敷设比传统大面积开挖方式快速、廉价,节省了挖掘开支,减少了敷设时间。路面微槽敷设光缆应用是对其他敷设方式无法满足线路安装需求时的补充。路面微槽敷设方式是一次性的,与气吹微缆渐次安装相比,对以后网络扩容的优势明显降低。同时,路槽的开挖涉及路由的所有权问题和路由恢复后的正常使用标准。

　　表 5-34 列出了长飞公司的路德®路面微槽光缆(GLFXTS)的性能参数。

表 5-34　路德®路面微槽光缆(GLFXTS)性能参数表

光缆型号	光纤数	松套管尺寸/mm	护套标准厚度/mm	光缆直径/mm	光缆重量(kg/km)	最大允许工作张力/N	允许压扁力长期/短期(N/100 mm)
GLFXTS—2～12Xn	2～12	2.0/3.0	1.5	8.5	70	300/1000	300/1000

　　行业标准 YD/T 1461—2013《通信用路面微槽敷设光缆》规定了路面微槽敷设光缆的应用范围、分类、结构、标志、交货长度、技术要求、试验方法、检验规则、包装、储运以及安装和运行要求。

5.7.4　排水管道光缆线路工程

　　目前,城域网和接入网发展迅猛,城市网管孔资源紧张,供需矛盾突出。随着市政建设管理的逐渐完善,开挖以及敷设的审批手续日趋严格。另一方面,尚未得到充分开发和利用的城市污水和雨水管道网几乎覆盖所有的电信业务区域。排水管道光缆线路工程借助城市市政资源(污水管道和雨水管道),采用自承吊挂方法将光缆敷设在管道上壁,如图5-84 所示。

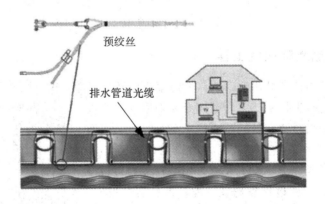

图 5-84　排水管道光缆自承吊挂式安装图

　　自承吊挂式排水管道光缆的建设宜优选雨水管道、合流管道和便于施工维护人员进入的排水管道。排水管道应顺直,人井间距适中。下列情况不宜采用自承吊挂方式:

　　(1)排水管道两个相邻人井间的管道弯曲过大。

　　(2)排水管道向地上分支管道接口较多(一般≥3 个),不能保证光缆占用排水管道上壁。

用于布放自承吊挂式排水管道光缆的人井间距一般宜小于 50 m。当人井间距大于 50 m 时，在管道中间应增加一处固定装置；当人井间距大于 90 m 时，在管道中间应增加两处固定装置。

排水管道光缆的布放应同排水管道内水流的方向相一致，光缆应紧靠管道上壁安装固定，在 50 m 长的管道中心点，光缆弧垂应不大于 15 cm，非 50 m 井距管道中心的弧垂应不大于两人井间实际管道段长的 3‰。排水管道光缆布放后应尽快连接密封，对缠绕后的预绞丝应涂刷防锈漆。

排水管道光缆的敷设过程一般分为管道检查与清洁、光缆穿放、安装金具、在人孔壁上固定角铁架、用紧线器收紧光缆、固定光缆和线卡、固定预留光缆等步骤。具体可参考国际标准 ITU - T L.78—2008《下水管道应用的光纤光缆》和我国行业标准 YD/T 1632.1—2007 《通信用排水管道光缆 第 1 部分：自承吊挂式》。

当光缆敷设在排水管道中时，在结构设计方面应注意防潮、防鼠啮以及满足敷设所需要求，同时还应考虑到排水管道在疏通时可能会对光缆有所损伤。管道光缆所用路由为城市规划局所有，在使用中应协调好双方的关系。

5.8 野战光缆敷设

5.8.1 野战光缆敷设

1. 一般要求

（1）野战光缆可按一般光缆的方法敷设，允许架空、直埋或野外敷设；

（2）野战光缆敷设时，光缆所受拉力应小于 1000 N（短时）；

（3）野战光缆敷设时，应尽量避开超过光缆承受能力的冲击、重压、摔打、急弯、扭曲等剧烈应力；

（4）敷设路由上需要转弯时，应采用相应的措施，以保证光缆的弯曲半径满足要求；

（5）敷设后，光缆应尽量处于无应力状态，以避免光纤因静态疲劳而损伤或断裂，影响光缆使用寿命；

（6）注意防止光缆护套划伤或破裂，以避免水分、潮气进入光缆；

（7）在可能的情况下，光缆应注意防火。

2. 放缆

（1）放缆前，应擦去光缆盘上的灰尘、泥土，确认连接器保护帽已盖紧，尽量保持清洁，以免污染连接器。

（2）把内端连接器固定在缆盘窄槽内，检查是否系牢。放线时应拉着放线架或抬着放线架进行放缆，不得把光缆绕在手上放缆（必须一只手握住组件连接器，另一只手握住光缆），如图 5-85 所示。切忌猛收猛放，更不能扭折、打结或在尖锐物体上摩擦。

图 5-85 手动收放野战光缆

（3）放缆时，光缆及其连接器均不应受到超过 1000 N 的拉力，当发现光缆受到意外阻力时，应排除障碍物后再继续放缆。

（4）放缆时，若有条件应使用直径大于 300 mm 的滑轮，严禁光缆打结、背扣。放缆的沿途应避免硬性弯折，尽量使之保持一定的圆弧状态，圆弧弯角半径应大于 150 mm，以免光纤折断或损耗剧增。

（5）光缆在敷设过程中，遇路径状况较为复杂时需注意加以保护，以尽量避免因野外环境或人为因素造成不必要的损伤。

3. 收缆

（1）已打开防尘盖的连接器应尽快连接，不得随意放置，以免污染连接器。不得用手或硬物去擦拭连接器插针的表面，连接器分离后应及时扣上防尘盖。

（2）在内端连接器后留出 4~5 m 光缆，将其盘绕在缆盘窄槽内，并将连接器固定在槽中，然后将光缆岔入主盘进行收缆。

（3）光缆在光缆盘中应排绕平整、均匀、紧密，以免松散垮线，最后应把外端连接器固定在窄槽内。

（4）需用细绳等将光缆包扎一下，这样搬运时更为牢靠，检查后即可装箱、直接搬运或安放入库。

（5）当光缆盘上还有光缆时，应侧倒放置（呈滚动状），但不得将光缆组件做长距离滚动；光缆盘无外包装箱时不得堆码，否则容易导致垮线，给放缆造成困难。

（6）每次使用完毕后把连接器的插针、插孔、防尘帽用酒精清洁干净后再装箱。

（7）在泥水中收线应及时将线缆擦拭干净，放在干燥处晾干后再装箱。

5.8.2　野战光缆现场快速接续

两段相继敷设的光缆之间通过光缆组件原有的可插拔接头连接，在现场经插、拔操作实现连接。图 5-86 所示即为带可插拔接头的野战光缆组件实物。

当野战光缆发生意外损伤、断裂，又无备件更换，在野外也无电源，却需在短时间内恢复通信时，必须采取简单的机械连接方法进行现场快速

图 5-86　野战光缆组件

接续。

1. 野战光缆接续的技术指标

(1) 每对光纤连接时间≤10 min(不包括剥光缆、清洗光纤等的辅助时间);

(2) 每对接头损耗≤0.8 dB;

(3) 接头抗拉力≥980 N(环氧树脂胶固化以后);

(4) 使用环境温度:-45~55 ℃;

(5) 敷设开通时间≤45 min;

(6) 密封检测:0.5 m 水深浸泡 8 h 不漏水。

2. 野战光缆的现场快速接续方法

1) 现场快速接续

通常野战光缆是不做现场修复工作的,仅通过简单易行的机械连接方法快速抢通。下面介绍一种使用 V 形槽快速抢通的实用方法。

(1) 光纤的连接:用单晶硅 100 经光刻、腐蚀的方法刻出 V 形槽,作为光纤的定位元件。将 V 形槽用载体做成 V 形槽连接器。为适应高、低温的要求,此载体用硬铝作底板,并在一专用夹具上实现装配连接。

(2) 加强筋和外护套的连接:将加强筋(芳纶)和外护套用高强度环氧树脂灌封在锥形套内作为抗拉元件。需要注意的是,在锥形套前面预先用一个夹具将加强筋夹紧,以防止作业过程中的误操作形成对光纤的拉力,导致接续失败;野战光缆不得在环氧树脂(锥形套内)未固化时承受施工拉力,以防止外力拉断光纤接头,一旦环氧树脂固化后,锥形套和光缆就可以承受 1000 N 的拉力。

(3) 密封保护盒:将已连好光纤的 V 形槽连接器、锥形套、夹具都固定在保护盒内,保护盒周边用丁腈橡胶圈密封。待锥型套内灌好环氧树脂,在密封圈周边涂上室温硫化硅橡胶后,盖上盖板,用螺钉拧紧,这样就完成了野战光缆的接续。

2) 现场快速修复

近年来已出现了对野战光缆进行现场快速修复的方法,并要求在十分钟内完成修复,具体操作步骤如下:

(1) 剥去涂覆层的光纤端面,不做处理,在现场采用机械压接式连接(可加入折射率匹配液),连接损耗应小于 1.5 dB。

(2) 在活动房内做彻底修复,要求连接损耗小于 0.3 dB,有较高的抗拉强度、柔软性和寿命(均与原光缆相比)。修复后的光缆直径小于 12 mm(原光缆的尺寸为 $\phi6$ mm),修复时间可放宽至 2 h。通过这种室内彻底修复可维持野战光缆的机械性能。

复 习 思 考 题

1. 光缆分屯运输的方法和要求是什么?

2. 光缆在敷设过程中,弯曲半径、牵引力和牵引速度分别有什么要求?

3. 什么是负荷区?我国将气象负荷区划分为哪几类,其具体气象条件是什么?

4. 简述架空光缆线路建设的主要步骤。

5. 结合架空杆路的长杆挡，论述光缆过江的实施方案。

6. 什么是光缆吊线的原始垂度？光缆吊线的原始垂度有何具体要求？

7. 目前我国架空光缆多采用托挂式，托挂式架空光缆敷设方法主要有哪几种？

8. 架空光缆的支承方式有哪两种？

9. 每根 $\phi 90$ mm 管孔中能够穿放几根塑料子管？穿放塑料子管数量的依据是什么？子管的作用是什么？

10. 光缆牵引端头有哪几种类型？具体如何与光缆连接？

11. 为何管道应具有一定的坡度？管道坡度有何具体要求？

12. 管道光缆敷设的主要机具有哪些？机械牵引敷设管道光缆主要有哪几种方法？

13. 管道光缆敷设时，在哪些情形下需要导引器？

14. 什么是 HDPE 管？简述其敷设方法。

15. 简述直埋光缆线路建设的主要步骤。

16. 为什么长途光缆线路的埋深标准为 1.2 m？

17. 直埋光缆在特殊地段的防护措施有哪些？

18. 直埋光缆敷设时，具体的布放方法是什么？

19. 光缆的标石有哪几类？各自的作用是什么？

20. 管道光缆的敷设方法有哪些？

21. 水底光缆敷设有哪些方法？

22. 水底光缆的埋深作何要求？

23. 应用于 FTTH 网络的光缆按其在网络中的位置如何分类？各自有什么特点？

24. 气吹微缆的施工步骤是什么？

25. 微缆与普通光缆有何区别？

26. 路面微槽光缆在结构上有何特点？路面微槽光缆的优势在哪里？

27. 排水管道光缆的敷设步骤是什么？

28. 野战光缆的敷设有哪些注意事项？

第 6 章　光缆线路接续与成端

综合考虑生产、运输和工程布放等因素，陆地光缆的制造长度一般为 2 km/盘。在一些干线工程中，使用的光缆盘长可达 4 km。因此，光缆线路是由几盘至几十盘光缆，通过缆内光纤固定连接而成的长距光纤链路；光缆线路两端，缆内光纤则通过活动连接器与机房设备连接，构成一个完整的光纤通信系统。因此，光缆线路中间的接续是不可避免的，光缆接续可分为光纤的接续与加强构件、光缆护套的接续两部分；线路两端，光缆线路在到达机房后要做成端处理，即缆内光纤与一端带连接器的尾纤熔接，再通过光纤配线架（ODF）或光纤配线盘（ODP）上的光纤适配器连接，或直接与设备连接。成端与接续类似，但由于接头材料不同，因此操作方法也不同。光缆的接续与成端是光缆线路施工和维护人员必须掌握的基本技术，接续与成端工艺水平的高低直接关系着系统的传输质量、可靠性和线路使用寿命。

6.1　光缆线路接续

6.1.1　光纤接续

1. 光纤接续方法

光纤的接续方法可分为两种：其一是一旦接续就不可拆装的永久接续法，其二是可反复拆装的连接器接续法。光纤的永久接续法，常称作固定接续法，是光缆线路施工与维护时最常用的接续方法。这种方法的特点是光纤一次性连接后不能再拆卸，主要用于光缆线路中光纤的永久性连接。永久接续法又可分为熔接法和非熔接法两种。

1）熔接法

熔接法是光纤连接使用最广泛的手段。这种方法的优点是连接损耗低，安全、可靠，受外界因素的影响小；最大的缺点是需要精密的熔接机具。该法采用电弧熔接法，将光纤轴心对准后，利用金属电极电弧放电产生高温，加热光纤的端面，使被连接的光纤熔化而接续为一体。光纤端面加热的方法有气体放电加热、二氧化碳激光器加热、电热丝加热等。石英光纤的熔点高达 1800℃，熔化它需要非常大的热量，电极放电加热最适合石英光纤的熔接。目前光纤熔接机都采用这种加热方法。

电极放电熔接法操作方便，熔接机具有体积小、熔接时间短、可控制温度分布和热量等优点，得到了广泛的应用。但由于光纤端面的不完整性和光纤端面压力的不均匀性，一次放电熔接光纤的接头损耗比较大，于是人们又发明了预热熔接法(二次放电熔接法)。这种工艺的特点是在光纤正式熔接之前，先对光纤端面预热放电，给端面整形，去除灰尘和杂物，同时通过预热使光纤端面压力均匀，这种工艺对提高光纤接续质量非常有利。预热熔接法的连接过程及光纤连接损耗随时间变化的曲线如图 6-1 所示。

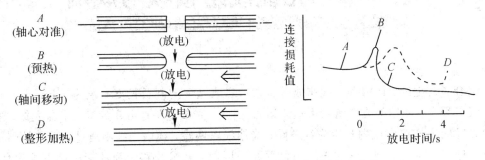

图 6-1　预热熔接法及光纤连接损耗随时间变化曲线

图 6-1 中，曲线上 A 点为光纤轴心错位损耗、菲涅尔反射损耗和端面不完整产生的损耗。在曲线 B 点预热阶段，熔融端面形成曲面，损耗激增。在曲线 C 点光纤接触后进一步推进，损耗减少。在曲线 D 点整形加热时，纤芯包层的变形部分被校正，损耗慢慢降低。预热时间、推进量、整形加热时间等不合适时，将导致连接损耗增加，如图 6-1 中虚线所示。因此，预热熔接时，选定预热时间、端面推进量、放电加热时间等参数是非常重要的。准确掌握最佳的熔接参数是减小单模光纤接头损耗的关键。

目前，进口和部分国产光纤熔接机都采用预热熔接法。预热时间、推进量、放电时间、熔接电流等参数都由微机控制。不同熔接机的有些参数很接近，有些参数差别较大。在实际操作中，应根据接续的光纤和熔接设备找出最佳熔接参数。通常光纤熔接机都配置有放电实验功能，在正式熔接前可进行放电实验，以确定最佳的熔接参数。

2) 非熔接法

非熔接法也称为粘接法，它利用简单的夹具夹固光纤并使用黏结剂固定，从而实现光纤的低损耗连接。非熔接法分为 V 形槽法、套管法、三心固定法、松动管法等，具体方法见表 6-1。

表 6-1　光纤各种固定接续方法

分　类			示　意　图	方　法
		V 形槽法	压　　盖板 光纤 V 型槽底板	在 V 形槽底板上，对接光纤端面进行调整，从上面按压光纤使轴心对准之后，用黏结剂固定

分　类		示　意　图	方　法
永久性连接	非熔接法	套管法 充填黏结剂(匹配剂)的孔 光纤 套管	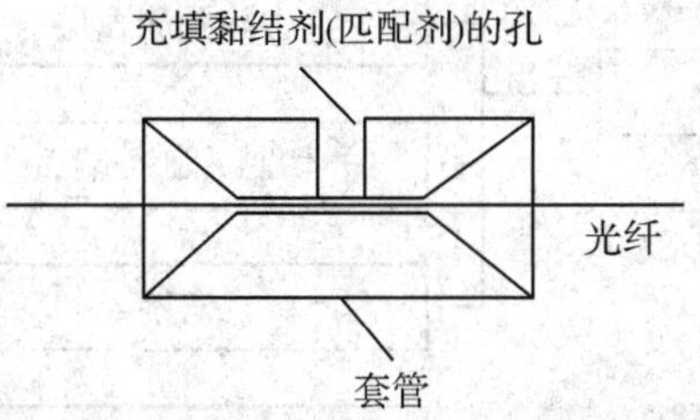 从玻璃套管的两端插入光纤,进行轴心对准之后,粘接固定
		三心固定法 收缩管 光纤 F　F　F 导杆	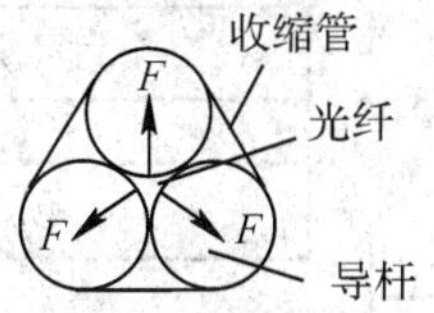 对导杆施加均匀的力,使光纤位于三根导杆的中心
		松动管法 光纤 松动管	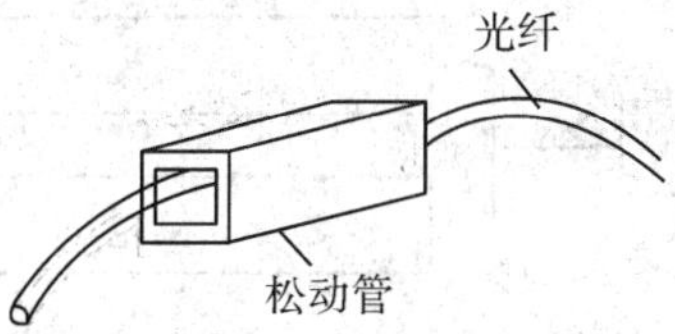 把光纤按压在具有角度的管子的内角中,进行轴心对准
	熔接法	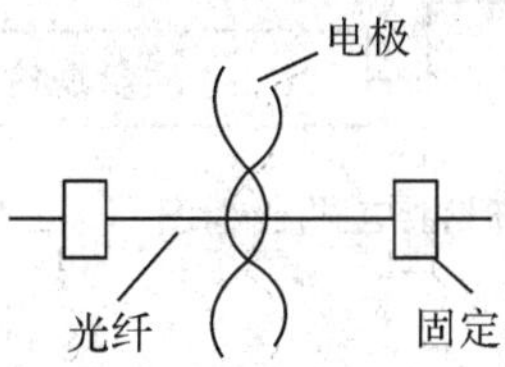 电极 光纤　固定台	有放电加热法、激光加热法、电热丝加热法。无论哪一种方法都是把光纤熔融后连接起来

非熔接法中,使用最广泛的是 V 形槽法。这种方法只需要用简单的夹具就可以实现低损耗连接。V 形槽法和套管法均需要用黏结剂把光纤固定(故又称为粘接法),黏结剂充满光纤端面间隙,同时要求黏结剂的折射率和光纤的折射率相同。此外,因为黏结剂特性的变化直接影响传输特性,所以需采用不易老化的黏结剂。

3) 机械连接法

机械连接法也叫冷接法,由于该法使用机械连接子可将经过端面处理的光纤可靠连接,不需要光纤熔接机,不产生高温和强电,因此适合易燃易爆的环境,并在接入网工程、应急抢修系统中得到了越来越广泛的应用。

2. 光纤熔接工艺流程

光纤熔接工艺流程如图 6-2 所示,它是确保光纤连接质量的操作规程。对于现场正式熔接，应严格掌握各道工艺的操作要领。

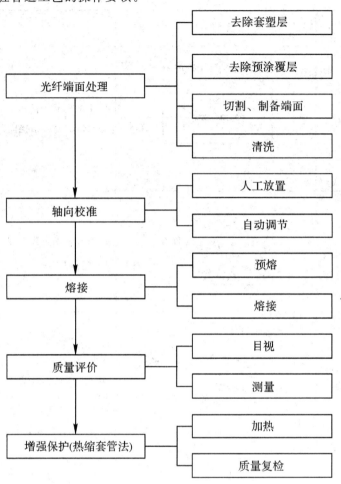

图 6-2　光纤熔接工艺流程图

1) 光纤端面处理

光纤有紧套光纤和松套光纤两种结构。两种光纤的结构虽然有所不同，但光纤端面的处理程序和方法大致相同。

光纤的端面处理习惯上又称为端面制备。这是光纤连接技术中的一道关键工序，对于采用熔接法连接的光纤来说尤为重要。光纤端面处理包括去除套塑层，去除预涂覆层，切割、制备端面以及清洗。

(1) 去除套塑层。松套光纤去除套塑层时，将调整好(进刀深度)的松套切割钳旋转切割(环切)，然后用手轻轻一折，套塑层便断裂，再轻轻从光纤上退下。一次去除长度一般不超过 30 cm，当需要去除长度较长时，可分段去除。去除时应操作得当，小心损伤光纤。

紧套光纤去除套塑层时，用光纤套塑剥离钳按要求除去 4 cm 尼龙层。操作方法如图 6-3 所示。握住光纤的手应注意用力，勿弯曲裸纤。对于套塑层包得很紧的光纤，可分段剥除，并小心剥去后根部，去除尼龙残留物。

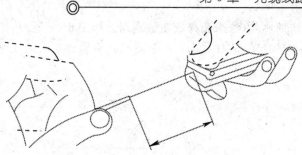

图 6-3 紧套光纤套塑层的剥除方法

（2）去除预涂覆层。预涂覆层主要指一次涂覆层，去除时应干净，不留残余物，否则放置于微调整架的 V 形槽后，影响光纤的准直性。这一步骤主要是针对松套光纤而言的。

① 松套光纤。松套光纤是在预涂覆光纤上包上松套管形成的，光纤可在套管中自由活动。松套管中可放一根光纤，也可放多根光纤，松套光纤的预涂覆外径为 0.25 mm。

松套光纤在剥除了松套管后的预涂覆层，一般有两种不同材料的结构，多数为紫外光固化环氧层，少数是硅树脂涂层。它们的去除方法相同，目前主要采用以下两种方法：

a. 化学溶剂去除法：将光纤置于钾基氯、氯化亚钾等化学溶剂或专用去除涂层的溶剂中，浸泡几秒钟至几十秒钟，然后用纸轻擦。

b. 剥离钳去除法：使用专用剥离钳去除预涂覆层，具体方法如图 6-4 所示。光纤涂层剥离钳有多种型号，应根据涂覆光纤的直径选用相应型号。剥除预涂覆层的长度为 35 mm 左右。应当注意光纤涂层剥离钳的刀刃应与芯线垂直，用力要适中、均匀。用力过大会损坏纤芯或切断光纤，用力过小则剥不下光纤涂覆层。

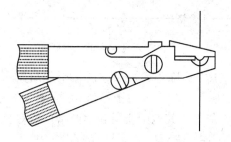

图 6-4 用光纤涂层剥离钳去除光纤预涂覆层

② 紧套光纤。紧套光纤是在一次涂覆的光纤上再紧紧地套上一层尼龙或聚乙烯塑料而形成的，塑料紧贴在一次涂覆层上，光纤不能自由活动。紧套光纤的外径一般为 0.9 mm。

紧套光纤的结构有两种：第一种以硅树脂为预涂覆层，这种光纤的预涂层、缓冲层（一次涂覆又分为预涂层和缓冲层两层）和尼龙套塑层粘得较紧，一般在去除套塑层时一次性去除，仅有部分残留物，用丙酮或酒精纸清除即可。

（3）切割、制备端面。在光纤连接技术中，制备端面是一项关键工序，尤其在熔接法中对于单模光纤来说至关重要，它是确保低损耗连接光纤的首要条件。为了完成一个合格的接头，要求端面为平整的镜面。端面垂直于光纤轴，对于多模光纤，要求误差小于 1°，对于单模光纤，要求误差小于 0.5°。同时要求边缘整齐，无缺损、毛刺。光纤切割法利用石英玻璃的特性,通过"刻痕"方法来获得成功的端面。如图6-5所示,在光纤表面用金刚刀刻一伤痕,然后按一定的半径施加张力,由于玻璃具有脆性,因此在张力下将获得平滑的端面。

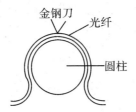

图6-5 光纤切割方法示意图

在通常情况下,光纤切割、制备后的裸纤长度为2 cm(切割器上有定位标志)。不同熔接机和不同连接场合,对光纤的切割长度有不同的要求。一般以光纤接头保护管的长度来限制光纤切断长度。有些熔接机对光纤切断长度有要求,有些熔接机则对光纤切断长度不作要求。光纤端面要平整无损伤。图6-6所示是光纤端面的五种状态。一般遇到前三种不良端面时,应重新制备。

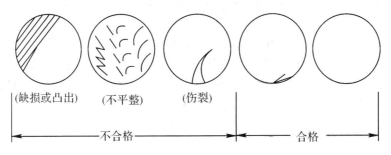

图6-6 光纤端面的五种状态

(4) 清洗。多模光纤一般在去除预涂覆层并清洁干净后就可切割、制备端面了。对于单模光纤,在端面制备后,应置于超声波清洗器皿(盛丙酮或酒精)内,清除光纤的尘土微粒,以避免光纤表面附着有灰尘或其他杂质引起轴向错位或对直错误。

2) 光纤的校准、熔接及质量评价

对于自动熔接来说,关键是光纤放置于V形槽内的状态,若位置、状态调整得好,则工作开始控制电路就自动进行校准,直至熔接和连接损耗估算结束。

(1) 多模光纤的自动熔接。多模光纤自动熔接机的光纤熔接程序如图6-7所示。要求光纤端面制备合格,放入光纤调整架V形槽内,光纤端面紧贴定位挡板。多模光纤的自动熔接一般不需调芯对准,只要启动"熔接"按钮便可自动完成挡板下移、预熔、光纤增补(推进)、熔接及停止放电。有的机型在取下接头时自动加上210 g的拉力,以测定接头张力是否合格。多模熔接机本身没有监测装置,在熔接多模光纤时,也不进行监测,对链接损耗等的评价主要靠目测和外部仪表测量。

(2) 单模光纤芯轴直视方式的自动熔接。芯轴直视方式的单模熔接机操作方便,光纤端面制备清洗后放入V形槽内,启动开关,全部过程便自动进行,最后通过屏幕上光纤接头部位的目测和现实的连接损耗值来评价其质量,确定是否需要重新熔接。熔接机的具体

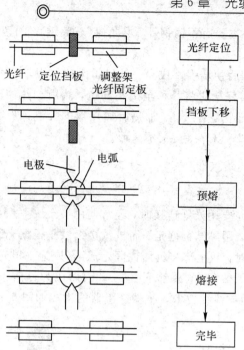

图 6-7　多模光纤自动熔接机的光纤熔接程序示意图

操作过程详见 8.1.5 节。

（3）光纤接头抗拉强度的筛选。为了保证接续质量，应对熔接的光纤接头施加一定的张力，进行抗拉强度筛选。断裂的光纤重新熔接，不断裂的接头应进行保护。目前大多数熔接机在进行热缩套管保护加热时，都具有抗张力强度试验，并且抗张力强度可以调节。

3）接头的增强保护

光纤采用熔接法完成连接后，其 2～4 cm 长度裸纤上的一次涂覆层已不存在，且熔接部位经电弧烧灼后变得更脆。试验表明，带有一次涂覆层的光纤其平均抗拉强度为 58.86 N 左右，去掉一、二次涂覆后，抗拉强度大幅度下降，平均为 6.87～9.81 N。因此光纤接续后，必须马上采取增强保护措施，具体要求主要包括：增加接头抗拉、抗弯曲的强度；不因加保护而影响光纤的传输特性；接头抗拉、抗弯曲强度和传输特性随时间变化非常小；操作简便，易掌握，操作时间短。

光纤接头保护的方法较多，包括带金属钢棒的热缩套管法和 V 形槽保护法。常用的热缩套管由 3 部分组成，具体如图 6-8 所示。

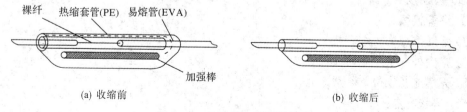

图 6-8　光纤接头热缩套管法

（1）易熔管：它是一种低熔点胶管。当加热收缩后，易熔管与裸纤熔为一体，成为新的涂层。

（2）加强棒：其材料主要有不锈钢针、尼龙棒（玻璃钢）、凹型金属片等几种，起到抗张力和抗弯曲的作用。

（3）热缩套管：收缩后使增强件成为一体，起保护作用。热缩套管式增强件熔接前需套在光纤一侧，光纤熔接完毕再将其移至接头部位，然后加热使其收缩。一般采用专用加热器收缩。加热顺序为先中心后两侧。加热后加热器的控制回路自动停止加热，此时将其移至散热片上，使之冷却，以保持接头不变形。

3. 机械连接法

1）机械连接原理

在实验室临时测试需要用光纤连接时，经常使用 V 形槽法，即将待接光纤进行端面处理后，通过 V 形槽对准，用黏结剂固定；而机械接续法是根据光纤的特性，通过 V 形槽使光纤的横截面贴合的同时，从上部将其压住固定成形（成为一根光纤）。由于光纤机械接续法所用工具简易且成本低廉（连电源都不需要），因而成为目前正在普及的 FTTH 为主的OAN 光缆线路工程的最佳接续技术。机械连接器的构成如图 6 - 9 所示。

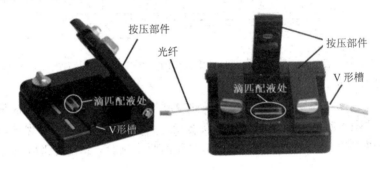

图 6 - 9　机械连接器的构成

2）CamSplice 机械式光纤接续子

下面以康宁公司的光纤接续子（CamSplice）为例讲解光纤机械连接的特点和操作方法。CamSplice 光纤接续子是一种简单、易用的光纤接续工具，如图 6 - 10 所示。它可以接续多模或单模光纤，特点是使用一种"凸轮"锁定装置，无须任何黏结剂。CamSplice 采用了光纤中心自对准专利技术，使两光纤接续时保持极高的对准精度。CamSplice 光纤接续子的平均接续损耗为 0.15 dB。即使随意接续（不经过精细对准），其损耗也很容易达到0.5 dB。它可以应用在 $250/250~\mu m$、$250/900~\mu m$ 或 $900/900~\mu m$ 光纤接续的场合。

（1）应用场合：

① 尾纤接续；

② 不同类型的光缆转接；

③ 室内外永久或临时接续；

④ 光缆应急恢复。

（2）连接特点：

① 无须黏结剂和环氧胶；

② 通用性强，适合不同涂敷层种类的光纤；

③ 光纤无须研磨；

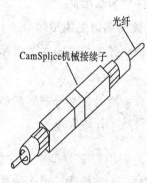

图 6-10　CamSplice 机械式光纤接续子

④ 光纤中心自对准；

⑤ 可选 900 μm 光纤导引保护管；

⑥ 可重新匹配，可精细调整；

⑦ 在对准区域，光纤无应力。

（3）使用方法：剥纤并把光纤切割好，将需要接续的光纤分别插入接续子内，直到它们互相接触，然后旋转凸轮以锁紧并保护光纤。这个过程中无须任何黏结剂或其他专用工具。一般来说，接续一对光纤不会超过 2 min。

目前应用的机械连接法中，待连接光纤的固定或夹持主要采用康宁公司的凸轮锁紧法和日本藤仓公司的楔子法，只需制备好光纤端面，利用接续子即可连接光纤。当前机械连接在 OAN 光缆线路工程中得到了越来越广泛的应用。

4. 光纤接续注意事项

光纤接续时有以下注意事项：

（1）光纤接续必须在帐篷内或工程车内进行，严禁露天作业；

（2）严禁用刀片剥除一次涂覆，严禁用火焰法制作光纤端面；

（3）光纤接续前，接续机具的 V 形导槽必须用酒精清洗，光纤切割后应用超声波清洗器清洗光纤端面，以保证接续质量；

（4）清洗光纤上的油膏应采用专用清洗剂，禁止使用汽油。

6.1.2　光纤连接器接续

光纤连接器是实现光纤间活动连接的无源光器件，它还具有将光纤与其他设备以及仪表进行活动连接的功能。活动连接器现已成为光纤通信以及其他光纤应用领域中不可缺少的、应用最广的无源光器件之一。

光纤连接器通常由一对插头及其配合机件构成，光纤在插头内部进行高精度定芯，两边的插头经端面研磨等处理后精密配合。连接器中最重要的是定芯技术和端面处理技术，光纤连接器的定芯方式分为调芯型和非调芯型。目前，连接器以非调芯型为主。这种连接器操作简单，连接损耗在 0.3 dB 以下，而且重复性好，得到了广泛应用。

工程中通常将带有一段光纤的插头称为连接器，而将固定插头、实现光纤连接的中间配合机件称为适配器。

1．连接器的主要指标

评价光纤连接器的主要指标有四个，即插入损耗、回波损耗、重复性与互换性。

1）插入损耗

插入损耗是指光纤中的光信号通过活动连接器之后，其输入光功率与输出光功率的比值的分贝数，表达式为

$$A_c = 10 \lg \frac{P_0}{P_1} \tag{6.1}$$

式中：A_c——连接器的插入损耗(dB)；

P_0——输入光功率；

P_1——输出光功率。

对于多模光纤连接器来讲，输入的光功率应当经过稳模器，滤去高次模，使光纤中的模式为稳态分布，这样才能准确地衡量连接器的插入损耗。

光纤连接器的插入损耗愈小愈好。

2）回波损耗

回波损耗又称为后向反射损耗，它是指光纤连接处后向反射光功率与输入光功率的比值的分贝数，表达式为

$$A_r = 10 \lg \frac{P_0}{P_r} \tag{6.2}$$

式中：A_r——回波损耗(dB)；

P_0——输入光功率；

P_r——后向反射光功率。

光纤连接器的回波损耗愈大愈好，以减少反射光对光源和系统的影响。

3）重复性与互换性

重复性是指光纤活动连接器多次插拔后插入损耗的变化，用 dB 表示。互换性是指连接器各部件互换时插入损耗的变化，也用 dB 表示。这两项指标可以衡量连接器结构设计和加工工艺的合理性，也是表明连接器实用化的重要标志。

2．连接器的基本结构

连接器一般分为跳线和转换器两部分。连接器基本上采用某种机械和光学结构，使两根光纤的纤芯对准，保证 90% 以上的光能够通过。目前正在使用且具有代表性的结构主要有以下几种。

1）套管结构

套管结构由插针和套筒组成。插针为一精密套管，光纤固定在插针里面。套筒也是一个加工精密的套管(有开口和不开口两种)，可使两个插针在套筒中对接并保证两根光纤的对准。其原理是：当插针的外圆同轴度、插针的外圆柱面和端面以及套筒的内孔加工得非常精密时，两根插针在套筒中对接，就实现了两根光纤的对准，如图 6-11 所示。

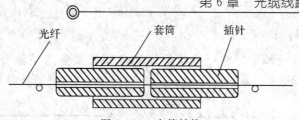

图 6-11　套管结构

由于这种结构设计合理，加工技术能够达到要求的精度，因而得到了广泛的应用。

2）双锥结构

双锥结构的特点是利用锥面定位，即插针的外端面加工成圆锥面，基座的内孔也加工成双圆锥面，两个插针插入基座的内孔实现纤芯的对接，如图 6-12 所示。插针和基座的加工精度极高，锥面与锥面的结合既要保证纤芯的对准，还要保证光纤端面间的间距恰好符合要求。它的插针和基座采用聚合物模压成型，精度和一致性都很好。这种结构由 AT&T 创立和采用。

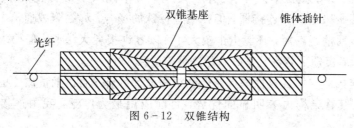

图 6-12　双锥结构

3）V 形槽结构

V 形槽的对准原理是将两个插针放入 V 形槽基座中，再用盖板将插针压紧，使纤芯对准。这种结构可以达到较高的精度。其缺点是结构复杂，零件数量多，除荷兰 Philips 公司之外，其他国家均未采用。V 形槽结构如图 6-13 所示。

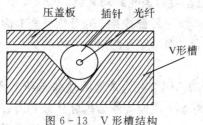

图 6-13　V 形槽结构

4）球面定芯结构

球面定芯结构由两部分组成，一部分是装有精密钢球的基座，另一部分是装有圆锥面的插针。钢球开有一个通孔，通孔的内径比插针的外径稍大。当两根插针插入基座时，球面与锥面接合将纤芯对准，并保证纤芯之间的间距控制在要求的范围内。这种结构设计巧妙，但零件形状复杂，加工调整难度大。目前只有法国采用这种结构，如图 6-14 所示。

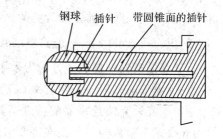

图 6-14　球面定芯结构

5）透镜耦合结构

透镜耦合又称远场耦合，它分为球透镜耦合和自聚焦透镜耦合两种，其结构如图 6-15 和图 6-16 所示。

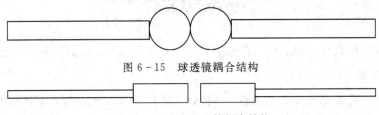

图 6-15　球透镜耦合结构

图 6-16　自聚焦透镜耦合结构

这种结构利用透镜来实现光纤的对准。用透镜将一根光纤的出射光变成平行光，再由另一透镜将平行光聚焦导入到另一光纤中去。其优点是降低了对机械加工的精度要求，使耦合更容易实现。其缺点是结构复杂、体积大、调整元件多、接续损耗大。在光通信中，尤其是在干线中很少采用这类连接器，但在某些特殊的场合，如在野战通信中这种结构仍有应用。因为野战通信距离短，环境尘土较大，可以容许损耗大一些，但要求快速接通。透镜能将光斑变大，接通更容易，正好满足这种需要。

以上五种连接器结构各有优缺点。但从结构设计的合理性、批量加工的可行性及实用效果来看，精密套管结构占有明显的优势，目前应用最为广泛，我国连接器多采用这种结构。

3. 常用的光纤活动连接器

光纤活动连接器的品种、型号很多，据不完全统计，国际上常用的有 30 多种。在我国使用最多的是 FC 系列的连接器，它是干线系统中采用的主要型号，在今后较长一段时间内仍是主要应用品种；SC 型连接器是光纤局域网、CATV 和接入网的主要应用品种；ST 连接器通常用于布线设备端，如光纤配线架、光纤模块等；而 SC 和 MT 连接器通常用于网络设备端。随着设备小型化、端口密度的增加，体积更小的 LC 连接器得到了越来越多的应用。

光纤连接器按传输媒介的不同可分为常见的硅基光纤单模、多模连接器，还有其他以塑胶等为传输媒介的光纤连接器；按连接器结构可分为 FC、SC、ST、LC、D4、DIN、MU、MT 等各种形式；按光纤端面形状可分为 PC、UPC 和 APC 等形式；按光纤芯数有单芯和多芯(如 MT-RJ)之分。在实际应用过程中，我们一般按照光纤连接器结构的不同来加以区分。以下是一些目前比较常见的光纤连接器。

1）FC(Ferrule Connector)型连接器

FC 型连接器外部加强方式为采用金属套，紧固方式为采用螺丝扣，如图 6-17 所示。它是我国电信网采用的主要类型，我国已制定了 FC 型连接器的国家标准。

FC 型光纤光缆连接器的特点是具有外径为 2.5 mm 的圆柱形对中套管和带有 M8 螺纹的螺纹式锁紧机构。此类连接器结构简单，操作方便，制作容易，但光纤端面对微尘较为敏感，且容易产生菲涅尔反射，提高回波损耗性能较为困难。后来，对该类型连接器做了改进，采用对接端面呈球面的插针(PC)，而外部结构没有改变，使得插入损耗和回波损耗性能有了较大幅度的提高，使其具备非常低的接续损耗和反射。

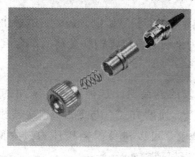

图 6-17　FC 型光纤连接器插头

2) SC(Square Connector)型连接器

SC 型连接器采用矩形插拔销闩(Push-On Pull-Off)紧固方式，是带有 2.5 mm 圆柱形套管的单芯连接器，如图 6-18 所示。它的插针、耦合套筒与 FC 完全一样，其插针的端面多采用 PC 或 APC 型研磨方式，外壳采用工程塑料制作，且为矩形结构，便于连接器密集安装。SC 型连接器不用螺纹连接，可以直接插拔，使用方便，操作空间小，可以做成多芯连接器密集安装，因此应用前景更为广阔。

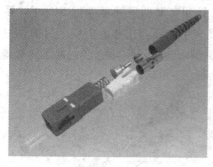

图 6-18　SC 型光纤连接器插头

3) ST(Slotted bayonet Type)型连接器

ST 型连接器由 AT&T 公司开发，它的主要特征是有一个卡口锁紧机构和一个直径为 2.5 mm 的圆柱形套筒对中机构，如图 6-19 所示。ST 型光纤连接器采用卡口旋转连接耦合方式，便于现场装配。该结构具有重复性好、体积小、重量轻等特点，适用于通信网和本地网。

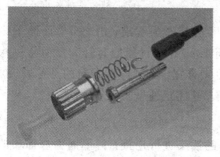

图 6-19　ST 型光纤连接器插头

对于 10Base-F 连接来说，连接器通常是 ST 类型的；对于 100Base-FX 连接来说，连接器大部分情况下为 SC 类型的。ST 连接器的芯外露，SC 连接器的芯在接头里面。

4) 双锥(Biconic Connector)型连接器

这类光纤连接器中最有代表性的产品由美国贝尔实验室研制开发，它由两个经精密模压成形的、端头呈截头圆锥形的圆筒插头和一个内部装有双锥形塑料套筒的耦合组件组成。

5) DIN47256 型光纤连接器

DIN47256 型光纤连接器是一种由德国开发的连接器。这种连接器采用的插针和耦合套筒的结构尺寸与 FC 型相同，端面处理采用 PC 研磨方式。与 FC 型连接器相比，其结构要复杂一些，内部金属结构中有控制压力的弹簧，可以避免因插接压力过大而损伤端面。另外，这种连接器的机械精度较高，因而插入损耗值较小。

6) MT‐RJ 型连接器

MT‐RJ 型连接器起步于 NTT 开发的 MT 连接器，带有与 RJ‐45 型 LAN 电连接器相同的闩锁机构，通过安装于小型套管两侧的导向销对准光纤，为便于与光收发信机相连，连接器端面光纤为双芯(间隔 0.75 mm)排列设计，是主要用于数据传输的下一代高密度光纤连接器。

7) LC 型连接器

LC 型连接器是美国贝尔实验室研究开发出来的，采用操作方便的模块化插孔(RJ)闩锁机构制成，如图 6‐20 所示。其所采用的插针和套筒的尺寸是普通 SC、FC 等所用尺寸的一半，为 1.25 mm。这样可以提高光纤配线架中光纤连接器的密度。目前，在单模 SFF (Small Form Factor，小封装技术)方面，LC 类型的连接器实际已经占据了主导地位，且在多模方面的应用也增长迅速。

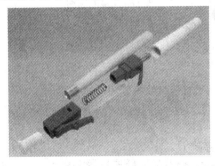

图 6‐20　LC 型光纤连接器插头

8) MU(Miniature Unit)型连接器

MU 型连接器是以目前使用最多的 SC 型连接器为基础，由 NTT 研制开发出来的世界上最小的单芯光纤连接器。该连接器采用 1.25 mm 直径的套管和自保持机构，其优势在于能实现高密度安装。随着光纤网络向更大带宽、更大容量方向的迅速发展和 DWDM 技术的广泛应用，人们对 MU 型连接器的需求也将迅速增长。

9) 不同型号连接器的转换器

上述各种型号的连接器，只能对同型号的插头进行连接，对不同型号插头的连接，常用的转换器有以下三种：

(1) FC/SC 型转换器：用于 FC 与 SC 型插头互连。

(2) FC/ST 型转换器：用于 FC 与 ST 型插头互连。

（3）SC/ST 型转换器：用于 SC 与 ST 型插头互连。

除此之外，FC 与双锥、FC 与 D4 等都可以做成转换器，但这些类型的转换器在我国使用较少。

10）连接器标注方法

在表示光纤活动连接器的标注中，常见"FC/PC"、"SC/PC"等，其含义是："/"前面部分表示光纤活动连接器的型号，如上文所述；"/"后面表示光纤插针端面接触方式，即研磨方式，常见的有 PC、UPC 和 APC 三种。

（1）PC（Physic Contact）原意为物理接触，即插针体端面为物理端面，采用微球面研磨抛光，如图 6-21 所示。在电信运营商的设备中应用最为广泛，其接头截面是平的。

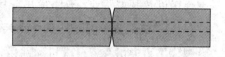

图 6-21　PC 型光纤连接器接头示意图

（2）UPC（Ultra Physic Contact）型插针体端面为超级物理端面，其损耗要比 PC 小，一般用于有特殊需求的设备。例如，一些国外厂家 ODF 架内部跳纤用的就是 FC/UPC，主要为提高 ODF 设备自身的指标。

（3）APC（Angled Physic Contact）型插针端面为角度物理接触，采用呈 8°角的微球面研磨抛光，如图 6-22 所示。在广电和早期的 CATV 中应用较多的就是 APC 接头，主要原因是电视信号是模拟光调制，当接头耦合面垂直的时候，反射光会沿原路径返回，而 APC 可使反射光不沿原路径返回。

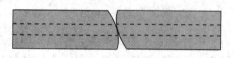

图 6-22　APC 型光纤连接器接头示意图

4. 光纤适配器

光纤适配器（又名法兰盘）是光纤活动连接器的对中连接机件，广泛应用于光配线架、光纤通信设备与仪器仪表等。系列产品包括 FC、SC、ST、LC 和 MT-RJ 等。

1）基本结构

光纤适配器的结构很简单，常见适配器如图 6-23 所示。

(a) FC型适配器

(b) ST型适配器

(c) LC型适配器(四联)

(d) SC型适配器

图 6-23　常见光纤适配器示意图

2）主要特性

光纤之间是由适配器通过其内部的开口套管连接起来的，以保证光纤跳线之间的最高连接性能。变换型适配器可以连接不同类型的光纤跳线接口，并提供了 APC 端面之间的连接。双连或多连光纤适配器可提高安装密度。

一般地，光纤适配器均符合 ANSI、BELLCORE、TIA/EIA 以及 IEC 等标准，具有插入损耗低、互换性和重复性优越、温度特性优良、环境性能稳定等特性。可广泛运用于 CATV、局域网、接入网、设备终端、多媒体连接、电信网络、数据网络、测试、医疗设备数据连接以及其他工业、军事应用等场合。

5．野战光缆通信系统中的活动连接器

现代军事通信系统要求机动性强、可靠性好、线路组建快、抗干扰性能好、独立性强，要求在各种恶劣条件下都能正常运行。野战光缆通信系统的独特优点能弥补传统军事通信如微波、同轴电缆和对绞电缆等的缺陷，满足现代军事通信的要求。

野战光缆通信系统由光缆、活动连接器、光端机和中继器四部分组成。其中，活动连接器的主要功能是将系统的各部分连接起来，组成完整的系统。

1）光缆连接器的种类

（1）野战光缆连接器。野战光缆连接器为中性结构，任一连接器都是相同的，没有阴阳之分，可以互换使用。每一个连接器都配有中性结构的保护帽，不但可以使连接器的端面得到良好保护，还可以在光缆处于工作状态时，保护帽与保护帽自身进行对接，保证保护帽内部的清洁，如图 6-24 所示。

图 6-24　野战光缆连接器

① 组件：由 1～2 km 的光缆、两个活动连接器组成完整的光缆组件。

② 特点：中性结构、插入损耗小、重复性和互换性好、抗拉强度高、密封性好、工作温度范围宽以及重量轻等。

③ 功能：完成光缆与光缆之间、光缆与光端机、光缆与中继器、光缆与车载光端机之间的活动连接等。

（2）光端机、中继器连接器。在野战光缆通信系统中，用野战光缆连接器可以将光缆组件连接起来。但是要使光缆组件与光端机和中继器相连，则必须在光端机和中继器的信号输入、输出端上装上相应的连接器。这种连接器被称为光端机、中继器连接器。

① 特点：该连接器的光学特性与野战光缆连接器是完全相同的，同时也具备中性结构、密封性好、环境温度范围宽等特点。其最突出的特点是：该连接器在设计上大部分零件与野战光缆连接器相同。

② 功能：该连接器为两根有保护套管的光纤，分别与光端机和中继器内的 LED 和

PIN 管直接耦合。每一个连接器上都配有中性结构的保护帽，可以起到与野战光缆连接器保护帽相同的作用。

（3）车载连接器。为了使野战光缆通信系统具备灵活机动的线路敷设和快速组网的能力，系统的终端设备一般都安装在雷达车或专用的机动车辆上。因此，在光缆系统中，从光端机到车壁之间的引接线、安装在车壁上与外部光缆组件相连的车载连接器是不可缺少的。

① 特点：车厢内外的条件不同，车外环境条件一般更为苛刻，故在车载连接器的端面用"O"型密封圈进行密封，可以保证连接器（整个系统）在较恶劣的气候、环境条件下能够正常工作。

② 功能：在野战光缆上，一端装野战光缆连接器，可与光端机上的连接器相连；另一端装车载连接器，可通过车壁上的专用孔牢固地固定在车壁上，其输出端暴露在车厢外面，并用中性保护帽保护，连接时操作人员无须进入车厢内，只要旋开保护帽就可迅速地将光缆组件与其连接。

（4）测试用软线连接器。无论是野战光缆连接器，光端机、中继器连接器，还是车载连接器都需要一个测试用软线连接器。

① 特点：一端为野战光缆连接器，另一端为两个 FC 型连接器。

② 功能：野战光缆连接器可与系统中任意一个连接器相连，FC 型连接器可直接插入光功率计进行测量。

2）野战光缆连接器的使用

（1）野战光缆连接器连接准备事项：① 打开保护帽；② 检查连接器，检查方法如下：

a. 外观检查：在连接器实施连接前首先应检查连接器保护玻璃是否破损、是否清洁，若玻璃有破损应更换备用玻璃，更换时，应注意清洁，不应污染连接器内部元件；若玻璃表面有污垢，可用棉布或擦镜纸除去污物。然后检查连接器有无密封圈，若无则应将备用密封圈换上；如无异常现象随即对插针、导向柱等表面进行清洁处理，擦去灰尘。此时，可用牙签或其他软竹片、木棍裹上擦镜纸或棉花球蘸无水酒精小心擦拭光纤插针表面。

b. 通光检查：室内可用 60 W 或 100 W 的台灯，野外可用手电筒，从光缆连接器组件一端的插头处照入，另一端应有光可见，若通光正常，即可连接；若另一端无光可见，则应检查组件，查出问题，修复后方可使用。

（2）野战光缆连接器的连接方法：

① 将两连接器平行相对，按位置将导向柱对准对方的导向孔，再相互插入；

② 对插到位后，双手分别推动外螺帽旋转前进，当两螺帽顺利旋入后，旋紧即可；

③ 若发现损耗太大，则应旋出，并检查原因，找出问题；

④ 两保护帽相互连接，方法同②。

（3）连接器连接操作的注意事项：

① 在进行连接器连接操作时，应注意导向柱必须对准对方的导向孔，不要撞击对方的保护玻璃，以免损坏。

② 清洗玻璃用的棉布或纸不应混有尖硬杂物，以防擦伤玻璃。

③ 连接器在不连接时应随时盖好保护帽。

④ 连接器连接后，保护帽应互相连好或安装在车上的螺栓上，以免遗失。

⑤ 使用连接器（或组件）时，应尽量轻放，不应使连接器跌落过猛，以延长使用寿命。

6.1.3　光纤连接损耗的现场监测

1. 光纤连接损耗的原因

光纤连接损耗产生的原因有两种。一种是由于两根待接续光纤特性的差异或光纤自身原因所造成的、并且不可能通过改善接续工艺和熔接设备来减小的连接损耗，这种损耗称为接头的固有损耗。例如，单模光纤的模场直径偏差、模场与包层的同心度偏差、不圆度等都是引起接头固有损耗增大的原因。另一种原因是由外部因素造成的光纤连接损耗增大，如接续时的轴向错位、光纤间的间隙过大、端面倾斜等，这些均由操作工艺不良、操作中的缺陷以及熔接设备精度不高等原因所致，称为连接损耗。下面详细分析连接损耗产生的各种原因。

（1）光纤模场直径不同引起的连接损耗。以标准单模光纤为例，ITU - T G.652—2016 规定在 1310 nm 模场，直径标称值为 8.6～9.5 μm，则允许偏差为 0.6 μm。单模光纤模场直径偏差的离散性较大，会导致光纤接头的固有损耗增大。试验证明，模场直径偏差大约为 20％时引起的接头损耗大约是 0.2 dB。对于使用不同类型的光纤链路，模场直径的失配情况可能更加突出，引起的光纤连接损耗会更大。

（2）光纤轴向错位引起的连接损耗。单模光纤的轴向错位是由外部原因造成的，如光纤接续设备精度不高、光纤放置在熔接机 V 形槽中产生轴向错位等。单模光纤因轴向错位而产生的连接损耗最大，仅 2 μm 的轴向错位，就可产生约 0.5 dB 的连接损耗。

（3）光纤间隙引起的损耗。光纤接续时，光纤端面间隙过大，会因传导模泄漏而产生连接损耗。活接头接续时，此类连接损耗更大。

（4）折角引起的损耗。光纤在接续过程中产生的折角也是引起连接损耗增大的原因。接续时只要有 1°的折角，就会产生 0.46 dB 的连接损耗。因此，当要求连接损耗小于 0.1 dB 时，单模光纤的折角应小于 0.3°。

（5）光纤端面不完整引起的损耗。光纤端面不完整包括切割断面的倾角和光纤端面粗糙。图 6 - 25 显示了色散位移单模光纤和标准单模光纤的连接损耗与光纤端面切割角度的关系。当光纤端面的平整度不良时也会产生损耗，而气泡是光纤连接损耗增大的外部原因。

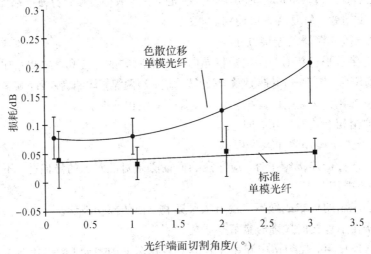

图 6 - 25　接续损耗值与光纤端面切割角度的关系

（6）相对折射率差引起的连接损耗。生产制作中，每根光纤的参数不尽相同，接续时就会使连接损耗增大。试验证明，当相对折射率相差 10% 的两段光纤连接时，产生的连接损耗为 0.01 dB。由此可见，单模光纤相对折射率等参数不同所产生的连接损耗较小，与其他原因产生的连接损耗相比，可以忽略不计。

接续人员操作水平、操作步骤、盘纤工艺水平、熔接机中电极的清洁程度、熔接参数设置、工作环境清洁程度等均会影响到连接损耗的值。

2. 光纤连接损耗的现场监测

熔接一根纤芯后，熔接机一般都能给出熔接点的估算损耗值。它是根据光纤对准过程中获得的两根光纤的轴偏离、端面角偏离及纤芯尺寸的匹配程度等图像信息推算出来的。当熔接比较成功时，熔接机提供的估算值与实际损耗值比较接近。但当熔接发生气泡、夹杂或熔接温度选择不合适等非几何因素发生时，熔接机提供的估算值一般都偏小，甚至将完全不成功的熔接接头评估为质量合格的接头。尤其是在野外工作时，工作环境的洁净度不能得到有效保证，再加上光纤品质、气候条件和熔接机自身状况等因素，往往会使估算值和实际值之间出现较大偏差。即使接续质量良好，但对于不熟练的作业手，在盘纤过程中也可能因疏忽而造成较大的附加损耗，甚至发生断纤。为保证光缆接续的质量，避免返工，接续过程中必须使用 OTDR 进行监测。

采用 OTDR 进行光纤连接的现场监测和连接损耗测量评价，是目前最为有效的方式。一般地，根据传输距离选择满足测量要求的 OTDR。这种方法直观、可靠，并能保存、打印光纤后向散射曲线。利用 OTDR 测量的另一个突出优点是：在监测的同时可以比较精确地测出由局内至各接头点的光纤长度，继而计算出接头点至端局的实际距离，这对今后维护工作中查找故障是十分必要的。

在整个接续工作中，按以下步骤严格执行 OTDR 监测程序：

（1）熔接过程中对每一芯光纤进行实时跟踪监测，检查每一个熔接点的质量；

（2）每次盘纤后，对所盘光纤进行例检，以确定盘纤带来的附加损耗；

（3）密封接续盒前，对所有光纤进行统一检测，查明有无漏测、光纤预留盘纤对光纤及接头有无挤压；密封接续盒后，对所有光纤进行最后检测，检查封盒是否损害光纤。

用 OTDR 监测，根据仪表安放位置及测试的不同要求，可采用远端监测、近端监测、远端环回双向监测等不同的测试方式。

1）远端监测

远端监测法如图 6-26 所示，即 OTDR 固定不动，在接续方向后侧测试。

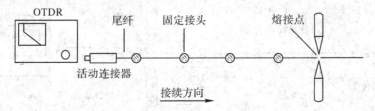

图 6-26　远端监测法示意图

（1）优点：OTDR 固定不动，省去了仪表在野外转移所需的车辆、人力和物力，有利于保护仪表和延长其使用寿命；测试点选在有市电的地方，不需配备油机；测试点环境稳定，不必剥开光缆。

(2) 缺点：测试人员和接续人员联络不方便。一般地，对讲机或小型电台因受距离和地形限制，有时无法保证联络畅通。为保证联络，可用移动电话使测试人员和接续人员随时保持联络，以便组织协调，提高工作效率。此外，也可用光电话联络，将约定好的一根光纤接在光电话上作联络线，但是这根作联络用的光纤在熔接和盘纤时要依赖其他通信手段进行监测。实践证明，这种监测对保证质量、减少返工是行之有效的。

2）近端监测

近端监测法如图 6-27 所示，OTDR 始终在连接点的前面，一般离熔接机 2 km 左右，在长途干线施工时多数采用这种方式。

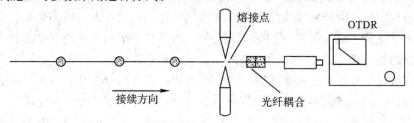

图 6-27　近端监测法示意图

(1) 优点：OTDR 离连接点距离近，现场监测对仪表动态范围、耦合方式及效果要求不像远端监测那样苛刻。测量组人员可为接续组做一些连接前的光缆开剥等准备工作，以缩短接续组的操作时间。

(2) 缺点：OTDR 要到每个测试点测试，搬动仪表既费工又费时，且不利于仪表的保护，如测试点无可靠电源，还要自带发电机，线路远离公路且地形复杂时更麻烦。由于测量不是由局内向外测，而是在连接点前边"退"着测，因此提供的至接头的位置距离可能存在偏差，提供的长度不如远端监测方式准确。尽管如此，由于此测试法具有联络方便、光缆开剥和熔接可以流水作业的优点，因此更适合用小型 OTDR 监测。因为近距离测试对仪表的动态范围要求不高，同时小型 OTDR 小巧轻便且带有蓄电池，不需要发电机，可大大减少测试人员的工作量。

3）远端环回双向监测

在远端环回双向监测中，OTDR 的位置同近端监测方式一样，仪表在连接点前进行监测，但不同的是在始端将缆内光纤作环接，即 1 号同 2 号连接、3 号同 4 号连接……，测量时分别由 1 号、2 号测出接头两个方向的损耗，算出其连接损耗。远端环回双向监测如图 6-28 所示。

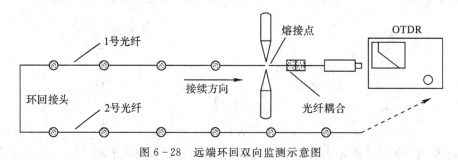

图 6-28　远端环回双向监测示意图

(1) 优点：采用该方法能准确评估接头的好坏。由于测试原理和光纤结构上的原因，用 OTDR 单向监测会出现虚假增益，也会出现虚假损耗。对一个接头来说，两个方向损耗值的数学平均值才是真实的损耗值。据统计，在工程接续中会有约 20％～30％的接头损耗双向值符合要求而单向值超标的情况发生。这意味着工程人员在采用单向监测时，可能会有 20％～30％的情况进行了错误的重复接续，所以双向测试可有效地避免误判。

（2）缺点：需要不停地搬动测试仪表，费时费力；同时双向监测增加了工作量，减慢了测试速度和工程进度。此外，对于中继段较长的线路，若在离始端 20 km 处接续，则一盘长为 2 km 的光缆，应在距始端 22 km 处测试。这样正向值是测 2 km 处的损耗值，反向损耗则是测 42 km 处的损耗值，受 OTDR 动态范围限制，此时由于距离较长，信号较弱，不能准确测试出反向损耗值，要想继续双向监测，必须在中继段另一头终端环回，最终造成中间必有一个接头无法双向监测，另外也可能因通信联络不畅而影响监测，这些都是双向监测不可避免的缺点。

综上所述，虽然远端环回双向监测也存在种种缺陷，但相对于单向监测 20％～30％的误判可能，仍建议工程人员在选择光纤现场监测方法时使用远端环回双向监测法。

6.1.4　光缆接续

光缆接续是光缆线路施工中工程量大、技术要求复杂的一道重要工序，其质量好坏直接影响到光缆线路的传输质量和寿命，接续速度也对整个工程进度造成了影响。特别是长途干线，缆内纤芯数量较多，且质量要求较高，此时不仅要求施工人员技术熟练，而且要求施工组织严密，在保证质量的前提下，提高施工速度。对于光缆线路工程，据国内外统计，接头部位发生故障的概率是最高的。这些故障一般表现为光纤接头劣化、断裂，护套进水等。上述故障不仅取决于光缆连接护套的方式、质量，而且与内部光纤接头的增强保护方式、材料质量等有关。同时，故障与光缆接续工艺、工作人员的责任心等因素也都有着密切的关系。

1. 光缆接续的一般要求

1）光缆接续的内容

光缆接续一般是指机房以外的光缆连接，包括缆内光纤的连接以及光缆外护套的连接。对于采用阻燃型局内光缆的线路，光缆接续包括进线室内局外光缆与局内光缆的连接以及局外全部光缆之间的连接工作。每一个光缆接头均包括下列内容：

（1）光缆接续准备，护套内部组件安装；

（2）加强件连接或引出；

（3）铝箔层、铠装层连接或引出；

（4）光纤连接及连接损耗监测、评价和余留光纤的收容；

（5）充气导管、气压告警装置的安装（非充油光缆）；

（6）受潮等监测线的安装；

（7）接头护套内的密封防水处理；

（8）接头护套的封装，包括封装前各项性能的检查；

（9）接头处余留光缆的妥善盘留；

（10）接头护套安装及保护；

(11) 各种监测线的引上安装；

(12) 埋式光缆接头坑的挖掘及埋设；

(13) 接头标石的埋设安装。

2）接续材料的质量要求

(1) 光缆接续护套必须是经过鉴定的产品；埋式光缆的接头护套应具有良好的防水、防潮性能。

(2) 光缆接头护套的规格程式及性能应符合设计规定。

(3) 对于重要工程，应对光缆接头护套进行试连接并熟悉其工艺过程，必要时可改进具体操作工艺，确认护套是否存在质量问题。

(4) 光纤接头的增强保护方式应采用成熟方法，在使用胶剂保护时，其材料应在有效期内；在采用光纤热缩套管时，其热缩套管的材料应符合工艺要求，且不同产地的材料应通过试用之后，才能被选用。光纤接头热缩套管应有备品，一般六芯光缆备品为 1 支/光缆接头；8～12 芯光缆备品为 2 支/光缆接头；20 芯以上光缆，备品为 3～4 支/光缆接头。

(5) 光缆接头护套、监测引线的绝缘应符合规定，一般要求大于 10 000 MΩ。

(6) 加强件、金属层等连接应符合设计规定方式，连接应牢固，符合操作工艺的要求。

3）光缆接续要求

(1) 光缆接续前应核实光缆的程式、端别等，确保准确无误；光缆应保持良好状态：光纤传输特性良好，护层对地绝缘合格（若不合格，则应找出原因并进行必要的处理）。

(2) 接头护套内光纤的序号应作出永久性标记；当两个方向的光缆从接头护套同一侧进入时，应对光缆端别作出统一的永久标记。

(3) 光缆接续的方法和工序标准，应符合施工规程和不同接续护套的工艺要求。

(4) 光缆接续应具备良好的工作环境，一般应在车辆或接头帐篷内作业，以防止灰尘影响；在雨雪天施工时，应避免露天作业；当环境温度低于零摄氏度时，应采取升温措施，以确保光纤的柔软性和熔接设备的正常工作，以及施工人员的正常操作。

(5) 光缆接头余留和接头护套内光纤的余留应充足，光缆余留一般不少于 4 m；接头护套内最终余长应不少于 60 cm。

(6) 光缆接续应注意连续作业，对于当日无条件结束连接的光缆接头，应采取措施，防止受潮和确保安全。

(7) 光纤接头的连接损耗应低于内控指标，每条光纤通道的平均连接损耗应达到设计文件的规定值。

4）光缆接续的特点

光缆接续和电缆接续有不少相似的方面。但由于光缆内光纤与金属导线有较大的区别，因此在连接方式、施工技术等方面也都有一定的区别。光缆接续具有以下特点：

(1) 全程接头数量少。由于光缆平均盘长约为 2 km，长距离中继段盘长为 3～4 km，因此，全程总的接头数量减少了，不仅节省了工程费用，而且提高了系统的可靠性。

(2) 接续技术要求高。由于光纤的特性，要求连接部位必须具有长期保护光缆中光纤及接头的性能，避免受到振动、张力、压缩力、弯曲等机械外力和水潮气、有害气体等的影响，因此，要求光缆接头结构优良，操作严谨。

光纤远比铜线细，尤其纤芯部分对连接机具精度和连接工艺的要求非常高。

（3）接头护套内必须有余留长度。光纤由于接续、维护的需要在接头护套内必须有 80 cm 左右的余留。

（4）机械可拆卸与再连接方式。为了在施工中或维护中便于处理故障，要求接续部位具备可拆卸及再连接的性能。

5）光缆接头的安装

（1）埋式光缆接头盒宜采用两端进缆的方式，接头坑宜为梯形，宽度不宜小于 2.5 m。光缆在接头坑内的预留方式应满足设计要求，如图 6-29 所示。

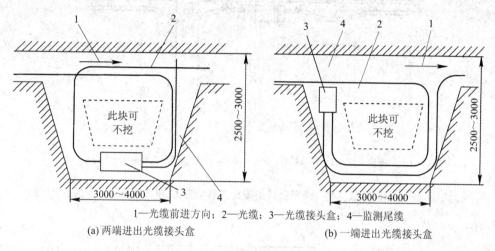

1—光缆前进方向；2—光缆；3—光缆接头盒；4—监测尾缆

(a) 两端进出光缆接头盒　　　　　　　　　(b) 一端进出光缆接头盒

图 6-29　直埋光缆接头坑示意图

（2）接头坑宜位于路由前进方向的右侧，深度应符合直埋光缆的埋设深度要求，坑底应平整无碎石，铺 100 mm 的细土或砂土并踏实；接头盒上方覆盖厚约 200 mm 的细土或砂土后，盖上水泥盖板或砖（或采用其他防机械损伤的措施）进行保护，水泥盖板上方为回填土。预留光缆的盘留应整齐，对地绝缘监测装置引出位置应一致，如图 6-30 所示。

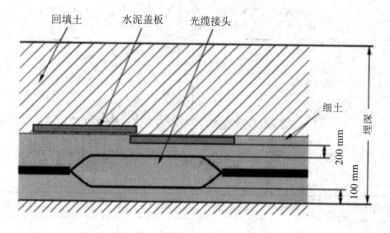

图 6-30　直埋光缆接头安装示意图

（3）卧式（两端进缆）接头盒应安装在电杆附近的吊线上，如图 6-31 所示；立式（一端进缆)接头盒应安装在电杆上,如图6-32所示。光缆接头盒安装应牢固、整齐,两侧应做预留伸缩弯。光缆接头处的预留光缆应按设计规定的方式盘留,预留光缆应安装在接头两侧的邻杆上,光缆过杆处应加保护套管,光缆盘留半径应符合表6-2的规定。盘留方式可采用预留支架的方式,如图6-33(a)所示,也可采用光缆收线储存盒的方式,如图6-33(b)所示。

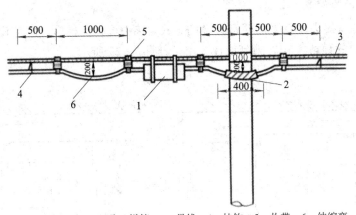

1—光缆接头盒;2—聚乙烯管;3—吊线;4—挂钩;5—扎带;6—伸缩弯

图6-31 架空光缆卧式接头盒安装示意图(单位为mm)

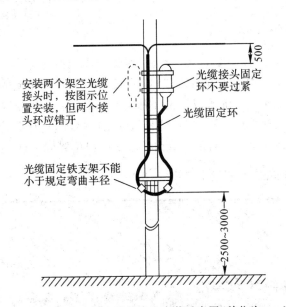

图6-32 架空光缆立式接头盒安装示意图(单位为mm)

表6-2 光缆最小曲率半径

光缆外护层形式	无外护层或04型	53、54、33、34型	333型、43型
静态弯曲	10D	12.5D	15D
动态弯曲	20D	25D	30D

注:D为光缆外径。

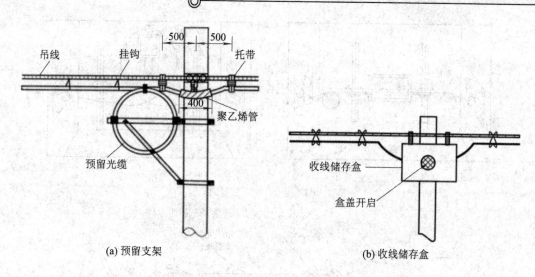

(a) 预留支架　　　　　　　　　　　(b) 收线储存盒

图 6-33　预留光缆安装示意图(单位为 mm)

（4）管道人孔内光缆接头及余留光缆应根据光缆接头护套的不同和人孔内光(电)缆占用情况进行安装。

① 尽量安装在人孔内较高位置，避免雨季时人孔内积水被浸泡；

② 安装时应注意尽量不影响其他线路接头的放置和光(电)缆的走向；

③ 光缆应有明显标识，当光缆走向不明显时应作方向标记；

④ 按设计要求方式对人孔内光缆进行保护。

（5）采用接头护套为一头进缆时，可按图 6-34 所示方式安装；两头进缆时可按与图 6-29(a)相类似的方法，把余缆盘成圈后，固定于接头的两侧。

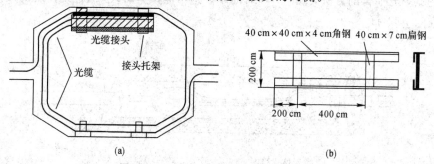

图 6-34　管道人孔内接头护套安装图

（6）采用接头箱(盒)时，一般固定于人孔内壁上，余留光缆可按图 6-35 所示的两种方式进行安装和固定。

6）光缆接头的防水处理

光缆接头的防水处理方法有热缩套管加混合胶(AB 胶)密封法和充油法两种。

（1）热缩套管加混合胶(AB 胶)密封法。采用热缩套管加混合胶(AB 胶)密封时，为了保证光缆接头的密封性能，光缆接头外护套与光缆护套的结合部位应加入热缩套管与混合胶构成的防水层，如图 6-36 所示。图中所示的 IV 线是光缆接头系统中接地的引出线。对于采用系统接地的直埋式光缆来说，采用这种防水处理是比较理想的。

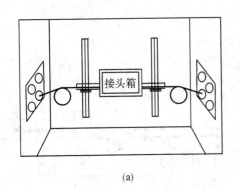
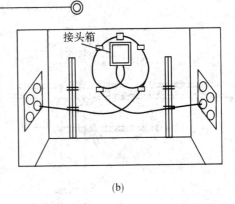

(a)   (b)

图 6-35   管道人孔接头箱(盒)安装图

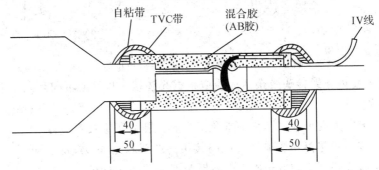

图 6-36   热缩套管加混合胶密封法防水处理示意图(单位为 mm)

（2）充油法。为了防止水汽浸入到光缆内，也可采用在机械式光缆接头的内、外护套之间的空隙填充油膏的方法，如图 6-37 所示。这种油膏呈糊状，通过外护套的充油嘴压入内外护套的空隙间。

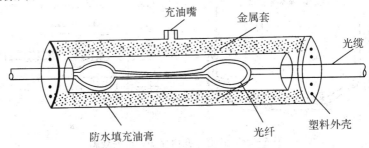

图 6-37   充油法防水处理示意图

另外，还可采用防水密封圈的防水措施，这也是目前应用较广泛的一种防水处理方法。

2. 光缆接头护套的性能要求

光缆接头护套的功能是防止光纤和光纤接头受振动、张力、冲压力、弯曲等机械外力影响，避免水、潮气、有害气体的侵害。因此，光缆接头护套应具有适应性、气闭性与防水性、一定的机械强度、耐腐蚀和耐老化以及操作的优越性等性能。

1）适应性

光缆有直埋、架空、管道、水线等各种敷设方式，因此，光缆接头护套对自然环境要有较强的适应性。在施工或维护中，应根据不同的光缆程式，选择与之相适合的接头护套。

2）气闭性与防水性

尤其是埋式光缆的接头、水位较低的管道人孔用接头，必须具有良好的密封性能。由于光纤的传输损耗与湿度有密切关系，因此，光缆接头护套要有良好的气闭性与防水性。当要求光缆接头护套具备保持 20 年的密封性能时，其对地绝缘电阻也应符合设计要求。

3）机械强度

光缆接头是将各单盘长度的光缆连接成符合中继段传输要求的关键部位，因此要求光缆接头护套具有一定的抗张强度，一般在光缆抗张强度的 70% 以上。又由于接头护套起保护光纤等连接部位的作用，因此要求其具备足够的机械侧压强度。

4）耐腐蚀和耐老化

目前大部分光缆接头护套的外护层都采用塑料制品。通常光缆寿命按 20 年计算，因此设计中必须对光缆接头护套的耐腐蚀、耐老化以及绝缘性能提出严格要求。

5）护套直径应能满足光纤对余留长度的收容和弯曲半径的要求

一般，光纤在接头部位有 0.6～1 m 的余留长度，并按一定的半径盘绕后收容在接头护套内。由于光纤弯曲半径过小时会产生附加损耗，因此，不同结构和不同芯数光纤的光缆接头护套应具有相适应的直径和长度，使其在盒内具有足够的弯曲半径，一般弯曲半径大于 40 mm；同时保证光纤在盒内不受压、不受力，以避免长期应力疲劳。

6）操作的优越性

在接续操作及器材优化方面，对光缆接头护套也有一定的要求，具体如下：

（1）操作简便，要求接头护套尽量简化，容易拆装，以便尽可能缩短安装与操作时间。

（2）通用性，要求光缆接头护套尽可能规格化、标准化，以适应不同光缆种类、不同安装方式的接续要求。

（3）可拆卸性，要求接头护套容易拆卸，能够长期重复使用，并且尽可能减少装拆工序。

3. 光缆接头护套的组成

光缆接头由光缆接头护套将两根被连接的光缆连为一体，并满足传输特性和机械性能的要求。图 6-38 所示为光缆接头护套实物，图 6-39 所示为光缆接头护套的组成示意图。

图 6-38　光缆接头护套（光缆接头盒）实物

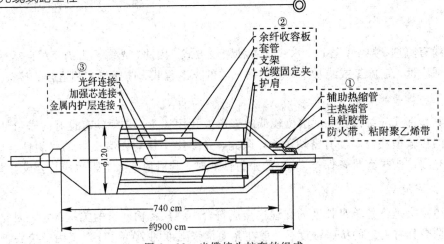

图 6-39 光缆接头护套的组成

从图 6-39 中可以看出：这是一种由金属构件、热缩套管及防水带、粘附聚乙烯带构成的连接护套式光缆接头，主要分为 3 个部分。

1）外护套和密封部分

（1）辅助热缩管：其作用是将套肩与光缆连为一体，并使光缆入口连接部位初具密封条件。

（2）主热缩管：光缆接头最外边的一层，起完整、密封、保护等作用。

（3）自粘胶带：在光缆入口处起密封主导作用。

（4）防水带、粘附聚乙烯带：气密性、防水性的主要关口。

2）护套支撑部分

光缆接头护套需要有一定的"空间"，与光缆连接于固定部位，这就需要有支撑部分（也可理解为骨架部分）。护套支撑部分主要包括：

（1）余纤收容板：用于收容 60～100 cm 余留长度的光纤。

（2）套管：接头套管有金属和增强塑料两种，图 6-39 中的套管为金属套管。套管部分起外部支撑和抗压保护的作用。

（3）支架：内部骨架的组成部分，不同结构的支架件的形状、数量不一。

（4）光缆固定夹：被连接的两端光缆在护套内由光缆固定夹夹持并固定。

（5）护肩：由于光缆较细，套管又较粗，护肩起过渡作用。

3）缆内连接部分

在光缆接续中，光缆加强件及金属护层的接续是两个重要工序。金属加强件和金属护层采用两种接续方式：第一种是金属加强件和金属护层在光缆接头处的电气上分别相连通；第二种是接头两端的金属加强件和金属护套在电气上互不连通。每次光缆开剥后都必须测试铜导线的直流电阻、绝缘电阻、绝缘强度，并做好测试记录。在接头护套内电气连通时，测试由接续始端执行，接续点配合测试；电气断开时，测试在接续点执行，下一个开剥点配合测试。

（1）金属加强件连接的方法较多，按设计要求分为电气连通接续和接头部位断开固定两种。金属加强件连接和固定的两种方法如图 6-40 所示。

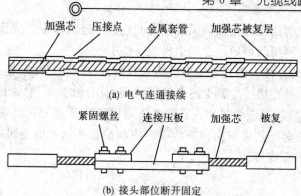

(a) 电气连通接续

(b) 接头部位断开固定

图 6-40　金属加强件连接和固定的方式

① 金属套管冷压接法。金属套管如紫铜管、不锈钢管等，套管内径与加强件直径为紧配合，通过压接钳对被连接部位作若干个压接点。它是光缆接续的主要抗张构件。这种连接方式在 12 芯以下的光缆连接护套中使用较多，操作也较方便。在此种连接方式中应注意将套入套管部分的加强件塑料外护层去掉，同时压接点应注意不要在一个平面上，即应交叉压接；压接后的连接部位应保持平直、完整和压接牢固。这种连接方式如图 6-40(a) 所示。

② 金属压板连接法。金属压板连接法由金属压接构件，将加强件通过紧固螺丝进行连接和固定，如图 6-40(b) 所示。这种方式可以是连通性连接和非连通性固定。若压接构件采用绝缘材料使加强件与压接板间绝缘，则为非连通性固定。对于防雷要求严格的直埋光缆，当接头采用这种方式时要求加强件在接头部位断开。

金属加强件的连通性连接种类很多，可用接头里的金属条实现电气连通，也可用金属连接器实现电气连通。下面只介绍使用金属连接器实现金属加强件电气连通的方法，该方法的示意图如图 6-41 所示。

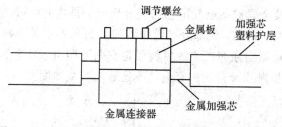

图 6-41　金属连接器实现金属加强件电气连通的示意图

金属连接器由 3 块金属板组成，上面两块，下面一块。金属板的中间有凹槽，金属加强件放在凹槽中，3 块板合起来，通过调节螺丝将金属加强件夹紧固定。

有些接头护套内不用专门的加强件压接构件，而是将加强件直接固定在护套的内支撑构件上，其连接和固定方式类似于金属压板连接法。

(2) 金属护层的连接：金属护层包括挡潮层，即 LAP 层和钢带或钢丝铠装护层。金属护层根据工程设计分为电气连通和断开引出监测两种方式。一般地，光缆金属护层采用过桥线实现电气连通，但结构不同的光缆金属护层，采用的连接方式也不一样。

① LAP 层(铝-聚乙烯粘接护层)的连接。几乎所有的光缆都有 LAP 层，连接方法多数采取过桥线连接，即用一根金属导线将两侧光缆的金属护层连通。导线与金属层连接

处，可以通过带螺丝的接线柱连接或采取带齿的连接片通过压接方式连通。若电气不连通而要求引线作监测，则用两根导线分别引出或一侧引出。

② 金属铠装层的连接。埋式光缆多数为皱纹钢带（搭接或焊接）铠装层，部分埋式、爬坡、小水线为细钢丝铠装层。在需要连通或同时需要引出时，一般采用铜芯线焊接，如图6-42所示，但此种方法已较少采用；不需要连通时可不作连接。当需要引出作光缆外护层绝缘监测时，按护套工艺要求由护套内引出或在护套外作外护层切口，通过热缩套管保护的方法引至监测标石或接地。

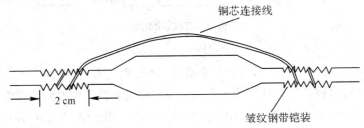

图6-42 金属铠装层的电气连通示意图

③ PAP(聚乙烯-铝-聚乙烯)护套的连接。PAP护套一般采用铝接头压接方式。具体操作方法是：先在紧靠光缆护套处切割2.5 cm切口，并用螺丝刀将切口拨开，然后把铝接头插入切口处的铝塑护套，用老虎钳压接后，铝接头的锯齿就与铝塑护套紧密相连，最后用PVC带在连接处缠绕两圈，使接头更加牢固。PAP护套的电气连通方法的示意图如图6-43所示。

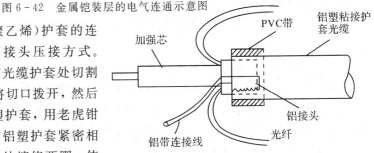

图6-43 PAP护套的电气连通方法示意图

(3) 金属加强芯及金属护层电气不连通的处理方法是将光缆接头两端的金属加强芯和金属护套均作绝缘处理。目前，大部分光缆线路的接头采用这种方法。电气不连通的操作方法较简单，只需把金属加强芯用绝缘材料固定在两边即可，且金属护套在接头两边也不用金属线连通。金属加强芯及金属护套电气不连通的安装如图6-44所示。

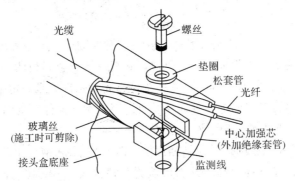

注: 两边光缆金属护套、金属加强插件之间应互相绝缘且不接地，但通过监测缆引到监测标石的接线板上。

图6-44 金属加强芯及金属护套电气不连通的安装图

4. 光纤余留长度的收容方式

为了保证光纤的接续质量和便于接头维修，接头两边要余留一定长度的余纤。一般完成光纤接续后的余留长度（光缆开剥处到接头间的长度）为 60～100 cm。

1) 光纤余长的作用

光纤由接头护套内引出到熔接机或机械连接工作台时，需要一定的长度，通常最短长度为 40 cm。光纤余长的作用有以下两种：

（1）再连接的需要：在施工中可能发生光纤接头需要重新连接的情况。维护中当发生故障时需拆开光缆接头护套，利用原有的余纤进行重新接续，以便在较短的时间内排除故障，保证通信畅通。

（2）传输性能的需要：光纤在接头护套内盘留，对弯曲半径、放置位置都有严格的要求，过小的曲率半径和挤压光纤都将产生附加损耗，因此，必须保证光纤有一定的长度才能按规定要求妥善地盘放于光纤盘（余纤板）内。即使受力时，由于余纤具有缓冲作用，也可避免光纤损耗增加、长期受力产生疲劳以及可能的外力损伤。

2) 光纤余留长度的收容方式

无论何种方式的光缆接续护套、接头箱（盒），都有一个共同的特点，就是具有余纤的收容位置，如盘纤盒、余纤板、收容袋等。根据不同结构的护套设计不同的盘纤方式。虽然光纤收容方法较多，但一般可归纳为如图 6-45 所示的四种光纤余长的收容方式。

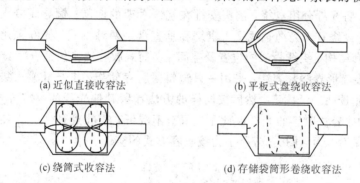

(a) 近似直接收容法　　　　(b) 平板式盘绕收容法

(c) 绕筒式收容法　　　　(d) 存储袋筒形卷绕收容法

图 6-45　光纤余长的收容方式

（1）近似直接收容法：在接头护套内不作盘留的一种光纤余留长度的收容方式，如图 6-45(a)所示。显然这种方式不适合室外光缆间的余留放置要求。

采用这种光纤余长收容法的场合较少，通常是在无振动、无温度变化的位置才被选用，如应用在室内不再进行重新连接的场所。目前，一般不采用这种方法，但在下列情况下可选用该方法：

① 维护中光纤重新连接后已无太多余留长度。

② 在室内或无人站内做接头时，由于接头护套内位置紧张或光纤至其他机架长度紧张，在做好接头后将光纤余长抽出放于其他位置，维护检修时拆开护套再拉回余纤进行重新连接。

（2）平板式盘绕收容法：在收容平面上以最大的弯曲半径，采用单一圆圈或"∞"形双圈盘绕的方式实现光纤余长的收容，如图 6-45(b)所示。平板式盘绕法是使用最为广泛的光纤余长收容方式，如盘纤盒、余纤板等多属于这一方法。这种方法盘绕比较方便，但当在同一板上余留多根光纤时，容易产生混乱，查找某一根光纤或进行重新连接时，操作较麻烦，且容易折断光纤。此时，解决的办法是采用单元式立体分置方式，即根据光缆中光纤芯数设计多块盘纤板(盒)，采取层叠式进行光纤余长的放置。

平板式盘绕法对松套、紧套光纤均适合，目前在工程中使用较为普遍。图 6－46 所示是光纤收容盒的一个实例，上边还有盖子保护，通常一个盘纤盒可收容六根光纤。

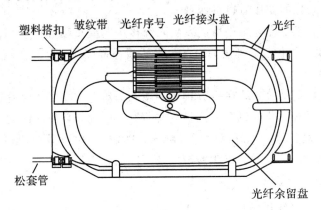

图 6－46 光纤收容盒实例

（3）绕筒式收容法：一种将光纤余留长度沿绕纤骨架(笼)放置的光纤收容方法，如图 6－45(c)所示，将光纤分组盘绕，接头安排在绕纤骨架的四周；铜导线接头等可放于骨架中。这里，光纤盘绕有与光缆轴线平行盘绕和垂直盘绕两种方式，光纤采用哪种方式进行盘绕取决于护套结构、绕纤骨架的位置及空间。绕筒式收容法比较适合紧套光纤。

（4）存储袋筒形卷绕收容法：采用一只塑料薄膜存储袋，将光纤盛入袋后沿绕纤筒垂直方向盘绕并用透明胶纸固定，然后按同样的方法盘留其他光纤的收容方式，如图 6－45(d)所示。这种收容法收容的光纤彼此不交叉、不混纤，查找处理十分方便。存储袋收容方式比较适合紧套光纤，图6－47所示为该收容方式的实例。

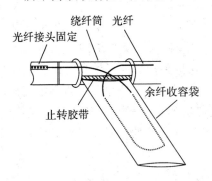

图 6-47 光纤存储袋筒形卷绕收容实例

5. 光缆接续的一般步骤

目前，由于光缆接头护套结构和光缆程式均较多，不同结构的护套所需连接材料、工具以及接续方法、步骤是不完全相同的。但其主要步骤及操作的基本要求是一致的，通常光缆接续应按以下九个步骤进行，如图 6－48 所示。

1) 准备

（1）技术准备。在光缆接续工作开始前，必须熟悉工程所用光缆护套的性能、操作方法和质量要点。对于第一次采用的护套（指以往未操作过的）应编写出操作规程，必要时进行短期培训，以避免盲目作业。

（2）器具准备。器具主要指光缆连接护套的配套部件。不同结构的护套，构件有所差别。施工前应按中继段规定接头数量进行清点、配套，一般运至现场的连接护套多数是散件，采取集中包装。在施工准备阶段，护套最好以套为包装单位，避免集中使用中出现丢失或不配套的现象。在护套准备的数量方面，应考虑一定数量的备件，一般 1 个中继段考虑 1 个备用护套。有些工程，若护套的品种较多，可按整个工程作统一考虑，准备备件，需要时可统一调用。

不同的护套结构，所需机具也不完全相同，主要机具可归纳为以下三大件：

① 机具选配应视光纤连接方法而定，采用熔接法时，必须配备光纤切割钳（高精度）、熔接机以及光纤接

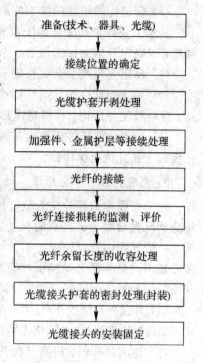

图 6-48　光缆接续的步骤

头保护用工具。此时，若采用热缩套管保护，则还要配加热器；若采用硅胶保护则还需配胶剂和相应的小工具。

光纤熔接机必须注意区别是多模还是单模、是松套光纤还是紧套光纤。若熔接机对纤是依靠本机光纤曲绕方式注入光功率并通过曲绕辐射方式接收光功率，再通过监视功率大小调整光纤使之对准，则此类熔接机一般只适合于松套光纤（外径为 0.4 mm 以下）。

② 帐篷。在长途光缆线路工程施工时，为防止风沙、雨雪等恶劣天气的影响，选用在帐篷中完成接续工作的方式是非常必要的。该情况下，1 个作业小组需配备 2 顶帐篷（接续、监测）；当采用流水作业方法时，还应增加 1 顶帐篷。

③ 车辆。对于长途光缆线路工程，车辆是必不可少的。一般 1 个作业小组配备 1 辆汽车。

（3）光缆准备。光缆接续前应具备的条件如下：

① 光缆必须依据设计文件规定的程式、规格、路由和端别，敷设安装完毕（指被连接段）。

② 光缆内光纤的传输特性良好。

③ 光缆金属层的对地绝缘应达到规定的要求值。当存在护层不完整，即有损伤时，应及时处理修复。当其对地绝缘不合格，而立即处理又有困难时，应作检查分析找出原因，以避免盲目接头，反而增大故障查找的难度（对有监测或接地引线的除外）。

2) 确定接续位置

光缆接续位置选择的一般原则如下：

（1）架空光缆线路的接头应落在杆旁 2 m 以内。

（2）埋式光缆线路的接头应避开水源、障碍物及坚石地段。

(3) 管道光缆线路的接头应避开交通要道,尤其是交通繁忙的丁字和十字路口。

虽然上述原则在光缆的配盘和光缆敷设时已基本确定,但在光缆接续前还要作必要的调整,以确定具体的接续位置。

(1) 确定光缆接头余留长度及其重叠位置。

(2) 埋式光缆应按已挖好的接头坑盘放好余留长度,并在光缆上作好连接部位的交叉点、重叠长度等标记,再将光缆移至接续台(操作工作台);

(3) 管道光缆应在人孔内按规定的余留安装方式盘好,并在光缆上做好标记,然后将光缆由人孔处拉至操作台。

3) 光缆护层的开剥处理

由于光缆端头部分在敷设过程中易受到机械损伤和受潮,因此在光缆开剥前应视光缆端头状况先截除 1 m 左右的长度,然后根据光缆的结构选配接头护套,确定光缆的开剥长度。一般光缆的开剥长度为 1.5 m,或根据光缆外护层及金属层的开剥尺寸、光纤余留长度等按不同结构的光缆接头护套所需长度在光缆上做好标记,再用专用工具逐层开剥,松套光纤一般暂不剥除松套管,以防操作过程中损伤光纤。其具体开剥方法如下:

(1) 外缆外护层的开剥:将光缆固定于光缆接续工作台的光缆固定架上,在开剥点将开缆刀横向划进光缆外护层,绕光缆转一周,切断光缆的 PE 外护层,并将这段 PE 外护层除去。

(2) 铠装的开剥:用剖刀在开剥点绕钢带铠装转一周,在钢带上剖出明显的划痕,再沿划痕划出一个小口,直至钢带完全断裂,再剥除钢带铠装。当光缆铠装层是直径 1 mm 钢丝时,用钢锯在开剥点铠装层上锯出 0.5 mm 的深沟,再将铠装层的钢丝沿锯口折断,并全部去除。

对于 GYTA、GYTS 等结构的光缆,可将开缆刀的切割深度从 PE 外护套延伸至钢带铠装层,稍微反复弯曲光缆,使钢带铠装层与 PE 塑料护层同时断裂,然后将其去除。这里,要注意切割的深度和弯曲的半径,避免使松套管内的光纤受到损伤。

(3) 光缆护层开剥后,缆内的油膏可用煤油或专用清洗剂擦拭干净。一般正式接头不宜用汽油清洁,以避免对护层、光纤被覆层造成老化的影响。

(4) 切割松套管,剥离光纤,并清洁光纤。

(5) 当捆扎光纤采用套管进行保护时,可预先套上热缩套管。

(6) 检查光纤芯数,进行光纤对号,核对光纤色标。

一般来说,现场光缆接续时,步骤(4)~(6)在光缆引入接头护套并固定之后进行。

4) 加强件、金属护层等接续处理

加强件、金属护层的连接一般应按选用接头护套的规定方式进行。应根据设计要求,实施金属护层在接头护层内的接续连通、断开或引出。

5) 光纤的接续

光纤接续采用何种连接方式,采用何种增强保护方法,均应按工程订货的材料、设备以及施工队的设备等具体条件而定。光纤的具体接续方法和要求详见 6.1.1 节。

6) 光纤连接损耗的监测、评价

对于一般光纤连接损耗的监测方法,详见 6.1.3 节;而对于光缆接续中光纤连接损耗的统计评价方法,可以参阅相关材料。

7) 光纤余留长度的收容处理

施工中所用的光纤余留长度收容处理方法是由光缆接续护套的设计所决定的，具体方法和要求详见本章节前述内容。当光纤连接之后，经检测连接损耗合格，并完成保护时，再按护套结构所规定的方式进行光纤余长的收容处理。

8) 光缆接头护套的密封处理

密封处理是接头护套封装的关键步骤，不同结构的连接护套，其密封方式也不同。在具体操作中，应按接头护套规定的方法，严格遵照操作步骤和要领进行。对于光缆密封部位均应作清洁和打磨，以提高光缆与防水密封胶带间的密封性能。注意打磨砂纸不宜太粗，应沿光缆垂直方向旋转打磨，不宜沿光缆平行方向打磨。

光缆接头护套封装完成之后，应作气密性检查和光电特性的复测，以确认光缆接续良好。

9) 光缆接头的安装固定

光缆接续完成后应进行安装固定。接头的安装固定是接续的最后一道工序，一般在设计中有具体的安装示意图。接头安装必须做到规范化，比如架空及人孔内的接头应注意整齐、美观且附有标识。

6. 接头护套接续的种类及方法

光缆接头护套是光缆接续的关键部件，按使用位置可以分为直埋式和架空式；按密封操作工艺的不同分为热接式和冷接式。热接法需采用热源来完成护套的密封连接。在热接法中使用较为普遍的是热缩套管法。冷接法不需用热源来完成护套的密封连接。在冷接法中使用较普遍的是机械连接法。

热缩套管法采用热缩套管密封，密封效果好，光缆变形小，但操作比较复杂，不能重复拆卸。机械式光缆接头护套采用密封材料，并用机械方法密封，主要有半管式和套管式两种结构。这种接头护套可拆卸、重复性好、适应性广，组装灵活，光缆和引线进出自如，施工维护方便。

1) 热缩套管法

热缩套管法是采用各种热缩材料来接续光缆护套的，按接续要求可将热缩材料制作成管状或片状。片状热缩材料的边缘有可以装金属夹的导槽，以便纵包接续。各种热缩材料的表面都涂有热胶，可保证加热时套管与光缆表面粘结良好。

热缩套管有不同的规格，可根据光缆接头的大小选用。选择时，应注意热缩套管的尺寸要大于光缆接头尺寸。

热缩套管分为 O 形热缩护套管和 W 形热缩包覆管。O 形热缩护套管一般用于施工时光缆接续；W 形热缩包覆管是剖式热缩管，适用于光缆接头修理和光缆外护套修补。无论使用 O 形热缩护套管还是使用 W 形热缩包覆管，接续时均需采用喷灯加热。但 W 形热缩包覆管加热接续前，要用金属夹具锁住热缩管上的导槽，以利于纵包接续。

2) 冷接法

冷接法的种类比较多，应用比较广泛的是机械式护套接续法。机械式护套接续法是采用压紧橡胶圈来达到密封的护套接续方法，也可采用黏结剂在机械半壳接口处实现密封的护套接续。

机械式护套的主套管一般由不锈钢制成，依靠橡胶管、橡胶圈和自粘带组成密封结构。这种方法的防水性能好、操作方便，并且材料可重复使用，特别适合野外现场操作。

7. 光缆接头监测与监测标石的连接

为了及时掌握和处理光缆金属护套损伤或接头护套的进水故障，必须定期或不定期地测试光缆金属护层及接头护套的对地绝缘。

如果只测光缆护层的对地绝缘，通常只需引出单根监测线，如图 6-49 所示。如果需要监测的项目较多，则应在光缆接头处引出监测缆，如图 6-50 所示，在光缆接头两端，把金属加强件和 PSP(聚乙烯-钢-聚乙烯)双面涂塑皱纹钢带护层分别引出，另装的两只钢片与接头护套底部良好接触后分别引出，6 根引线通过监测缆接到监测标石的接线板上，即可分别监测对地绝缘不良的地点或探测光缆路由，也可解决部分区间的公务联络。

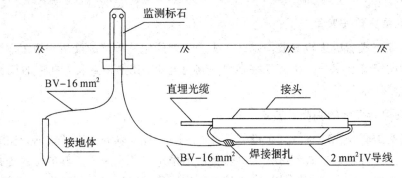

图 6-49 监测线与监测标石连接示意图

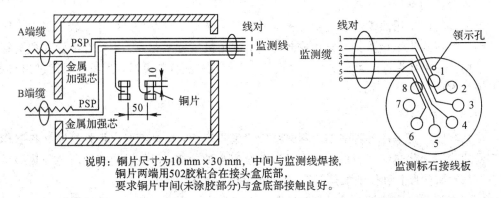

说明：铜片尺寸为10 mm×30 mm，中间与监测线焊接，
铜片两端用502胶粘合在接头盒底部，
要求铜片中间(未涂胶部分)与盒底部接触良好。

图 6-50 监测缆引出连接方式安装图(单位为 mm)

8. 光缆接续案例

GAZ 型光缆通用接头护套是一种不锈钢橡胶密封连接法接续护套，是国内接头护套较为典型的一种，为了满足用户对引出金属层检测线的需要，外边增加了热缩套管接续装置。GAZ 型光缆通用接头护套的使用温度范围为 -30℃～+60℃，光缆接头施工环境温度应不低于-5℃，可以用于管道、直埋等不同结构、不同直径的光缆连接，并具有较好的防水性能。现以 GAZ 型光缆接头护套为例说明光缆接续的实际操作过程，GAZ 型光缆埋式接头的结构和光缆连接如图 6-51 所示。

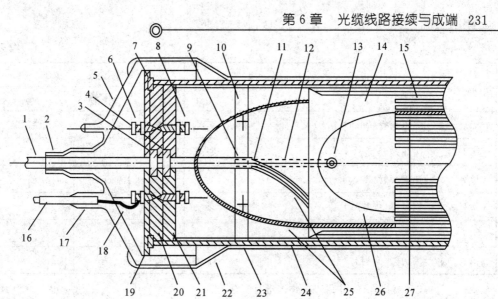

1—光缆；　　　　　　2—热缩套管；　　　　3—小密封垫圈(中侧盖内)；　4—小密封垫圈(内侧盖内)；

5—套肩；　　　　　　6—外侧盖紧固螺丝；　7—大密封垫圈(外侧盖内)；8—内侧盖紧固螺丝；

9—钢带(外翻引出)；　10—加强件片座；　　11—内护层；　　　　　　12—加强件；

13—加强件连接卡座；　14—光纤收容板；　　15—光纤接头固定板；　　16—接地(监测)；

17—热可缩管；　　　　18—铜鼻子；　　　　19—外侧盖；　　　　　　20—中侧盖；

21—内侧盖；　　　　　22—主热缩套管；　　23—不锈钢主套管；　　24—支架(条)；

25—松套光纤；　　　　26——次涂层光纤；　27—光纤接头

图 6-51　GAZ 型埋式光缆接头示意图

1) 光缆接续材料

光缆接续所需材料如表 6-3 所列。

表 6-3　GAZ 型光缆接续材料表

序 号	名 称 规 格	单 位	数 量		
			直埋	管道	中继站(×2)
1	不锈钢主套管	件	1	1	1
2	不锈钢侧盖(中、外)	件	各 1	各 1	各 1
3	大密封垫圈	件	1	1	1
4	小密封垫圈	件	2	2	2
5	接头支架(包括内侧盖光纤盒)	套	1	1	1
6	光纤接头固定胶板	块	2	2	2
7	加强件固定组件	套	1	1	1
8	光纤接头可热缩保护管(8 芯)	支	9	9	9
9	密封自粘胶条	条	1.5	1.5	1.5
10	干燥剂	包	1	1	1

序 号	名 称 规 格	单 位	数 量		
			直埋	管道	中继站(×2)
11	热缩套管(26.5×4.5)	支	2	2	2
12	主热缩套管	件	1	—	—
13	热缩套管(20×3)	支	1	—	—
14	铜鼻子(焊片)	支	1	—	—
15	地线、监测引线	米	3	—	—
16	端头帽(套肩)	件	2	—	—

注:12~16项需视管道、中继站的情况进行配置。

2)埋式光缆接续的方法与步骤

(1)准备工作如下:

① 检查光缆连接护套附件,应完整、良好;检查侧盖穿缆孔径是否合适。

② 接头坑挖掘要合格,完成光缆余长盘放,并作光缆连接中心标记。

③ 光缆引出接头坑,并清洁外护层。

(2)光缆护层开剥的要求如下:

① 光缆护层开剥尺寸如图6-52所示。

② 在光缆端头160 cm处作横向切割,剥除该段保护层,包括钢带层,且要求切口平整。

③ 在距离护层根部0.5 cm处作内护层横向切割,切割必须注意掌握深度,切忌伤及内部松套管,然后除去PE内护层,包括LAP,并剪去填充线。

④ 用煤油棉纱擦洗,去除填充油膏,清洁光纤。

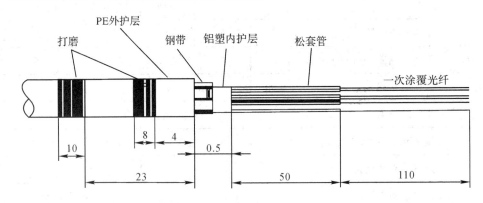

图6-52 光缆开剥尺寸示意图(单位/cm)

(3)加强件准备的要求如下:

① 在距离光缆根部8 cm处截断加强件(当加强件不连通时)。

② 在加强件末端3 cm长度上剥去套塑层,露出多股钢丝。

（4）钢带层准备的要求：在光缆 A 端侧（要求 A 端金属层引出接地）的外护层作一宽 1 cm、长 2 cm 的切口并外翻（铠装层向外），并除去钢带表面绝缘膜，以供与接头架上金属压板连同。

（5）光缆表面打磨的要求：在距护层切口 4～12 cm 和 23～33 cm 的位置，用特种铅笔划出标线；用砂纸沿光缆垂直方向轻轻打磨并清洁表层。

（6）套入连接护套构件的方法：如图 6-51 所示，在光缆一端依次穿入光缆热缩套管、套肩、外侧盖、大密封胶圈、小密封胶圈、中侧盖、小密封胶圈、内侧盖（共八件），另一端光缆依次穿入上述八件，再穿入不锈钢主套管和主热缩套管。

（7）固定加强件。加强件是由加强件卡座通过收紧螺丝方式固定的。当加强件不连通时剥去加强件前段 3 cm 套塑层，当加强件用卡座固定时垫上绝缘垫片，均可使加强件同接头架（金属）不导通，进而使光缆加强件在接头护套内断开。

（8）固定光缆与钢带引接。光缆固定的方法是将光缆固定于光缆卡座上（收紧卡座压板）。钢带引接是通过光缆在卡座上卡压部位的钢带与金属卡座导通的方法来实现的。要求钢带层断开且引出一侧时，可按第（4）步准备好宽 1 cm、长 2 cm 的外翻钢带，当收紧光缆卡座时，使外翻部分的钢带与卡座连通。

（9）安装内侧盖和中侧盖的要求如下：

① 用酒精清洁内、中侧盖、小密封垫圈及光缆靠接头侧区域。

② 将自粘条稍微拉细，嵌入内侧盖内槽，压入小密封垫圈（内侧盖与接头支架原已固定）。

③ 用同②一样的方法将自粘条嵌入中侧盖内槽，压入小密封垫圈。

④ 收紧内侧盖上的四个螺丝，使内侧盖与中侧盖紧密，并使内、中侧盖中间垫内自粘胶条与密封圈在机械压力下，形成胀圈式和挤压式密封，使光缆与侧盖穿孔间达到气密、防水的效果。在上紧螺丝时，应使其均匀对称，且侧盖间无间隙。同时，注意自粘胶条粗细要适当；自粘胶条圆环接合处作斜切口对接，以避免部分重叠造成侧盖合拢不良，影响密封效果。

（10）安装底层盛纤盒的方法：将松套光纤引入盛纤盒；松套光纤在盒内收半圈，即将右侧光缆中的光纤转至盛纤盒左侧，左侧光缆中的光纤转至盛纤盒右侧。当松套光纤盘成圆弧时，一定要小心，避免松套管折裂。

（11）安装余纤收容盒。余纤收容盒最多放 8 芯光纤；当为 12 芯光缆时，采用两个收容盒与底层盛纤盒重叠放置。

① 将收容盒固定在底层盛纤盒上后，将松套光纤引至余纤收容盒，进盒之后余 4 cm 的光纤去除其松套管，并用胶纸固定，再去除松套后的一次涂覆光纤，临时盘放，等待接续。

② 固定光纤接头定位胶板，将两块胶板用强力胶粘于余纤收容盒中部。

（12）光纤熔接。光纤熔接方法详见本章 6.1.1 节。

（13）光纤接头的保护：光纤熔接时，其连接损耗经测量合格后，将接头热缩套管移至接头中心，放至加热器上收缩。此时，检查光纤保护接头，应平直无气泡；用 OTDR 复测连接损耗,应未发生变化。

(14) 余纤收容的方法如下:

① 光纤接头安装于接头固定胶板的 V 形槽内,把余留光纤以最大的弯曲半径妥善地盘于收容盒内。

② 盖好盖板,用胶带将干燥剂固定于盖板上。

(15) 套管封装的方法如下:

① 将不锈钢主套管移至中间部位,用酒精清洁两侧密封部位以及图 6 - 52 中的打磨部位。

② 将自粘胶条适当拉细后成环形,并堵塞在中侧盖与主套管间;然后将大密封胶圈随外盖压入;最后将外侧盖四个紧固螺丝收紧,使不锈钢套管与侧盖间密封良好。紧固螺丝时,应采用对角上紧的方式,要用力得当,避免拧断螺丝,影响密封效果。

(16) 金属层引出线的连接:BV - 16 金属层引出线(3~5 m)一端焊上铜鼻子后,由外侧盖上任一螺丝固定、连通(为提高 BV - 16 绝缘性能,在外边加一热缩套管)。

(17) 安装热缩套管的方法如下:

① 将两侧套肩移至接头,罩于主套管两侧,并将引出地线穿过该侧套肩的地线引出管口。

② 将主热缩套管移至中心。

③ 用喷灯由中心向两侧加热,最好由两把喷灯同时加热收缩,注意加热温度应适当。一般加热至两侧热缩套管均收缩后,并使内部热熔胶恰好流出堵满管口时为止。

(18) 接头的坑内安装及标石内的监测接线:

① 接头妥善盘于坑内,回土 30 cm 后加盖水泥盖板,然后回填完毕。

② 为防止金属层引出线穿入标石内时被水泥管口擦伤,一般用一段塑料半软子管套住。

③ 将接头接地引线和接地体引线在标石内的接线柱上固定,作为监测用。

3) 接头损耗测量

在实际工程中,为得到接头损耗的精确值,往往采用四功率值法,如图 6 - 53 所示。

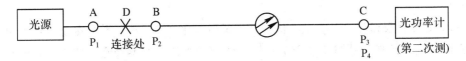

图 6 - 53 四功率值法测量光纤损耗的示意图

其测量步骤如下:

(1) 首先在连接处 D 作临时接头。

(2) 在光纤连接后的尾端 C 处测得接收光功率 P_3。

(3) 在临时接头后的 B 点(相距 D 约几厘米)切断光纤,测得光功率 P_2。

(4) 在临时接头前的 A 点切断光纤,测得光功率 P_1。

(5) 在连接处 D 点将光纤作永久性连接,然后在 C 点重测得到光功率 P_4。此时永久性连接的附加损耗可按式(6.3)计算,即

$$A = 10\lg\frac{P_1}{P_4} - 10\lg\frac{P_2}{P_3} = 10\lg\frac{P_1}{P_2} - 10\lg\frac{P_4}{P_3} \qquad (6.3)$$

6.2 光缆线路成端

光缆线路到达端局、中继站后，需与光端机或中继器相连接，这种连接称为成端。当无人值守中继站安装与局站内终端安装时，在内容和分工上有一定的区别，按施工企业内部分工习惯：在终端局、有人值守中继站，全部设备由设备专业人员负责安装，而光缆线路专业队负责将光缆引至机房，并成端至 ODF 架或 ODP 盘；在无人值守中继站内安装时，除机箱内机盘安装、调测外，其余由光缆线路专业队承担。对于有人值守中继站或端局，一般采用光缆终端盒成端，但光缆终端盒式成端方法多数用于市内局间中继光缆。无人值守中继站一般采用主干光缆与中继器的尾巴光缆固定接续的成端方式。

6.2.1 无人值守中继站光缆成端

1. 直接成端方式

外线光缆在中继站内余留后，直接进入中继器机箱内，并按要求成端，如图 6 - 54 所示。

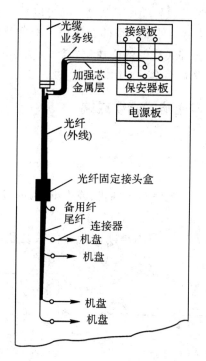

图 6 - 54 光缆直接成端示意图

直接成端方式的内容主要包括：

（1）加强芯与金属层的连接（箱内接地）。

（2）光纤成端，即光缆中的光纤与带连接器的尾纤作熔接连接，并将接头和余纤盘放至收纤盘内。

2. 尾巴光缆成端方式

1）成端内容

外线光缆在中继站内余留后，在中继器机箱外与尾巴光缆采用光缆接头护套连接方法作终端接头。尾巴光缆的另一端进入中继器机箱内，一般尾巴光缆带连接器，也有尾巴光缆不带连接器。在安装时，将机箱内尾巴光缆同连接器尾纤作熔接，并收容放置。

加强芯和金属层一般从终端接头护套的线路侧面引出接地。

2）尾巴光缆成端要求

（1）中继器机箱光缆在引入口安装时，应按产品规定的方法操作，保证其气闭性能良好。

（2）机箱外终端接头的连接、安装应符合规定要求，并对两个接头护套标明来去方向。

（3）终端接头及机箱内与尾纤的连接，要求光纤连接损耗控制在较小范围内，以避免出现过大的连接损耗。

3. 光缆金属层的引接

（1）当光缆采用直接成端方式时，需将铠装层引出接机壳；当采取系统接地方式时，加强芯、挡潮层应接至机壳或按设计要求接放电管；当采取浮动接地方式时，原则上按单段光缆一侧接地的方法，若光缆另一端已经接地，则可以悬空也可以接机壳。

（2）对于尾巴光缆成端方式，外线光缆的金属层一般在终端接头处引出接地，且机箱内不存在金属层连接问题；若外线光缆的金属层在终端接头处未引出，而与尾巴光缆金属层相连，则机箱内金属层的成端方式同直接成端方式。

6.2.2　端局、有人值守中继站的光缆成端

1. 光缆成端方式及要求

1）光缆成端方式

根据光缆的结构程式不同，光缆与光端机（或中继器）的成端方式有直接成端、ODF 成端和终端盒成端三种方式。

（1）T-BOX 直接成端方式。我国早期的光通信系统及目前一般的市内局间光缆系统、局域网系统，多采用这种直接方式，如图 6-55 所示。

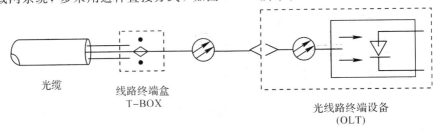

光缆　　　　线路终端盒　　　　　　　　光线路终端设备
　　　　　　　T-BOX　　　　　　　　　　　　（OLT）

图 6-55　T-BOX 直接成端方式

T-BOX 盒即线路终端盒，有的装在机顶走线架上，有的固定在机架上。T-BOX 盒直接终端方式是将光缆线路的光纤同光端机机盘上的尾纤在终端盒内固定连接。

这种方式的特点是,在传输系统配置图中只有两个活动连接器。对于早期光通信系统,由于光纤和连接器的损耗偏大,为确保中继段的长度,采用减少活接头和固定接头的方式。这种方式是有利的。目前该方式通常用于市内局间中继系统。

(2) ODF 成端方式。随着光通信的发展,直接终端方式已不适应长途光通信系统的要求。长途光通信系统通常采用 ODF 或 ODP 成端方式。ODF 成端方式构成如图 6-56 所示。

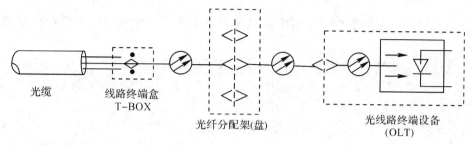

图 6-56　ODF 成端方式构成

采用 ODF 成端方式时,光缆线路的光纤与带连接器的尾纤在终端盒内固定连接。该尾纤另一端的连接插件接至 ODF 或 ODP,然后通过双头连接跳线将 ODF 或 ODP 与光端机机盘连接。光缆线路终端设备与光缆线路间增加了 ODF 或 ODP 后,调纤十分方便,并可使机房布局更加合理。ODF 或 ODP 所起的作用相同,只是处理光纤的数目多少不同,ODF 可容纳更多光纤线路,适用于大型端局。

与 T-BOX 终端盒方式相比较,ODF 成端方式只是多用了一个光纤配线架(盘),可使调纤更方便,机房内布线更合理,但使传输系统中增加了 1～2 个活动连接器。

(3) 终端盒成端。光缆进局成端采用终端盒成端方式,如图 6-57 所示。光缆进入终端盒后分出的光纤引至连接器插座上(接上尾纤),从光端机来的尾纤通过终端盒的插座相连接,构成光路。

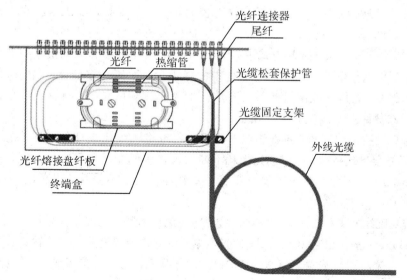

图 6-57　终端盒成端方式

2）进局光缆成端要求

（1）光缆安装及工艺要求：

① 按有关规定或根据设计要求预留光缆，并按一定的曲率半径把预留光缆盘好以备后用。

② 光缆进入机架的位置、开剥尺寸，应符合不同厂家机型的 ODF 或 ODP 的具体规定。

③ 光缆中的金属加强构件、铝箔层以及金属铠装层，应按设计要求作接地或终结处理。

④ 光缆终端盒的安装位置应平稳、安全，且远离热源。

⑤ 光纤在终端盒内的熔接接头应采用接头保护措施并使其固定，剩余光纤在箱内应按大于规定的曲率半径盘绕。

⑥ 从光缆终端盒引出单芯光缆或尾巴光缆所带的连接器，应按要求插入 ODF 的连接插座内；暂不插入的连接器应盖上防尘帽，以免灰尘侵蚀连接器的光敏面，造成连接损耗增大。

⑦ 光缆、光纤的安装应符合整齐、美观和便于维护等要求。

⑧ 光缆、尾纤等应在醒目部位标明线路方向和序号。

（2）光纤成端的光特性要求：光纤成端接头的连接应在监测条件下进行，连接损耗应控制在较小的范围内，避免出现过大的连接损耗。

2. 成端内容

进局光缆根据终端设备的不同，具体的成端方法和步骤也有一定的差别。对成端而言，无论 T-BOX 盒直接成端方式、ODF 或 ODP 成端方式、还是终端盒成端方式，成端的主要内容都是光纤终端盒的安装（包括光缆终结、光纤接续和保护、余留光纤和尾纤的收容）。在工程中成端时，应按设计和产品说明书进行操作。

3. 成端注意事项

早期的光纤通信系统，由于光纤的损耗较大，活动连接器的加工精度也不高，通常采用光缆直接成端法。随着光器件工艺的提高，同时考虑机房布局及调度的方便性，目前都采用 ODF 成端方式。在此成端方式中，尾纤进 ODF 要由专业施工人员进行布放。因为该尾纤较短，所以这一部分光纤在开通运行中故障很少。故障最多的是 ODF 和光端机间的跳线部分，因此，跳线一般由机务人员布放。如果布放环境复杂，布放不规范，就常常会留下隐患。布放跳线时应注意以下几点：

（1）避免跳线出现直角，特别注意不要用塑料带将跳线扎成直角，否则光纤因长期受应力影响可能会出现断裂，并引起光损耗不断增大。跳线在拐弯时应走曲线，且弯曲半径应不小于 60 mm。因此，光纤布放中要保证跳线不受力、不受压，以免跳线受长期应力影响。

（2）避免跳线插头和适配器（又称法兰盘）出现耦合不紧的情况。如果插头插入不好或者只插入一部分，一般会引起 10～20 dB 的光衰减，使得光纤通信系统的传输特性出现恶化现象。中继距离较长或者光端机发送功率较低的情况下，光纤通信系统将出现明显的不稳定性。

（3）环境较差、易受鼠害区域的中继站，除了要注意环境治理，还应尽量使跳线由光端机的顶部出入，避免跳线由地槽或地面进入光端机。进站光缆采用直接成端法时，终端盒最好挂在墙上，而不要放在地槽下或地面上。

维护人员如果不注意跳线的布放，光纤通信系统使用一段时间后就会出现单个或瞬间大误码，系统将变得不稳定。此时，光纤通信系统出现故障的表现形态不一，故障原因不易判断，故障部位不易查找，严重时系统将中断。因此，避免不规范操作是保证光纤通信系统稳定的重要条件。

6.2.3　成端测量

成端测量是指光缆进入终端局、中继站后，对光纤成端质量的检测和评价。

1. 成端测量的内容和必要性

1) 成端测量的内容

（1）对终端局而言，成端测量是指光缆进线与进局光缆的接续测量，以及光缆至机房在 ODF 或 ODP 与尾纤的连接测量。

（2）对中继站而言，采用尾巴光缆成端方式时，成端测量是指终端接头光纤的连接检测；采用光缆直接成端方式时，成端测量是指机箱内与尾纤的连接检测。

2) 成端测量的特点

光缆成端与线路上光缆接头以及中继段竣工测试也有一些区别，主要有如下几点：

（1）光纤本征因素的区别。外线光缆接头两侧的光纤一般属于同一厂家，其几何、光学参数虽有一些差别，但离散性较小，连接时光纤熔点接近，连接损耗较小；而成端是将光缆与尾纤连接，而尾纤往往不是同一个生产厂家的，光纤的几何、光学参数均不同，尤其是光纤成分也有差异，熔接时所需的热量、时间、补给量都不完全一致，因此不仅熔接工艺要求高，而且连接损耗也可能偏大。

（2）光纤结构的区别。尾纤一般都是紧套光纤，但紧套光纤有两种，一种是丙烯酸环氧一次涂覆光纤套成紧套光纤；另一种为硅树脂一次涂覆光纤套成紧套光纤。

光缆中光纤有紧套和松套两种。目前，干线光缆绝大多数为松套型光纤。成端中不同结构的光纤连接，对连接机具和操作人员的技术水平提出了更高的要求。

（3）检测方法的区别。一般光缆线路的光纤接续，通过 OTDR 在始端或末端可直接测量连接损耗。但成端测量则不同，无论光端机或中继器，由于光纤连接点都在 OTDR 的测量盲区内，无法测出连接损耗，因此给成端连接的质量评价带来了困难。

3) 成端测量的必要性

由上述内容可知，成端较光缆线路接头难度更大，造成的连接损耗也稍高。对大多数光纤通道来说，即使不用 OTDR 监测，也可以确保无问题，是因熔接机上的显示值有时不能反映真实的接续质量。根据工程经验，在不用 OTDR 监测的情况下，有一部分光纤接头未达到最佳状态，约 1/10 的光纤连接损耗偏大，甚至个别接头的损耗超过 0.5 dB，甚至更大一些，这是光缆线路工程所不允许的。

由于成端对光纤连接要求更高，需更加注意质量检测，才能确保每个连接点没有问题。同时，也由于成端是连接中最后一项内容，因此只有在成端时通过检测，对每个成端连接作出合格的评价，才能进入中继段竣工测试。如果成端时不检测，待中继段竣工测试时发现了问题再进行重新连接,将会影响工期进度以及质量保证。

在成端测量过程中,可以同时对全程接头的连接质量进行观察,并对中继段总损耗进行测量,为之后中继段竣工测试提供必要的基本数据。

2. 成端测量的方法

在施工过程中,成端测量滞后于线路接头的连接损耗测量。在有些光缆线路工程中,成端中接头损耗的检测缺少科学化、规范化,有的仅凭熔接机显示的数据判断成端质量,有的仅用 OTDR 检测通不通,所以必须寻求一种真正能检测成端损耗的方法。下面介绍两种光缆成端接头损耗测量的有效方法。

1) 假纤测量法

假纤的长度应大于 200 m,两端应带连接插件。其中,一端插件应与 OTDR 耦合,另一端插件应与被测光缆线路的连接插件匹配。

理想的假纤应选择单芯软光缆,用重复性、互换性较好的连接插件直接成端到单芯软光缆上,确保被测线路连接一侧的连接插件与被测线路连接后的插入损耗低于连接器损耗的规定值。制成的假纤应与"双插头"测试纤进行比较,以确保与被测线路连接一侧的光纤插件插入损耗在合格范围内,并通过对比推算出连接损耗。

测量时,将假纤的一端连至 OTDR,另一端与被成端的尾巴光缆或尾纤连接插件(FC光连接器采用法兰盘)连接好,如图 6-58 所示。

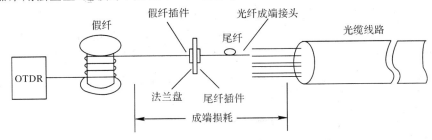

图 6-58 光缆成端假纤测量法示意图

将 OTDR 置于"AUTO"挡,等背向散射曲线出来后,用两点法 Loss(2PA)测量成端连接损耗,第一个"×"光标置于假纤末部(平直部位),第二个"×"光标置于连接点后的曲线平直部位,如图 6-59 所示。

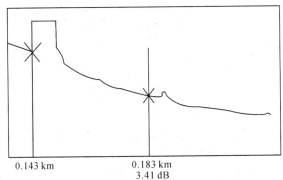

0.143 km   0.183 km
                  3.41 dB

图 6-59 成端损耗测量曲线(一)

光纤熔接后,OTDR 直接显示连接损耗值。图 6-59 中的成端损耗为 3.41 dB,显然不合格。如果这样的接头不用 OTDR 假纤法测量，只检查通不通，那么，经验不足的测试人员是看不出几十千米的中继段有什么毛病的。只有采用插入法测量总损耗才可能发现该通道损耗偏大。

经重新连接后，成端损耗为 0.89 dB，如图 6-60 所示。

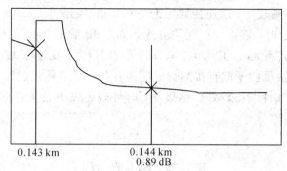

0.143 km　　　　0.144 km
0.89 dB

图 6-60　成端损耗测量曲线(二)

有时经反复连接测得成端损耗均不合格，应检查连接插件连接处的耦合是否良好，若耦合良好仍难满足规定要求，则应更换尾纤，重新连接后再检测。

测量完成后，应根据结果对成端值进行评估。一般从成端损耗的角度评估，首先，损耗应小于成端损耗的预期值，然后进行最大值的估算。

2) 直接测量比较法

假纤测量法为定量测量。只要成端损耗在预期值范围内，就表明连接成功了。但由于对假纤的要求较高，工程中往往无法实现，因此，施工时多采用直接测量比较法。

(1) 测量方法。采用直接测量比较法时，被测线路终端直接插至 OTDR 连接插口之后测量中继段的损耗。仪表测量的距离范围可以放小一些，只展现前边几百米的损耗曲线；也可将距离范围放大一些，使曲线展现整个中继段的线路损耗值。

无论测前端几百米或测全程，都要求曲线的前端观察点"×"光标应调至横坐标的某一基线，以便曲线间作比较。

测量时注意，每测量一条光纤后，均应将连接插件清洁干净。

(2) 评价方法。如图 6-61 所示，"×"光标位于横坐标顶部的第二条坐标线，经二次连接，该成端是合格的。其他光纤成端时，曲线的起始高度均应与第二条坐标线接近。

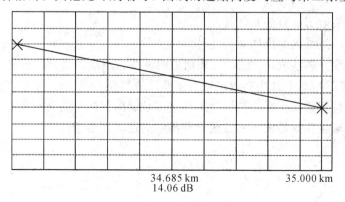

34.685 km　　　　35.000 km
14.06 dB

图 6-61　成端检测曲线

判定成端不良的经验作法如下：

① 找出平均高度，即大多数光纤的起始点高度，曲线如图 6-61 所示，平均高度为第二条横坐标线。凡被比较的光纤曲线起始高度低于 0.5 dB(连接器互换损耗为 0.3 dB，接头最大允许损耗与平均损耗差值为 0.2 dB)时，必须重新成端。

② 用比较方法检测时，要求连接器无论是 0.5 dB 级还是 1 dB 级，均应有良好的互换性能，即采用随机配合时，连接器损耗均应达到 0.5 dB 或 1.0 dB 的标准。

③ 当重新连接改善不大时，应考虑更换尾纤，成端后再作比较(比较时将曲线扩展)。

采用这种比较方法虽然不能直接测得成端损耗的数值，但经过比较检测后，可以使各条光纤的成端质量一致性获得较好的结果，同时可避免成端失误的出现，从而确保中继段线路的连接质量。

复 习 思 考 题

1. 光纤固定接续的方法有哪些？各自应用的场合是什么？

2. 简述光纤熔接的工艺流程。

3. 光纤接续有哪些注意事项？

4. 简述光纤活动连接器的主要指标和基本结构。

5. 说明"FC/UPC""SC/PC"光纤活动连接器标注的含义。

6. 野战光缆连接器的结构特点是什么？

7. 光纤连接损耗产生的原因有哪些？

8. 使用 OTDR 进行光纤连接损耗的现场监测时，有哪些方式，各有什么优缺点？

9. 光缆接续的内容有哪些？

10. 为什么直埋光缆的金属加强芯及金属护层在光缆接头处一般不作电气连通？具体操作方法是什么？

11. 光纤余长有什么作用？光纤余留长度的收容方式有哪些？

12. 简述光缆接续的一般步骤。

13. 光缆接头护套的性能要求有哪些？

14. 简述光缆接头的组成。

15. 光缆接头监测的目的是什么？

16. 光缆在中继站内的成端有哪几种方式？

17. 进局光缆有哪些成端方式，请分别画图说明。成端的主要内容是什么？

18. 简述 ODF 成端方式中布放跳线有哪些注意事项。

19. 请问成端测量工作在光缆线路工程进度较紧的情况下是否可免去？为什么？

20. 光缆成端接头损耗测量的方法有哪些？简述其测量方法。

第 7 章　光缆线路防护

　　光缆线路的防护主要包括光缆线路的机械防护、雷电防护、防强电、防洪、防鼠、防白蚁、防冻以及腐蚀防护等。

7.1　光缆线路的机械防护

　　光缆线路的机械防护主要指埋式光缆在穿越铁路、公路、街道，穿越河流、渠、塘及湖泊，穿越梯田、台田、沟坎和沟渠陡坡，穿越斜坡，穿越桥梁以及穿越涵洞、隧道时采取的相应的保护措施，以防止光缆受到外力作用而造成损坏。机械防护的具体细节详见第5.4.4节。

7.2　光缆线路的雷电防护

7.2.1　光缆线路的一般防雷措施

　　雷击大地时产生的电弧，会导致位于电弧内的光缆烧坏、结构变形、光纤断碎，落雷地点产生的"喇叭口"状地电位升高区，会使光缆的塑料外护套发生针孔击穿，土壤中的潮气和水汽将通过该针孔侵入光缆的金属护层或铠装，从而产生腐蚀，使光缆的寿命缩短。此外，入地的雷电电流还可能会通过雷击针孔或光缆的接地，流过光缆的金属护套或铠装，从而导致累计针孔影响。累计针孔虽不至于立即阻断光缆通信，但对光缆线路所造成的潜在危害仍不容忽视。

　　依据工程经验，下述地点发生雷害事件的概率比较高：

　　(1) 10 m 深处的土壤电阻率发生突变的地方。

　　(2) 在石山与水田、河流的交界处，矿藏边界处，进出森林的边界处，某些地质断层地带。

　　(3) 面对广阔水面的山岳向阳坡或迎风坡。

　　(4) 较高或孤立的山顶。

　　(5) 以往曾屡次发生雷害的地点。

　　(6) 孤立杆塔及拉线，高耸建筑物及其接地保护装置附近。

年平均雷暴日数大于 20 天的地区及有雷击历史的地段，光缆线路应采取防雷措施。光缆线路的一般防雷措施主要包括以下四点：

(1) 根据雷击的规律和敷设地段环境，避开雷击区或选择雷击活动较少的光缆路由，如光缆线路在平原地区，避开地形突变处、水系旁或矿区，在山区应走峡谷。

(2) 光缆的金属护套或铠装不进行接地处理，使之处于悬浮状态。

(3) 光缆的所有金属构件在接头处两侧各自断开，不进行电气连通，局站内或交接箱处的光缆金属构件应接防雷地线。

(4) 雷害严重地段，可采用非金属加强芯光缆或采用无金属构件结构光缆。

7.2.2　直埋光缆的防雷措施

光缆利用光纤作通信介质可以免受电流冲击，如雷电冲击的损害，对于非金属光缆是可以做到这一点的。但埋式光缆中加强件、防潮层和铠装层等金属构件仍可能遭受雷电冲击，从而损坏光缆，严重时致使通信中断。因此，直埋光缆将根据当地雷暴日数、土壤电阻率以及光缆内是否有金属构件等因素，综合考虑防雷的具体措施。

1. 直埋光缆的防雷措施

目前，直埋光缆的防雷措施主要包括以下五个方面：

(1) 局内接地方式。光缆中金属构件在接头部位均连通，使中继段光缆的加强芯、防潮层、铠装层保持连通状态，即全程连通；在两端局(站)内的铠装层、加强件接地，防潮层通过避雷器接地或直接接地。

(2) 系统接地方式。每 2 km 处断开铠装层(接头部位)，作一次保护接地，即接头位置引出一组接地线。缆内加强件、铝带纵包层分连通和断开两种。

(3) 光缆上方敷设排流线(又称地下防雷线、防雷屏蔽线)。直埋光缆排流线的设置应符合下述规定：

① 在光缆上方 300 mm 的地方敷设单条或双条排流线。

② 对于有金属构件的直埋光缆线路，在 10 m 深处的土壤电阻率小于 100 Ω·m 的地段，可不设排流线；在土壤电阻率为 100~500 Ω·m 之间的地段，应设单条排流线；在电阻率大于 500 Ω·m 的地段，应设双条排流线。

③ 对于雷暴日较多、雷害较严重的地段，可适当增大排流线截面积。

(4) 光缆接头处两侧金属构件不作电气连通。

(5) 特殊地段采用无金属光缆。无金属构件的光缆适用于雷区和电力线感应严重的地区，能有效减少和防止雷电损伤。但由于无防潮层，在有水的地区潮气容易渗透；由于无金属构件，维护中发生故障时，地下探测极为困难，因此仅限于特殊地段才采用无金属光缆。

实践证明：直埋光缆防雷措施中，防雷排流线是最为有效的措施。若采取敷设排流线，则无论采用局内接地线还是系统接地线均可达到防雷效果。

2. 排流线的敷设安装

直埋光缆线路在需要防雷敷设排流线的地段，应按设计规定敷设单条或双条排流线，如图 7-1 所示。

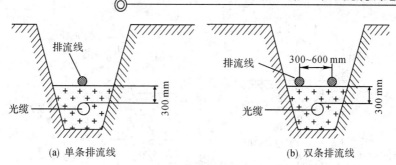

图 7-1　排流线敷设示意图

1）敷设要求

（1）排流线一般采用 7/2.2 mm 钢绞线或镀锌钢线，要求在光缆上方 300 mm 处铺设；双条排流线相距 300～600 mm，采取平行铺设。

（2）排流线不应与光缆相碰、不做接地装置，一般将端头引至土壤电阻率较小的地方。

（3）排流线的连续布放长度应不小于 2 km。

2）注意事项

（1）光缆敷设放入沟中后，立即回填土 300 mm，然后由专门人员按设计要求敷设排流线。

（2）有些地段个别沟深不足或处理绝缘故障挖出光缆，在处理完毕复原时，必须确保光缆在沟底，排流线在上方，切勿混在一起，绝对不能倒置，否则后果很严重。

7.2.3　架空光缆的防雷措施

年均雷暴日超过 20 天的地区及有雷击历史的地段，架空光缆线路应采取防雷保护措施。

1. 接地体类型

接地体有线型和管型两种。线型接地的引线和接地体均采用 $\phi 4$ mm 的钢线，接地体一般水平敷设，埋设深度为 700～1000 mm，表 7-1 中给出了线型接地体在不同长度下的接地电阻值。

表 7-1　线型接地体在水平敷设时的接地电阻值

土壤电阻率 $\rho/(\Omega \cdot m)$	$\phi 4$ mm 钢线埋深为 0.6 m、长度为下列数值时的电阻/Ω					$\phi 4$ mm 钢线埋深为 1.0 m、长度为下列数值时的电阻/Ω				
	1 m	2 m	3 m	4 m	5 m	1 m	2 m	3 m	4 m	5 m
20	19	12	9	7	6	17	11	8	6.5	6.5
50	47.5	29.5	22	17.5	14.5	43	27.5	21	17	14
60	57	35.5	36	21	17.5	52	33	25	20	17
80	76	47	35	28	23.5	69	44	33	28	22
285	177	131	105	88	258	165	123	99	84	76
400	180	236	174	140	117	145	220	164	132	111
440	418	260	182	154	129	379	142	180	145	123

管型接地装置如图 7-2 所示，管型接地施工方便，占地面积小，容易获得较小的接地电阻。其中，单管接地要求管打入的深度较深，而双管接地适用于土质坚硬的地区。

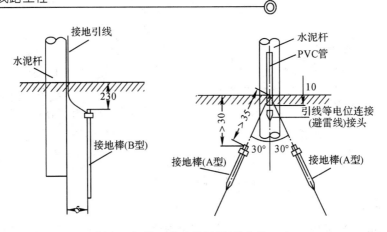

图 7-2 管型接地装置图(单位为 cm)

2. 避雷线装设要求

每隔 250 m 左右的电杆、终端杆、角深大于 1 m 的角杆、飞线跨越杆、杆长超过 12 m 的电杆、山坡顶上的电杆等应设置避雷线(又称架空地线),架空吊线应与地线连接。雷害特别严重或屡遭雷击地段的架空光缆杆路上可装设避雷线,避雷线应每隔 50～100 m 接地一次。

(1) 水泥电杆有预留避雷线穿钉的,应从穿钉螺母向上引出一根 $\phi4.0$ mm 的钢线,高出杆顶 100 mm,并在电杆根部的地线穿钉螺母处接出一根 $\phi4.0$ mm 的钢线入地。

(2) 水泥电杆无预留避雷线穿钉的,应在水泥杆顶部凿孔,沿水泥杆内孔壁穿放一根 $\phi4.0$ mm 的钢线至电杆根部,并按要求延伸,$\phi4.0$ mm 钢线高出杆顶 100 mm,并用 $\phi3.0$ mm 的钢线捆扎。地线安装后应用水泥封堵电杆顶部的凿孔。

(3) 木杆上装设避雷线可直接用卡钉沿木杆钉固,卡钉间距应为 50 mm。木杆顶部伸出长度及底部延伸长度应与水泥电杆相同。

(4) 利用拉线作避雷线时,$\phi4.0$ mm 钢线一端应高出电杆 100 mm,在距杆顶 100 mm 处应用 $\phi3.0$ mm 的钢线捆扎,且每间隔 500 mm 捆扎一次;$\phi4.0$ mm 钢线另一端压入拉线抱箍内,并与其良好接触;$\phi4.0$ mm 钢线在木杆上宜用卡钉钉固。

(5) 在与 10 kV 以上高压输电线交越处,电杆应安装放电间隙式避雷线,两侧电杆上的避雷线安装应断开 50 mm 的间隙。

避雷线的地下延伸部分应埋在 700 mm 以下,避雷线的接地电阻及延伸线(地下部分)长度应符合表 7-2 中的要求。

表 7-2 避雷线接地电阻要求及延伸线长度

土 质	一般电杆避雷线要求		与 10 kV 电力线交越杆避雷线要求	
	电阻/Ω	延伸/m	电阻/Ω	延伸/m
沼泽地	80	1.0	25	2.0
黑土地	80	1.0	25	3.0
黏土地	100	1.5	25	4.0
砂砾土	150	2.0	25	5.0
砂土	200	5.0	25	9.0

3. 光缆吊线接地要求

光缆吊线每隔 300～500 m 距离进行一次接地处理，即利用电杆避雷线或拉线进行接地处理，并每隔 1 km 左右加装绝缘子进行电气断开。

（1）吊线利用预留地线穿钉作地线时，应将光缆金属屏蔽层用 $\phi4.0$ mm 的钢线与安装在吊线上的地线夹板连接，并将 $\phi4.0$ mm 的钢线沿电杆引至电杆的预留孔与预留地线穿钉连接入地，并在电杆根部的地线穿钉螺母处接出 $\phi4.0$ mm 的钢线入地。

（2）吊线利用拉线作地线时，吊线应经地线夹板用 $\phi4.0$ mm 的钢线与拉线抱箍相连，通过拉线入地，光缆金属屏蔽层应通过地线夹板用 $\phi4.0$ mm 的钢线与吊线连接。

（3）吊线采用直接入地式地线时，吊线应通过地线夹板与 $\phi4.0$ mm 的钢线地线连接，并垂直沿电杆每间隔 500 mm 用 $\phi3.0$ mm 的钢线捆扎一次，木杆用卡钉钉固，直接入地。

架空光缆吊线的接地电阻值应符合表 7-3 中的要求。

表 7-3 架空光缆吊线接地电阻值

土壤电阻率 $\rho/(\Omega \cdot m)$	≤100	101～300	301～500	≥501
土壤性质	普通土	砂砾土	黏土	石质土
接地电阻/Ω	≤20	≤30	≤35	≤45

7.3 光缆线路防强电

1. 光缆线路强电危险影响

有金属构件的光缆线路，当其与高压电力线路、交流电气化铁道接触网平行，或与发电厂、变电站的地线网、高压电力线路杆塔的接地装置等强电设施接近时，应主要考虑强电设施在故障状态和工作状态时由电磁感应、地电位升高等因素在光缆金属构件上产生的危险影响。

光缆线路受强电线路危险影响允许标准应符合下列规定：

（1）强电线路故障状态时，光缆金属构件上的感应纵向电动势或地电位升不应大于光缆绝缘外护层介质强度的 60%。

（2）强电线路正常运行状态时，光缆金属构件上的感应纵向电动势不应大于 60 V。

2. 光缆线路强电防护措施

光缆线路对强电影响的防护，选用的措施应符合下列规定：

（1）在选择光缆路由时，应与现有强电线路保持足够安全的隔距；当与之接近时其在光缆金属构件上产生的危险影响不应超过 GB 51158—2015《通信线路工程设计规范》规定的容许值。

（2）光缆线路与强电线路交越时，宜垂直通过；在难以垂直通过的情况下，其交越角度应不小于 45°。

（3）光缆接头处两侧金属构件不应电气连通，也不应接地。光缆线路进入交接设备时，金属构件应接地,接地方式及接地电阻应满足设计要求。

(4)当上述措施无法满足安全要求时,可增加光缆绝缘外护层的介质强度,采用非金属加强芯或无金属构件的光缆。

(5)在与强电线路平行地段进行光缆施工或检修时,应将光缆内的金属构件作临时接地。

(6)光缆在架空电力线路下方交越时,应作纵包绝缘物处理,并在光缆吊线交越处两侧加装接地装置,或安装高压绝缘子进行电气断开。

(7)跨越档两侧的架空光缆杆上吊线应做接地,杆上地线应在离地高 2 m 处断开 50 mm 的放电间隙,两侧电杆上的拉线应在离地高 2 m 处加装绝缘子,并应设置电气断开。跨越档两侧附近电杆上的吊线应加装绝缘子,并应设置电气断开。

7.4 光缆线路的防洪

光缆线路被洪水冲断或因水土的大量流失发生塌陷而毁坏,以致工程难以进展,受害地段抢修困难,甚至导致通信长时间中断,其后果是十分严重的。造成这种现象的主要原因是对地形特点认识不足,或者防洪方法不当。因此,必须认识到防洪工作的重要性。洪水对光缆线路的影响主要是对直埋光缆敷设方式的影响。

光缆线路对洪水的防护主要是从路由的选择上考虑,除此之外可考虑在一些特殊地段采取一些必要的防护措施。

7.4.1 光缆线路路由选择的防洪考虑

1. 光缆线路通过河流时的路由选择

光缆线路在通过河流时,要避开水流较急、河岸不稳固的区域,如河曲、矶、节点、深槽、浅滩、干支流河口和沙洲等。

1)河曲

河道弯曲的部分称为河曲。通过河曲时,路由选择如图 7-3 所示。

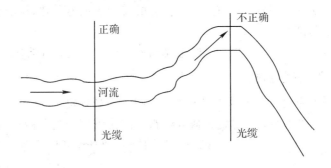

图 7-3 通过河曲时的路由选择

2)矶

河岸伸向江河的部分称为矶。选择光缆路由时,要结合实地勘察,尽量避开流速大、有侵蚀的部位为好。

3）节点

河床平面相对狭窄的部分称为节点。在选择光缆线路路由时，不要只看到河面较窄，过河水线敷设量不大，而要对河床的地貌进行仔细勘测，尽量避开这种节点。

4）深槽

河床较深的部分称为深槽，光缆路由要避开这种地方。

5）浅滩

由于河流沉积作用使河床抬高的部分称为浅滩，这种河段不宜作为光缆线路的过河地点。

6）干支流河口

干支流汇合的地方称为干支流河口，这种河段不宜作为光缆线路的过河地点。

7）沙洲

由于泥沙沉积、高度高出年平均水位的沙滩称为沙洲。光缆线路在这种沙洲上建成后，是极不稳定的，通过沙洲时的路由选择如图 7-4 所示。

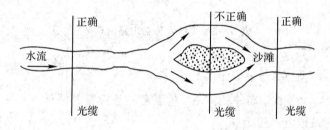

图 7-4　通过沙洲时的路由选择

8）易崩塌的河谷及河岸

超过一定休止角的地段属于易崩塌的河谷及河岸：土壤与沉积物的休止角不大于 45°，黄土应不大于 50°，坚硬岩石应不大于 50°～60°。

河岸是指洪水或河水所淹没的一部分河谷或斜坡，而河岸崩塌是水流与河岸相互作用的结果。河岸崩塌对光缆线路造成的危害非常严重，在设计水线登陆点时应予以足够的重视。

9）流沙河的狭窄处

流沙河中光缆线路路由的过河点应选择河道稍宽处，避开狭窄处。

10）水库

光缆路由遇到水库时，一般应走水库上游，以免水坝决堤时冲毁光缆线路。

2．山区光缆路由的选择

选择光缆路由时，总的原则是尽量走平川，少走山区，避免连续翻山。在进行山区光缆路由选择时，应注意以下情况。

1）翻山

光缆翻山时应从山的鞍部通过，上下山应选择在坡度较缓的小山梁或合水线一侧，避免从山沟、合水线、流水沟上下山，防止流水冲刷，如图7-5所示。

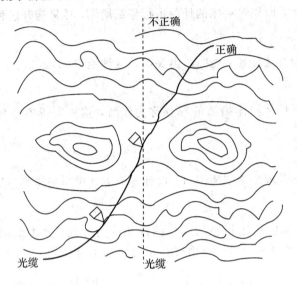

图7-5 光缆线路翻山路由选择

2）选择顺山走的光缆路由

（1）在石质山区，一般应走山腰。

（2）在山沟沟底较宽时，可走山脚下，但要避免连续穿越河道。

（3）避免顺河道或沿河边走。

（4）光缆沿河边耕地走时，要特别注意调查耕地的稳固程度，且不可随便就决定在几年或几十年没有发生洪水的河边耕地走。

3）过黄土高原时

黄土高原或水土流失严重的土质山区，光缆路由应走塬上、梁上或较宽的川边，不能走半山腰，避免横跨雨裂沟。如高原中夹有较宽的川地，则光缆应走川边，不走河边。

4）光缆路由过梯田

光缆路由应尽量避开靠山边的梯田，无法避免时，应选择梯田中地形突出的部位走，不走凹陷部位，并进行认真加固，防止流水冲刷。

5）地形情况复杂时

（1）要避开容易滑坡、错落及坍塌的山区路由。

（2）选择光缆路由时，要向当地规划、气象、水利、地质等部门及群众仔细了解降雨量、地质地形等情况。

7.4.2 地下光缆的防洪措施

做好防洪工作是保证光缆线路稳固和安全的重要环节。维护人员必须对自己辖区内光缆线路易遇洪水灾害的地段进行仔细调查、认真分析，摸索洪水灾害的规律，以保证光缆线路的稳固和安全。

1. 建筑保护坝

光缆在穿越小河、水沟、小溪时，应在光缆下游 3～5 m 处建筑保护坝，以稳固河床，保护光缆线路，保护坝如图 7-6 所示。

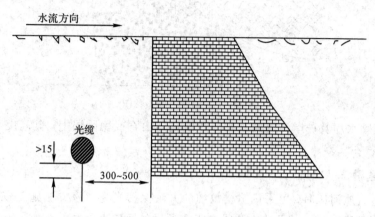

图 7-6 保护坝示意图（单位为 cm）

保护坝长度应超过河床宽度，延伸至河岸稳固的地方。保护坝基础应建筑在河床稳固层上并深于光缆埋深 15 cm 以上，坝宽应视洪水的冲刷情况而定。建筑保护坝能否起到保护光缆的作用，取决于以下几个因素：

（1）保护坝建筑位置应离开光缆下游一段距离，不能与光缆同沟或直接将光缆灌注在保护坝内（否则会造成洪水来时坝倒缆断的事故）。

（2）保护坝一定要建筑在稳固层上。若不能建筑在稳固层上，则要加大基础宽度，并用大型块石铺底，错缝压接，严密灌注。

（3）坝顶不得高出河床面，否则坝顶挡水，坝基易被掏空，使保护坝倾倒损毁。

2. 护岸

在光缆过河地点及光缆沿河边敷设的、易被冲塌的河岸上应做护岸，护岸结构如图 7-7、图 7-8 和图 7-9 所示。

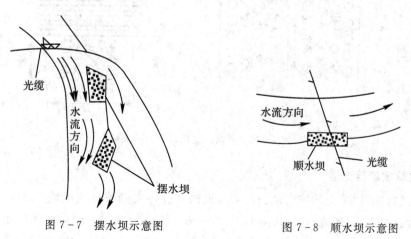

图 7-7 摆水坝示意图   图 7-8 顺水坝示意图

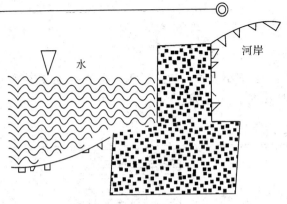

图 7-9 护岸河堤示意图

摆水坝、顺水坝及护岸河堤的基础应建筑在连山石或稳固层上，其高度和长度视情况而定。

3. 石板凿槽法

光缆通过石质河床时，可采用凿槽放缆的方法保护光缆。该方法施工较为复杂，但建成后光缆线路更稳固可靠。具体方法是在光缆通过的河床上，用凿眼放炮的方法凿开一个上宽 0.8～1.2 m、下宽 40～60 cm、深度为 1 m 左右的石槽，为防止炸力太大，应放小炮。首先在石槽的边缘相隔 30 cm 左右处凿两行空石眼（不装药）以稳固石槽两岸，使之不被震坏；然后在空眼中部凿成梅花形的炮眼装药，放炮开槽。大石槽开成后，可在大石槽的底部中央用人工凿成一个小石槽（宽 15～30 cm、深 20～30 cm），凿平底部，铺细砂 10 cm，放入光缆，用砂土填满小槽，再盖石板保护；然后砌石灌注，填满大石槽，表面勾缝抹光，使其与原河床齐平，如图 7-10 所示。

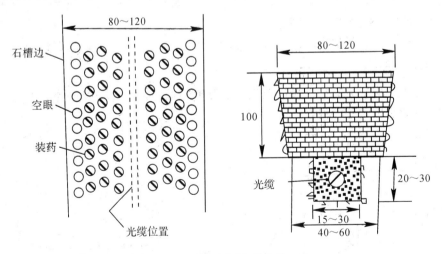

图 7-10 石槽示意图（单位为 cm）

4. 建筑坡度挡土墙

光缆通过 30°以上土质坡度地段时，除设横木外还要砌坡度挡土墙，以保护光缆。坡度挡土墙两侧应超出光缆沟宽 20 cm，墙基一般不要深于光缆，这样即使挡土墙被破坏，光缆也不会立即受损。挡土墙的高度不要高出地面，如图 7-11 所示。

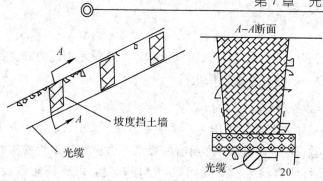

图 7-11　坡度挡土墙示意图(单位为 cm)

5. 建筑分流坝

当光缆敷设坡度超过 45°时,除设横木、砌坡度挡土墙及光缆加钢丝铠装保护外,在雨季容易冲刷的地段还应用石块或土筑成分流坝,使水分散流走,以保护光缆。分流坝高度一般为 20～30 cm,呈鱼背形。坝宽、坝长和分流坝的条数可根据洪水的冲刷力和流水面积确定,如图 7-12 所示。

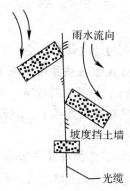

图 7-12　分流坝示意图

6. 建筑梯田挡土墙

光缆通过梯田塄坎时,要砌石加固。加固挡土墙应高出地面 20～30 cm,坎边要塞碎石保土,塄坎附近 3 m 以内回填土要分层夯实,如图 7-13 所示。

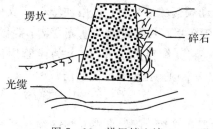

图 7-13　梯田挡土墙

7. 挖排水沟

光缆通过容易积水或顺沟流水的地方,应在远离光缆的地方挖排水沟(把水引开),以防止雨水冲刷光缆路由。

8. 光缆深埋

光缆通过流沙河河床时，不能建筑防洪设施，可用深埋光缆的方法保护光缆，其深度根据实际情况决定（一般应挖在稳固层上）。

9. 光缆防洪设施的维护

光缆防洪设施的维护是防洪工作的一项重要任务。维护人员对线路上所属防洪加固设施要经常巡查，熟悉情况。在雨季、洪期前后要集中力量对防洪设施进行检修，每年雨季后要对防洪设施进行认真检查。发现问题，立即修复，以保证防洪设施能发挥应有的作用。

7.5　光缆线路的防鼠、防白蚁

7.5.1　防止鼠类啃噬光缆的措施

1. 光缆线路防护

鼠类有磨牙利齿的天性，当遇到地下光缆阻挡它们的通道或阻挡它们寻找食物时，它们就会咬坏光缆。所以，设计、选择光缆线路路由及施工时，应根据鼠类的习性，在光缆路由上采取相应的防护措施，尽可能减少鼠类的危害。

（1）根据鼠类的习性，在光缆线路路由选择上应避开多鼠的地段。多鼠地段主要有：

① 用石头砌成的桥头或涵洞。

② 临近河溪、水田、无水泥封合石缝的堆砌物和外露老树根的地方。

因此，光缆在穿过农田的田埂、河堤、水沟、荒土丘及草木丛、经济作物坡地时，尽量垂直通过，减少在其边缘的埋设长度；光缆沿山坡公路埋设时，应在靠山坡一侧通过。

（2）由于鼠类的活动范围多在耕作层，因此应保证光缆埋深，当符合规定要求时，可减少鼠类的危害。尤其是地势起伏落差大的地方，护坡内侧和边缘的回填土应夯实，必要时可在光缆上方铺 5 cm 的 1∶1 水泥砂浆加以保护。同时，在施工时必须使用油纸将光缆与砂浆隔开。

（3）在必须经过鼠类活动频繁的地带时，可用硬塑料管或钢管来保护光缆，并且在埋设光缆时将土夯实。注意，不要用石块及硬物填塞光缆沟，要做到沟内不留缝隙。

（4）对于管道光缆来说，将光缆穿进子管内，并将子管用油麻或热缩套管封闭，也是很有效的防鼠措施。这种方法不但防鼠，还可起到防蚁的作用。

2. 光缆的自身改进

（1）结构设计。采用防鼠类光缆，例如直埋光缆必须选择有金属护层如细钢丝或钢带铠装、尼龙外护层的光缆，这是非常重要且行之有效的方法。

（2）材料变化。在鼠害严重地带，在光缆外表包扎防鼠趋避剂药套（如福美双、对溴苯胺及环己胺等），也可以取得一定的防鼠效果。若在防鼠护套外同时缠绕玻璃纤维，则可以进一步提高防鼠效果。用防鼠趋避剂药套包裹光缆的具体方法：首先任选上述一种药物

（药物用量为 7 mg/cm²）溶于有机溶液（如丙酮或苯）中；然后将厚度约 0.5 cm、宽度刚好能包裹光缆且略有富余的软聚氨酯薄膜塑料带浸渍在药物溶液中，使其吸附再行风干；最后用聚氯乙烯丝缝包在光缆外面。

也可选用光缆护套含有防鼠驱避剂的防鼠光缆，或从多种天然植物中提取防鼠驱避剂，经多次复合后加入护套材料中，使光缆外护套含有一种辛辣异味，当鼠类动物接触光缆时，使其嗅觉神经受到刺激而厌弃接触，对其自动避让，起到防鼠保护光缆的目的。防鼠驱避剂无毒无害，不污染环境，能与无卤低烟阻燃聚烯烃或（PE·PVC）材料相结合，使其成为一种新型环保型产品。

7.5.2 防止白蚁蛀蚀光缆的措施

白蚁不但啃噬光缆，而且还分泌蚁酸，会加速金属护套的腐蚀。

（1）根据白蚁的生活习性，在敷设光缆线路时，应尽量避开白蚁多滋生的地方，如森林、木桥、坟场和堆有垃圾的潮湿地方；如果必须经过这些地方，可采用水泥管、硬塑料管、铁管等保护光缆。

（2）当光缆线路必须经过白蚁活动猖獗的地区时，可采用防蚁毒土埋设光缆，包括在沟底喷洒药液，以及用药浸过的土壤填沟等。使用防蚁毒土埋设光缆的具体方法是：在挖好光缆沟后，将光缆敷设在沟内，用砷铜合剂喷洒一次，使沟底浸透药液，然后在沟内填入 10～15 cm 厚的细土，再将药液喷洒在细土上，待药液渗入土壤后，即可复土夯实填平光缆沟。

防蚁剂除用砷铜合剂外，还用 0.25％艾氏剂、狄氏剂、1.0％七氯制成的防蚁乳剂或 1.0％氯丹溶液等。

（3）在白蚁较多的地方，设计和施工时可采用防蚁光缆。这种光缆是在制造时将防蚁药物渗透到塑料护套材料中，也可以改变聚乙烯配方、增加外护套硬度或在聚乙烯护套外再挤压一层聚酰胺材料（PA11，PA12）被覆，以起到防蚁的效果。

7.6 光缆线路的防冻

在寒冷地区由于气候条件差异和季节性的气候变化，造成寒冷地区出现永久冻土层或季节性冻土层。在这些地区敷设光缆时，如果埋设深度选择不当或光缆选用不当，都有可能发生季节性光缆线路故障。因此，应针对寒冷地区不同的气候特点和冻土状况采取下述防冻措施。

（1）最低气温低于−30℃的地区，不宜采用架空光缆敷设方式。

（2）在寒冷地区的光缆线路应选用温度范围为 A 级（低限为−40℃）的光纤光缆。

（3）对于季节性冻土层，敷设光缆时可采用增加埋深的措施，增加埋深是为了避开不稳定的冻土。例如，东北的北部地区属于季节性冻土层地区，工程中可将光缆埋深增加到 1.5 m。

（4）在有永久冻土层的地区敷设光缆时应注意不要扰动永久冻土。一般采用降低光缆埋深的方法，保持永冻层的稳定。例如，在青藏高原等永久冻土层地区敷设光缆时，采取减小光缆埋深的措施。

7.7　光缆线路的腐蚀防护

由于光缆一般都有塑料外护套，因此目前光缆腐蚀的危害还没有表现出来。但是，随着光缆线路使用年限的增加，塑料外护套会由于老化等原因而损伤，到那时，光缆腐蚀的危害将会突显，再采取防腐蚀措施不但效果不佳，而且会影响到正常通信。所以，要从一开始就重视光缆线路施工和维护中光缆的防腐蚀问题。

7.7.1　地下通信光缆腐蚀分类及指标

1. 光缆腐蚀分类

由于外界化学或电化学等的作用致使光缆外护套遭到损坏的现象称为光缆腐蚀。光缆腐蚀的分类如图 7-14 所示。

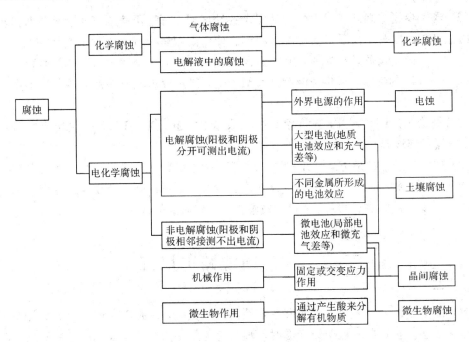

图 7-14　光缆腐蚀分类

2. 光缆的腐蚀指标

1）土壤电阻率对铝护套的腐蚀指标

土壤电阻率对铝护套的腐蚀指标如表 7-4 所示。

表 7-4　土壤电阻率对铝护套的腐蚀指标

腐蚀程度	很弱	较弱	中等	较强	很强
土壤电阻率/(Ω·m)	100 以上	20～100	10～20	5～10	5 以下

2）土壤电阻率对钢铠装的腐蚀指标

土壤电阻率对钢铠装的腐蚀指标如表 7-5 所示。

表 7-5 土壤电阻率对钢铠装的腐蚀指标

腐蚀程度	弱	中等	强
土壤电阻率/(Ω·m)	50 以上	23～50	23 以下

3）pH 值对钢铠装的腐蚀指标

pH 值对钢铠装的腐蚀指标如表 7-6 所示。

表 7-6 pH 值对钢铠装的腐蚀指标

腐蚀程度	弱	中等	强
pH 值	6.5～8.5	6.0～6.5	6.0 以下或 8.5 以上

4）水对铝护套的腐蚀指标

水对铝护套的腐蚀指标如表 7-7 所示。

表 7-7 水对铝护套的腐蚀指标

腐蚀程度	pH 值	氯离子 Cl^-/(mg/L)	硫酸根 SO_4^{2-}/(mg/L)	铁离子 Fe^{3+}/(mg/L)
弱	6.0～7.5	小于 5	30 以下	小于 1
中等	4.5～6.0 7.5～8.5	5.0～50	30～150	1～10
强	小于 4.5 大于 8.5	大于 50	150 以上	10 以上

5）电化学腐蚀指标

地下光缆的防护电位值应在表 7-8、表 7-9 规定的范围。大地中有泄漏电流时，金属护套容许的泄漏电流密度不应超出表 7-10 规定的范围。

表 7-8 护套对地容许防护电位的上限值

护套材料	按氢电极计算/V	按硫酸铜电极计算/V	介质性质
钢	-0.55	-0.87	酸性或碱性

表 7-9 护套对地容许防护电位的下限值

护套材料	防腐覆盖层	按氢电极计算/V	按硫酸铜电极计算/V	介质性质
钢	有	-0.9	-1.22	在所有介质中
	部分损坏	-1.2	-1.52	在所有介质中
	无	由相邻金属设备的有害影响来确定		在所有介质中

表 7 - 10　护套容许的泄漏电流密度

护套材料	容许的泄漏电流密度/(mA/mm²)	
钢	0.35	
铝	交流	50～150
	直流	2～0.7

6）光缆与接地体的间距

为了防止外电源阴极接地装置产生的泄漏电流对光缆产生电化学腐蚀，要求光缆与接地体保持一定的距离。

7.7.2　通信光缆的防腐蚀措施

1. 防止由土壤和水引起的腐蚀

防止由土壤和水引起腐蚀的措施如表 7 - 11 所示。

表 7 - 11　防止由土壤和水引起腐蚀的措施

土壤腐蚀性强弱（土壤变化情况）	腐蚀段落长短	采取的防腐蚀措施	备注
强腐蚀地段	长段落	采用防腐蚀光缆；安装外电源阴极保护或牺牲阳极保护	根据现场与电源条件确定
局部腐蚀（小型积肥坑、污水塘等）	短段落	牺牲阳极保护；在光缆外包沥青油麻、沥青玻璃丝带或塑料带 30# 胶等防腐层；避开腐蚀源	—
中等腐蚀地段（土壤干湿变化较大的交界地段）	—	采用防腐蚀光缆；包覆防蚀层或安装牺牲阳极保护	—

外电源阴极保护方法是将一个直流电源的正极接阳极接地体（如石墨电极），负极接金属护套，电流通过大地构成回路，用这一回路产生的电流抵消金属护套流出的电流，使金属护套的阳极区变成阴极区，从而保护金属护套，如图 7 - 15 所示。

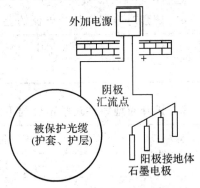

图 7 - 15　外电源阴极保护方法

外电源阴极保护法的电源一般采用恒电位仪，其接线如图 7-16 所示。

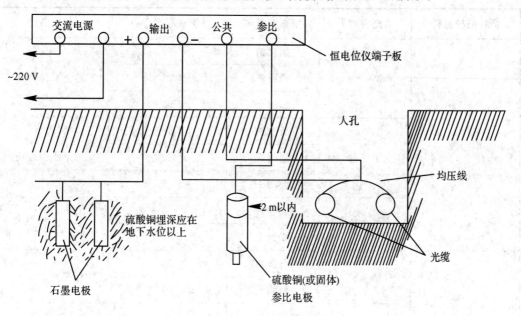

图 7-16　恒电位仪接线图

牺牲阳极保护法适用于电化学腐蚀地区，具体方法为：用活泼的金属（如镁合金、铝合金或锌合金的阳极棒）与被保护金属连接，使被保护金属成为阴极，一般将阳极棒安装在无电源地区或有绝缘护层的铝包光缆上。这种保护方法是光缆防腐蚀工作中行之有效的、较经济的、便于维护的保护方法，不仅能起到防腐蚀的作用，还有防雷、防强电影响的综合保护作用。

牺牲阳极保护法的平面安装如图 7-17 所示。

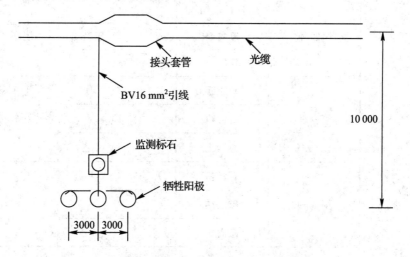

图 7-17　牺牲阳极保护法的平面安装图（单位为 mm）

牺牲阳极保护法填充料的配方比例如表 7-12 所示。

表 7-12 牺牲阳极保护法填充料的配方比例

牺牲阳极材料	填充料种类	填充料组成	重量配比/%	使用条件
铝阳极	第一种	氯化钠	60	地下水位低处
		消石灰	20	
		膨润土	20	
	第二种	硫酸钠	5	地下水位低处
		消石灰	70	
		膨润土	25	
	第三种	氟硅酸钠	50	
		膨润土	50	
镁阳极	第一种	石膏粉	50	电阻率≤20 Ω·m
		膨润土	50	
	第二种	石膏粉	25	电阻率≤20 Ω·m
		硫酸钠	20	
		膨润土	55	
	第三种	石膏粉	60	电阻率≥20 Ω·m
		硫酸镁	10	
		膨润土	30	
	第四种	氟硅酸钠	63	电阻率≥20 Ω·m
		硫酸钾	6	
		膨润土	31	
锌阳极	第一种	硫酸镁	35	电阻率较高的地方
		石膏粉	15	
		膨润土	50	
	第二种	石膏粉	25	一般土壤
		硫酸钠	25	
		膨润土	50	
	第三种	消石灰	50	沼泽地
		膨润土	50	

牺牲阳极保护法的使用环境如表 7-13 所示。

表 7 - 13　牺牲阳极保护法的使用环境

阳极材料	保护对象	使用环境
镁合金	铝、钢护套	常用于酸性土壤中，也可用于一般土壤与水溶液中或土壤电阻率较高的场合
铝合金	铝、钢护套	常用于海水中，在土壤中使用时以碱性为好，使用时必须有填充料，适合于电阻率低的场合

2. 防止泄漏电流引起的电化学腐蚀

1）光缆敷设于存在泄漏电流的区域

当光缆敷设于存在泄漏电流的区域、光缆上出现阳极区或变极区及泄漏电流超过允许值时，可采用特殊的防腐蚀光缆；也可根据现场条件，采用排流器或外电源阴极保护。

2）靠近直流泄漏负汇电流体

当光缆靠近直流泄漏负汇电流体时，若在光缆上出现稳定的阳极区，则可采用直流排流器或极性排流器；若出现变极区，则可采用极性排流器；若出现阳极区或变极区，则可采用强制排流器。

3）可安装绝缘套管的情况

（1）与直流电气化铁道及其他地下金属管线或金属设备等交越，泄漏电流容易在该处漏入或漏出金属护套（绝缘保护的长度应延伸至距铁轨或管线 10 cm 以外的大地）。

（2）金属外护套接触到能引起直流电位的铁架。

（3）光缆线路装设排流器后，使相邻的其他金属设备增加了被腐蚀的危险。

（4）光缆金属护套正在遭受泄漏电流腐蚀（除安装绝缘套管外，还应采用阳极电极保护进行联合防护或单独采用阳极电极防护）。

4）要安装防腐蚀监测线的情况

（1）光缆与泄漏电流的管线交叉跨越或接近时；

（2）与装有阴极保护设备的设施接近时。

3. 防止光缆护套晶间腐蚀

（1）避免在有交变应力和固定应力的地方敷设光缆。

（2）在有震动的地方敷设光缆时，应对光缆采取防震措施，并将光缆作适当预留。

（3）采用阳电极或外电源阴极保护方法。

4. 铝护套光缆的防腐蚀措施

铝护套光缆的防腐蚀措施主要是采用防腐蚀的塑料外护层。当局部塑料护套及接头对地绝缘不良时，可采用阳极电极作为辅助防护措施（阳极电极接地装置的接地电阻满足光缆防雷、防强电的要求时，可代替接地装置）。

5. 光缆接头盒的防腐蚀措施

光缆接头盒防腐蚀的总要求是密封、防水，具体方法可参阅有关光缆接头盒的安装说明。

6. 光缆外护套防护

在长途直埋光缆线路敷设之后，由于地理环境的原因，周围介质的化学或电化学的作用会使光缆的金属护套及金属防潮层发生腐蚀，从而影响光缆的使用寿命。大部分光缆都有塑料外护套，具有较强的防腐蚀能力。但是当光缆的塑料护套受到损坏时，金属护套和金属防潮层同样将发生腐蚀，最终可能引起光缆中光纤传输特性和物理特性劣化（例如光缆进水后会使光纤的损耗增加，机械强度降低），光缆机械保护作用减弱或丧失（减弱或丧失承受各种机械作用和防止白蚁、鼠类伤害的能力）。因此，如何保持光缆塑料护套的完好，是防止光缆发生腐蚀的重要环节，在施工和维护中都应引起高度的重视。

为了保护外护套的完整性，一般在施工和维护中可采取下列措施：

（1）在施工前的单盘检验中，要检查外护套的完整性。

（2）在施工中，要保持外护套的完好无损。

（3）在维护中，要经常注意观察线路路由及周围地形和地物的变化情况，及时发现光缆外护套的损坏情况。

当发现光缆外护套有损伤时，要进行及时处理。

复 习 思 考 题

1. 直埋、架空光缆线路的雷电防护措施有哪些？

2. 对于有金属构件的光缆线路，强电影响主要体现在哪些方面？

3. 光缆线路的防强电措施有哪些？

4. 光缆线路中哪些地段易发生雷害事件？

5. 光缆线路工程中有哪些措施可以降低接地电阻？

6. 查资料阐明土壤电阻率的定义，并说明土壤电阻率和土壤的哪些因素相关。

7. 简述光缆线路路由选择的防洪考虑。

8. 光缆线路为防鼠、防白蚁，在光缆结构方面需做哪些改进？

9. 光缆线路的防冻措施有哪些？

10. 为了保护光缆外护套的完整性，其施工和维护应采取哪些措施？

第8章　光缆线路工程常用仪表、竣工测试与工程验收

　　要保证光缆线路工程在建设中及建成后有良好的质量，必须配备高质量的测量仪表并进行测试。

　　光缆线路测试是保证工程质量和保持网络良好运行状态的重要手段。就测试阶段而言，光缆线路测试分为光缆线路工程测试及光缆线路维护测试两大类，而工程测试一般包括单盘测试和竣工测试两个阶段。

　　工程验收是对已经完工的施工项目进行质量检验的重要环节，是光缆线路工程中不可缺少的重要程序。工程验收通常分为随工验收、初步验收和竣工验收。对施工来说，主要有随工验收和初步验收。验收工作由工程主管部门、设计单位、施工单位等共同完成。

　　本章重点介绍光缆线路工程中的常用仪表、竣工测试以及工程验收。

8.1　光缆线路工程常用仪表

　　光缆线路工程施工和维护中所使用的仪器仪表多为精密仪器，操作要求高。操作人员应熟悉原理，正确操作，平时应妥善保管、严格管理。仪表的正确使用对光缆线路工程的施工和维护尤为重要。本章重点介绍光缆线路工程施工和维护中所使用仪表的用途和工作原理。

　　光缆线路工程中常用的仪表主要包括光源、光功率计、光万用表、光时域反射计、光纤熔接机以及光缆普查仪等。

8.1.1　常见光源

　　光源是光纤测试系统中的主要组成部分，是光特性测试中不可缺少的信号源。

1. 用途与分类

　　光纤通信测量中使用的光源有三种：稳定光源、白色光源（宽谱线光源）以及可见光光源。

　　稳定光源是测量光纤损耗、光纤接续损耗以及光器件插入损耗等不可缺少的仪表。根据所用发光器件的不同，稳定光源可分为半导体激光器（LD）和发光二极管（LED）两类。两者的主要区别在于 LED 发出的是荧光，而 LD 发出的是激光。LED 发出的光谱很宽，多用在短距离、小容量的光纤通信系统中作为光源；而 LD 发出的光谱很窄，常用在长距离、大容量的光纤通信系统中作为光源。白色光源是测量光纤、光器件等损耗波长特性的最佳光源，通常以卤钨灯作为发光器件。可见光光源一般用于简单的光纤断纤障碍测试、光器件的损耗测量、端面检查、纤芯对准及数值孔径测量等，以氦-氖气体激光作为发光器件。

2. 工作原理

1) LED 式稳定光源

只要工作环境温度保持一定，LED 发光器件可以在长时间内保持稳定。为了稳定发光二极管的输出光功率，一般采用如图 8-1 所示的 LED 式稳定光源。

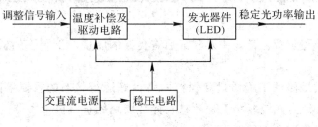

图 8-1　LED 式稳定光源

2) LD 式稳定光源

影响 LD 输出光功率稳定性的因素很多，如阈值电流 I_{th}、功率效率 η_p 随温度和时间的变化等。因此，应对 LD 的工作环境温度进行恒温控制，即采用自动温度控制（ATC），同时应对 LD 的输出光功率进行稳定控制，即采用自动功率控制（APC）。图 8-2 所示为实现输出稳定光功率的 LD 式稳定光源的原理框图。

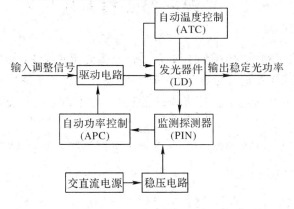

图 8-2　LD 式稳定光源

3. 使用方法

各种光源的操作使用方法具体可参考相关型号光源的使用说明书。

8.1.2　光功率计

1. 用途与分类

光功率计是用来测量光功率大小、线路损耗、系统富余度及接收机灵敏度的仪表，是光纤通信系统中最基本，也是最主要的测量仪表。

光功率计的种类很多，根据显示方式的不同，可分为模拟显示型和数字显示型两类；根据可接收光功率大小的不同，可分为高光平型、中光平型和低光平型 3 类；根据光波长的不同，可分为长波长型（范围为 $1.0 \sim 1.7\ \mu m$）、短波长型（范围为 $0.4 \sim 1.1\ \mu m$）、全波长型（范围为 0.7~1.6 μm)3 类；根据接收方式的不同，可分为连接器式和光束式两类。

2. 工作原理

光功率计一般都由显示器(又称指示器，属于主机部分)和检测器(探头)两大部分组成。图 8 - 3 所示为一种典型的数字显示式光功率计的原理框图。

图 8 - 3　数字显示式光功率计的原理框图

图 8 - 3 中的光电检测器在受光辐射后，产生微弱的光生电流，该电流与入射到光敏面上的光功率成正比，通过电流/电压(I/U)变换器变成电压信号后，再经过放大和数据处理，便可显示出对应的光功率值的大小。

3. 使用方法

光功率计的使用方法具体可参考相关型号光功率计的使用说明书。

8.1.3　光万用表

1. 用途与分类

将光功率计和稳定光源组合在一起的仪表称为光万用表，主要用来测量光纤链路的光功率损耗。光万用表主要包括以下两类：

(1) 由独立的光功率计和稳定光源组成的光万用表；

(2) 由光功率计和稳定光源结合为一体并集成测试系统的光万用表。

对于短距光纤链路，端点距离在步行或谈话范围之内，技术人员可在任意一端使用稳定光源，而在另一端使用光功率计；但对于长距光纤链路，技术人员应该在每端安装完整的组合或集成式光万用表。

2. 工作原理

光万用表是集成激光光源与光功率计模块的多功能测量仪表，内置双(或多)波长单输出激光光源，可以同时提供光源和光功率计的功能，也可以独立使用，从而为工程测试人员以及技术人员提供另外一种使用更为方便、成本更低的选择。

3. 使用方法

光万用表的使用方法具体可参考相关型号光万用表的使用说明书。

8.1.4　光时域反射计

1. 概述

光时域反射计(Optical Time Domain Reflectometer，OTDR)是光缆线路工程施工和维护工作中最重要，也是使用频率最高的测试仪表，它能将光纤链路的完好情况和故障状态以曲线的形式清晰地显示出来。根据曲线反映的事件情况，能确定故障点的位置和判断故障的性质。OTDR 所能完成的最重要、最基本的测试就是光纤长度测试和损耗测试。精确的光纤长度测试有助于光缆线路或光纤链路的障碍定位，OTDR 光纤损耗测试能反映出光纤链路全程或局部的质量(包括光缆敷设质量、光纤接续质量以及光纤本身质量等)。

1）工作原理

OTDR 的理论依据为背向瑞利散射和菲涅尔反射原理。OTDR 的激光光源向光纤中发射探测光脉冲。光在光纤中传输时光纤本身折射率的微小起伏可引起连续的瑞利散射，光纤端面、机械连接或故障点（几何缺陷、断裂等）折射率突变会引起菲涅尔反射，OTDR利用观察背向瑞利散射和菲涅尔反射光强度变化和返回仪表的时间，即可从光纤的一端非破坏性地迅速探测光纤的特性，显示光纤沿长度的损耗分布特性曲线，测试光纤的长度、断点位置、接头位置、光纤损耗系数、链路损耗、接头损耗、弯曲损耗、反射损耗等。当前，OTDR 被广泛应用于光纤通信系统的研制、生产、施工、监控及维护等环节。

OTDR 的原理结构如图 8-4 所示。图中，光源（E/O 变换器）在脉冲发生器的驱动下产生窄光脉冲，此光脉冲经定向耦合器入射到被测光纤；在光纤中传播的光脉冲会因瑞利散射和菲涅尔反射产生反射光；该反射光再经定向耦合器由光电检测器（O/E 变换器）收集，并转换成电信号；最后对该微弱的电信号进行放大，对多次反射信号进行平均化处理，以改善信噪比，由显示器显示出来或由打印机打印出测试波形和结果。

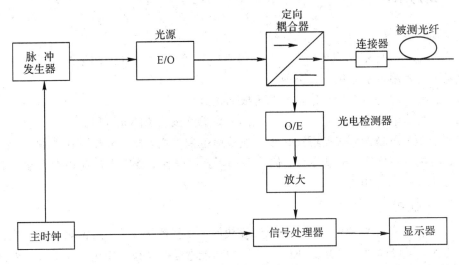

图 8-4　OTDR 原理框图

显示器上所显示的波形即通常所称的 OTDR 背向散射曲线，由该曲线图便可确定出被测光纤的长度、损耗，接头损耗以及光纤的故障点（若有故障的话），分析出光纤沿长度方向的质量分布情况等。

2）基本术语

OTDR 光纤测试中常用的基本术语包括背向瑞利散射、菲涅尔反射、非反射事件、反射事件和光纤末端等。

（1）背向瑞利散射（Rayleigh Backscattering）。

产生背向散射光的主要原因是瑞利散射。瑞利散射是由于光纤折射率的起伏波动引起的，散射连续作用于整个光纤。瑞利散射将光信号向四面八方散射。通常将其中沿光纤原链路返回到 OTDR 的散射光称为背向瑞利散射光。

OTDR 利用其接收到的背向散射光强度来衡量被测光纤上各事件点的损耗大小，同时也可对光纤本身的背向散射光信号进行测量，以得到光纤信号的损耗信息。

（2）菲涅尔反射（Fresnel Reflection）。

菲涅尔反射是离散的，它由光纤的个别点产生。能够产生菲涅尔反射的点包括光纤连接器、光纤的断裂点、阻断光纤的截面、光纤链路的终点等。

（3）非反射事件。

除了光纤本身的瑞利散射产生的背向散射光外，在光纤链路上一些不连续的特征点（如光纤熔接头、过分弯曲或受力点）会对光信号产生影响（损耗等），我们将其称为非反射事件。

非反射事件在 OTDR 测试曲线上，以在背向散射电平上附加一个突然下降的台阶形式表现出来。因此在曲线纵轴上的改变即为该事件的损耗大小，如图 8-5 所示。

（4）反射事件。

链路中的活动连接器、机械接头和光纤中的折裂都会引起 OTDR 测试光信号的损耗和反射，我们把这种反射幅度较大的事件称为反射事件。

反射事件的损耗大小同样是由背向散射电平值的改变量来决定的。反射值（通常以回波损耗的形式表示）由背向散射曲线上反射峰的幅度决定。OTDR 测试事件类型及显示如图 8-5 所示。

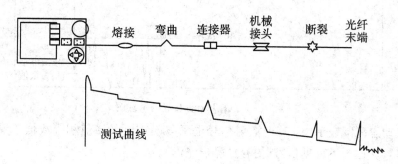

图 8-5 OTDR 测试事件类型及显示

（5）光纤末端。

光纤末端通常有两种情况，在 OTDR 上的显示如图 8-6 所示。

当光纤末端是平整的端面或在末端接有连接器时，在光纤的末端存在反射率为 4% 的菲涅尔反射（可以从曲线上看到），背向散射信号淹没在噪声中。当光纤的末端是破碎的端面时，由于末端端面粗糙，不规则，因此光线漫反射而不会引起明显的反射峰。

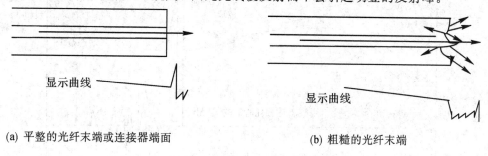

(a) 平整的光纤末端或连接器端面　　　　(b) 粗糙的光纤末端

图 8-6 两种光纤末端及曲线显示示意图

2. 性能参数、常见问题及使用方法

1）性能参数

OTDR 的性能参数一般包括 OTDR 的动态范围、盲区、距离精度、光纤的回波损耗和反射损耗等。

（1）动态范围。

① 定义。初始背向散射电平与噪声电平的差值（dB）定义为动态范围。

② 作用。动态范围决定了最大测量长度，大动态范围可提高远端小信号的分辨率，动态范围是衡量 OTDR 性能的重要指标。

③ 表示方法。动态范围通常有两种表示方法，如图 8-7 所示。

a. 峰-峰值（峰值）动态范围，即初始背向散射电平与噪声电平峰值之差；

b. SNR=1 时的动态范围，即初始背向散射电平与噪声电平均方根之差。

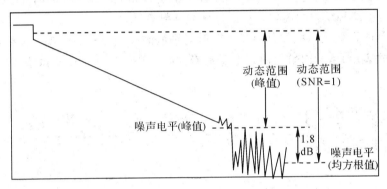

图 8-7　OTDR 动态范围示意图

在峰值动态范围表示中，背向散射信号电平与噪声电平峰值相等或低于噪声电平时，背向散射信号就称为不可见信号（信号被噪声淹没）。

④ 应用。动态范围的大小决定了仪器可测量光纤的最大长度。如果 OTDR 的动态范围不够大，在测量远距离背向散射信号时，就会被噪声淹没，将不能观测到接头、弯曲等小特征点。

在进行全程光纤链路的事件损耗的测量时，观察事件损耗所需的信噪比加上光纤的链路损耗即为所需测试仪表的动态范围，如图 8-8 所示。

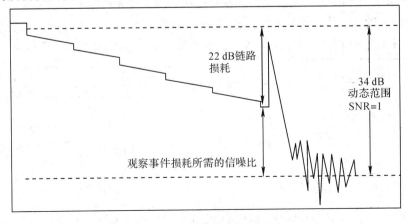

图 8-8　动态范围的应用示意图

观察事件损耗所需信噪比电平值如表 8-1 所示。

表 8-1　观察事件损耗所需信噪比电平值表

观察事件损耗/dB	所需信噪比电平/dB
0.1	8.5
0.05	10.0
0.02	12.0

⑤ 测量范围和动态范围的关系。初始背向散射电平与一定测量精度下的可识别事件点电平的最大损耗差值被定义为测量范围，测量范围与动态范围的关系如图 8-9 所示。

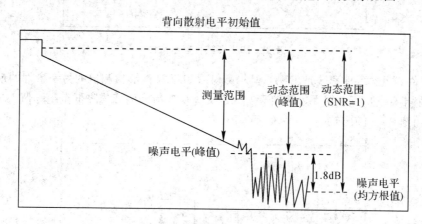

图 8-9　测量范围与动态范围关系示意图

针对各种测量事件，其测量范围与动态范围的关系如表 8-2 所示。

表 8-2　测量范围与动态范围关系对照表

测量范围	动态范围(SNR=1)	测量范围	动态范围(SNR=1)
熔接损耗(0.5 dB)	动态范围(-6.0 dB)	非反射光纤末端	动态范围(-4.0 dB)
损耗系数	动态范围(-6.0 dB)	反射光纤末端	动态范围(-2.5 dB)

⑥ 距离刻度。距离刻度是表示 OTDR 测量光纤的长度指标，是 OTDR 的主要参数。仪表一般只给出最大测量距离的刻度。把仪表给出的最大测量距离的刻度理解为可测光纤的最大距离是一种常见的错误，最大测量距离一般由 OTDR 的动态范围和被测光纤的损耗所决定。当背向散射电平低于 OTDR 噪声电平时，背向散射信号成了不可见信号，在此之外的距离刻度上只能显示噪声。

(2) 盲区。盲区是决定 OTDR 测量精细程度的重要指标。

① 定义。由活动连接器和机械接头等特征点产生反射(菲涅尔反射)后引起 OTDR 接收端饱和而带来的一系列盲点称为盲区。

② 分类。盲区主要包括衰减盲区和事件盲区两种。

a. 衰减盲区。衰减盲区是在出现菲涅尔反射后 OTDR 能准确测量的连续事件损耗的最小距离，一般是指从反射峰的起始点到接收器的饱和峰值恢复至距线性背向散射后延线上 0.5 dB 点间的距离，如图 8-10 所示。

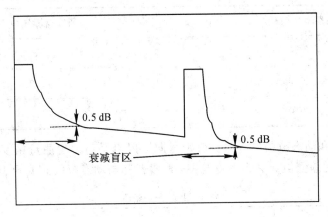

图 8-10 衰减盲区示意图

b. 事件盲区。事件盲区是出现菲涅尔反射后 OTDR 能够检测出的另一事件的最小距离，即两个反射事件之间所需的最小光纤距离，定义为从反射峰的峰值降低至距峰值 1.5 dB 点间的距离，如图 8-11 所示。

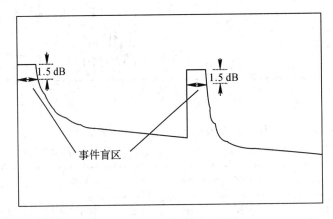

图 8-11 事件盲区示意图

盲区决定了两个可测特征点的靠近程度，盲区有时也称为 OTDR 的两点分辨率。对于 OTDR 来说，盲区越小越好。

③ 盲区和动态范围的关系。盲区决定了 OTDR 横轴上事件的精确程度，而动态范围决定了纵轴上事件的损耗情况和可测光纤的最大距离。影响动态范围和盲区的主要因素有脉冲宽度、平均时间、反射和 OTDR 接收电路设计是否合理等。

a. 脉宽对动态范围和盲区的影响。

脉宽对动态范围的影响：在脉冲幅度相同的条件下，脉冲宽度越大，脉冲能量就越大，此时 OTDR 的动态范围就越大。仪表给出的动态范围是在最大脉冲时的指标。

脉宽对盲区的影响：脉冲宽度越宽，盲区就越大；较窄的脉冲会有较小的盲区，便于分辨出光纤中两个相接近的机械接头，而宽脉冲则不能显示出来。仪表给定的盲区是最小脉宽时的指标。

脉冲宽度的选择：当需对靠近OTDR附近的光纤和紧邻事件进行观测时，可选择窄脉冲，以便分辨两个事件，提高清晰度；当需对光纤远端进行观察时，可选择宽脉冲，以提高仪表的动态范围，观测更长的距离。对于两个非常接近的事件，当采用窄、宽脉冲测试时，有如图 8 - 12 所示的不同曲线。

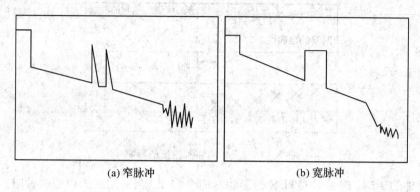

(a) 窄脉冲   (b) 宽脉冲

图 8 - 12 脉冲宽度对测试的影响

b. 平均时间对动态范围的影响。OTDR 测试曲线是将每次输出脉冲后的反射信号采样，并把多次采样做平均化处理以消除一些随机事件。平均时间越长，噪声电平越接近最小值，动态范围就越大。OTDR 动态范围是依据贝尔实验室 TRTSY - 000196 中定义的平均时间为 3 min 时的指标。

平均时间越长，测试精度越高，但达到一定程度时精度不再提高。为了提高测试精度，缩短整体测试时间，一般测试时间可在 0.5～3 min 内选择（厂家建议平均时间不小于 30 s）。平均时间对动态范围的影响如图 8 - 13 所示。

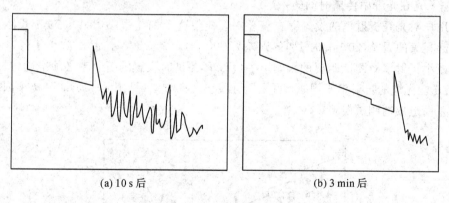

(a) 10 s 后   (b) 3 min 后

图 8 - 13 平均时间对动态范围的影响

c. 反射对盲区的影响。OTDR 利用光纤对光信号的背向散射来观察沿光纤分布的光纤质量。对于一般背向散射信号，不会出现盲区。但对于某些点会出现较大反射峰（光纤端面），产生的盲区也会较大（接收器恢复时间较长）。

(3) 距离精度。距离精度是指测试长度时仪表的精确度（又称一点分辨率）。OTDR 的距离精度与仪表的采样间隔、时钟精度、光纤折射率、光缆的成缆因素和仪表的测试误差有关。

① 采样间隔的影响。OTDR 对反射信号按一定时间间隔进行采样（其过程为 A/D 转换），再将这些分离的采样点连接起来形成最终显示的测量曲线（背向散射曲线）。仪表采

样点的数量是有限的，故仪表的精度也是有限的。采样间隔越小，仪表的测试精度就越高，由采样点偏差而带来的测量误差就越小。采样间隔对测试的影响如图 8-14 所示。

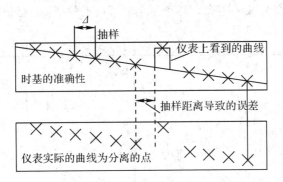

图 8-14　采样间隔对测试的影响

② 时钟的影响。时钟对 OTDR 的影响有两个方面：当采用仪表内部时钟时，对测量精度影响较小；当利用外部时钟时，测量精度取决于外部时钟的精度。

③ 光纤折射率的影响。

OTDR 是通过对反射信号的时间参数进行测量后再按特定的公式来计算距离参数的，计算式为

$$L = V \times T = T \times \frac{c}{n} \tag{8.1}$$

式中：c——光在真空中的速度；

n——纤芯的折射率；

T——光在光纤中传播时间的一半。

当用户对光纤折射率的设置存在偏差时，即使这个偏差很小（1%），对于长距离测量也会引起显著的误差（20 km 时 1% 的误差为 200 m）。

为减小折射率对测试距离的影响，在 OTDR 测试时设置的折射率必须准确（或尽量准确）；当几段光缆的折射率不同时，可采用分段设置的方法（见图 8-15），以减小因折射率设置误差而造成的测试误差。

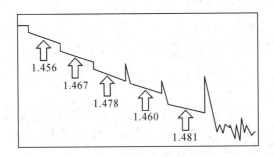

图 8-15　分段设置折射率示意图

④ 光缆成缆因素的影响。OTDR 测量的是光纤的长度，通常光纤的长度大于光缆的长度。在确定光缆上各点位置时，一定要考虑成缆因素对测试造成的影响。光缆成缆时扭绞系数一般在 7‰ 左右。

⑤ 仪表的测试误差。仪表的测试误差与仪表的设计、制造技术和仪表应用软件有关。

在以上影响 OTDR 距离精度的因素中，折射率设置偏差的影响最大；采样间隔、成缆因素和仪表测试误差的影响次之；时钟精度的影响可忽略不计（采用内部时钟时）。

OTDR 给出的距离精度一般只包括采样间隔和时钟带来的测量误差，此时误差指标较小。

（4）回波损耗和反射损耗。

① 定义：回波损耗是指光波反向传输时的损耗，回波损耗简称为回损。反射损耗是指光波正向传输时由于反射造成的损耗（也可用反射系数表示）。

② 回波损耗和反射损耗的计算分别如下：

$$回波损耗 = + 10\lg \frac{P_入}{P_反} \tag{8.2}$$

$$反射损耗 = - 10\lg \frac{P_入}{P_反} \tag{8.3}$$

式中；$P_入$——反射点的入射功率；

$P_反$——反射点的反射功率。

③ 对链路的影响：回损越小，反射波越大，链路性能越差；反射损耗越大，反射波越大，链路性能越差。

④ 减小反射峰的措施：OTDR 的输出口应经常清洗，每次测试都必须用无水酒精清洗被测光纤端面（包括不与 OTDR 连接的端面），处理好光纤端面。

2）常见问题

（1）光纤类型不匹配。光纤类型不匹配是指 OTDR 的测试输出光纤与被测光纤的芯径不同，在连接器处出现光纤类型不匹配。此时测量的光纤损耗不准确。

产生光纤类型不匹配的原因是当光从芯径小的光纤入射到较大芯径光纤时，大芯径光纤不能被入射光线完全充满，于是在损耗参数上引起了测试误差。

消除光纤类型不匹配的方法是：正确选择仪表的输出光纤，使被测光纤与输出光纤相匹配，即用单模光纤的 OTDR 测单模光纤，用多模光纤的 OTDR 测多模光纤；或根据被测光纤的类型和尺寸，选择仪表输出光纤的类型和尺寸，使之相匹配，以缩小测试误差。

（2）增益现象。增益现象一般易出现在光纤接头处。增益现象又称为伪增益。伪增益现象及产生原因如图 8-16 所示。

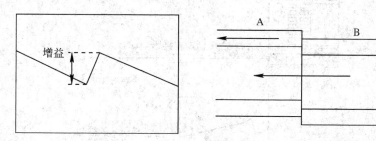

图 8-16　伪增益现象及产生原因

① 伪增益定义。接头后光反射电平高于接头前光反射电平的现象称为伪增益现象。

② 产生原因。OTDR 测试是通过比较接续点前后背向散射电平值来对接续损耗进行

测试的，一般情况下，接续损耗会使接续点后的背向散射电平小于接续点前的电平。但当接续损耗非常小，并且接续点后光纤的背向散射系数较高时（对于同样的光强，反射系数大时会引起大的背向反射），接续点后的背向散射电平就可能大于接续点前的背向散射电平，而且抵消了接续点的损耗。

③ 伪增益的意义。出现伪增益说明接续点后的光纤比接续点前的光纤反射系数大，而且接续点的接续损耗小，接续效果良好。

④ 伪增益的测试。伪增益并不是真正的增益，在对光纤接续点插入损耗进行测试时可采用双向测试的方法测量，求两次测试的平均值并将其作为该接续点的接续损耗。

（3）盲区影响的消除。产生盲区的主要因素是反射事件。紧靠 OTDR 的活动连接器产生的反射（菲涅尔反射）对 OTDR 测量的影响最大，为了更好地对光纤始端进行测量，必须使用辅助光纤来消除盲区，如图 8-17 所示。

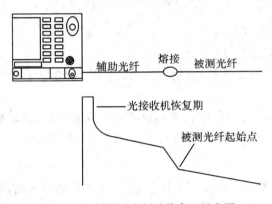

图 8-17　用辅助光纤消除盲区示意图

对辅助光纤的要求是：辅助光纤与被测光纤的连接必须采用熔接方式，辅助光纤的长度必须大于 OTDR 的衰减盲区。

有时为了检查第一个活动连接器是否存在问题，要对其进行测量。我们也可在 OTDR 内部或外部接入部分光纤来实现对第一个活动连接器的测量，即将一个外部的或者内部的包含活动连接器的接入光纤，插入到第一个活动连接器与 OTDR 输出之间，以辅助完成第一个活动连接器的测量，如图 8-18 所示。

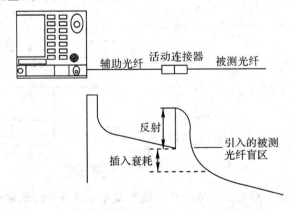

图 8-18　用辅助光纤测试第一个活动连接器的示意图

（4）幻峰又称为鬼点。

① 幻峰的定义：幻峰是指在光纤末端之后出现的光反射峰。

② 幻峰形成的原因：主要是由于光在光纤中多次反射而引起的。入射光信号到达光纤末端后，由于末端的反射，一部分反射光逆向朝入射端传输，达到入射端后，又由于入射端反射较大，又有部分光再次进入光纤，第二次达到光纤末端而形成幻峰。

③ 幻峰的判定：已知光纤长度，超出长度后形成的反射峰即为鬼点。鬼点距始端的距离正好等于光纤尾端与始端距离的两倍。在短距离测量时容易出现鬼点。

④ 幻峰的消除：减小包括始、末端的反射，首先将始、末端的端面处理干净，使其平整，符合测试要求；再把光纤末端放入光纤匹配液中，或把光纤末端打一个直径较小的结。

3）使用方法

OTDR 的操作使用方法具体可参考相关型号 OTDR 的使用说明书。

8.1.5　光纤熔接机

1. 概述

光纤熔接机是完成光纤固定连接接头的专用工具。所谓熔接法就是在待接续光纤芯轴对准后，用电极放电的加热方式熔接光纤端面的方法。熔接过程可自动完成光纤对芯、熔接和推定熔接损耗等功能。

光纤熔接机可根据被接光纤的类型不同分为单模光纤熔接机和多模光纤熔接机；根据操作方式的不同，可分为人工（或半自动）熔接机和自动熔接机；根据一次熔接光纤芯数的不同可分为单纤熔接机和多纤熔接机；根据接续过程中监控方式的不同，可分为远端监控方式（RIDS，第一代）熔接机，本地监控方式（LIDS，第二代）熔接机和纤芯直视方式（PAS，第三代）熔接机。

2. 工作原理

熔接机的工作原理框图如图 8 - 19 所示，采用平行光照射光纤，经过光学系统成像在摄像头上，图像处理单元对光纤图像进行数值化处理后送 CPU 单元，CPU 对图像数据进行分析判断后发出指令，进行位移调整和金属电极高压放电，完成光纤的对准和接续过程。其中，光纤图像的获取方式为纤芯直视法。为了实现接续光纤的低损耗连接，必须要使连接的光纤在空间位置上精确对准。其中，多模光纤主要依据外径来对准；单模光纤则要求纤芯精确对准，主要有本地光注入和检测（LID）、纤芯探测系统（CDS）和侧像投影对准系统（PAS）等 3 种对芯技术。

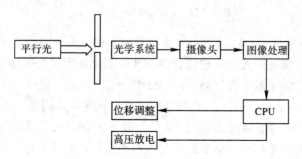

图 8 - 19　熔接机工作原理框图

1) 光纤图像获取

纤芯直视法(DCM)的光路如图 8 - 20 所示,当一束平行光照射到光纤表面时,由于光纤的透射和折射,可以观察到包层轮廓、包层与纤芯的界面。光纤通过物镜形成特征图像,再用摄像头获取该图像,并对该图像信号进行变换和处理,即可获得光纤的轮廓和纤芯等信息。

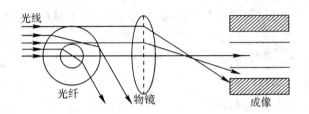

图 8 - 20　纤芯直视法光路图

2) 对芯技术

(1) 本地光注入和检测(LID)。LID 对芯技术原理如图 8 - 21 所示,将注入光功率通过左端的弯曲耦合发射器注入光纤,由熔接点右端的弯曲耦合接收器接收。在对芯和熔接过程中,自动熔接控制(AFC™)系统不断地评估注入光的功率,调整光纤的位置,当两端纤芯耦合对准最好(检测端功率最大)时,AFC™停止熔接程序。这种方法将所有可能的影响因素,如光纤特性、电极情况以及环境变化(湿度、温度和海拔)统统考虑到了,从而保证每个单独的熔接都获得最低的熔接损耗。

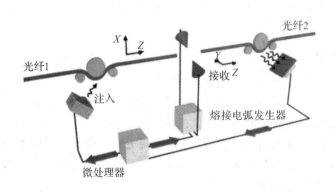

图 8 - 21　LID 对芯技术原理图

(2) 纤芯探测系统(CDS)。CDS 系统通过高精度的三维光纤纤芯对准来保证最低的熔接损耗,不像 LID 系统通过光注入进行检测。CDS 系统是通过在熔接过程中分析熔接区光纤纤芯的位置和形态的原理来进行评估的,如图 8 - 22 所示,通过一个简短的电弧照亮光纤,由于纤芯和包层的折射率不同,光纤的纤芯亮度比包层高得多;从 X 轴和 Y 轴两个方向的摄像机,获得精确的熔接区图像;熔接机的微处理器分析图像像素,得到光纤的几何尺寸数据,这样就能定义两端待熔接光纤三维形态情况。光纤的纤芯对准就是基于这些信息的。

（3）侧像投影对准系统（L‐PAS）。L‐PAS 采用光纤端面的轮廓对比度进行光纤对准控制。该轮廓包括了所有的光纤影像信息，包括光纤中央的影像、可能的损伤、光纤的偏移和可能的污染物。

无论哪种对芯方式，光纤都需要在 X 轴、Y 轴上移动调整位置，使左右光纤的芯轴在空间对准成为可能。如图 8‐23 所示，左光纤可以沿水平方向移动，右光纤可以沿垂直方向移动，熔接机通过特殊的高精度位移控制台来调整左右光纤的位置，由此完成待接光纤的对芯过程。

图 8‐22　CDS 系统原理

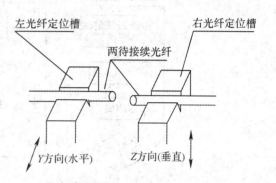

图 8‐23　光纤位置调整

3. 使用方法

1）组成及功能

熔接机一般由键盘、显示器、防风盖、加热补强器、电源/蓄电池插槽和输出输入面板等组成。

2）熔接操作

（1）熔接需准备的物品如下：

① 熔接机；

② 酒精（高纯度）；

③ 接续用光纤；

④ 纱布；

⑤ 剥线钳；

⑥ 光纤保护套管；

⑦ 光纤切割刀。

（2）熔接机自动熔接操作流程。熔接机自动熔接是光纤接续中最常用的熔接方式，也是熔接机加电后自动选择的熔接方式。在该方式中，首先将两个处理好的光纤端面放入光纤熔接机中，熔接机将自动完成光纤进纤、对芯、熔接和推定熔接损耗等操作。其操作流程如图 8‐24 所示。

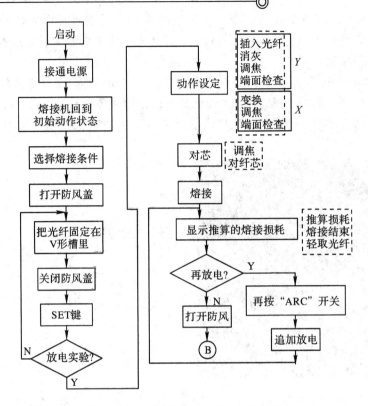

图 8-24　光纤熔接机自动熔接流程图

3）熔接条件

光纤熔接机在使用过程中熔接和加热条件的含义如表 8-3 所示。

表 8-3　熔接加热条件的含义

熔 接 条 件	
接续时间/s	接续时间指的是电极放电的持续时间
预放电时间/s	预放电时间指的是从电弧放电到开始推进之间的时间间隔
放电间隔/μm	放电间隔指的是接续前左右光纤端面的距离间隔
推进量/μm	推进量指熔接期间右光纤推进与左光纤重叠的量
放电强度/Step 值	放电强度控制熔接期间光纤所承受的热度
加 热 条 件	
加热温度/℃	对中心部位加热至此设定温度
回热时间/s	加热器达到加热温度后，中心部位温度维持的时间
加热温度/℃	两端部位加热至此设定温度
回热时间/s	光纤保护套管达到加热温度，两端部位温度所持续的时间
结束温度/℃	取出光纤保护套管时的结束温度，加热器指示灯闪烁且伴有"嘟嘟"声

4）接续质量分析

（1）熔接点质量。可通过熔接点的外形和推定损耗，大致判定熔接质量的好坏。其具体质量评估、形成原因及处理方法如表 8-4 和表 8-5 所示。

表 8-4　熔接质量不正常的情况

屏幕显示熔接点外形	形成原因及处理方法
	端面尘埃、结露、切断角不良以及放电时间过短引起的，熔接损耗很高，需要重新熔接
	端面不良或放电电流过大引起的，需重新熔接
	熔接参数设置不当，引起光纤间隙过大，需重新熔接
	端面污染或接续操作不良引起的。当选按"ARC"追加放电后，若黑影消失，则推定损耗值小，可认为合格；否则，需重新熔接

表 8-5　熔接质量正常的情况

屏幕显示图形	形成原因及处理方法
白线 	光学现象，对连接特性没有影响
模糊细线 	光学现象，对连接特性没有影响
包层错位 	两根光纤的偏心率不同。推定损耗较小，说明光纤已对准，属质量良好
包层不齐 	两根光纤外径不同。若推定损耗值合格，可视为质量合格
污点或伤痕 	应注意光纤的清洁和切断操作，不影响传光

（2）补强质量。检查补强部位的外观，直观检查补强质量。补强良好与不良实例分别如图 8-25、图 8-26 所示。

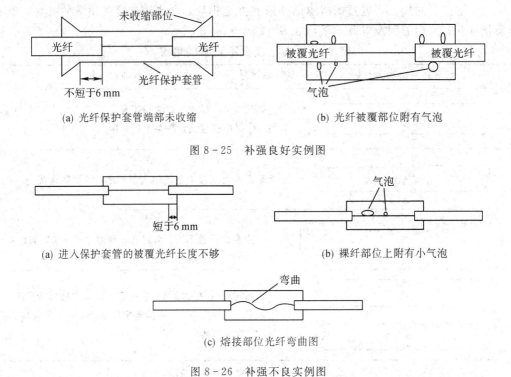

(a) 光纤保护套管端部未收缩   (b) 光纤被覆部位附有气泡

图 8-25　补强良好实例图

(a) 进入保护套管的被覆光纤长度不够   (b) 裸纤部位上附有小气泡

(c) 熔接部位光纤弯曲图

图 8-26　补强不良实例图

5）异常情况及其处理

在熔接操作过程中，由于熔接机或操作原因，可能会出现一些操作异常现象，此时熔接机会自动停止。在遇到异常现象时，可先按下"RESET"键，再根据异常情况做出正确判断，找出正确处理问题的方法，按操作规程排除异常情况，恢复熔接操作。常见异常现象，其产生的原因及处理方法如表 8-6 所示。

表 8-6　熔接过程中的异常情况及其处理

屏幕显示异常现象	可 能 原 因	处 理 方 法
ZLF ZRF 极限	光纤相距太远，不在 V 形槽内	重新放置光纤并调好压钳杆，检查切断长度是否太短
端面不良	端面不齐整或有灰尘	重新处理端面，清扫反光镜
MSX, Y(F, R)极限	—	复位并重新固定光纤，关掉电源重新开机，检查驱动时间
画面太暗、发黑	光纤挡住照明灯	重新固定光纤，检查光纤长度
无故障暂停	—	复位、断电重新启动
外观不良	—	重新接续，调整光纤推进量

光纤熔接机的详细操作使用方法可参考相关型号光纤熔接机的使用说明书。

6）使用注意事项

（1）熔接机在放电过程中，电极间有数千伏高压，此时千万不要触摸电极棒。

（2）使用环境中不可有汽油、瓦斯和氟利昂等易燃、易爆气体，以免导致熔接不良或意外事故的发生。

（3）擦拭光纤定位槽和显微镜头时，要使用无水乙醇；棉签的擦拭方向应为单向，禁止双向擦拭。

（4）熔接机在使用时应避免硬物碰撞或划伤液晶显示屏。在低温下，显示屏的底色有时会较暗或显示红色调，此时用调节亮度旋钮调整也不起作用，这并非故障，过一会儿显示器就会恢复正常。

7）日常维护

（1）注意防尘和除尘。裸光纤定位槽、电极和显微镜都必须保持清洁，不操作时防尘罩不应打开。

（2）防止受强烈冲击或振动。熔接机需要搬动或运输时，应该轻拿轻放。另外，长距离运输时不要忘记先将其装入携带箱和运输箱中。

（3）长期不用时，一般半年应至少开机一次；潮湿季节，应经常开机，且机箱内应放入干燥剂，以防止显微镜头霉变。

（4）用棉签蘸乙醇轻轻擦拭电极尖端，或用宽 3 mm、长 50 mm 的金相砂纸条轻擦电极尖端。注意要保护电极尖端不受损伤。

8.1.6　光缆普查仪

1. 概述

随着 5G"万物互联"时代的到来，海量的数据需要依靠庞大的光缆网来承载，5G 前传网络同样需要大量的光缆资源，使得光缆线路敷设数量越来越多，敷设情况错综复杂，从而对光缆线路的施工安装与维护管理均提出了极高的要求，而光缆查找识别是前期准备工作中的关键步骤。如何正确区分光缆就成为工程技术人员迫切需要解决的问题。虽然利用 OTDR 配合弯曲光缆或添加速冻液的方式也可进行光缆识别，但其操作难度较大，且对光缆容易造成损害。而光缆普查仪是一种利用相干解调原理来准确查找识别敷设于管道（人井）、隧道和架空杆路等环境中目标光缆的仪表，操作人员只需要轻轻敲击光缆，即可快捷地找出目标光缆。利用光缆普查仪可完全取代以往切割、弯折、冷冻等光缆识别方法，是全新的不损伤光缆的检测技术，可减少光缆抢修维护的时间，降低工程建设和维护管理的成本。因此，光缆普查仪广泛应用于光缆线路工程中的光缆割接、资源清查和在线监测等工作场景。

2. 工作原理

光缆普查仪通过光的相干解调可将光缆的敲击振动信号转换为可视信号或音频信号，从而能够准确查找并识别出目标光缆，其具体工作原理如图 8 - 27 所示。

激光器发出的光由 1 口进入耦合器 A，经由 2 口、4 口进入耦合器 B，再通过 3 口进入被测光纤，在光纤端面 6 处发生反射，反射光由 3 口返回耦合器 B，再经由 2 口、4 口进入耦合器 A，最终通过 5 口到达光探测器，由于顺时针（1→2→3→6→4→5）和逆时针（1→4→

3→6→2→5)的两束光的光程完全相等,所以它们在5口发生干涉现象,光探测器能够检测到随时间变化的光强起伏。在光缆不受外力影响时,光探测器接收到的光强基本稳定;但如果光缆受到外界应力干扰(如敲击),会引起光缆敲击区域的光程发生改变,致使两束光到达5口时的相位差发生变化,导致干涉状态的改变,形成光强起伏,光探测器将此光强起伏转换为电信号,最终再将该电信号转变为可视信号或音频信号。

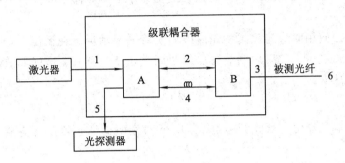

图 8 - 27 光缆普查仪工作原理框图

3. 使用方法

光缆普查仪可在通信机房建设时完成对缆工作,在线路改造时识别出改造区域及通信机房对应的光缆,在光缆割接时确保割接线路的正确对接;在光缆线路资源普查时(克服光缆标示牌脱落、模糊或杂乱不利因素)快速确认目标光缆;在线监测时及时发现并准确处理光缆断纤、弯折、挤压等状况;在值勤维护时随时应对各种突发状况并找到解决方案。

光缆普查仪的具体使用方法如下:

(1)在机房,将适配的光纤跳线的一端连接到仪表输出端口,另一端连接光纤配线架法兰盘,确认连接无误后,在音频输出端口接入耳机。

(2)打开电源开机后,按下运行键,发光设置初始化,直到仪表显示面板 LED 灯光闪烁并保持稳定,然后机房测试人员与现场测试人员建立联系,并保持通话,由现场测试人员敲击光缆,同时机房测试人员进行观察。如果仪表显示明显且声音清晰,即可确定所敲击光缆便是目标光缆。需要注意的是:敲击工具可选用螺丝刀、金属棒等具有硬金属效果的便携工具,敲击力度不宜过大,仪表有较大音频指示即可,用力过猛会导致敲击传导。

8.2 工程竣工测试

8.2.1 光缆线路测试

1. 光纤测量标准

为了确保产品质量、统一规格、统一测量方法与要求,IEC 的标准 IEC 60793、60794 和 61280 - 4 - 1 对光纤的特性和测量方法进行了规定,ITU - T 的 G.650、G.650.1/2/3 建议对单模光纤、光缆特性指标和测量方法作了推荐,包括光纤的线性特性、统计和非线性特性以及成缆光纤的性能参数。目前我国已经对光纤特性等测量方法作了统一的标准,详见国家标准 GB/T 15972《光纤试验方法规范》中各部分内容。

1) 测量方法的分级

测量方法一般分为两级：基准测试方法（Reference Test Method，RTM）和代用测试方法（Alternative Test Method，ATM）。其中，基准测试方法又称为参考法；代用测试方法又称为替代法。两种方法均可用于产品检验和工程测量，但当测量结果出现差异时，应以 RTM 为准。

2) 测量要求

为了保证测量数据的准确性，一般应符合下列要求：

（1）测量设备、仪表应经过计量检验，保证有良好的使用状态、必要的精确度和稳定度。

（2）应在正常环境条件下测量：温度为 15～35℃，相对湿度为 45%～75%，气压为 36～106 kPa。

（3）被测光纤应按光缆结构的识别规定做好编号或标记；被测光纤端面制备应符合规范化，端面必须平整、光滑、干净，并与轴线垂直。

（4）被测光纤应消除震动和灰尘影响，测试期间光纤弯曲半径应足够大，光源侧光纤应保持状态不变。

2. 测试类型

一般来说，光缆线路测试包括光缆线路工程测试和光缆线路维护测试两大类。

1) 光缆线路工程测试

光缆线路工程测试是指在工程建设阶段，对单盘光缆和中继段光缆进行的性能指标检测。在光缆线路工程建设中，工程测试是工程技术人员随时了解光缆线路技术特性的唯一手段。工程测试同时也是施工单位向建设单位交付通信工程的技术凭证。工程测试一般包括单盘测试和竣工测试两部分，分别代表了工程施工的两个重要阶段。

（1）单盘测试。单盘测试是单盘检验的组成部分，还是光缆配盘的主要依据。单盘测试是对运输到施工现场的光缆传输、技术特征进行检验，以确定运输到分屯点上的光缆是否达到设计文件的要求。单盘测试必须按规范要求和设计文件（或合同书）规定的指标进行严格的检测，即使工期十分紧迫，也不能草率进行，而必须以科学的态度和高度的责任心以及正确的检验方法，并按相关的技术规定对光缆实施测试检验。

（2）竣工测试（中继段测试）。光缆线路工程的竣工测试是以一个个中继段为单元，所以又称为光缆中继段测试。光缆线路施工完成后，都要进行竣工测试，这是光缆线路施工过程中较为关键的一道工序。竣工测试是从光电特性方面全面地测量、检查光缆线路的传输指标。这不仅是对工程质量的自我鉴定过程，同时也为建设单位提供了光缆线路光电特性的完整数据，供日后维护参考。

竣工测试应在光缆线路工程全面完工的前提下进行，竣工测试还应包括光缆线路工程的竣工验收。验收前，应由施工单位负责编制竣工技术资料，交建设单位或验收小组审查。一般来说，竣工资料应包括：光缆单盘复测记录、光缆配盘图、中继段光纤全程损耗测试表和全程固定接头损耗表、中继段 OTDR 测试的全程背向散射曲线。此外，还应有全部工程中的隐蔽工程检验签证及设计变更通知，开、停、复、竣工报告，工程洽商纪要，已安装的设备清单以及工程余料交接清单等有关工程方面的资料。

2）光缆线路维护测试

光缆线路维护测试是光缆线路技术维护的重要组成部分，是判断光缆线路状态的主要手段。通过对光缆线路的光电特性测试，可以了解光缆线路的工作状态，掌握光缆线路实际运行状况，正确判读可能发生障碍的位置和时间，为光缆线路维护提供可靠的技术资料。

3. 测试项目

不同测试类型，对应着不同的测试项目。

1）工程测试项目

光缆线路的工程测试主要包括光特性的测量和电特性的测量，如表8-7所示。

表 8-7　工程测试项目

单盘测试项目		竣工测试项目	
光特性	电特性	光特性	电特性
单盘光缆损耗	单盘直流特性	中继段光缆损耗	中继段直流特性
单盘光缆长度	单盘绝缘特性	中继段光缆背向散射曲线	中继段绝缘特性
单盘光缆的背向散射曲线	单盘耐压特性	中继段光缆长度	中继段耐压特性
—	—	—	中继段接地电阻

从表8-7中可以看出，除了接地电阻之外，单盘测试与竣工测试项目完全相同。

2）维护测试项目

光缆线路维护测试项目主要包括光缆线路的损耗测试、光纤背向散射曲线测试、光缆接地装置和接地电阻测试、金属护套对地绝缘测试、光缆线路的故障测试等项目，如表8-8所示。

表 8-8　维护测试项目

项　目	周　期	备　注
光缆接地装置和接地电阻测试	每年一次	雨季前
金属护套对地绝缘测试	全线每年一次	—
光缆线路的损耗测试	按需	备用系统一年一次
光纤背向散射曲线测试	按需	备用系统一年一次
光缆线路的故障测试	按需	发现故障立即测试

8.2.2　工程竣工测试

1. 光特性测试

光纤特性较多，其中许多性能与光缆线路工程密切相关。由于光纤的某些特性，如损耗、光纤长度、温度特性等受光缆结构和成缆工艺等影响，往往在成缆前后存在一定的区别。所以对于光缆线路工程来说，普遍关心的是成缆后的光缆特性。它包括光缆中光纤的光特性和光缆机械、环境等性能。这些特性是从事光缆线路工程管理、设计和施工、维护等工程技术人员必须了解和熟悉的内容。

光特性测试主要是对光纤传输性能的测试。光特性测试一般包括光纤损耗测试、光纤背向散射曲线测试和光纤长度测量。下面以光缆线路工程中的竣工测试为例，讲解光缆线路测试中的部分主要内容。

1）一般要求

目前，所采用的光纤主要是单模光纤，因此光特性测试主要以中继段光缆线路损耗测量、中继段光纤背向散射曲线检测和中继段光缆长度测量为主。

光缆线路工程应按照下述要求进行相关项目的竣工测试：

（1）竣工测试应在光缆线路工程全面完工的前提下进行。

（2）光纤接头损耗测量（双向测量）已结束，统计平均连接损耗优于设计指标。

（3）竣工测试应在光纤成端后进行，即光纤通道在带尾纤连接插件的状态下进行测量。

（4）中继段光缆线路损耗一般以插入法测量数据为准；对于线路损耗富余量较大的短距离线路，可以用背向散射法测量；对于二级干线光缆线路，当连接插件影响插入法测量精度时，应采用背向散射法进行测量和确认。

（5）测量仪表应已经通过计量校验确认合格。长途光缆线路的损耗测量仪表，光源应采用高稳定度的激光光源；功率计应为高灵敏机型；OTDR 仪应为具有 18 dB 以上的动态范围和背向散射曲线自动记录等必要功能的机型。无论采用哪种方法进行测量，都应符合表 8-9 中的偏差要求。

表 8-9　中继段光缆线路损耗测量偏差要求

光纤	精确要求/dB	一般要求/dB
多模	0.5	1.0
单模	0.3	0.5

（6）多模光缆线路按设计要求进行传输带宽的测量。一般工程中，该项可以不测。

（7）单模光缆线路根据设计要求进行 1.55 μm 窗口损耗的测量。一般工程中，该项可以不测。

（8）中继段光纤背向散射曲线检测，包括下列内容和要求：

① 一般只作单方向测量，并记录曲线；

② 总损耗应与插入法基本一致；

③ 观察全程曲线，应无异常现象；包括：

a. 除始端和末端外应无反射峰（指熔接法连接时）；

b. 除接头部位外，应无高损耗"台阶"；

c. 应能看到尾部反射峰。

④ 对于 50 km 以上的中继段，若 OTDR 仪测试动态范围不够，则应作分段测试，但应标明"合龙"位置。

⑤ 采用 OTDR 测量方法时，应以光纤的实际折射率为预置条件；脉宽预置应根据中继段长度进行合理选择。

（9）在进行中继段光缆线路总损耗测量时，干线光缆工程应以双向测量的平均值为准；一般工程中若采用插入法测量，则可以只测一个方向。

（10）光缆线路损耗的测量一般不采用截断法。

2）中继段光缆线路损耗的测量

（1）中继段光缆线路损耗的定义。中继段光纤传输特性的测量主要是进行光缆线路光纤损耗的测量。通常，一个单元光缆段中的总损耗由式(8.4)定义：

$$A = \sum_{n=1}^{m} \alpha_n L_n + \alpha_s X + \alpha_c Y \tag{8.4}$$

式中：α_n——中继段中第 n 根光纤的损耗系数(dB/km)；

L_n——中继段中第 n 根光纤的长度(km)；

α_s——固定接头的平均损耗(dB)；

X——中继段中固定接头的数量；

α_c——连接器的平均插入损耗(dB)；

Y——中继段中连接器的数量。

上述一个单元光缆段中的总损耗 A，即图 8-28 中的中继段光纤通道总损耗 $\alpha_总$。

中继段光缆线路损耗是指中继段两端由 ODF 架外线侧连接的插件之间的损耗，包括光纤损耗和固定接头损耗，即图 8-28 中的 α。

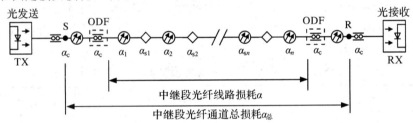

图 8-28　中继段光缆线路损耗构成的示意图

（2）测量方法的选择。中继段光缆线路损耗测量的常用方法同光缆单盘测量一样，包括插入法和背向散射法。

① 插入法。由于中继段光缆线路损耗是在带已成端连接插件的状态下进行测量的，因此插入法是唯一能够反映带连接插件光缆线路损耗的测量方法。

插入法可以采用光纤损耗测试仪，也可以采用光源和光功率计进行测量。插入法的测量偏差主要来自仪表本身以及被测光缆线路连接器插件的质量。

② 背向散射法。背向散射法虽然也可以测量带连接插件的光缆线路损耗，但由于一般的 OTDR 都有盲区，近端的光纤连接器插入损耗、成端连接点接头损耗均无法反映在测量值中。同样，成端的连接器尾纤的连接损耗也因离尾部太近而无法定量显示。因此，OTDR 所得到的测量值实际上是未包括连接器在内的光缆线路损耗。为了按光缆线路损耗的定义测量，可以通过在 OTDR 和测试光纤之间接入一段辅助光纤，长度应在 1～2 km 范围内，以便消除仪表的盲区，从而得到光缆线路准确、完整的损耗信息，包括成端处的连接器损耗和连接器尾纤的损耗。

3）中继段光纤背向散射曲线检测

（1）该曲线检测的目的和意义：光纤背向散射曲线又称光纤时域反射波形，对于长途网光缆线路和本地网光缆线路，波形的观察、检测和分析都是十分必要的。

① 光缆线路质量的全面检查：光缆线路损耗采用插入法，可以从损耗特性反映其质量，但不能从光纤波导特性、任一部位、任一长度上观察光纤的传输特性；只有通过对光纤背向散射曲线的检测，才能发现光纤连接部位是否可靠、有无异常，光纤损耗随长度分布是否均匀，光纤全程有无微裂伤部位、非接头部位，有无"台阶"等异常。

② 光缆线路损耗的辅助测量：高性能的 OTDR 使得损耗测量具备重复性好、准确度高的优点。插入法测量包括了线路两侧的连接插件，但测量结果受仪器、操作等影响较大，因此还不能够用于长途光缆线路的质量评价。而 OTDR 仪的测量方法容易掌握，测量结果较为客观，让其作为光缆线路的辅助测量十分必要。对于一般光缆线路工程来说，背向散射法可以代替插入法测量光缆线路损耗。

③ 光缆线路的重要档案：光缆线路的使用寿命是 25 年，期望年限是 25～30 年。对于光缆线路使用期间的维护和检修而言，工程初期的技术档案资料是非常重要的，而在技术档案资料中光纤背向散射曲线的作用尤为突出。由于曲线具有直观、可比性强、真实性强等特点，对维护具有很好的参考作用；因此当发生光纤故障时，对照原始曲线，有利于正确判断。虽然在查找故障时按测出的故障点与原始接头位比较也可以确定位置，但由于施工中光缆长度受多种因素影响，难免存在差别，这时可以参照原始曲线进行修正；而且在故障处理之后可以通过比对，了解线路在故障处理前后的状态。

(2) 检测要求。光缆线路背向散射曲线的检测仪表采用 OTDR。在检测时，应注意以下四点：

① 观察曲线的全部(全程)有无异常，当发现可疑处时，应将该部位的波形进行扩展，以便正确判断。

② 按光缆接续时的现场资料，抽测核实接头点距离、连接损耗值。

③ 测量光缆线路损耗。

④ 按规定记录下光纤背向散射曲线。

(3) 检测方法主要有以下四种：

① 双向测量。

a. 一般中继段。一般中继段是指 50 km 左右，光缆线路损耗在 OTDR 单程动态范围内。此时，应对每一条光纤进行 A→B 和 B→A 两个方向的测量，每一个方向的测试波形应包括全部长度的完整曲线。

b. "超长"中继段。"超长"中继段是指光缆线路的长度超出了 OTDR 损耗测量的动态范围。线路损耗超出一般 OTDR 的动态范围时，可从两个方向测至中间(中间汇合点，不应落在接头位置；两个方向测量距离约为全程的一半)；记录曲线时，移动标线应置于"合龙处"的汇合点，以使显示数据的长度相加值为中继段全长，则损耗值相加为中继段线路的损耗。

这种两个方向各测一半的方法，虽然未全部双向测量，但根据实践统计分析表明，由于中继段由多段光缆连接而成，方向误差呈自然平衡状态，中继段 A→B、B→A 各测一半，其结果与由中间分两段进行双向测量的统计值基本一致，因此竣工测试时可以按此方法进行测量。

② 数据记录。应将测试数据、测试条件等检测结果记入竣工测试记录的"中继段光纤背向散射曲线检测记录"表中。

光纤背向散射曲线应由机上绘图仪记录下波形。一般要求记录中继段一个方向的完整曲线，即一般中继段记录下 A→B 或 B→A 任一方向的背向散射曲线(在维护测量较为方便的一个站内测量)；超长中继段记录下 A→B、B→A 至中间汇合点的背向散射曲线。

③ 中继段光缆线路损耗测量结果的比较。OTDR 测量中继段光缆线路损耗具有一致性、重复性、简易性好的优点。经实际光缆线路工程中的对比，该方法的测量结果与插入法测量值基本一致，因此背向散射法可以作为一般工程的竣工测试方法，也可以作为长途光缆线路的辅助测试方法以及工程验收的测试方法。

④ 光缆线路损耗的计算方法。

a. 单向测量损耗的计算。OTDR 显示的测量损耗未包括盲区内光纤的损耗和成端固定连接点的损耗，若是多模光纤则应加上这一部分损耗；而若是单模光纤则可以忽略这一部分损耗，这是由于盲区较小、连接损耗很低，因此可以忽略不计，这样可能仅存在 ±0.1 dB 的偏差。

b. 双向平均损耗的计算。在算出单向线路损耗的基础上，按式(8.5)计算出光纤双向平均损耗值：

$$\alpha = \frac{\alpha_{(A-B)} + \alpha_{(B-A)}}{2} \quad (dB) \tag{8.5}$$

对于"超长"中继段，从两个方向各测一半的线路，按式(8.6)计算：

$$\alpha \approx \alpha_{(A-B)} + \alpha_{(B-A)} \quad (dB) \tag{8.6}$$

4) 中继段光缆长度测量

光缆长度即光缆中光纤的长度，光纤长度是一个经常需要进行测量的参数，方法主要有两种，即传输脉冲时延法和反射脉冲时延法。

(1) 传输脉冲时延法。

设光脉冲经长度为 L、平均折射率为 n 的光纤传输后，会产生传输时延 Δt。因此，只需测得 Δt，便能求得光纤的长度 L，如式(8.7)所示：

$$L = \Delta t \cdot \frac{c}{n} \tag{8.7}$$

式中：c——真空中的光速(3×10^8 m/s)。

其相应的测量装置如图 8-29 所示。

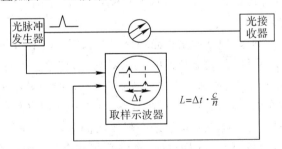

图 8-29 传输脉冲时延法测量光纤长度装置图

该系统要求有一个频率和脉宽均可调的脉冲光源，脉冲间隔应大于传输时延 Δt；检测器具有足够的带宽，不影响脉冲形状；采用具有足够带宽的取样示波器。测量时，从取样示波器上读取 Δt，再根据式(8.7)算出被测光纤的长度。

传输脉冲时延法测量光纤长度的特点是接收装置简单，但为双端测量方法。

（2）反射脉冲时延法。

当脉冲传输到光纤末端时，会因光纤末端端面折射率的突变而发生反射，因此，只要能在注入端再次捕获到该光脉冲的反射信号，便可测出其传输时延。此时延为单向传输时延的 2 倍。于是，光纤长度可由式（8.8）求得：

$$L = \frac{1}{2}\Delta t \cdot \frac{c}{n} \tag{8.8}$$

反射脉冲时延法测量光纤长度的装置如图 8 - 30 所示，因此，只要从取样示波器上读取光脉冲反射传输时延 Δt，便可计算得到被测光纤的长度。

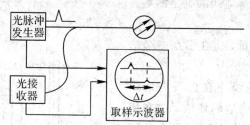

图 8 - 30　反射脉冲时延法测量光纤长度装置图

反射脉冲时延法测量光纤长度的特点是接收装置较为复杂，但为单端测量方法，灵活方便，所以更适合在工程中应用。

2. 电特性测试

光缆线路的电特性测试是指对光缆中金属护层、金属加强件的电气和绝缘特性的测试。

1）测量内容与要求

（1）测量项目。光缆线路电特性的竣工测试内容主要包括：

① 地线电阻测量；

② 对地绝缘检查。

（2）一般要求。

① 绝缘电阻测量，以高阻计 55 V 为测试源；绝缘电阻除进行线间测量外，还应进行单线对地测量。

② 直埋光缆在随工检查中，应测试光缆护层对地绝缘电阻，并应符合下列规定：

a. 单盘光缆敷设回填土 30 cm 不小于 72 h，测试每千米护层对地绝缘电阻应不低于出厂标准的 1/2；

b. 光缆接续回土后不少于 24 h，测试光缆接头对地绝缘电阻应不低于出厂标准的 1/2；

c. 中继段连通后应测出对地绝缘电阻的数值。

③ 铜线绝缘强度，若在成端前测量合格，则成端后不必再测。

（3）测量方法。由于目前新建光缆线路中已鲜见用于远供或业务通信用的铜导线，因此对铜导线电特性的测量方法本章不作介绍，原有光缆线路中的铜导线特性测试可参照电缆直流电气特性测试的相关资料。

（4）数据记录。

① 测试合格后，应将竣工测试记录及时记入"中继段直流电阻测试记录表""中继段绝缘电阻测试记录表"以及"中继段绝缘强度测试记录表"等表中。

② 测试记录应按照上述表格中的单位要求，进行换算、核对。

2）地线电阻测量

地线的主要作用是防雷、防强电，确保线路和电气设备在使用和维护过程中人身与设备的安全，因此，必须使金属不带电的部分妥善接地。凡接地设备都有电阻存在，如接地导线、地气棒（接地极）和大地对于所通过的电流均有阻抗。接地电阻应达到设计规定值，否则在使用中不能保证安全。

（1）测量项目。

① 中继站接地线的电阻测量；

② 埋式光缆接头防雷地线的电阻测量。

（2）一般要求。

① 中继站接地线测量，应在引至中继站内的地线上测量；

② 埋式接头防雷地线应在标石内地线引线上测量；对于直接接地的地线，应在接头时在引接线上测量（须甲方随工代表参加测量）、记录。

（3）测量方法。

① 测量仪表。目前，接地电阻是用接地电阻测量仪测量。接地电阻测量仪由手摇发电机、电流互感器、滑线电阻及检流计等组成，附有接地探测针、连接导线等。

② 测量系统。接地电阻的测量系统如图 8-31 所示。

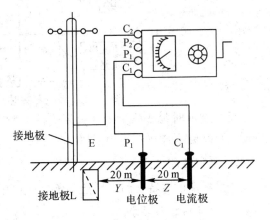

图 8-31　接地电阻测量系统的示意图

③ 测量步骤。接地电阻的测量步骤可参考相关型号接地电阻测量仪的使用说明书。

3）对地绝缘检查

测量光缆金属护层对地绝缘特性是为了检查光缆外护层的完整性以及接头盒密封性是否良好。因此，应对光缆的防潮层、加强芯以及接头进水监测引线等进行绝缘测量。原则上只对具有铠装层对地监测引线和接头进水监测引线的中继段或单股埋式光缆进行绝缘测量，前者为考察光缆外护层的完整性，后者为检查接头密封是否良好。对于设计中规定的其他监测引线，如挡潮层、加强芯，只作为辅助测量，并用于帮助分析和处理故障。

光缆线路工程中的绝缘电阻包括加强芯与地之间的绝缘电阻、屏蔽层与地之间的绝缘电阻两种。绝缘电阻主要由绝缘护套电阻和油膏电阻两部分构成。绝缘电阻测试是光缆线路电气测试的重要内容。

（1）测量项目。

① 光缆金属铠装层对地绝缘测量；

② 防潮层（铝箔内护层）对地绝缘测量；

③ 加强芯（金属加强件）对地绝缘测量；

④ 进水监测线之间、对地绝缘测量。

（2）一般要求。

① 直埋光缆线路的对地绝缘指标，应在光缆埋设并完成接续之后，于竣工验收和日常维护中通过光缆线路对地绝缘监测装置进行测量。光缆线路对地绝缘监测装置应与光缆中的金属构件连接。

② 对地绝缘电阻的测量，应避免在相对湿度大于 80％的环境下进行。

③ 测试仪表引线的绝缘强度应满足测试要求，且长度不应超过 2 m。

④ 单盘直埋或管道光缆，其金属外护层对地绝缘电阻的竣工验收指标应不低于 10 MΩ·km，其中，暂允许 10％的单盘光缆不低于 2 MΩ。

（3）测量方法。

① 测量仪表。直埋光缆线路对地绝缘电阻测试应根据被测电阻值的范围，按仪表量程确定使用高阻计或兆欧表。当选用高阻计（500 V·DC）测试时，应在 2 min 后读数；当选用兆欧表（500 V·DC）测试时，应在仪表指针稳定后读数。这里需要说明的是：高阻计适用于绝缘电阻较大时的测试，因其在低阻值时有盲区；兆欧表适用于绝缘电阻值较小时的测试，最低可到零。在施工过程中，光缆线路对地绝缘指标一般较高，故采用高阻计比较适宜。在维护过程中光缆线路对地绝缘指标仍保持为高阻时，应采用高阻计进行测试；当光缆线路对地绝缘指标降到兆欧及以下时，采用兆欧表测试比较适宜。

② 测量系统。光缆线路对地绝缘监测系统由监测尾缆、绝缘密闭堵头和接头盒进水监测电极组成。其中，监测尾缆和绝缘密闭堵头应安装在每个光缆接头点的监测标石内；进水监测电极安装在接头盒的内底壁上。当无监测电极时，可将光缆监测线对中的两根空余线（5、6 号）分开，并放在接头盒底部。直埋光缆线路对地绝缘监测系统缆线的连接方法如图 8-32 和图 8-33 所示。

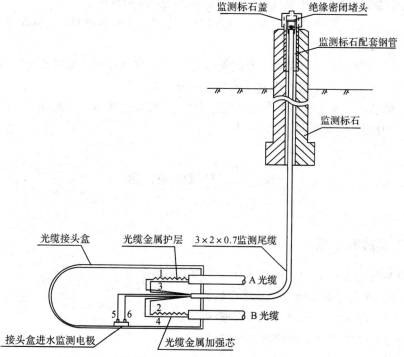

图 8-32　一端进出接头盒对地绝缘监测系统的连接图

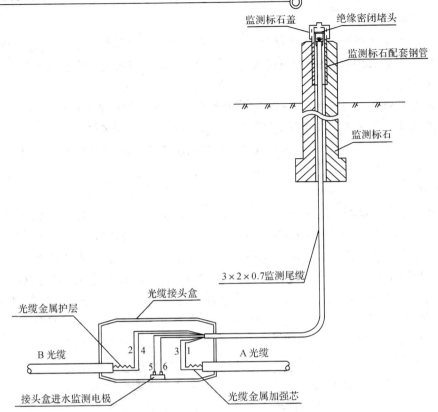

图 8 - 33 两端进出接头盒对地绝缘监测系统的连接图

对地绝缘监测系统缆线的连接应符合下述要求：

① 监测尾缆的芯线与光缆金属护层应电气连通，接续良好；

② 接头盒进水监测电极可用 PVC 塑料胶粘接在接头盒内底壁上，其位置应不影响接头盒的再次开启使用；

③ 采用非金属加强芯光缆时，若监测尾缆 3、4 号芯线空置，则线头做绝缘处理；

④ 监测尾缆在标石上线孔内应保持松弛状态，避免受力。

（4）数据记录。测试结果作为原始数据记入"光缆接地绝缘竣工检查记录表"中，并对照敷设 72 小时测试结果进行比对、分析。

8.3 工 程 验 收

8.3.1 工程验收依据

光缆线路工程验收的主要依据有：

（1）《邮电通信建设工程竣工验收办法》。

（2）GB51171 - 2016《通信线路工程验收规范》。

（3）经上级主管部门批准的设计任务书、初步设计或技术设计、施工图设计，以及补充文件。

（4）对于引进工程验收，还应依据与外商签订的技术合同书。

工程验收根据工程的规模、施工项目的特点，一般分为随工验收、初步验收和竣工验收。

8.3.2　随工验收

某些施工项目完成后具有隐蔽性，例如直埋光缆和水下光缆的布放线路、布放长度、预留方式等，必须在施工过程中进行验收，对这些项目的验收称为随工验收。隐蔽项目（又称隐蔽工程）必须采取随工验收。光缆线路工程的随工验收项目内容见表 8－10。

表 8－10　光缆线路工程随工验收项目内容表

项　目	内　　容	检验方式
器材检验	光缆单盘检验、接头盒（套管）等器材质量、数量	旁站
直埋光缆	（1）光缆规格、路由及走向（位置）；（2）埋深及沟底处理＊；（3）光缆与其他地下设施间距＊；（4）引上管及引上光缆安装质量；（5）回填土夯实及回填土质量；（6）沟坎加固等保护措施质量＊；（7）防护设施规格、数量及安装质量；（8）光缆接头盒、套管的位置、深度＊；（9）标石埋设质量；（10）回填土质量	巡视、旁站结合
管道光缆	（1）塑料子管规格、质量；（2）子管敷设安装质量；（3）光缆规格、占孔位置；（4）光缆敷设、安装质量；（5）光缆接续、接头盒或套管安装质量；（6）人孔内光缆保护及标识吊牌	
架空光缆	（1）立杆洞深＊；（2）吊线、光缆规格与程式；（3）吊线安装质量；（4）光缆敷设安装质量，包括垂度；（5）光缆接续、接头盒或套管安装及保护；（6）光缆杆上等预留数量及安装质量；（7）光缆与其他设施间隔及防护措施；（8）光缆警示宣传牌安装	巡视、旁站
水底光缆	（1）水底光缆规格及敷设位置、布放轨迹＊；（2）光缆水下埋深、保护措施质量＊；（3）光缆岸滩位置埋深及预留安装质量＊；（4）沟坎加固等保护措施质量＊；（5）水线标识牌安装数量及质量	旁站
局内光缆	（1）局内光缆规格、走向；（2）局内光缆布放安装质量；（3）光缆成端安装质量；（4）局内光缆标识；（5）光缆保护地安装	

注：内容条款末尾有"＊"标记的内容为隐蔽工程。

在施工过程中，由建设单位委派监理人员随工检验，发现工程中的质量问题要随时提出，施工单位应及时处理。质量合格的隐蔽工程应该由监理人员及时签署《隐蔽工程检验签证》，即竣工技术文件中的随工检查记录，在以后的工程竣工验收中不再复检。

8.3.3　初步验收

初步验收简称初验。一般大型工程按单项工程进行初验，光缆线路工程的初步验收称为线路初验。除小型工程外，尤其是长途光缆线路工程，在竣工验收前均应组织初验。

线路初验,是对承建单位的光缆线路施工质量进行全面、系统的检查和评价,同时包括对工程设计质量的检查。对施工单位来说,初步验收合格,表明工程已经正式竣工;全部单项工程初验合格,表明系统工程正式竣工,工程进入试运行阶段。

1. 初验条件和时机

1)初验条件

进行线路初验的光缆线路应满足如下条件:

(1)施工图设计中的工程量全部完成,隐蔽工程项目随工验收已全部合格。

(2)中继段光、电特性均符合设计指标要求。

(3)竣工技术文件齐全,符合档案要求,并最迟于初验前一周送建设单位审验。

初验时间应在原定建设工期内进行,一般应在施工单位完工后3个月内进行。长途光缆线路工程,多数在冬季组织施工,年底完工,次年三、四月份进行初验。

2)代维

线路初验之前,维护单位受施工单位委托,对已完工或部分完工的新线路进行交工前的维护工作,称为代维。

代维期一般包括两种情况:一种是工程按施工图设计施工完毕后,施工单位正式发出交工或完工报告,上报后至初验前为代维期;另一种是工程基本完工后,因气候影响部分工作暂停,待气候好转后继续施工,这段时间由维护单位代维,或由施工单位留下部分职工,对已完成线路进行短期维护。

施工单位应在工程主管部门的协调下,与维护单位进行商谈,并签订代维协议书。协议书中应明确代维内容、代维时间以及代维费用等。

2. 初验的一般程序

1)初验准备

初步验收应做如下准备工作:

(1)路面检查。长途光缆线路工程由于环境条件复杂,尤其是完工后,经过几个月的变化,总有些需要整理、加工的部位以及施工中的遗留问题或部分质量上有待进一步完善的地方。因此,一般由原工地代表、维护人员进行路面检查并提交报告,送交施工单位,在初验前组织处理,使之达到规范、设计要求。

(2)资料审查。施工单位及时提交竣工文件,主管部门组织预审,如发现问题及时反馈施工单位进行处理。一般在资料收到后几天内组织初验。

2)初验组织及验收

线路初验工作由建设单位(长途光缆线路工程由省邮电管理局工程主管部门)组织供货商、设计单位、施工单位、维护单位、档案管理部门以及当地银行等参加。初验采用会议形式,一般步骤如下:

(1)成立验收领导小组,验收领导小组负责召开验收会议并完成验收工作。

(2)成立验收小组并分项目验收。验收小组包括工艺组(路面组)、测试组和档案组。

(3)分组检查。

(4)形成检查意见,各组按检查结果形成书面检查意见。

（5）会议讨论，会议在各组介绍检查结果和讨论的基础上，对施工单位的施工质量作出实事求是的评判，并评定质量等级。质量一般分为优、合格、不合格三个等级。

（6）通过初验报告，初验报告的内容主要包括：

① 初验工作的组织情况；

② 初验时间、范围、方法和主要过程；

③ 初验检查的质量指标与评定意见；

④ 对实际的建设规模、生产能力、投资和建设工期的检查意见；

⑤ 对工程竣工技术文件的检查意见；

⑥ 存在问题的落实解决办法；

⑦ 对下一步安排运转、竣工验收的意见。

3）工程交接

线路初验合格是施工正式结束的标志，此后将由维护部门按维护规程进行日常维护。

（1）材料移交。在将工程移交维护部门时，应将施工中的光缆、连接材料等余料列出明细清单，并经建设方清点验收。一般此项工作应于初验前完成。

（2）器材移交。这里需要移交的器材包括施工单位代为检验、保管以及借用的测量仪表、机具及其他器材，应按设计配备的产权单位进行移交。

（3）遗留问题处理。在初验中明确的遗留问题，按会议落实的解决意见，由施工或维护单位协同解决，确定具体处理办法。

（4）办理正式交接手续。

4）工程试运行

（1）光缆线路工程经初验合格后，应按设计规定的试运行期立即组织工程的试运行。

（2）工程试运行应由维护部门或业主委托的代维单位进行试运行期维护，并全面考察工程质量，发现问题应由责任单位返修。

（3）试运行期不少于 3 个月。试运行结束前半个月内，向上级主管部门报送工程竣工报告。

8.3.4　竣工验收

1. 竣工验收

工程竣工验收是基本建设的最后一个程序，也是全面考核工程建设成果、检验工程设计和施工质量以及工程建设管理的重要环节。

1）竣工验收的分工和规模

大型建设项目由国家计委组织验收，跨省长途光缆线路工程建设项目由工业与信息化产业部组织验收，其他部管建设项目由部或委托相关部门组织验收，省、市管局二级干线等基建项目由省、市管局工程主管部门组织验收。

竣工验收一般应召开工程验收会议。会议规模应根据工程规模、重要性等情况确定。具有推广意义的工程竣工验收应邀请可能推广应用的地区、部门的相关工程人员参加；鉴定性质的工程鉴定验收会，还应邀请国内本行业专家。

2）竣工验收应具备的条件

竣工验收应具备以下条件：

（1）光缆线路、设备安装等主要配套工程初验合格后，经规定时间的试运行，各项技术性能符合规范、设计要求。

（2）生产、辅助生产、生活用建筑等设施按设计要求已完成。

（3）技术文件、技术档案、竣工资料均完整。

（4）维护用仪表、工具、车辆和备件已按设计要求配齐。

（5）生产、维护、管理人员的数量、素质适应投产初期的需要。

（6）引进项目应满足合同书有关规定。

（7）工程竣工决算和工程总决算的编制及经济分析等资料准备就绪。

3）竣工验收的主要步骤和内容

（1）文件准备。工程竣工报告应由报告人编写，送验收组织部门审查打印；还应准备好工程决算、竣工的技术文件。

（2）组织临时验收机构。大型工程成立验收委员会，下设工程技术组（技术组下设系统测试组、线路测试组）和档案组。

（3）大会审议、现场检查。审查讨论竣工报告、初步决算、初验报告以及技术组的测试技术报告、沿线重点检查线路、设备的工艺质量等。其具体内容如表 8-11 所示。

表 8-11　光缆线路工程竣工验收项目内容表

项　目	内　容　及　规　定
安装工艺	（1）管道光缆抽查的人孔数不少于人孔总数的 10%，检查光缆及接头的安装质量、保护措施、预留光缆盘放以及管口堵塞、光缆及子管标识； （2）架空光缆抽查的长度应不少于光缆全长的 10%，沿线检查杆路与其他设施的间距（含垂直与水平）、光缆及接头的安装质量、预留光缆盘放、与其他线路交越、靠近地段的防护措施； （3）直埋光缆应全部沿线检查路由及其标石的位置、规格、数量、埋深、面向； （4）水底光缆应全部检查路由和标识牌的规格、位置、数量、埋深、面向以及加固保护措施； （5）局内光缆应全部检查光缆的进线室、传输室、路由，光缆的预留长度及盘放安置、保护措施及成端质量； （6）地下室检查预留光缆盘放、爬梯和走线架绑扎、进线孔封堵、挂放标识牌等； （7）光缆成端检查盘留、标识、接地、保护，应满足尾纤安全要求等
光缆主要 传输特性	（1）竣工时应测试中继段中每根光纤的线路损耗，验收时抽测量应不少于光纤芯数的 25%； （2）竣工时应检查中继段中每根光纤的背向散射曲线，验收时抽查量应不少于光纤芯数的 25%； （3）接头损耗的核实应根据测试结果，并结合光纤损耗检验； （4）工程设计或业主对光缆线路色散与偏振模色散（PMD）有具体要求时，应进行色散与偏振模色散（PMD）测试
对地绝 缘电阻	直埋光缆金属外护层对地绝缘电阻的竣工指标不应低于 10 MΩ·km，其中允许 10% 的单盘光缆不应低于 2 MΩ

（4）讨论通过验收结论和竣工报告。竣工报告主要内容有：

① 建设依据；

② 工程概况；

③ 初验与试运行情况；

④ 竣工决算概况；

⑤ 工程技术档案整理情况；

⑥ 经济技术分析；

⑦ 投产准备工作情况；

⑧ 收尾工程的处理意见；

⑨ 对工程投产的初步意见；

⑩ 工程建设的经验教训及对今后工作的建议。

（5）颁发验收证书。验收证书的内容应包括：

① 对竣工报告的审查意见（重点说明实际的建设工期、生产能力及投资是否符合原计划要求）；

② 对工程质量的评价；

③ 对工程技术档案、竣工资料抽查结果的意见；

④ 初步决算审查的意见；

⑤ 对工程投产准备工作的检查意见、工程总评价与投产意见。

最终将证书发给参加工程建设的主管部门及设计、施工、维护单位或部门。

2. 竣工技术文件的编制

1）编制要求

（1）竣工技术文件由施工单位负责编制。一般线路的竣工技术文件由施工作业队编制，并由施工作业队技术负责人审核；长途光缆线路工程的竣工技术文件由工程指挥部或工地办公室负责编制（施工作业队应予以协助），由技术主管审核。

（2）竣工技术文件应由编制人、技术负责人及主管领导签字，封面加盖单位印章（红色）；利用原设计施工图修改的竣工路由图纸，每页均加盖"竣工图纸"等字样的印章。

（3）竣工技术文件应做到数据正确、完整，书写清晰，用黑色或蓝色墨水书写，不得用铅笔、圆珠笔书写或复写等。

（4）竣工技术文件可以用复印件，但长途光缆线路工程应有一份原件作为正本，供建设单位存档。

（5）竣工路由图纸应采用统一符号绘制。变更不大的地段，可按实际情况在原施工图纸上用红笔修改，变更较大的地段应绘制新图。长途一级干线尽量全部重新绘制。

（6）竣工技术文件一式三份，长途光缆线路工程竣工文件一式五份，并按统一格式装订成册。

2）编制内容及装订格式

竣工技术文件内容比较多，一般应装订成总册、竣工测试记录和竣工路由图纸三个部分，其中包括若干分册。

（1）总册部分：

① 名称：竣工技术文件。

② 内容：工程说明、建筑安装工程总量表、工程变更单、开工报告、完工报告、随工检查记录、竣工测试记录（按数字段或中继段独立成册）、竣工路由图纸（按数字段或中继段独立成册）以及验收证书。

③ 要求：以单项工程，建设单位（合同单位）管辖段为编制单元。例如，一个工程跨越两省，并由两个建设单位施工，则按省界划分，各自编制、装订。

（2）竣工测试记录部分：

① 名称：_____ Mb/s _____ 模光通信系统工程竣工测试记录。

② 内容：中继段光缆配盘图、中继段光纤损耗统计表、中继段光纤连接单向测试记录、中继段光纤接头损耗测试记录、中继段光纤线路损耗测试记录、中继段光纤（多模）带宽测试记录、中继段光纤背向散射曲线检测记录、中继段绝缘强度测试记录、中继段地线电阻测试记录、中继段光纤背向散射曲线图片。

③ 要求：按数字段或按施工分工自然段分别装订成册（段内若有两个以上中继段，应按A→B方向顺序分段合装），也可按自然维护段分别装订成册（两个以上中继段要求同上）。

（3）竣工路由图纸部分：

① 名称：_____ Mb/s _____ 模光通信系统工程（_____ 至 _____ 段）竣工路由图。

② 内容：光缆线路路由示意图、局内光缆路由图、市区光缆路由图、郊区光缆路由图、郊外光缆路由图、光缆穿越铁路（公路）断面图（亦可直接画于上述路由图中）、光缆穿越河流的平面图和断面图。

③ 要求：同竣工测试记录部分的要求。

④ 格式要求：原则上与施工路由图纸部分相同，要有封面、目录及前述内容。装订顺序应按 A→B 方向由 A 局至 B 局，按路由顺序排列。

每册第一页上应按设计文件要求，在右下角填写工程名称、段落，并由负责人签名等。

3）总册部分的编制

（1）工程说明。工程说明应包括下列内容：

① 工程概况：叙述工程名称，总长度，光缆、光纤的类别特点；工程的建设单位，施工单位以及其他主要参与单位。

② 光缆敷设、接续和安装情况：主要部位施工特点、方法，达到的质量，隐蔽工程检验签证情况；工程中遇到的主要困难，进展情况，采用的重大措施及遗留问题。

③ 光电特性概况：中继段光缆线路光传输特性的主要指标完成情况；金属电特性的主要指标完成情况。

④ 工程进展情况，包括工程筹备时间、正式开工日期、完工日期以及施工总天数。

⑤ 落款：标明编制日期，并加盖施工主管部门的印章。

（2）建筑安装工程总量表。建筑安装工程总量表包括完成施工图实际工程量的项目、数量。而施工图以外的工程量，应有主管单位签证。

（3）已安装设备明细表。

（4）工程设计变更单。

（5）开工/完工报告。

（6）停（复）工报告。

（7）重大工程质量事故报告。

（8）阶段验收报告。

（9）随工检查记录（隐蔽工程检验签证）。随工检查记录应齐全，内容详见本章 8.3.2 节中的表 8 - 10。

（10）验收证书。验收证书由两部分组成，施工单位填写部分应在竣工时填好；验收小组填写部分应在光缆线路初验后，由建设单位将验收中对工程质量的评议和验收意见填入，并盖章、签字。

4）竣工测试记录部分的编制

（1）要求。中继段光纤竣工测试记录部分的要求：

① 中继段光纤竣工测试记录应清晰、完整、数据正确。

② 中继段光纤竣工测试记录宜以一个中继段为装订单元。

③ 中继段光纤竣工测试记录应包括中继段光缆配盘图等。

（2）主要内容：

① 敷设（实际）总长度，指光缆连接后的实际光纤长度，不是开始的配盘长度或敷设后的长度。

② 光纤损耗一般是经单盘检验确认的出厂损耗数据。

③ 中继段光纤连接单向测试记录，包括 A→B、B→A 两个方向的单方向 OTDR 测量值。表中距离为按 A→B 方向和 B→A 方向由局内至各接头点的光纤长度。

④ 中继段光纤接头损耗记录，是取 A→B、B→A 两个方向光纤连接单向测量值，再按双向平均计算结果填入。

⑤ 中继段光纤线路损耗测试记录，是按表格要求填入插入法测量中继段光纤线路损耗记录值。市内局间光缆工程可用 OTDR 测量，光纤损耗值可直接填入此表，并算出双向平均值。

⑥ 中继段光纤背向散射曲线图片，先将曲线图片按纤序整齐地贴于记录上，然后复印 3~5 份，分别装订于竣工测试记录最后。注意，不要将图片单独复印后再剪贴。

5）竣工路由图纸的编制

（1）竣工路由图纸编制的总体要求：

① 竣工路由图一般可利用原有工程设计施工图改绘。其中，变更部位应用红笔修改，变更较大的应重新绘制。所有竣工图纸均应加盖"竣工图章"。竣工图章的基本内容应包括"竣工图"字样、施工单位、编制人、审核人、编制日期、监理单位、监理人等。

② 竣工图绘制要求符合工程设计施工图的绘制要求。光缆路由图应能反映地形地貌和障碍物等，图纸上应标明地面距离、光缆长度以及光缆两端的尺码（光缆米标）。水底光缆应包括水下光缆截面示意图。

③ 竣工图宜以一个中继段为装订单元。

（2）光缆线路路由示意图。光缆线路路由示意图按 1∶50 000 的比例绘制。图中应标明光缆经过的城镇、村庄和其他重要设施的位置，标明光缆与铁路、公路、河流的交越点等。

目前，长途光缆线路工程一般应有 1∶50 000 的路由示意图，原则上从设计施工图复制。变动较大的路由，可在 1∶50 000 的地图上绘制。

（3）局内光缆路由图。局内光缆路由图应标明由局前人孔至局内光端机房的具体路由走向及详细尺寸。

（4）市区光缆路由图。市区光缆路由图应按施工图纸的比例（个别城市有特殊要求的，按当地规定比例）绘制。埋式路由应每隔 50 m 左右标出光缆与固定建筑物的距离；埋式光缆标出光缆与其他管线的交叉地点，并绘出断面图，如图 8-34 所示。

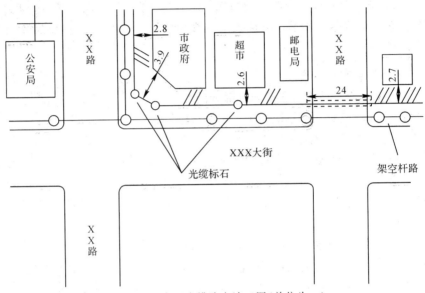

图 8-34　市区光缆路由竣工图（单位为 m）

市区管道路由竣工图应标出光缆占用人孔、管孔、人孔间距及周围概貌等，如图 8-35 所示。

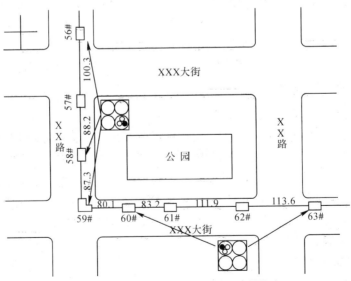

图 8-35　市区管道光缆路由竣工图（单位为 m）

（5）郊区郊外光缆路由图。郊区郊外光缆路由图按 1∶2000 的比例标明以下内容：

① 光缆的具体敷设位置、转角、接头、监测点、标石等位置；

② 光缆特殊预留地点及长度；

③ 排流线、地线以及其他保护、防护措施地段；

④ 光缆线路与附近建筑物或其他固定标识的距离，如图 8-36 所示；

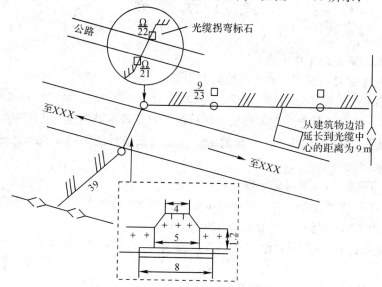

图 8-36　郊区郊外光缆路由竣工图(单位为 m)

⑤ 光缆穿越铁路、公路的断面图。在路由图中应标明光缆与路面及路肩的间距及所采取的保护装置，如图 8-37 所示。

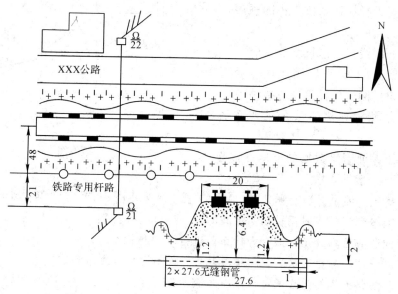

图 8-37　光缆穿越铁路、公路的断面图(单位为 m)

(6) 水底光缆竣工图。水底光缆竣工图的平面图比例通常有：

① 顺向，即沿光缆路由方向为 1∶500~1∶5000；横向，即路由两侧为 1∶100~1∶200；

② 断面图比例为水平 1∶500~1∶5000，垂直 1∶100~1∶200，并应分段标明光缆埋深、河床土质及接头位置等。

复 习 思 考 题

1. 简述光衰减器的工作原理。

2. 常用光源主要包括哪几种? 简述其工作原理。

3. 案例分析: 一段 3 km 长的光纤, 输入功率为 1 mW(波长为 1310 nm)时, 输出光功率为 0.8 mW。计算该段光纤在该波长下的损耗系数。若该类型光纤在 1550 nm 波长下的损耗系数为 0.25 dB/km, 那么 1 mW 的 1550 nm 波长信号经 10 km 光纤传输后, 输出的光信号功率为多少?

4. 说出 OTDR 的基本测试原理。

5. 用 OTDR 测试光纤, 光纤的尾端常有两种情况, 一种情况是存在较高的菲涅尔反射峰, 另一种情况则不存在反射峰, 试分析其原因。

6. 光纤熔接机分为哪几种类型? 目前光缆线路工程中最常用的是哪一种? 简述其工作原理。

7. 简述光纤熔接机自动熔接流程。

8. 题 8 图为 OTDR 测得某光纤线路的背向散射曲线, 试问:

(1) α_1 是多少?

(2) 各段光纤损耗系数大小的顺序是什么?

(3) 该光纤线路的总长度是多少?

9. 一般来讲, 光缆线路测试分为哪两大类? 各自的测试项目主要包括哪些?

10. 光纤测量方法的分级是如何确定的?

11. 为了保证测量数据的准确性, 光纤测量有哪些一般性要求?

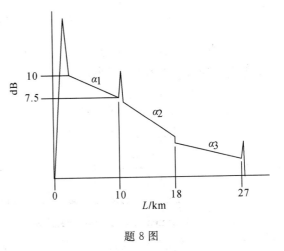

题 8 图

12. 光纤损耗测量方法有哪几种? 实际工程中多采用哪种方法? 其测量步骤是什么?

13. 中继段光缆线路损耗是如何定义的?

14. 背向散射法测量光纤损耗为什么要进行双向测量?

15. 光纤长度的测量方法主要包括哪几种? 画图说明其测量装置。

16. 光缆线路工程的验收通常包括哪几类?

17. 什么是隐蔽工程? 什么是随工验收? 该项工作主要由哪个单位完成? 为什么对隐蔽工程必须进行随工验收?

18. 简述直埋光缆随工验收的主要内容。

19. 什么是初步验收? 初步验收的一般程序是什么?

20. 什么是竣工验收? 竣工验收的主要步骤是什么?

第 9 章　光缆线路维护、排障与管理

　　光缆通信网是我国通信网和国民经济信息化基础设施的主要组成部分，而光缆线路是光缆通信网的重要组成部分，加强光缆线路的维护管理是保障通信联络不中断的主要措施。因此，光缆线路的维护、排障与管理工作尤为重要。

9.1　光缆线路维护的基本任务与内容

9.1.1　维护的基本任务

　　光缆线路维护工作的基本任务是保持光缆线路设备、设施完整良好，保证传输质量达标，预防障碍并尽快排除障碍。维护工作人员应贯彻"预防为主、防抢结合"的维护方针。维护工作的目的：一方面维护工作人员通过对光缆线路进行正常的维护，不断地消除外界环境影响带来的事故隐患，同时不断改进设计和施工不足的地方，避免或减少不可预防的事故（如山洪、地震）所带来的影响；另一方面，当出现意外事故时，维护人员应能及时处理，尽快排除故障，修复线路，以提供稳定、优质的传输线路。

9.1.2　维护内容

1. 维护方法

光缆线路的常规维护工作分为"日常维护"和"技术指标测试"两部分。

1）日常维护

日常维护工作的主要内容包括：

（1）定期和特殊巡查，护线宣传和对外配合。

（2）消除光缆路由上堆放的易燃、易爆物品和腐蚀性物品，制止妨碍光缆安全的建筑施工、栽树、种竹、取土和修渠等。

（3）对受冲刷、挖掘地段的路由培土加固及沟坎护坡（挡土墙）的修理。

（4）标石、标识牌的描字涂漆、扶正培固。

（5）人（手）孔、地下室、水线房的清洁，光缆托架、光缆标识及地线的检查与修理。

（6）架空杆路的检修加固，吊线、挂钩的检修更换。

（7）结合徒步巡查，进行光缆路由勘测，建立健全光缆路由资料。

2）技术指标测试

技术指标测试工作的主要内容包括：

（1）光缆线路的光电特性测试、金属护套对地绝缘测试以及光缆障碍的测试判断。

（2）光缆线路的防蚀、防雷、防强电设施的维护和测试，以及防止白蚁、鼠类危害措施的制定和实施。

（3）预防洪水危害技术措施的制定和实施。

（4）光缆升高、下落和局部迁改技术方案的制定和实施。

（5）光缆线路的故障修理。

线路维护工作必须严格按操作程序进行。一些复杂的工作应事先制订周密的工作计划，并报上级主管部门批准后方可执行。在线路维护工作实施中应与相关部门联系，主管人员应亲临现场指挥。执行维护工作时，务必注意各项安全操作规定，防止发生人身伤害和设备仪表损坏事故。

2．维护的项目和周期

要保证光缆线路处于良好状态，维护工作就必须根据质量标准，按周期、有计划地进行。长途光缆线路日常维修工作的主要项目和周期如表 9-1 所列，线路维护技术指标和测试周期如表 9-2 所列。

表 9-1 光缆线路日常维护的项目和周期

项目	维护内容		周　期	备　注
路由维护	巡查		一级干线 4 次/月，二级干线 3 次/月，汇聚层 2 次/月，接入层 1 次/月	不得漏巡；暴风雨后或有外力影响可能造成线路障碍隐患时，应立即巡查；施工现场按需盯防看护，必要时日夜值守
	标识牌	除草、培土	按需	标识牌周围 50 cm 内无杂草
		油漆、描字	年	可视具体情况缩短周期
	路由探测、修路		年	可结合徒步巡查进行
	抽除管道线路人孔内的积水		按需	可视具体情况缩短周期
	管道线路的人(手)孔检修		半年	高速公路中人孔的检修按需进行
杆路维护	整理、更换挂钩，检修吊线		年	—
	清除架空线路上和吊线上的杂物		按需	—
	杆路检修		年	可结合巡查进行

项目	维护内容		周　期	备　注
管道光缆维护	巡查		一级干线 4 次/月，二级干线 3 次/月，汇聚层 2 次/月，接入层 1 次/月	不得漏巡；暴风雨后或有外力影响可能造成线路障碍隐患时，应立即巡查；施工现场按需盯防看护，必要时日夜值守
	标石(桩)、宣传牌	除草、培土	务必	标石(桩)、宣传牌周围 50 cm 内无杂草(可结合巡查进行)
		扶正、更换	务必	
		油漆、描字	务必	齐全、清晰可见
	路由探测、除草修路		务必	维护人员对路由熟悉，路由无杂草
	人孔、手孔	更换井盖	务必	人(手)井井圈、井盖、内壁完好，井号清晰可见；无垃圾，无渗水，大管、子管堵塞齐全，光缆标识牌齐全、清晰可见；光缆、接头盒挂靠安全，光缆防护措施齐备，子管和光缆的预留符合规范，光缆弯曲半径符合规范
		井号油漆、描字	务必	
		除草、培土	按需	
		清理垃圾、抽除积水(非流水)		
		修补人(手)井，添补缺损的大管、子管堵塞		
	井内光缆设施	光缆、接头盒固定绑扎	务必	—
		整理、添补或更换缺损的光缆标识牌		—
	过桥铁件	过桥钢管驳接处、桥头支架防锈	务必	—
	管孔试通	管道路面发生异常，进行管孔试通	务必	管孔使用前能用

项目	维护内容	周期	备注
架空光缆维护	巡查	一级干线 4 次/月,二级干线 3 次/月,汇聚层 2 次/月,接入层 1 次/月	不得漏巡;暴风雨后或有外力影响可能造成线路障碍隐患时,应立即巡查;施工现场按需盯防看护,必要时日夜值守
	整理、更换缺损的挂钩、标示牌,清除架空线路上和吊线上的杂物	务必	无垃圾,光缆标识牌齐全、清晰可见;光缆、接头盒挂靠安全,光缆防护措施齐备;光缆的预留符合规范,光缆弯曲半径符合规范
	剪除影响线路的树枝	务必	如涉及赔补,应在三方协商后再进行
	检查接头盒和预留是否安全可靠	务必	结合巡查进行
	逐杆检修,包括杆上铁件加固、杆头、地锚培土、拉线下把、地锚出土防锈	务必	—
室内光缆维护	整理、添补或更换缺损的光缆标识牌	务必	光缆标识牌齐全、清晰可见,光缆防护措施齐备,光缆的预留符合规范,光缆弯曲半径符合规范
	清洁光缆设施及 ODF 架	务必	清洁
	检查进线孔、地下室渗水、漏水情况及管孔堵塞情况	务必	无渗水、漏水
	检查室内光缆的防护措施	务必	符合规范
障碍抢修	管道临时抢修加固	—	因乙方工作不到位造成的管道故障,由乙方负责修复;其他原因造成的管道故障,在乙方临时抢修加固后报方案及预算给甲方批复,再进行修复
	光缆故障抢修	—	所有的光缆故障抢修均由乙方负责,不计费用;如光缆故障属乙方责任且当时因现场条件限制只进行临时抢通的,之后为保障光缆安全而进行的二次割接,费用由乙方负责;如光缆故障非乙方责任且当时因现场条件限制只进行临时抢通的,之后为保障光缆安全而进行的二次割接费用由甲方负责

项目	维护内容	周　期	备　注
随工验收	管道、架空杆路、光缆工程随工	务必	在工程期间，乙方按甲方的要求派人随工，对工程质量与相关规范进行不定期检查
	管道、架空杆路、光缆工程验收	—	在工程验收期间，乙方按甲方的要求派人参与验收；施工单位负责有关车辆、仪表安排
图纸资料	交送线路发生变更的图纸资料	年	发生变更后立即更新，年底向甲方提供变更部分的完整资料
大修改造	为甲方提供年度大修、改造方案	务必	方案包括大修、改造依据、费用估算等，便于甲方作年度计划
材料管理	备品、备料及回收料的管理报告	月	每月上报一次备品、备料和回收料的仓储和使用情况，并申请补充材料
维护报告	按时提交故障、大修、改造报告	务必	—
	定时交送月维护报告	月	报表内容翔实、如实反映问题
	召开月维护工作会议	月	双方轮流主持，主持方发布会议纪要
对外工作	进行对外协调工作、参加政府部门的协调会议	务必	甲方进行必要的配合

表 9－2　光缆线路维护技术指标和测试周期

测试项目			维护指标	维护周期	备注
中继段光纤损耗测量（采用背向散射法）	G.652	1310 nm	0.40 dB	主用光纤：按需备用光纤：半年	特殊情况时，适当缩短周期
		1550 nm	0.25 dB		
	G.655	1550 nm	0.25 dB		
备用纤芯光纤损耗与平均损耗测试	抽测50%，主用纤芯按需，质量指标符合规范；纤芯完好率：12芯光缆以下90%，12芯以上95%			半年	—

测试项目		维护指标	维护周期	备注
防护接地装置地线电阻	$\rho\leqslant100\ \Omega\cdot m$	$\leqslant5\ \Omega$	半年	雷雨季节前后各1次
	$100\ \Omega\cdot m<\rho\leqslant500\ \Omega\cdot m$	$\leqslant10\ \Omega$		
	$\rho>500\ \Omega\cdot m$	$\leqslant20\ \Omega$		
对地绝缘电阻	金属护套	一般不小于2 MΩ/盘	半年	在监测标石上测试
	金属加强芯	$\geqslant500\ M\Omega\cdot km$		
	接头盒	$\geqslant5\ M\Omega$		

9.1.3　光缆线路维护的要求

为了提高通信质量及确保光缆线路的通畅，必须建立必要的线路技术档案、组织和培训维护人员，制订光缆线路维护与检修的有关规则，并严格付诸实施。为了做好光缆线路维护工作，必须认真考虑以下6个方面。

1. 认真做好技术资料的整理

光缆线路竣工资料是施工单位提供的重要原始资料，它包括光缆路由、接头位置、各通道光纤的损耗、接头损耗、总损耗以及两个方向的OTDR曲线等。这些资料是将来线路维护检修的重要依据，应该很好地保存并认真掌握。有的单位为了对线路各个通道的接头位置、距离、纤号及其损耗大小等一目了然，将竣工技术资料综合起来，绘制成各光纤通道维护明细表，并参照OTDR曲线，将这些数据标明在图表上。这样，一旦发生故障，就能在图上标定故障点位置，有利于顺利修复。

2. 严格制定光缆线路维护规则

根据值勤管理维护条例、维护规程及光缆线路的具体情况，应该制定切实可行的维护规则，并严格付诸实施。结合线路的薄弱环节、接头部位、气候异常、环境变迁等特殊情况，要有特殊的维护措施。对于执行重大任务期间的通信值勤保障、维护管理，必须严格按有关部门的要求执行，各级应制定出相应的落实计划，并监督实施。

3. 维护人员的组织与培训

组织责任心强的维护人员队伍，并做好技术培训工作，使他们掌握光缆线路的维护和检修技术，了解光缆线路的基本工作原理，明确保证通信线路畅通的重大作用。对维护人员还应加强管理，明确分工。

4. 作好线路巡查记录

组织维护人员对光缆线路定期巡查。架空光缆应检查沿线挂钩，拐弯处光缆弯曲半径以及光缆垂度、光缆外形等。管道光缆应检查人孔，查看光缆的安放位置、接头点余留光缆的直径及外形等。检查时，若发现可疑或异常情况，应作记录，并继续观察。

5. 定期测量

为了掌握光缆线路质量的变化，应按规定用OTDR仪对各光纤通道的损耗定期测量并作好记录，并与竣工记录和以前的测量值进行比较；观察各通道的全程背向散射曲线，各段光纤和各光纤接头损耗的变化情况，并注意有无菲涅尔反射点以及其他异常情况。

6. 及时检修与紧急修复

光缆传输容量很大，因此保证光缆线路长期稳定可靠十分重要。在日常维护和定期测试中，发现任何异常情况或隐患，均应立即采取相应的措施排除。特别要考虑发生重大故障时，应有能够快速修复光缆线路的研究、训练和实施预案，以迅速完成从告警到修复的紧急任务。

9.2　光缆线路维护标准

1. 值勤维护指标

根据部颁标准和各专用网维护管理条例的规定，通信光缆线路值勤维护指标包括光缆特性指标合格率、光缆通信障碍阻断指标、光缆线路障碍处理时限合格率及光缆线路障碍处理时限。

1）光缆特性指标合格率

光缆特性指标合格率的定义如式(9.1)所示：

$$光缆特性指标合格率 = \frac{合格项目}{应测项目} \times 100\% \tag{9.1}$$

光缆线路质量成绩的评定：光缆线路使用在 8 年以内的为Ⅰ类线路，其质量成绩评定应达到 95 分以上；光缆线路使用在 8～15 年以内的为Ⅱ类线路，其质量成绩评定应达到 90 分以上；光缆线路使用在 15 年以上的为Ⅲ类线路，其质量成绩评定应达到 85 分以上。

2）光缆通信障碍阻断指标

(1) 光缆通信干线系统全程(参考数字链路长度 2500 km)可通率达到 98％以上。

(2) 光缆通信干线系统每系统允许年阻断时间为 175 h，其中：

① 停机测试留用 25 h；

② 光电设备(中继器)允许阻断时间 25 h；

③ 光缆线路允许阻断 125 h。

(3) 光缆通信干线系统任意长度光缆线路允许年阻断时间如式(9.2)所示：

$$光缆通信障碍阻断指标 = \frac{125 \times 实际维护长度}{2500} \tag{9.2}$$

3）光缆线路障碍处理时限合格率

光缆线路障碍处理时限合格率如式(9.3)所示：

$$光缆线路障碍处理时限合格率 = \frac{时限内处理障碍次数}{障碍处理总次数} \times 100\% \tag{9.3}$$

光缆线路障碍处理时限合格率应达到 95％以上。

4）光缆线路障碍处理时限

(1) 抢修准备时限：在光缆线路维护队和维护(修)中心接到抢修通知后，应按照要求立即装载抢修器材、工具、仪表，白天应在 15 min(冬季 20 min)、夜间应在 20 min(冬季 30 min)内做好开进准备。

（2）线路障碍点测试偏差不得超过 10 m。

（3）光缆线路抢代通时限，当障碍点在第一个中继段内时为 5 h，冬季寒区冻土地段增加 2 h，距离每增加一个中继段，抢代通时限增加 2.5 h。

（4）光缆线路修复时限：光缆 12 芯或 12 芯以下为 36 h，12 芯以上为 48 h。

2. 光缆线路的质量标准

在值勤维护中，光缆线路应达到的质量标准如表 9-3 所示，此标准也是光缆线路检查验收时的标准。

表 9-3 光缆线路质量标准

项　目		合　格　标　准
传输特性		光纤中继段损耗应不大于工程设计值＋5 dB； 中继段光纤背向散射曲线波形与竣工资料相比，每千米损耗变化量不超过 0.1 dB/km； 光纤接头损耗≤0.08 dB/个
巡检标石		巡检标石配置符合要求，信息完整、无丢失
防雷措施		地下防雷线（排流线）、消弧线、架空防雷线以及光缆吊线接地电阻均应符合标准、规格和阻值要求
资料		竣工资料、光缆线路各种传输特性测试记录、各种对地绝缘、接地装置的接地电阻的测试记录、值班日记、预检整修计划及有关的路由图等必须齐全
光缆路由	直埋光缆	光缆的埋深及与其他建筑物的最小净距、交叉跨越的净距等应符合标准；路由稳固；穿越河流、渠道，上、下坡及暗滩和危险地段等加固措施有效；路由上方无严重坑洼、挖掘、冲刷及外露现象；在规定范围内无栽树、种竹、盖房、搭棚、挖井、取土（沙、石）、开河挖渠、修建猪圈、厕所、沼气池，堆粪便、垃圾、排放污水等问题；标石齐全、位置正确、埋设稳固、高度合格、标识清楚，符号书写正规、准确
	管道光缆	人孔内光缆标识醒目，名称正确，标牌正规，字样清晰；人孔内光缆托架、托板完好无损，无锈蚀；光缆外护层无腐蚀、无损伤、无变形、无污垢；人孔内走线合理，孔口封闭良好，保护管安置牢固，预留线布放整齐合格
	架空光缆	杆身、防腐、培土、线杆保护、杆号、拉线、地槽等应符合长途明线维护质量标准；吊线终结、吊线保护装置及吊线的锈蚀情况、挂钩的缺损、锈蚀情况应符合市话电缆维护标准；光缆无明显下垂、杆上预留线、保护套管安装牢固，无锈蚀、损伤；光缆、吊线与电力线、广播线以及其他建筑物平行和交越的隔距符合规定标准
	水底光缆	标识牌和指示灯的规格符合航道标准要求，并安装牢固、指示醒目、字迹清晰；水线两侧各 100 m 内无抛锚、捕鱼、炸鱼的情况；岸滩地段路由无冲刷、挖沙、塌陷、外露等情况；水线倒换开关良好，无锈蚀、无损坏；水线终端房整洁、安全、稳固、无渗漏

9.3　光缆线路障碍及处理程序

随着光缆线路的大量敷设和投入使用，光纤通信系统的可靠性和安全性越来越受到人们的关注。光缆通信网障碍已不仅仅是带来不方便的问题，甚至可能导致整个社会瘫痪。与此同时，技术进步和社会需求使传输线路的速率不断提高，在通信容量大增的条件下发生光缆线路障碍造成的影响也会更大。据统计资料显示，光纤通信系统中使通信中断的主要原因是光缆线路的障碍，它约占统计障碍的 2/3 以上。因此，光纤通信系统的安全性取决于光缆线路的安全性。

1. 光缆线路障碍的定义

由于光缆线路原因造成通信业务阻断的障碍叫作光缆线路障碍（不包括联络线、信号线、备用线）。

光缆线路障碍可分为一般障碍、全阻障碍、逾限障碍和重大障碍。

（1）一般障碍。由于线路原因使部分在用业务系统阻断的障碍称为一般障碍。

（2）全阻障碍。由于线路原因使全部在用业务系统阻断的障碍为全阻障碍。

（3）逾限障碍。超过规定修复时限的一般障碍和全阻障碍称为逾限障碍。

（4）重大障碍。在执行重要通信任务期间，因光缆线路原因造成全部业务系统阻断，影响重要的通信任务，并造成严重后果的称为重大障碍。

2. 光缆线路障碍原因分析

在光缆线路障碍中，由于挖掘原因引起的障碍约占一半以上。在由挖掘引起的障碍中又分为事先未通知电信公司和已通知电信公司两种情况。未通知电信公司所造成的事故约占 40%；虽然事先已通知电信公司，但由于对光缆的准确位置和对光缆位置标记不清而造成的事故也占 40%。

光缆障碍的产生原因与光缆的敷设方式有关，敷设方式主要有地下（直埋和管道）和架空两种。地下光缆不容易受到车辆、射击和火灾的损坏，但受挖掘的影响很大。架空光缆线路不大受挖掘的影响，但受车辆、射击和火灾的损坏严重。总体来说，地下光缆和架空光缆发生障碍的概率没有多大区别。若能设法最低限度地减少挖掘引起的障碍，则地下光缆要比架空光缆安全。

因此，引起光缆线路障碍的原因主要有：挖掘、技术操作错误、鼠害、车辆损伤、火灾、射击、洪水、温度的影响、电力线的破坏以及雷击等。

3. 光缆线路障碍处理要求

1）障碍处理的原则

光缆线路阻断后，首先应判明障碍段落及性质，按"先干线后支线、先主用后备用、先抢代通后修复"的原则实施抢修。

2）任务划分

线路维护分队负责光缆线路障碍抢代通作业和抢修现场的恢复；线路抢修中心负责修

复障碍。线路障碍在第一个中继段内时，由传输站测定障碍点；障碍超出第一个中继段时，传输站判定障碍段落，由维护分队测定障碍点。

3）抢修要求

线路维护分队应准确掌握光缆线路资料，制定和完善抢代通方案；应熟练掌握光缆线路障碍点的测试方法，能准确地分析确定障碍点的位置；熟练掌握线路抢修作业程序和抢代通器材的使用；保证一定的抢修力量，随时做好准备。维护分队到达障碍地点后，应首先和传输站沟通联络，迅速查明障碍部位、性质和原因，并立即实施抢代通，迅速恢复通信。

线路抢修中心应熟悉光缆线路资料，熟练掌握线路抢修作业程序、障碍测试方法和光缆接续技术，加强抢修车辆管理，随时做好抢修准备。抢修中心应与上级传输站保持不间断的通信联络，并及时将抢修情况上报通信值班室。抢修作业中要接受传输站的业务指导，未经通信值班室批准，抢修人员不得擅自中断作业和撤离现场。

抢修作业结束后，清点工具、器材，整理测试数据，填写相关登记表，及时更补线路资料，总结抢修情况，上报总站通信值班室，完成整个抢修作业。

4. 光缆线路障碍抢修流程

光缆线路障碍的抢修流程如图 9-1 所示。

1）障碍发生后的处理

光纤通信系统发生障碍后，传输站应首先判断是站内障碍还是光缆线路障碍，同时应及时实现系统倒换。若 SDH 已建立网管系统，则可实现自动切换。若建成了自愈环网，则光纤传输网具有自愈功能，即自动选取通路迂回。若未建成自愈环网或 SDH 未建立网管系统，则需要人工倒换或调度通路。

2）障碍测试判断

如果确定是光缆线路障碍，则应迅速判断障碍发生于哪一个中继段内和障碍的具体情况，并应立即通知相应的线路维护单位测定障碍点，并携带抢代通器材迅速出发，赶赴障碍点进行查修，必要时应进行抢代通作业。当线路障碍是人为破坏时，应报告当地公安机关。如果在端站未能测出障碍点位置，则传输站人员应到相关中继站配合查修。必须带齐查修仪表和相关光缆线路的原始资料。

3）抢修准备

光缆抢（维）修中心接到上级指示通知后，应立即向机房了解障碍的详细情况，并立即与光缆线路维护单位取得联系。同时，迅速将抢修工具、仪表及器材等装车出发。光缆线路抢修准备时间应按规定执行。

4）建立通信联络系统

维护单位人员到达障碍点后，应立即与传输站建立起通信联络系统。联络手段可因地制宜，采取光缆线路通信联络系统、移动通信联络系统、长距离无线对讲机通信联络系统、附近的其他通信联络系统等。

5）抢修的组织和指挥

抢修现场的指挥由光缆线路维护单位的领导担任。

在测试障碍点的同时，抢修现场的指挥应指定专人（一般为当地巡线人员）组织开挖人

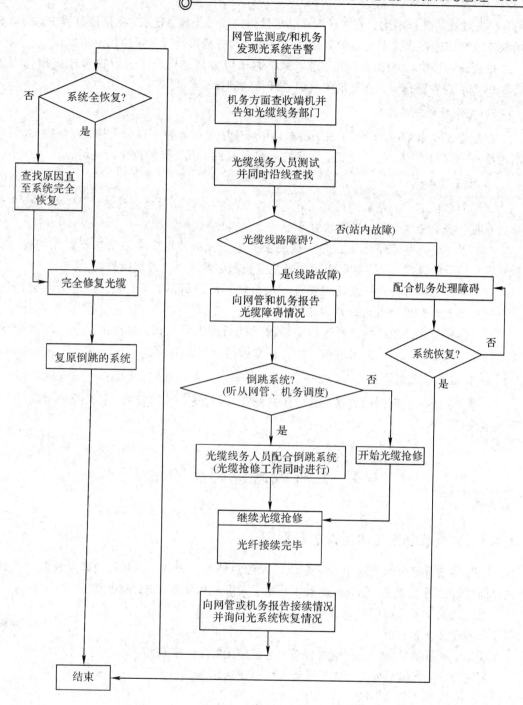

图 9-1　光缆线路障碍抢修流程

员待命，并安排好后勤服务工作。

6）光缆线路的抢修

当找到障碍点时，一般使用应急光缆或其他应急措施，首先将主用光纤通道抢通，迅速恢复通信。同时认真观察分析现场情况，并做好记录，必要时应进行现场拍照。在接续前，应先对现场进行净化。在接续时，应尽量保持场地干燥、整洁。在抢修过程中，抢修现场应与上级传输站保持不间断的通信联络，并及时将抢修情况上报通信值班室。

抢代通过程中，每代通一根纤芯，都应通知传输站进行测试。当临时连接损耗大于0.2 dB 时，应重新作业，直至抢代通的光纤都达到标准要求。

7）抢修后的现场处理

在抢修工作结束后，清点工具、器材，并对现场进行处理。对于废料、残余物（尤其是剧毒物），应收集袋装，统一处理，并留守一定数量的人员，保护抢代通现场。

8）修复及测试

光缆抢（维）修中心赶到障碍点后，应积极与维护单位商讨修复计划，并上报上级主管部门审批。条件成熟，即可进行修复作业。

（1）当光缆线路障碍修复以介入或更换光缆方式处理时，应采用与障碍光缆同一厂家、同一型号的光缆，并要尽可能减少光缆接头和尽量减小光纤接续损耗。

（2）修复光缆进行光纤接续时要进行接头损耗的测试。有条件时，应进行双向测试，严格把接头损耗控制在允许的范围之内。

（3）当多芯光纤接续后，要进行中继段光纤通道损耗测试，将测试结果打印或记录，并逐芯交付传输站验证，合格后即可恢复正常通信。

9）线路资料更新修复

作业结束后，整理测试数据，填写有关表格，及时更补线路资料，总结抢修情况，报告上级通信值班室。

9.4 光缆线路障碍点的定位

9.4.1 光缆线路常见障碍现象及原因

在光传输系统故障处理中故障定位的一般思路为先外部、后传输，即在故障定位时，先排除外部的可能因素，如光纤断裂、电源中断等，再考虑传输设备故障。

光缆线路常见障碍的现象及原因主要有以下几点。

（1）线路全部中断。

现象：本传输站"收无光"即时告警，上游站无"发无光"告警。

可能原因：光缆受外力影响被挖断、炸断或拉断等。

（2）个别系统通信中断。

现象：本传输站"收无光"即时告警，上游站无"发无光"告警。

可能原因：光缆受外力影响被挖断，缆内出现断纤、原接续点出现断纤等。

（3）个别系统通信质量下降。

现象：本传输站无"收无光""发无光"即时告警，但出现"误码"即时告警或不出现"误码"即时告警。

可能原因：光缆在敷设和接续过程中造成光纤的损伤使线路损耗时小时大；活动连接

器未到位或者出现轻微污染，或者其他原因造成适配时好时坏；光纤性能下降，其色散和损耗特性受环境因素影响产生波动；光纤受侧应力作用，全程损耗增大；光缆接头盒进水；光纤在某些特殊点受压（如收容盘内压纤），但尚未断开等。

　　表 9-4 列出了光缆线路常见的障碍现象和原因。实践证明，光缆故障多数出现在光缆接头处，因为无论用哪种接续方法，光纤接头原来的涂覆层已去掉，虽经保护，但自身的强度、可挠性都较原来差，可靠性也受其他外因影响，所以发生故障的可能性较大。一般来说，通信不稳定就是发生这种故障的先兆。而外界人为性损伤或鼠咬等，多造成几个光纤通道在同一位置，同时或相继在短时间内发生中断故障，此种故障一般发生在光缆中间。

表 9-4　光缆线路常见障碍现象和原因

障碍现象	造成障碍的可能原因
一根或几根光纤原接续点损耗增大	光纤接续点保护管安装问题或接头盒进水
一根或几根光纤损耗曲线出现台阶	光缆受机械力扭伤，使部分光纤断裂，但尚未断开
一根光纤出现损耗台阶或断纤，其他完好	光缆受机械力影响或由于光缆制造原因造成
原接续点损耗台阶水平拉长	在原接续点附近出现断纤
通信全部阻断	光缆被挖断或因炸断、塌方而拉断，或供电系统中断

9.4.2　障碍测量

　　一般情况下，机线障碍不难分清。确认为线路障碍后，在端站或传输站使用 OTDR 对线路进行测试，以确定线路障碍的性质和部位。光缆线路障碍点的寻找可分两步进行，其步骤大致如下所述。

1. 用 OTDR 测试出故障点到测试端的距离

　　在 ODF 架上将故障光纤外线端的活动连接器插件从适配器中拔出，做清洁处理后插入 OTDR 的光输出口，观察线路的背向散射曲线，由 OTDR 显示屏上菲涅尔反射峰的位置，测出障碍点到测试点的大致距离。

　　通常，OTDR 显示屏上会出现以下四种情况。

　　（1）显示屏上没有曲线。

　　这种情况说明光纤故障点在仪表的盲区内，包括局外光缆与局内软光缆的固定接头和活动连接器插件部分。此时可以串接一段（长度应大于 1000 m）辅助光纤，并减小 OTDR 的输出光脉冲宽度以减小其盲区范围，从而可以细致分辨出故障点的位置。

　　（2）曲线远端位置与中继段总长明显不符。

　　在这种情况下，背向散射曲线的远端点即为故障点。如果该点在光缆接头点附近，则应首先判定为接头处断纤。如果故障点明显偏离接头处，则应准确测试障碍点与测试端之间的距离，然后对照线路维护明细表等资料，判定障碍点在哪两个标石之间（或哪两个接头之间）以及距离最近的标石有多远，再通过现场观察光缆路由的外观予以证实。

　　（3）背向散射曲线的中部无异常且远端点又与中继段总长度相符。

　　在这种情况下，应注意观察远端点的波形，可能有如下三种情况出现：

　　① 远端出现强烈的菲涅尔反射峰，提示该处光纤应为端点，不是断点。障碍点可能是

终端活动连接器松脱或污染。

② 远端无反射峰，说明该处光纤端面为自然断纤面。最大可能是户外光缆与局内软光缆的连接处出现断纤或活动连接器损坏。

③ 远端出现较小的反射峰，呈现一个小突起，提示该处出现裂缝，造成的损耗很大。此时可打开终端盒或 ODF 架检查，剪断光纤插入匹配液中，观察曲线是否变化以确定故障点。

（4）显示屏上曲线显示高损耗点或高损耗区。

高损耗点一般与个别接头部位相对应。它与菲涅尔反射峰明显不同，该点前面的光纤仍然导通，高损耗点的出现表明该处的接头损耗变大，此时可打开接头盒重新熔接。高损耗区表现为某段曲线的斜率明显增大，表明该段光纤损耗变大，此时如果必须维修，则只能更换该段光缆。

2. 查找光缆线路障碍点的具体位置

首先用 OTDR 测出故障点的大致位置（一般范围可缩小至 500 m 以内），然后由查障维修人员查找具体位置。自然灾害或外界施工等外力造成的光缆阻断，一般可直观看出。当故障点不明显时，如光缆内部光纤阻断，气枪子弹打穿光缆造成断纤，管道管孔错位造成断纤等，需同原始测试资料进行核对，查出障碍点处于哪两个标石（或哪两个接头）之间，然后分段缩小范围，通过换算后，精确丈量，直到找到障碍点。若有条件，通过双向测试，可更准确地判断障碍点。

9.4.3   光缆线路障碍点的定位

1. 影响光缆线路障碍点准确定位的主要因素

1）OTDR 的固有偏差

由 OTDR 的测试原理可知，它是按一定的周期向被测光纤发送光脉冲，再按一定的速率将来自光纤的背向散射信号抽样、量化、编码后，存储并显示出来。OTDR 本身由于抽样间隔而存在误差，这种固有偏差主要反映在距离分辨率上。OTDR 测试距离的分辨率正比于抽样频率，或反比于抽样宽度（抽样周期）。

2）OTDR 操作不当产生的误差

在进行光缆故障定位测试时，OTDR 仪表使用的正确性与障碍测试的准确性直接相关，仪表参数设定的准确性、仪表量程范围的选择不当或光标设置不准等都将导致测试结果产生误差。

（1）设定仪表的折射率存在偏差。不同类型和不同厂家的光纤的折射率是不同的。使用 OTDR 测试光纤长度时，必须先进行仪表参数设定，折射率就是参数之一。如果仪表上设定的折射率与光纤的实际折射率不一致，就会使测试结果产生误差。同时，当 OTDR 使用不同的波长对光纤进行测量时，还应设定测试光纤在此波长上的折射率。当几段光缆的折射率不同时可采用分段设置的方法，以减少因折射率设置误差而造成的测试误差。

（2）量程范围选择不当。OTDR 仪表测试距离的分辨率为 1 m，是指图形放大到水平刻度为 25 m/格时才能实现。仪表设计以光标每移动 25 步为 1 满格。在这种情况下，光标每移动一步，即表示移动 1 m 的距离，所以读出分辨率为 1 m。如果水平刻度选择

2 km/格，则光标每移动一步，距离就会偏移 80 m。由此可见，测试时选择的量程范围越大，测试结果的偏差就越大。

（3）脉冲宽度选择不当。在脉冲幅度相同的条件下，脉冲宽度越大，脉冲能量就越大，此时 OTDR 的动态范围也越大，相应盲区也就大。

（4）平均化处理时间选择不当。OTDR 测试曲线是将每次输出脉冲后的反射信号采样，并把多次采样做平均处理以消除一些随机事件，平均化时间越长，噪声电平越接近最小值，动态范围就越大。平均化时间越长，测试精度越高，但达到一定程度时精度不再提高。一般测试时间可在 0.5～3 min 内选择，也可以对多次测试结果进行平均化以得到精确的结果。

（5）光标位置设置不当。光纤活动连接器、机械接头和光纤中的断裂都会引起损耗和反射，光纤末端的破裂端面由于末端端面的不规则性会产生各种菲涅尔反射峰或者不产生菲涅尔反射。如果光标设置得不够准确，也会产生一定的误差。

3）计算误差

计算光缆线路障碍点涉及的因素很多，计算过程中的误差、关键数据与实际不符等，都将引起较大的距离偏差。

譬如，在进行松套光缆结构设计时，为使光缆承受拉力而延伸时光纤不受力，要求光纤在光缆中有一定的富余度，一般这个值为 0.2%～0.8%。那么，在 50 km 长度上，光纤富余度为 100～400 m。对于层绞型或者骨架型光缆，光纤沿缆芯轴线扭绞使光纤实际的长度超过缆皮的长度，其绞缩率为 1.0%～3.0%。因此，光缆皮长和光纤的纤长不相同，OTDR 测出的故障点距离只能是光纤的长度，不能直接得到光缆的皮长及测试点到障碍点的地面距离，必须进行计算才能得到，而在计算中如果取值不能与实际完全相符合或对所用光缆的绞缩率不清楚，则会产生误差。

4）光缆线路竣工资料不准确造成的误差

如果在线路施工中没有注意积累资料或记录的资料可信度较低，都将使得线路竣工资料与实际不相符，依据这样的资料进行测量，会影响障碍点测定的准确度。

2. 提高光缆线路故障定位准确性的方法

1）正确、熟练掌握仪表的使用方法

（1）正确设置 OTDR 的参数。使用 OTDR 测试时，必须先进行仪表参数设定，其中最主要的是设定测试光纤的折射率和测试波长。性能良好的仪表其光纤折射率一般设置为精确到小数点后五位，并且具有当光纤链路上各段折射率不同时对整条光纤链路中各段折射率进行分段设定的功能。

（2）选择适当的测试范围挡。对于不同的测试范围挡，OTDR 测试距离的分辨率是不同的，在测量光纤障碍点时，应选择大于被测距离而又最接近的测试范围挡，这样才能充分利用仪表本身的精度。

（3）应用仪表的放大功能。应用 OTDR 的放大功能就可将光标准确置位在相应的拐点上，使用放大功能键可将图形放大到 25 m/格，这样便可得到分辨率小于 1 m 的、比较准确的测试结果。

2）建立准确、完整的原始资料

准确、完整的光缆线路资料是障碍测量、定位的基本依据，因此，必须重视线路资料的收集、整理、核对工作，建立起真实、可信、完整的线路资料。在光缆接续监测时，应记录测试端至每个接头点位置的光纤累计长度及中继段光纤总损耗值，同时将测试仪表型号、测试时折射率的设定值进行登记，准确记录各种光缆预留。详细记录每个接头坑、特殊地段、"S"形敷设、进线室等处光缆盘留长度及接头盒、终端盒、ODF架等部位光纤盘留长度，以便在换算故障点路由长度时予以扣除。

3）正确地换算

有了准确、完整的原始资料，便可将OTDR测出的故障光纤长度与原始资料对比，迅速查出故障点的位置。但是，要准确判断故障点位置，还必须把测试的光纤长度换算为测试端至故障点的地面长度。

测试端到故障点的地面长度 L 可由式（9.4）计算：

$$L = \frac{\frac{L_1 - \sum L_2}{1+p} - \sum L_3 - \sum L_4 - \sum L_5}{1+r} \tag{9.4}$$

式中：L——测试端至故障点的地面长度；

L_1——OTDR测出的测试端至故障点的光纤长度；

L_2——每个接头盒内盘留的光纤长度；

p——光纤在光缆中的绞缩率（或富余度）；

L_3——每个接头处光缆盘留长度；

L_4——测试端至故障点之间光缆各种盘留长度的总和（不含接头处盘留）；

L_5——测试端至故障点之间光缆"S"形敷设增加长度的总和；

r——光缆敷设的自然弯曲率（一般取0.5%～1%，管道或架空敷设可取0.5%，直埋敷设可取0.7%～1%）。

p值随光缆结构的不同而有所变化，最好应用厂家提供的数值。当无法得知 p 值时，一般可用"两米试样法"，即准确截取该种光缆2m长，纵剖外护层，取出光纤，测量光纤长度，再根据光缆绞缩率的定义式，求出 p 值。

计算光纤故障点至最近的接头标石之间的距离，可以减小由于测试端至故障点最近的接头标石之间的 L_2、L_3、L_4、L_5 及 r 等数据掌握不准而带来的误差，提高故障点判断的准确度，计算公式如下：

$$L = \frac{\frac{L_1 - L_6 - n \times L_2}{1+p} - nL_3 - \sum L_4 - \sum L_5}{1+r} \tag{9.5}$$

式中：L——故障点至最近接头标石之间的地面长度；

L_1——OTDR测出的测试端至故障点的光纤长度；

L_2——故障点至最近接头盒内盘留的光纤长度；

n——测试端至故障点之间的接头数目；

P——光纤在光缆中的绞缩率（或富余度）；

L_3——故障点至最近接头处的光缆盘留长度；

L_4——故障点至最近接头标石之间光缆各种盘留长度的总和(不含接头处盘留);

L_5——故障点至最近接头标石之间光缆"S"形敷设增加长度的总和;

L_6——测试端至故障点最近接头标石之间的光纤累积长度;

r——光缆敷设的自然弯曲率(管道或架空敷设可取 0.5%,直埋敷设可取 0.7% ~1%)。

实践表明,这种判断光缆线路故障点的方法存在以下偏差:

(1)因光缆线路竣工资料中 L_3 的预留长度一般不做准确标注而带来 L 的计算误差,特殊设计时预留带来的偏差更大。

(2) L_4 在竣工资料中无详细记录,因而会带来故障点距离计算偏差。

(3)由于光缆线路路由标石通常取直线段作为标志,因此 L_5 的不准确性带来的误差更大,特别是在长距离"S"弯敷设中,对 L_5 的计算比短距离"S"弯敷设有更大影响。这一部分在竣工资料中无法作准确详细的记载。

(4)随着距离的增大, r 带来的误差更大。

由于以上原因,一旦光缆线路发生故障,这种维护方法对故障点地面的定位误差一般在 40~50 m 范围内,最大误差在 100 m 以上。所以,在布放应急光缆时,应考虑以上误差因素。

4)保持障碍测试与资料测试条件的一致性

进行障碍测试时应尽量保证测试仪表型号、操作方法及仪表参数设置等的一致性,使得测试结果有可比性。因此,应详细记录每次测试仪表的型号、测试参数的设置,便于以后利用。

5)灵活测试、综合分析

障碍点的测试要求操作人员一定要有清晰的思路和灵活的问题处理方式。一般情况下,可在光缆线路两端进行双向故障测试,并结合原始资料,计算出故障点的位置,再将两个方向的测试和计算结果进行综合分析、比较,以使故障点具体位置的判断更加准确。当故障点附近路由上没有明显特征,具体障碍点现场无法确定时,可采用在就近接头处测量等方法。

9.5　障碍修理

由于光缆线路的通信容量大,一旦发生障碍,就会严重地影响正常通信,因此障碍的修复必须分秒必争。障碍点的处理分为两种情况:实施障碍点的抢代通或正式修复。

9.5.1　应急抢代通

1. 实施抢代通的条件

光缆障碍发生后,为了缩短通信中断时间,可以实施光缆线路抢代通作业。抢代通就是迅速用应急光缆代替原有的障碍光缆,实现通信临时性恢复。抢代通作业的实施单位,必须装备有抢代通器材和工具等。

　　线路障碍的排除是采用直接修复，还是先布放应急光缆实施抢代通，日后再进行原线路修复，取决于光缆线路修复所需要的时间和障碍现场的具体情况。

　　一般在下述情况下应直接进行修复：

　　(1) 网络具有自愈功能时。

　　(2) 临时调度的通路，可以满足通信需要时。

　　(3) 障碍点在接头处，且接头处的余缆、盒内余纤够用时。

　　(4) 架空光缆的障碍点，直接修复比较容易时。

　　(5) 直接修复与抢代通作业所用时间差不多时。

　　在下列情况时，需要先布放应急光缆实施抢代通，再做正式修复：

　　(1) 线路的破坏因素（如遭遇连续暴雨、地震、泥石流、洪水等严重自然灾害）尚未消除时。

　　(2) 原线路的正式修复无法进行时。

　　(3) 光缆线路修复所需要的时间较长，如光缆线路遭严重破坏，需要修复路由、管道或考虑更改路由时。

　　(4) 线路障碍情况复杂，障碍点无法准确定位时。

　　(5) 主干线或执行重要通信任务期间。

2. 应急抢修系统

　　在应急抢修工作中，经常使用到应急抢修系统。这里以 TRS-9702 光缆应急抢修系统为例，介绍应急抢修器材的构成及应用。

　　TRS-9702 光缆应急抢修系统主要用于架空、管道和直埋等光缆线路的临时性应急抢修。一旦光缆线路发生障碍，通过人工或其他搬运方式将本系统带至障碍现场，采用可重复使用的光纤接续子和机械连接方式，将应急光缆接入障碍线路中，即可临时恢复通信。待采用永久性接续方式恢复线路后，可将应急光缆撤离光缆线路，收回至收容盘，以便下次障碍抢修时使用。光缆应急抢修系统的应用如图 9-2 所示。

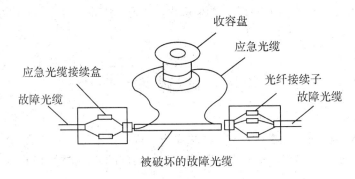

图 9-2　光缆应急抢修系统应用示意图

　　TRS-9702 光缆应急抢修系统有以下特点：采用光纤接续子机械式连接光纤，光纤接续子可反复使用；系统插入损耗小，工作稳定；接续牢固，耐震动，防水密封性能好；尺寸小，重量轻，便于个人携带；施工技术简便，抢修速度快；工具材料配套齐全，组合灵活，适应工程需要。TRS-9702 光缆应急抢修系统的构成分别见图 9-3 和表 9-5 所示。

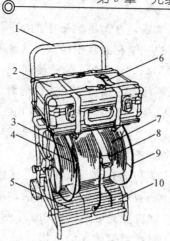

1—便携式多功能轻型光缆支架；2—应急抢修工具箱；3—副收容盘；4—尾缆固定卡；
5—接续盒；6—工具箱固定带；7—应急光缆；8—收容盘固定带；9— 主收容盘；10—接续附件

图 9-3　TRS-9702 光缆应急抢修系统

表 9-5　应急抢修系统的构成

序号	名　　称	规格型号	数量	备注
1	光缆抢修配套工具	TRS-9702A	1 箱	—
2	应急光缆(含光纤预接保护盒)	SIECOR	300 m	含光缆收容盘
3	光缆接续盒	TRS-9702B	2 个	—
4	光纤接续子	Cam Splice	12 个	在工具箱内
5	密封胶带	—	2 卷	大、小各 1 卷
6	指北针	—	1 个	—
7	手电筒	—	1 把	—
8	便携式多功能支架	TRS-9702C	1 个	携带背负

应急光缆为进口特种轻型光缆，由 6 根紧套单模光纤组成，长 300 m。

应急抢修系统的主要技术指标见表 9-6。

表 9-6　应急抢修系统的主要技术指标

序号		项　目	指　标
1		光纤芯数和损耗系数	6 芯，0.4 dB/km
2		光纤种类	单模，紧套，1310 nm
3	应	光缆长度和外径	100 m，4.2 mm
4	急	允许最大张力	1100 N(短期)，440 N(长期)
5	光	允许最大压坏力	10 000 N/100 mm
6	缆	允许弯曲半径	63 mm(负载)，50 mm(无载)
7		系统插入损耗平均值	0.5 dB
8		使用温度范围	−40～60 ℃
9		体积(携带收起状态)	440 mm×350 mm×800 mm
10		重量	16.8 kg

　　光缆收容盘由铝合金材料制成，为满足抢修中的实际需要，将收容盘设计成连体的主、副两盘。应急光缆 10 m 长的一端在副盘中绕放，其余部分绕放在主盘中。

　　应急抢修系统采用康宁公司的 Cam Splice 光纤接续子，机械式连接光纤具有连接损耗小、稳定、易操作、能重复使用等优点。用接续子连接光纤，有两种操作方式：一种为手动操作方式，不需要专用接续工具；另一种为利用接续专用工具的操作方式。采用后一种方式，能使连接光纤的端面在接续子内接触良好，从而获得较小的连接损耗。TRS－9702 光缆应急抢修系统采用以专用工具连接光纤的操作方式。

　　光缆应急抢修接续盒是专门为应急抢修设计的，具有体积小、重量轻、密封防水和易操作等特点。接续盒外壳采用上下两半结构，由 6 个活动搭扣将两个半壳体固定在一起，接合部分用胶条密封，障碍光缆和应急光缆从同侧引入，另一侧有挂钩孔，以便悬挂安装。接续盒内采用固定光纤收容盘，每盘可容纳光纤 6 根。

　　为便于应急光缆的引入和固定并缩短抢修时间，专门设计了应急光缆引入装置，允许在抢修前把应急光缆端头引入并固定在接续盒内。应急光缆端头光纤可事先作好端面处理，并与光纤接续子一端相连接，置于光纤收容盘内。这样，在抢修现场只需对故障光缆端头加以处理，即可进行光纤接续工作。

　　应急系统的工具和器材配套齐全，能满足工程中常用的各种结构光缆和光纤接续的要求。工具和部分器材存放于工具箱内。工具器材如表 9－7 所示。

　　多功能支架主体采用框架结构，由稀土铝管材加工而成，具有重量轻、强度大、耐用等优点。该支架具有多种功能，以满足抢修及工程的需要：装载全套抢修工具时适宜单人背负、双人抬行和拖行等多种搬运方式；抢修时可作为应急光缆的放缆、收缆支架；光缆收容盘采用活动方式安装在支架上，安装和取下均方便；光缆收容盘中心装有轴承，其一侧还装有摇柄，使收放光缆时光缆中的张力大为减小；该支架备有接续操作的小平台，便于接续人员操作。

表 9－7　工具箱内工具器材一览表

序号	工具、器材名称	规格型号	数量	主要用途
1	钢锯	1706	1 把	锯断光缆
2	外护套剥离器	45164	1 把	剥除应急光缆外护套
3	横向剖刀	HP－1	1 把	横向切割光缆铠装及外护套
4	纵向剖刀	ZP－1	1 把	纵向开剥光缆外护套
5	钢丝钳	C－C08	1 把	剪断加强芯
6	凯夫拉剪刀	OLFA	1 把	剪断芳纶纤维
7	光纤松套剥除器	8PK3002D	1 把	剥除松套光纤套塑
8	光纤紧套剥除器	8PK3001D	1 把	剥除紧套光纤套塑
9	一次涂覆层剥离钳	HGT01	1 把	剥除光纤一次涂覆层
10	光纤端面切割刀	康宁 A8	1 把	切割光纤端面

续表

序号	工具、器材名称	规格型号	数量	主要用途
11	酒精泵	XTG - 100	1 盘	清洗光纤
12	尖嘴钳	PK - 036S	1 把	接续用辅助工具
13	斜口钳	PK - 037S	1 把	接续用辅助工具
14	美工刀(带 10 把刀片)	—	1 把	开剥光缆辅助工具
15	两用起子	TD - 22	1 把	接续盒内紧固螺丝
16	卷尺	2 m	1 把	测量光缆开剥长度
17	镊子	—	1 把	盘纤时使用
18	透明胶带	—	1 盘	光纤编号时使用
19	棉纸或长纤维棉花	—	若干	清洁光纤
20	光纤接续子	康宁	12 个	机械式连接光纤
21	接续专用工具	AT - 1	1 个	接续子连接光纤时使用
22	接续子存放盒	CS - 1	1 个	存放接续子
23	匹配液	PO - 1	1 瓶	用于接续子中
24	匹配液加注器	—	1 个	注射匹配液至接续子
25	工具箱	38 - 28 - 11	1 个	装放上述工具、材料

利用 TRS-9702 光缆应急抢修系统进行线路障碍抢修的主要操作过程可分为应急光缆端头预处理、装载和搬运、应急抢修、应急光缆回收四个步骤。

1) 应急光缆端头预处理

应急光缆端头预处理包括：将应急光缆主收容盘中的光缆引出端从收容盘上放出适当长度(约 2 m)，在护套上绕一层密封胶带，并用应急光缆固定环把应急光缆固定在引入装置上；将应急光缆中每根光纤依次剥除套塑、一次涂覆层，并做端面处理；在接续专用工具上用光纤接续子将应急光纤进行预接，并将连接好接续子的光纤收放在光缆接续盒内，将接续子置于接续子嵌入槽内；对应急光缆的另一端作同样的预处理；将应急光缆回收到光缆收容盘上。

2) 装载和搬运

根据不同的道路条件，可采用背负、抬行或拖行等多种方式携带光缆应急抢修系统。

3) 应急抢修

应急抢修的步骤如下：在线路障碍地段布放主收容盘上的应急光缆，并取下副收容盘一端的光纤预接保护盒，放出副收容盘上的应急光缆；开剥障碍光缆，并固定到光缆应急抢修接续盒内；进行光纤接续，即把每根应急光纤和障碍光缆光纤用接续子连接；将连接好的光纤接续子嵌入应急抢修接续盒的收容盘固定槽内，并在收容盘内盘好余纤；安装好接头盒并固定保护。接续盒的安装如图 9-4 所示。

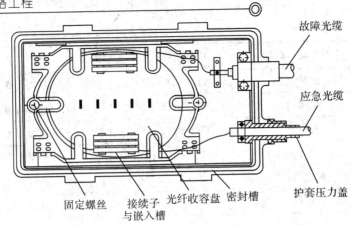

故障光缆

应急光缆

护套压力盖

固定螺丝　接续子　光纤收容盘　密封槽
　　　　　与嵌入槽

图 9 - 4　光缆应急抢修接续盒的安装图

4）应急光缆回收

采用永久性接续方式修复线路后，可将应急光缆撤离障碍光缆线路现场。

9.5.2　正式修复

正式修复光缆线路障碍时，必须尽量保持通信畅通，尤其不能中断重要的通信线路。光缆修复后的质量必须符合光缆线路建筑质量标准与维护质量标准。光缆线路典型障碍的处理方法如下所述。

1. 障碍在接头盒内的修复

如果障碍在接头盒内，则应利用接头盒内预留光纤或接头坑预留光缆进行修理，这样可不必增加接头。

修复应在不中断通信的情况下进行。首先将接头两侧的预留光缆小心松开，并将清洁后的接头盒放在工作台上，打开光缆接头盒，将盘绕的光纤轻轻松开，找出有故障的通道，并详细核对通道配接纤号，在离故障点较近的端站或中继站用 OTDR 对该通道进行监测。在可疑故障接头的增强保护前约 1 cm 处剪断，并将此光纤端面置于匹配液中，OTDR 的显示屏若无变化，可在接头后面 1 cm 处剪开光纤，将端头浸入匹配液中。若此时 OTDR 上的菲涅尔反射峰消失，则证实故障发生在接头部位。找到故障后，一般采用熔接法固定接头。接续后用 OTDR 测出背向散射曲线并与原始曲线比较。若差别不大，则表明接续成功，否则应重新熔接。接头做好后，经过增强保护并采用热缩套管封好后，装回固定架。一切无异常后，即可将修复后的曲线及其他数据存档。

2. 障碍在接头坑内但不在盒内的修复

线路障碍在接头处，但不在盒内时，要充分利用接头点预留的光缆，去除原接头，重新做接续。当预留光缆长度不够用时，按非接头部位的修复处理。

3. 障碍在非接头部位的修复

光缆中间部位的故障处理应根据不同情况采用不同的处理方法。

（1）当故障点在端局的第一个接头点附近且局内有余缆时，可采用从局内往第一个接续点放缆的方法。

（2）当故障点距端局较远且光纤各通道损耗有富余时，可采用更换一段光缆的方法，但这样会增加接头数和全程损耗。考虑到接续光纤时必须由端站或中继站用 OTDR 监测，或者日常维护中便于分辨邻近的两个接续点的故障，介入或更换光缆的最小长度必须满足 OTDR 仪表的分辨率要求，一般应大于 100 m；考虑到不影响单模光纤在单一模式稳态工作，以保证通信质量，介入或更换光缆的长度不得小于 22 m。

（3）当故障点离端局较远且光纤各通道的损耗不允许再增加接头时，应采用更换一整段光缆的方法。应当注意，无论是更换一段还是整段光缆，都应采用与原光缆同厂家、同型号的光缆，这样修复后的系统才符合总体要求。为了缩短时间，接续两个接头时，可使用两台熔接机同时接续。

9.6　光缆线路的维护管理

9.6.1　质量管理

1. 一般原则

（1）质量管理的根本目的：通过对维护工作全过程进行严格控制和监督，通过贯彻维护规程和体系，使维护工作制度化、规范化和科学化，确保通信网络安全畅通。

（2）质量管理的内容：通过对维护工作过程的各个环节进行质量控制，监督检查通信设施的维护质量和服务质量，发现质量问题，采取纠正预防措施，不断提高维护质量和服务质量。

（3）各级维护管理部门，要按照统一领导、分级管理和分工负责的原则，建立质量监督体系。

（4）各级部门和成员必须认真履行职责，坚持检查、记录和报告制度。

2. 维护质量统计与分析

（1）障碍次数的计算应依据下述原则：光缆线路中一个及一个以上系统同时发生故障，记障碍一次；同一中继段内，用通信系统同时阻断多处，记障碍一次；同沟敷设的多条直埋线路同地同时阻断，记障碍一次。

平均每百千米障碍次数的计算公式为

$$平均每百千米障碍次数 = 100 \times \frac{障碍总次数}{线路总长度（皮长千米）} \tag{9.6}$$

（2）障碍历时的计算应依据下述原则：障碍历时从客户交出障碍线路开始计算，至线路修复或倒通并经客户验证可用时为止。全阻障碍历时从客户交出全阻线路开始计算，至抢通或倒通所有在用系统，并经客户验证其光路恢复正常可用时为止。

平均每百千米障碍历时的计算公式为

$$平均每百千米障碍历时 = 100 \times \frac{障碍总历时（min）}{线路总长度（皮长千米）} \tag{9.7}$$

（3）服务质量观察、质量统计分析是维护工作质量管理的一项重要工作，应指定专人负责，定期对维护工作服务质量情况进行统计、分析，针对存在的问题，提出改进维护服务质量的具体措施。

（4）维护指标是衡量服务质量的一项重要指标，包括线路障碍率、线路完好率等。当达不到质量要求时，应及时分析、研究对策，制订措施。

（5）质量统计采取自下而上、逐级汇总、统计、审核的方法，各级质量统计人员要严格按照规定的项目认真填写。

（6）质量统计应具有时效性，每月按时统计当月的质量情况，各级应保证统计工作的及时性，要严格按照规定时限报送上级单位。

（7）质量统计数据应准确、真实，不允许弄虚作假，报表必须经各级主管负责人审核。

（8）质量统计表应按年度装订成册，归档管理，不得抽取、拆散、涂改或丢失。

（9）采取定期的质量分析报告或质量分析会开展质量分析。当发生通信阻断和严重障碍等重大质量事故时应立即调查，及时分析。

（10）对通信质量上存在的问题，按维护责任段落限期处理；对本单位无法解决的问题，应以书面形式报上级主管部门协调解决。

（11）质量分析会要做好会议记录，做好质量分析记录，并装订成册。

（12）各级质量管理部门每月至少开展一次质量分析会。

（13）各级质量管理部门应了解下属单位的质量情况，不定期参加下属单位的质量分析会。

（14）质量分析会的主要内容如下：

① 根据质量检查结果以及自查中发现的问题，分析原因，制订措施并加以实施。

② 必须对发生的通信阻断事件进行分析，提出防止障碍和缩短障碍历时的具体措施。

③ 维护质量指标如有下降或未达标，应分析原因，提出改进措施。

④ 检查前次质量分析会制订措施的实施效果。

⑤ 总结经验教训，制订出改进质量的措施和计划。

3. 生产质量分析会

（1）各级维护部门应有书面的年度、月度生产工作计划安排，应按月召开生产质量分析会并作专门记录。

（2）生产分析内容包括上月生产工作计划完成情况，取得的主要成绩、典型经验，以及本月生产工作计划。

（3）质量分析的内容包括维护质量、服务质量的完成情况，相关质量指标上升、下降的原因。

（4）凡发生重大通信阻断、重大工作差错和通信事故，应及时召开分析会。

（5）每月生产质量分析的内容均应进行简要的书面小结，上报上级机构。

生产质量分析会上制订的改进措施，应作为生产工作计划安排、维护作业安排等下达相关单位或维护人员执行，并根据时限要求，对执行情况进行督促、检查。

9.6.2　技术管理

各级光缆线路维护单位除了加强对光缆线路维护的质量管理外，还要对所辖全部光缆线路进行技术管理。所有的光缆线路技术资料应按规定的规格、尺寸、图号进行绘制，并详细核对审核，这些资料也应由专人保管，并建立资料的等级、保管和借阅制度。

各级光缆线路维护单位应分别具备下述资料。

1. 线务站(局)应具备的资料

(1) 光缆线路工程设计文件、竣工资料、验收文件和工程遗留问题处理意见。

(2) 光缆线路维护图。

(3) 包线员的分布与联络方式示意图。

(4) 光缆线路路由变更记录。

(5) 传输特性测试记录。

① 中继段光纤损耗测试记录。

② 中继段光纤背向散射曲线。

(6) 接地装置接地电阻测试记录。

(7) 光缆金属护套对地绝缘测试记录。

(8) 光缆防蚀、防雷、防强电测试记录及保护装置资料。

(9) 光纤实际长度及光缆累计长度与标石对照表。

(10) 光缆线路障碍登记报告表。

(11) 冰凌、洪水等气象水文调查资料。

2. 光缆段应具备的资料

(1) 光缆线路维护图。

(2) 包线员无障碍月累计表。

(3) 包线员每月维护工作计划及完成情况表。

(4) 光缆气压登记分析表(指充气光缆)。

(5) 光缆金属护套对地绝缘测试记录。

(6) 光缆线路路由变动记录。

(7) 冰凌、洪水等气象水文资料。

3. 光缆包线员应具备的资料

(1) 光缆线路路由简图。

(2) 光缆气压测试记录(指充气光缆)。

(3) 光缆线路路由标石卡片。

(4) 个人工作记事簿。

(5) 巡查联络情况记录。

(6) 个人每月维护工作计划及完成情况表。

4. 光缆维护仪表及工具的使用管理

光缆线路维护用的高档仪表、光缆接头机具及其附件由线务站统一保管使用，而且要建立专人管理、保养制度。仪表应定期进行通电检查，一般每 3 周一次，潮湿天气适当增加次数。

仪表借用必须经单位领导批准，并办理交接手续。高档仪表及光缆接续机具一般不得外借；当仪表发生故障时，应及时修复。备用光缆的光纤损耗指标，应按规定进行测试，并逐盘编号，标明 A、B 端。

总之，一切光缆维护设备都必须处于良好的工作状态，作好应急、抢修线路故障的准备，尽量缩短障碍的历时，达到维护光缆线路的目的。

复习思考题

1. 光缆线路维护工作的基本任务是什么？

2. 光缆线路的常规维护工作包括哪几类？

3. 光缆线路障碍一般包括哪 4 种类型？

4. 光缆线路障碍抢修的一般流程是什么？

5. 试分析 OTDR 显示下述背向散射曲线时的光缆线路障碍原因：

(1) OTDR 显示屏上没有曲线。

(2) OTDR 显示屏上曲线的远端位置与中继段长度明显不符。

(3) OTDR 显示屏上曲线显示高损耗点或高损耗区。

6. 影响障碍点测试精度的主要因素有哪些？

7. 如何克服 OTDR 故障定位的误差？

8. 光缆线路应急抢修的方法一般分为哪两种？各在什么情况下使用？

9. 简述在光缆接头处和非接头处修复障碍的主要步骤。

10. 某专用光纤通信网告警显示系统中断，经测试为外线故障。该段光缆线路为直埋敷设，采用层绞式松套结构光缆。用 OTDR 测试故障点距离测试端光纤长度为 13.422 km，查资料得知此段共有 6 个接头，接头盒内盘留光纤长度为(3+3.5+3.4+4+3.1+3)m，每个接头坑盘留光缆(10+9.5+8.6+11.3+10.5+9.4)m，各种预留长度(不含接头坑)共 28 m，S 形敷设增加的长度为 12 m，光缆绞缩率为 0.7%，自然弯曲率为 1.0%。障碍点到测试端的地面长度为多少米？与测试的光纤长度相差多少米？

附录 A 光缆线路工程相关标准目录

1. 国际电信联盟标准

ITU - T G.650.1—2010 单模光纤和光缆的线性和确定性属性的定义和测试方法

ITU - T G.650.2—2015 单模光纤和光缆的非线性和确定性属性的定义和测试方法

ITU - T G.650.3—2017 安装的单模光纤光缆部分的测试方法

ITU - T G.651.1—2018 光纤接入网的 50/125 mm 多模渐变折射率光纤光缆的特性

ITU - T G.652—2016 单模光纤和光缆的特性

ITU - T G.653—2010 色散位移单模光纤和光缆的特性

ITU - T G.654—2016 截止波长位移单模光纤和光缆的特性

ITU - T G.655—2009 非零色散单模光纤和光缆特性

ITU - T G.656—2010 宽带光传输使用的非零色散光纤和光缆的特性

ITU - T G.657—2016 接入网络的弯曲损耗不敏感单模光纤和光缆的特性

ITU - T L.10—2015 管道和隧道应用的光纤光缆

ITU - T L.26—2015 航空应用的光纤光缆

ITU - T L.43—2015 掩埋应用的光纤光缆

ITU - T L.58—2004 光纤电缆：接入网的特殊需要

ITU - T L.59—2008 室内应用的光纤光缆

ITU - T L.67—2006 室内应用的小型光纤光缆

ITU - T L.78—2008 下水道管应用的光纤光缆

ITU - T L.79—2008 微管气吹应用的光纤光缆

2. 国家标准

GB/T 7424.1—2003 光缆总规范 第 1 部分：总则

GB/T 7424.20—2021 光缆总规范 第 20 部分：光缆基本试验方法 总则和定义

GB/T 7424.21—2021 光缆总规范 第 21 部分：光缆基本试验方法 机械性能试验方法

GB/T 7424.22—2021 光缆总规范 第 22 部分：光缆基本试验方法 环境性能试验方法

GB/T 7424.23—2021 光缆总规范 第 23 部分：光缆基本试验方法 光缆元构件试验方法

GB/T 7424.24—2020 光缆总规范 第 24 部分：光缆基本试验方法 电气试验方法

GB/T 7424.3—2003 光缆 第 3 部分：分规范 室外光缆

GB/T 7424.4—2003 光缆 第 4 部分：分规范 光纤复合架空地线

GB/T 7424.5—2012 光缆 第 5 部分：分规范 用于气吹安装的微型光缆和光纤单元

GB/T 9771.1—2020 通信用单模光纤 第 1 部分：非色散位移单模光纤特性

GB/T 9771.2—2020 通信用单模光纤 第 2 部分：截止波长位移单模光纤特性

GB/T 9771.3—2020 通信用单模光纤 第 3 部分：波长段扩展的非色散位移单模光纤特性

GB/T 9771.4—2020 通信用单模光纤 第 4 部分：色散位移单模光纤特性

GB/T 9771.5—2020 通信用单模光纤 第 5 部分：非零色散位移单模光纤特性

GB/T 9771.6—2020 通信用单模光纤 第 6 部分：宽波长段光传输用非零色散单模光纤特性

GB/T 9771.7—2012   通信用单模光纤   第 7 部分：接入网用弯曲损耗不敏感单模光纤特性

GB/T 12507.1—2000   光纤光缆连接器   第 1 部分：总规范

GB/T 13993.1—2016   通信光缆系列   第 1 部分：总则

GB/T 13993.2—2014   通信光缆   第 2 部分：核心网用室外光缆

GB/T 13993.3—2014   通信光缆   第 3 部分：综合布线用室内光缆

GB/T 13993.4—2014   通信光缆   第 4 部分：接入网用室外光缆

GB/T 14075—2008   光纤色散测试仪技术条件

GB/T 14733.12—2008   电信术语   光纤通信

GB/T 15972.10—2021   光纤试验方法规范   第 10 部分：测量方法和试验程序 总则

GB/T 15972.20—2021   光纤试验方法规范   第 20 部分：尺寸参数的测量方法和试验程序 光纤几何参数

GB/T 15972.21—2008   光纤试验方法规范   第 21 部分：尺寸参数的测量方法和试验程序 涂覆层几何参数

GB/T 15972.22—2008   光纤试验方法规范   第 22 部分：尺寸参数的测量方法和试验程序   长度

GB/T 15972.30—2021   光纤试验方法规范   第 30 部分：机械性能的测量方法和试验程序 光纤筛选试验

GB/T 15972.31—2021   光纤试验方法规范   第 31 部分：机械性能的测量方法和试验程序 抗张强度

GB/T 15972.32—2008   光纤试验方法规范   第 32 部分：机械性能的测量方法和试验程序 涂覆层可剥性

GB/T 15972.33—2008   光纤试验方法规范   第 33 部分：机械性能的测量方法和试验程序 应力腐蚀敏感性参数

GB/T 15972.34—2021   光纤试验方法规范   第 34 部分：机械性能的测量方法和试验程序 光纤翘曲

GB/T 15972.40—2008   光纤试验方法规范   第 40 部分：传输特性和光学特性的测量方法和试验程序   衰减

GB/T 15972.41—2021   光纤试验方法规范   第 41 部分：传输特性的测量方法和试验程序   带宽

GB/T 15972.42—2021   光纤试验方法规范   第 42 部分：传输特性的测量方法和试验程序 波长色散

GB/T 15972.43—2021   光纤试验方法规范   第 43 部分：传输特性的测量方法和试验程序 数值孔径

GB/T 15972.44—2017   光纤试验方法规范   第 44 部分：传输特性和光学特性的测量方法和试验程序   截止波长

GB/T 15972.45—2021   光纤试验方法规范   第 45 部分：传输特性的测量方法和试验程序 模场直径

GB/T 15972.46—2008   光纤试验方法规范   第 46 部分：传输特性和光学特性的测量方法和试验程序   透光率变化

GB/T 15972.47—2021   光纤试验方法规范   第 47 部分：传输特性的测量方法和试验程序 宏弯损耗

GB/T 15972.48—2016   光纤试验方法规范   第 48 部分：传输特性和光学特性的测量方法和试验程序   偏振模色散

GB/T 15972.49—2008   光纤试验方法规范   第 49 部分：传输特性和光学特性的测量方法和试验程序-微分模时延

GB/T 15972.50—2008 光纤试验方法规范 第 50 部分：环境性能的测量方法和试验程序
　　　　　　　　　　　　　　　　　　　　　　　　恒定湿热

GB/T 15972.51—2008 光纤试验方法规范 第 51 部分：环境性能的测量方法和试验程序 干热

GB/T 15972.52—2008 光纤试验方法规范 第 52 部分：环境性能的测量方法和试验程序
　　　　　　　　　　　　　　　　　　　　　　　　温度循环

GB/T 15972.53—2008 光纤试验方法规范 第 53 部分：环境性能的测量方法和试验程序 浸水

GB/T 15972.54—2021 光纤试验方法规范 第 54 部分：环境性能的测量方法和试验程序
　　　　　　　　　　　　　　　　　　　　　　　　伽马辐照

GB/T 15972.55—2009 光纤试验方法规范 第 55 部分：环境性能的测量方法和试验程序-氢老化

GB/T 16529—1996 光纤光缆接头 第 1 部分：总规范 构件和配件

GB/T 16529.2—1997 光纤光缆接头 第 2 部分：分规范 光纤光缆接头盒和集纤盘

GB/T 16529.3—1997 光纤光缆接头 第 3 部分：分规范 光纤光缆熔接式接头

GB/T 16529.4—1997 光纤光缆接头 第 4 部分：分规范 光纤光缆机械式接头

GB/T 16814—2008 同步数字体系(SDH)光缆线路系统测试方法

GB/T 16849—2008 光纤放大器总规范

GB/T 16850.1—1997 光纤放大器试验方法基本规范 第 1 部分：增益参数的试验方法

GB/T 16850.2—1999 光纤放大器试验方法基本规范 第 2 部分：功率参数的试验方法

GB/T 16850.3—1999 光纤放大器试验方法基本规范 第 3 部分：噪声参数的试验方法

GB/T 16850.4—2006 光纤放大器试验方法基本规范 第 4 部分：模拟参数-增益斜率

GB/T 16850.5—2001 光纤放大器试验方法基本规范 第 5 部分：反射参数的试验方法

GB/T 16850.6—2001 光纤放大器试验方法基本规范 第 6 部分：泵浦泄漏参数的试验方法

GB/T 16850.7—2001 光纤放大器试验方法基本规范 第 7 部分：带外插入损耗的试验方法

GB/T 17570—2019 光纤熔接机通用规范

GB/T 18480—2001 海底光缆规范

GB/T 18899—2002 全介质自承式光缆

GB/T 19001—2016 质量管理体系 要求

GB/T 24001—2016 环境管理体系 要求及使用指南

GB/T 45001—2020 职业健康安全管理体系 要求及使用指南

GB 50373—2019 通信管道与通道工程设计标准

GB/T 50374—2018 通信管道工程施工及验收标准

GB 51171—2016 通信线路工程验收规范

3. 通信行业标准(包括建设标准和技术标准)

YD/T 629.1—1993 光纤传输衰减变化的监测方法：传输功率监测法

YD/T 629.2—1993 光纤传输衰减变化的监测方法：后向散射监测法

YD/T 723.1—2007 通信电缆光缆用金属塑料复合带 第 1 部分：总则

YD/T 723.2—2007 通信电缆光缆用金属塑料复合带 第 2 部分：铝塑复合带

YD/T 723.3—2007 通信电缆光缆用金属塑料复合带 第 3 部分：钢塑复合带

YD/T 723.4—2007 通信电缆光缆用金属塑料复合带 第 4 部分：铜塑复合带

YD/T 723.5—2007 通信电缆光缆用金属塑料复合带 第 5 部分：金属塑料复合箔

YD/T 769—2018 通信用中心管填充式室外光缆

YD/T 778—2011 光纤配线架

YD/T 814.1—2013 光缆接头盒 第 1 部分：室外光缆接头盒

YD/T 814.2—2005　光缆接头盒　第2部分：光纤复合架空地线接头盒

YD/T 814.3—2005　光缆接头盒　第3部分：浅海光缆接头盒

YD/T 814.4—2007　光缆接头盒　第4部分：微型光缆接头盒

YD/T 814.5—2011　光缆接头盒　第5部分：深海光缆接头盒

YD/T 839.1—2015　通信电缆光缆用填充和涂覆复合物　第1部分：试验方法

YD/T 839.2—2014　通信电缆光缆用填充和涂覆复合物　第2部分：纤膏

YD/T 839.3—2014　通信电缆光缆用填充和涂覆复合物　第3部分：缆膏

YD/T 839.4—2014　通信电缆光缆用填充和涂覆复合物　第4部分：涂覆复合物

YD/T 894.1—2010　光衰减器技术条件　第1部分：光纤固定衰减器

YD/T 894.2—2010　光衰减器技术条件　第2部分：光可变衰减器

YD/T 901—2018　通信用层绞填充式室外光缆

YD/T 908—2020　光缆型号命名方法

YD/T 917—1999　光缆线路自动监测站硬件技术

YD/T 925—2009　光缆终端盒

YD/T 979—2009　光纤带技术要求和检验方法

YD/T 981.1—2009　接入网用光纤带光缆　第1部分：骨架式

YD/T 981.2—2009　接入网用光纤带光缆　第2部分：中心管式

YD/T 981.3—2009　接入网用光纤带光缆　第3部分：松套层绞式

YD/T 982—2011　应急光缆

YD/T 987—1998　ST/PC型单模光纤光缆活动连接器技术规范

YD/T 988—2015　通信光缆交接箱

YD/T 1001—2014　非零色散位移单模光纤特性

YD/T 1020.1—2021　电缆光缆用防蚁护套材料特性　第1部分：聚酰胺

YD/T 1020.2—2004　电缆光缆用防蚁护套材料特性　第2部分：聚烯烃共聚物

YD/T 1024—1999　光纤固定接头保护组件

YD/T 1065.1—2014　单模光纤偏振模色散的试验方法　第1部分：测量方法

YD/T 1065.2—2015　单模光纤偏振模色散的试验方法　第2部分：链路偏振模色散系数（PMDQ）的统计计算方法

YD/T1114—2015　无卤阻燃光缆

YD/T 1258.1—2015　室内光缆　第1部分：总则

YD/T 1258.2—2009　室内光缆系列　第2部分：终端光缆组件用单芯和双芯光缆

YD/T 1258.3—2009　室内光缆系列　第3部分：房屋布线用单芯和双芯光缆

YD/T 1258.4—2019　室内光缆　第4部分：多芯光缆

YD/T 1258.5—2019　室内光缆　第5部分：光纤带光缆

YD/T 1258.6—2006　室内光缆系列　第6部分：塑料光缆

YD/T 1258.7—2019　室内光缆　第7部分：隐形光缆

YD/T 1272.1—2018　光纤活动连接器　第1部分：LC型

YD/T 1272.2—2005　光纤活动连接器　第2部分：MT-RJ型

YD/T 1272.3—2015　光纤活动连接器　第3部分：SC型

YD/T 1272.4—2018　光纤活动连接器　第4部分：FC型

YD/T 1272.5—2019　光纤活动连接器　第5部分：MPO型

YD/T 1272.6—2015　光纤活动连接器　第6部分：MC型

YD/T 1258.3—2009　室内光缆系列　第3部分：房屋布线用单芯和双芯光缆

YD/T 1460.1—2018　通信用气吹微型光缆及光纤单元　第 1 部分：总则

YD/T 1460.2—2006　通信用气吹微型光缆及光纤单元　第 2 部分：外保护管

YD/T 1460.3—2006　通信用气吹微型光缆及光纤单元　第 3 部分：微管、微管束和微管附件

YD/T 1460.4—2019　通信用气吹微型光缆及光纤单元　第 4 部分：微型光缆

YD/T 1460.5—2006　通信用气吹微型光缆及光纤单元　第 5 部分：高性能光纤单元

YD/T 1461—2013　通信用路面微槽敷设光缆

YD/T 1632.1—2007　通信用排水管道光缆　第 1 部分：自承吊挂式

YD/T 1770—2008　接入网用室内外光缆

YD/T 1997.1—2014　通信用引入光缆　第 1 部分：蝶形光缆

YD/T 1997.2—2015　通信用引入光缆　第 2 部分：圆形光缆

YD/T 1997.3—2015　通信用引入光缆　第 3 部分：预制成端光缆组件

YD/T 1999—2021　微型自承式通信用室外光缆

YD/T 2159—2010　接入网用光电混合缆

YD/T 2283—2020　深海光缆

YD/T 5066—2017　光缆线路自动监测系统工程设计规范

YD 5003—2014　通信建筑工程设计规范

YD 5007—2003　通信管道与通道工程设计规范

YD 5012—2003　光缆线路对地绝缘指标及测试方法

YD 5018—2005　海底光缆数字传输系统工程设计规范

YD 5102—2010　通信线路工程设计规范

YD 5103—2003　通信道路工程施工及验收技术规范

YD 5178—2017　通信管道人孔和手孔图集

YD 5121—2010　通信线路工程验收规范

附录 B 缩 略 语

AON	Active Optical Network	有源光网络
APC	Automatic Power Control	自动功率控制
APON	ATM Passive Optical Network	ATM 无源光网络
ASON	Automatically Switched Optical Network	自动光交换网络
ATC	Automatic Temperature Control	自动温度控制
ATM	Asynchronous Transfer Mode	异步传输模式
BFD	Bidirectional Forwarding Detection	双向转发检测
B－ISDN	Broadband Integrated Services Digital Network	宽带综合业务数字网
CWDM	Coarse Wavelength Division Multiplexing	粗波分复用
DCF	Dispersion Compensation Fiber	色散补偿光纤
DSF	Dispersion Shifted Fiber	色散位移光纤
DWDM	Dense Wavelength Division Multiplexing	密集波分复用器
EDFA	Erbium－Doped Fiber Amplifier	掺铒光纤放大器
EPON	Ethernet Passive Optical Network	以太网无源光网络
FDH	Fiber Distribution Hub	光纤分布集线器
FRP	Fiber Reinforced Plastic	纤维增强塑料
FTTB	Fiber To The Building	光纤到大楼
FTTC	Fiber To The Curb	光纤到路边
FTTD	Fiber To The Desk	光纤到办公桌
FTTH	Fiber To The Home	光纤到户
FTTO	Fiber To The Office	光纤到办公室
FWM	Four－Wave Mixing	四波混频
GE	Gigabit Ethernet	千兆以太网
GFP	Generic Framing Procedure	通用成帧规程
GI－POF	Graded－Index Polymer Optical Fiber	梯度折射率塑料光纤
GPON	Gigabit Passive Optical Network	千兆无源光网络
HDPE	High Density Poly Ethylene	高密度聚乙烯
LAP	Laminated Aluminum－Polyethylene sheath	铝-聚乙烯粘接护层
LD	Laser Diode	半导体激光器
LED	Light Emitting Diode	发光二极管
LEAF	Large Effective Area Fiber	大有效面积光纤
LSZH	Low Smoke Zero Halogen	低烟无卤
MDU	Multi Dwelling Unit	多住户单元
MFD	Mode Field Diameter	模场直径
NZDSF	Non－Zero Dispersion Shifted Fiber	非零色散位移光纤

NDSF	Non – Dispersion Shifted Fiber	非色散位移光纤
OAN	Optical Access Network	光纤接入网
ODN	Optical Distribution Network	光分配网络
ODT	Optical Distance Terminal	光远程终端
ODF	Optical Distributing Frame	光纤配线架
OLA	Optical Line Amplifier	光线路放大器
OLT	Optical Line Terminal	光线路终端
ONU	Optical Network Unit	光网络单元
OTDR	Optical Time Domain Reflectometer	光时域反射仪
PAP	Polyethylene – Aluminum – Polyethylene	聚乙烯-铝-聚乙烯
PBT	Poly Butylece Terephthalate	聚对苯二甲酸丁二酯
PE	Poly Ethylene	聚乙烯
PMD	Polarization Mode Dispersion	偏振模色散
POF	Plastic Optical Fiber	塑料光纤
PON	Passive Optical Network	无源光网络
PP	Poly Propylene	聚丙烯
PSP	Polyethylene – Steel – Polyethylene	聚乙烯-钢-聚乙烯
PTN	Packet Transport Network	分组传送网
PVC	Poly Vinyl Chloride	聚氯乙烯
REG	Regenerator	再生中继器
SBS	Stimulated Brillouin Scattering	受激布里渊散射
SDH	Synchronous Digital Hierarchy	同步数字体系
SFF	Small Form Factor	小封装技术
SMF	Single Mode Fiber	单模光纤
SPM	Self – Phase Modulation	自相位调制
SRS	Stimulated Raman Scattering	受激拉曼散射
SI – POF	Step Index Polymer Optical Fiber	阶跃折射率塑料光纤
TM	Termination Multiplexer	终端复用器
VCSEL	Vertical Cavity Surface Emitting Laser	垂直腔表面发射激光器
VPN	Virtual Private Network	虚拟专用网
WDMA	Wavelength Division Multiple Access	波分多址
XPM	Cross – Phase Modulation	交叉相位调制

参 考 文 献

[1] 张宝富,赵继勇,周华. 光缆网工程设计与管理. 北京:国防工业出版社,2009.

[2] 傅珂,李雪松. 通信线路工程. 北京:北京邮电大学出版社,2010.

[3] 张宝富,苏洋,王海潼. 光纤通信. 3 版. 西安:西安电子科技大学出版社,2015.

[4] 施扬,沈平林,赵继勇. 通信工程设计. 2 版. 北京:电子工业出版社,2016.

[5] 李立高. 通信光缆工程. 3 版. 北京:人民邮电出版社,2016.

[6] 潘丽,张兵,鲁军,等. 光缆线路维护实用教程. 北京:人民邮电出版社,2019.

[7] 赵继勇,贺春雨,曹芳. 大话传送网. 2 版. 北京:人民邮电出版社,2019.

[8] 卢麟,赵继勇,苏洋. 光通信系统与网络. 北京:国防工业出版社,2020.

[9] 赵继勇,赵治,徐智勇,等. 信息通信工程造价管理. 西安:西安电子科技大学出版社,2022.

[10] 中华人民共和国住房和城乡建设部,国家质量监督检验检疫总局. GB 51158—2015 通信线路工程设计规范. 北京:中国计划出版社,2015.

[11] 中华人民共和国住房和城乡建设部,国家质量监督检验检疫总局. GB 51171—2016 通信线路工程验收规范. 北京:中国计划出版社,2016.

[12] 中华人民共和国住房和城乡建设部,国家市场监督管理总局. GB/T 50374—2018 通信管道工程施工及验收标准. 北京:中国计划出版社,2018.

[13] 中华人民共和国住房和城乡建设部,国家市场监督管理总局. GB 50373—2019 通信管道与通道工程设计标准. 北京:中国计划出版社,2019.

[14] 中华人民共和国住房和城乡建设部,国家市场监督管理总局. GB/T 51421—2020 架空光(电)缆通信杆路工程技术标准. 北京:中国计划出版社,2020.

[15] 中华人民共和国工业和信息化部. YD/T 908—2020 光缆型号命名方法. 北京:人民邮电出版社,2020.